普通高等学校“十三五”规划教材

计算机辅助设计

（Inventor Professional 2015）

于凤琴　王　巍　主　编

中国铁道出版社
CHINA RAILWAY PUBLISHING HOUSE

内 容 简 介

本书包含 Inventor 2015 软件简介、草图创建及编辑、特征创建及编辑、装配、表达视图与 Inventor studio、运动仿真及应力分析、工程图共 7 章。本书系统性强，以例题贯穿始终，对软件各功能模块的介绍详细且实用，是一本简明、易学、实用、全面且适合于初学者或者欲精通该软件的读者掌握该软件功能的教材。

本书适合作为机械设计专业本科生计算机辅助设计的教材，也可以作为本科、专科院校相关设计专业学生的软件学习教材，还可以作为该软件的培训教材。

图书在版编目（CIP）数据

计算机辅助设计：Inventor Professional 2015/
于凤琴，王巍主编. —北京：中国铁道出版社，2016.3
普通高等学校“十三五”规划教材
ISBN 978-7-113-21505-7

Ⅰ. ①计… Ⅱ. ①于… ②王… Ⅲ. ①计算机辅助设计－高等学校－教材 Ⅳ. ①TP391.72

中国版本图书馆 CIP 数据核字（2016）第 032526 号

书　　名：计算机辅助设计（Inventor Professional 2015）
作　　者：于凤琴　王 巍　主编

策　　划：潘星泉
责任编辑：潘星泉
编辑助理：钱　鹏
封面制作：白　雪
责任校对：汤淑梅
责任印制：郭向伟

读者热线：（010）63550836

出版发行：中国铁道出版社（100054，北京市西城区右安门西街 8 号）
网　　址：http://www.51eds.com
印　　刷：北京尚品荣华印刷有限公司
版　　次：2016 年 3 月第 1 版　　2016 年 3 月第 1 次印刷
开　　本：787 mm×1 092 mm　1/16　**印张**：18.75　**字数**：440 千
书　　号：ISBN 978-7-113-21505-7
定　　价：39.80 元

前 言

FOREWORD

先进的三维设计软件越来越具有智能化和人性化的功能，使得很多的行业设计人员进入到三维设计的领域，进而不断采用新的设计理念，提高设计的水平，满足行业快速发展的要求，减少设计的周期，缩短产品开发的周期，降低产品成本。

Inventor Professional 2015（以下简称 Inventor 2015）是美国 Autodesk 公司推出的三维参数化实体建模软件，与其他三维设计软件相比，具有以下特点：

1. 简单的界面融合了智能化的菜单栏及工具栏功能，使得软件操作界面更实用，软件的操作更趋于实用性，提高了设计工作的效率。

2. 参数化的造型，更具有强大的实体造型能力。

3. 实现基于装配的自适应设计，使得部件中的零件之间具有关联性，对其进行修改及编辑更方便，另外还可以实现关联运动。

4. 强大的部件设计功能。利用部件设计功能，能够创建传动机构，如齿轮传动、蜗轮传动等，并对其进行强度计算，快速实现结构设计及校验，提高工作效率。另外，部件设计功能还可使螺栓联接更方便和快捷。在零件环境下不用创建孔，在部件环境下可直接采用螺栓联接，节省零件建模时间，更符合部件设计理念。

5. Inventor 具有很好的可视化功能，使得装配或者零件的外观等更具有真实感，可对部件或者零件进行动画的制作，演示其运动或者装拆的过程等，使部件的装配关系呈现在设计者面前。

6. 完善的帮助功能。可以通过多种途径学习和参考 Inventor 的帮助文件，及时解决在设计过程中遇到的问题，避免在查找相关信息上花费更多时间。

7. 具有与 DWG 的兼容性，可方便地读写 DWG 文件，可利用 DWG 资源创建三维模型，减少草图的绘制时间和重复工作，提高工作效率。

本书以例题为主，结合多年的教学经验和全国 Inventor 三维设计大赛的指导经验，按照学生容易接受的学习模式，介绍 Inventor 2015 软件的应用方法，引导学生掌握从三维建模、部件装配、可视化设计、运动仿真、应力分析到工程图的设计过程。本书的例题是从编者多年教学实例中精选出来的，经过多年的实践验证，对教师教学和学生自学都有很好的帮助。

本书有以下特色：

1. 系统介绍了 Inventor 2015 的主要功能。以简明的语言结合例题对该软件的各种功能和应用方法进行了详细介绍，并循序渐进地介绍了该软件各功能模块的应用方法及操作方法，从零件造型、部件设计、可视化设计、运动仿真、应力分析到工程图等各模块。

2. 例题的独特性。精选的例题，贯穿于本书始终，有利于各功能模块的学习和掌握。

3. 适用面广。本书可以作为机械设计专业本科生、专科生的计算机辅助设计教材，也可以作为相关设计专业学生的教材，还可以作为软件培训的教材。

通过本书的学习，读者可以掌握 Inventor 2015 强大、实用的功能模块的应用，可以胜任复杂的设计工作，成为一名 Inventor 软件的应用高手。

本书由于凤琴、王巍主编。编写分工如下：于凤琴编写第 1 章 1.3~1.5、第 2 章~第 6 章、第 7 章 7.2~7.4；王巍编写第 1 章 1.1~1.2、第 7 章 7.1。全书由于凤琴统稿。

本书配有各章例题的源文件光盘，便于老师教学和学生上机操作练习。每章配有本章小结，总结了本章内容的重点及难点，并配有一定量针对性比较强的思考题和练习题，用于复习及检查学习效果。

由于编者水平有限且时间仓促，难免存在疏漏和不足之处，欢迎广大读者批评指正。

编　者
2015年10月

目 录

CONTENTS

第 1 章 Inventor 2015 软件简介

本章导读

本章介绍 Inventor Professional 2015（简称 Inventor 2015）软件的主要特点、功能、界面组成和界面常规设置。通过学习本章，可了解该软件的特点、功能并熟悉界面，为后续特征创建等操作奠定基础。另外，通过实例介绍该软件的零件建模、装配、零件工程图的创建方法和过程，对该软件的特点、功能、界面常规设置及该软件基本操作有所了解。

教学目标

通过对本章内容的学习，学生应做到：

- 了解，该软件主要功能、特点和界面。
- 熟悉，界面各菜单栏的下拉菜单中各选项和工具栏中各图标的含义。
- 掌握，界面各菜单栏的下拉菜单中各选项和工具栏中各图标的功能。
- 应用，能够打开软件界面并能对软件进行简单操作。

1.1 Inventor 软件的特点

1.1.1 Autodesk Inventor 软件的特点

Autodesk Inventor 是美国 Autodesk 公司开发的三维参数化设计软件。

Autodesk 公司是全球领先的数字设计软件供应商之一，涉及领域非常广泛，如为机械制造、建筑、基础设施、影视、娱乐等行业提供二维、三维设计软件。Autodesk 于 1982 年由 16 人组成设计团队，设计并开发了 AutoCAD 软件，现在与世界著名的 Microsoft、Intel 和 IBM 等公司结成战略合作伙伴，至今已拥有 80 多种产品、1 000 多万用户 、3 400 多个开发合作伙伴、1 900 家授权培训中心。

Autodesk 公司的主要产品 AutoCAD 已经成为设计领域计算机辅助设计的代名词，该软件不仅拥有广泛的用户群，且其文件格式（.dwg）也已成为设计行业数据格式的标准。此后，Autodesk 公司针对机械设计制造行业和相关的产业于 1999 底推出了包含多项专利技术的三维设计软件 Inventor。

Inventor 软件一经问世就得到了同行专家及设计人员的高度关注。Inventor 与同类三维设计软件相比，其主要的特点是：

（1）采用参数化三维特征造型，并融入了变量化造型技术。参数化三维特征技术是在设计全过程中，将形状和尺寸联合起来考虑，通过尺寸约束来实现对几何形状的控制；变量化造型技术是将形状约束和尺寸约束分开处理。参数化技术在非全约束时，造型系统不许可执行后续操作；变量化技术由于可适应各种约束状况，操作者可以先决定感兴趣的形状，然后再设定一些必要的尺寸，尺寸是否标注完全并不影响后续操作。Inventor 软件在参数化三维特征造型基础上融合了先进的变量化技术，大大加强了该软件的造型功能，使设计者的智慧发挥到极致。

（2）简捷独特的人机界面设计是该软件的一大亮点。根据设计师的思维逻辑构建的软件用户界面，具有简洁直观的工具面板、功能齐全的对话框及无处不在的帮助功能，这种界面不仅使得该软件易学易用，而且能够使设计人员专注于设计能力的发挥，减少操作的烦琐性带来的附加影响。

（3）它具有非凡的大型装配处理功能，并能实现基于装配的关联设计，从而有效地管理和使用数据流。Inventor 软件的装配处理功能非常强大，能够完成结构极其复杂的零部件装配；另外，可利用衍生功能实现装配的关联设计，并对大部分几何结构作数据处理。

（4）具有突破性的自适应技术，进一步完善参数化设计方案。Inventor 独创的自适应设计方法是指在装配环境下指定关联零件的关联驱动关系，改变与其自适应零件的参数时，系统将自动根据装配关系更新该零件的大小，实现自适应设计。

（5）三维运算速度和显示着色功能取得突破，使得在提供简单的操作方式的同时增强了零部件模型的材质、光照和颜色的真实感。Inventor 不仅三维造型的运算速度明显提高，而且可提供对零部件外观、材质的着色、渲染等功能，使得零部件在设置光照、位置、颜色后，更具有真实感。

（6）它具有世界领先的.dwg 兼容性，方便导入和导出.dwg 数据，可以更大限度利用原有设计数据。与.dwg 无缝集成，草图可以导入.dwg 文件，工程图导出.dwg 等格式，便于对设计进行修改。

（7）它具有完善的学习和参考资源，可以多途径帮助设计人员方便且快捷查找所需要的学习资料及帮助信息，快速解决在软件操作中遇到的问题，提高设计效率。

（8）运动仿真模拟功能。利用数字模型可以呈现并设定项目在现实中的运行状况，帮助建筑师、设计师、工程师和制造商在项目动工之前对所设计产品在真实世界中的表现一探究竟。从而使设计人员在设计阶段即可做出正确的设计决策，无须浪费时间重新设计。通过运动模拟可获取项目在真实世界中的表现，而数字模型则可帮助设计师分析该表现，并预测该项目的性能，然后再进行评估和优化。

Inventor 是一套非常全面且完善的三维设计工具，包括零件、钣金、部件、表达视图、工程图、运动仿真、应力分析、Inventor Studio、设计加速器、结构件等模块，涵盖了设计中所涉及的所有功能。

1.1.2 Inventor 2015 的新特性

为了提供出色的造型体验，Inventor 2015 在三维造型环境中引入了有侧重性的、有效地增强功能作为该版本的突出主题。根据设计者的请求对在其他设计环境中的工作效率进行了一系列改进，既适合于初级造型人员使用，也适合于高级造型人员的使用。该版本中包含了用于直接编辑和创建自由造型的工具等，并且支持以更快速的方式来修改和创建草图。

（1）直接编辑功能。通过使用该功能可以以参数化方式移动、调整大小、旋转和删除导入的实体模型或 Inventor 内部文件，这样不仅可以快速、精确地更改复杂历史模型的参数化特征或者几何图元，而且能够更改导入的基础实体数据。

（2）自由造型。采用这种灵活的造型方法，可以通过直接给定尺寸来创建自由造型形状的模型。并可以在设计的任何阶段编辑自由造型形状，利用全新的自由造型工具执行概念造型，创建尚未确立大小和形状的粗糙形状。

（3）新约束工具和设置。采用此功能可以更快、更轻松地将草图转换为形状。全新的“放宽模式”可以提高修改已被约束的几何图元的工作效率。通过改进的显示、推断和删除选项，能够更好地控制约束。通过“约束设置”的命令，可以访问与二维草图约束相关的所有设置。

（4）改进了入门和学习体验。新的学习体验环境和工具全部有机地结合在一起，通过 Inventor 主页、团队网站、教程学习路径等使学习变得更轻松、更快捷。

（5）工作流的增强功能。零件的造型中增加了以下功能：向扫掠特征添加了扭曲角度，为孔提供了标准锥角深度的设置，对参数对话框进行增强；部件增加了连接功能，更便于装配；工程图增加引出序号的编辑，明细表拆分后可以复制到其他图纸中，创建旋转剖和阶梯剖时直接确定剖切位置等功能。

（6）通过通用标准数据格式与其他三维软件进行可靠的数据交流。Inventor 提供了其他三维软件所接受的文件格式，可进行方便且可靠的转换。

1.2　Inventor 软件的文件格式

Inventor 软件是在 Windows 平台上开发的，操作简单。Inventor 支持众多的文件格式，如零件、部件、工程图等文件格式，且提供与众多三维软件文件格式的转换功能，以满足不同软件设计者之间文件转换的需求。

1.2.1　Inventor 文件格式

Inventor 主要文件格式包括：零件文件、部件文件、工程图文件、表达视图文件、设计元素文件、设计视图文件和项目文件等。下面分别介绍这几种文件格式。

（1）零件文件：扩展名为.ipt，该文件类型只包括单个零件模型的数据（草图），即标准零件和钣金零件。

（2）部件文件：扩展名为.iam，该文件包括多个零部件的模型数据，不仅包括零件，也包括子部件；其功能是把零件按照一定的装配顺序和位置关系装配为部件。

（3）工程图文件：扩展名为.idw，工程图文件包括零件和部件的模型数据。

（4）表达视图文件：扩展名为.ipn，其功能是表达部件装配的顺序和位置关系，即表达部件装拆的过程的文件。

（5）设计视图文件：扩展名为.idv，该文件包括零部件的各种特性，如可见性、颜色、样式、缩放及观察方向等信息。

（6）设计元素文件：扩展名为.ide，该文件包括特征、草图或者子部件等的信息，设计者可以提取上述信息并对其进行编辑。

（7）项目文件：扩展名为.ipj，该文件包括项目文件路径和文件之间链接信息。

1.2.2 Inventor 兼容的文件类型

Inventor 软件具有强大的兼容性，不仅可以打开符合国际标准的 IGES 和 SETP 格式的文件，还可以打开 Solid Works 和 Pro/E 等文件。同时，Inventor 软件可把自身文件转换为其他文件格式，把工程图保存或者导出为 dxf 和 dwg 格式文件。下面介绍常用的兼容文件类型。

1. AutoCAD 文件

Inventor 2015 能够打开 AutoCAD 2015 及其以前版本的 dxf 或者 dwg 文件，并对其数据进行转换。

2. STEP 格式文件

STEP 是国际标准数据格式文件，是为了避免数据转换的局限性而开发的。STEP 转换器使得 Inventor 能够与其他的 CAD 系统进行可靠的交流和数据转换。输入 STEP（*.stp、*.ste、*.step）文件，只有三维实体、零件和部件数据转换，而草图、文本和曲面等不能转换。

3. SAT 文件

SAT 文件包括非参数的实体，非参数的实体指用布尔运算或者去除了相关关系的参数化实体。如果输入单个 SAT 零件，则会生成 Inventor 的零件文件；如果包括多个实体，则会生成包括多个零件的部件。

4. IGES 文件

IGES（*.igs、*.ige、*.iges）格式文件多用于美国标准规定的情况。通过 Inventor 软件能够输入和输出 IGES 文件。单击软件界面左上角菜单图标，在弹出下拉菜单中选择“另存为”选项中的“保存副本为”，弹出如图 1-1 所示的对话框。在对话框中，选择文件类型为 IGES 即可。

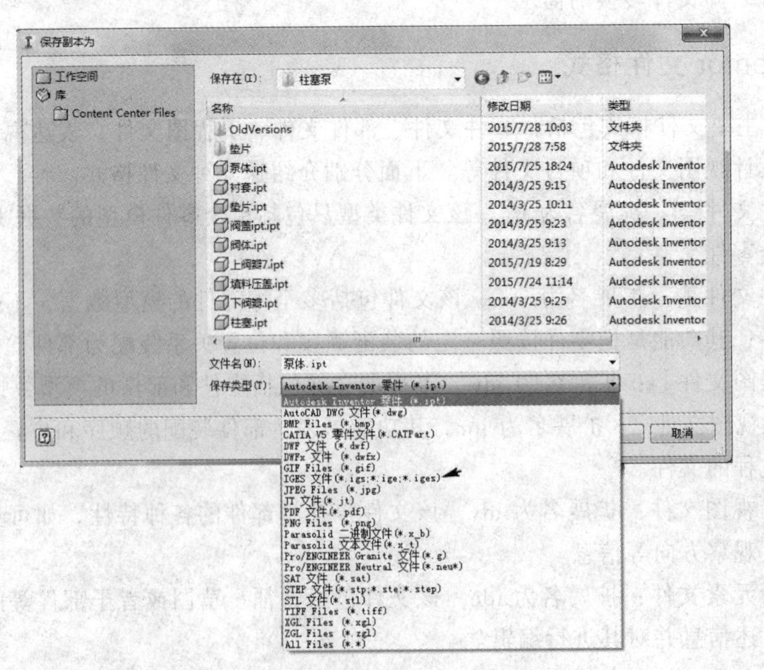

图 1-1 “保存副本为”对话框

1.3　软件启动与界面介绍

1.3.1　软件启动

1. 启动界面

安装 Inventor 2015 中文版软件后，可以启动并使用该软件。启动该软件操作步骤如下：

（1）双击桌面上的 Autodesk Inventor Professional 2015 快捷图标或者单击开始菜单→Autodesk 文件夹→Autodesk Inventor Professional 2015。

（2）软件启动，进入软件界面，如图 1-2 所示。

图 1-2　Inventor 2015 软件启动界面

2. 打开文件

（1）单击图 1-2 中“打开”图标或者按【Ctrl+O】组合键，弹出如图 1-3 所示“打开”对话框。

图 1-3　“打开”对话框

（2）执行“查找范围”功能。在查找范围中，查找并打开第 4 章例题中的柱塞泵的文件夹，单击其中“填料压盖”零件，对话框左边显示该零件的缩略图，如图 1-4 所示。

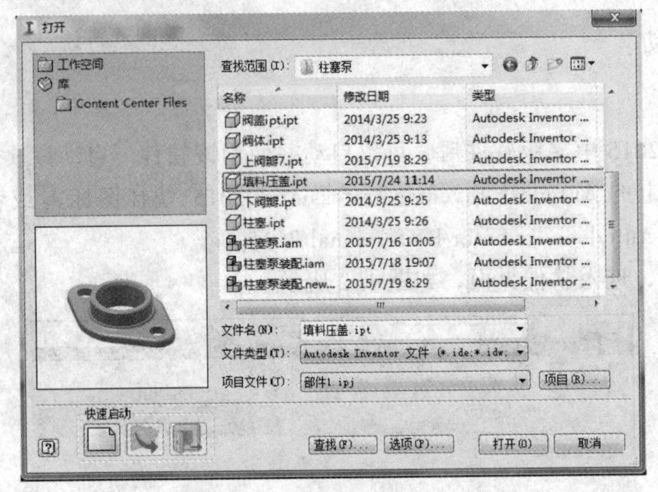

图 1-4“查找范围”操作

（3）单击图 1-4 所示“打开”按钮或者双击该零件图标，即可打开该零件，进入零件模块，对该零件进行编辑修改等操作。

3．创建新文件

（1）单击软件界面左上角新建图标旁的黑三角，弹出如图 1-5 所示的快捷模式，直接选择相应的模块图标即进入相应的工作环境，如创建新零件选择零件图标即可，默认长度单位制位是 mm；另外还可以选择部件、工程图和表达视图等，即可进入到相应的工作环境进行创建、编辑等操作。

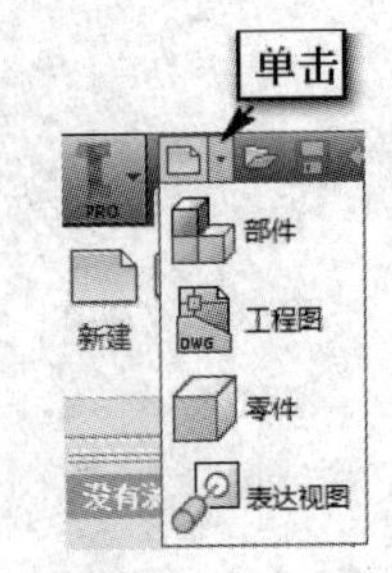

图 1-5 快捷模式

（2）单击新建图标、按【Ctrl+N】组合键或者单击“打开”对话框（图 1-3）“启动新文件”图标，弹出的“新建文件”对话框，系统默认的模板是 Metric，如图 1-6 所示，双击相应图标即可进入相应工作环境。

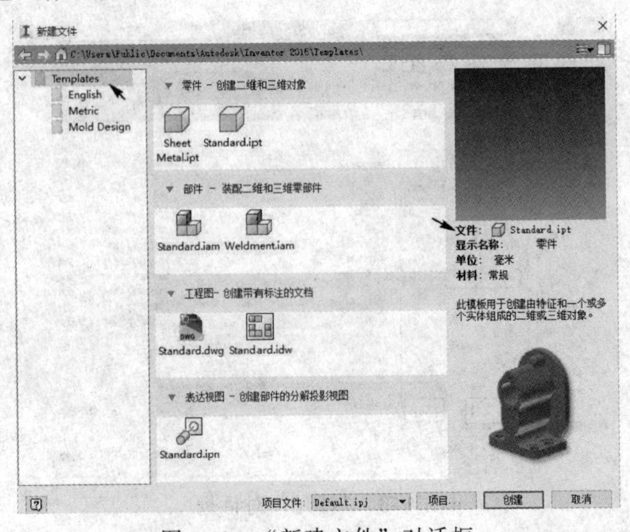

图 1-6 “新建文件”对话框

（3）在“新建文件”对话框中选择制式和模板。图 1-6 所示对话框中提供了 3 种制式选项，分别是“English”“Mold Design”和“Metric”。常用和默认制式是“Metric”，“Metric”的模板图标所代表的文件类型如表 1-1 所示。选择某个模板图标即可进入软件相应界面进行操作。

表 1-1 “Metric”模板中图标所代表的文件类型

模板图标及扩展名	Standard.ipt	Standard.iam	Standard.ipn	Weldment.iam	Standard.idw	Sheet Metal.ipt
创建文件类型	零件	装配	表达视图	焊接件	工程图	钣金零件

4. 项目

Inventor 2015 可提供项目管理功能，实现模型非图形数据信息的创建、记录和提取，同时可利用上述数据合理组织相关文件并维护文件之间的链接。项目管理是协同设计完善数据管理和控制的重要工具。

Inventor 可利用项目向导创建 Inventor 新项目，设置项目类型、名称及关联工作组或者工作空间。在“打开”和“新建文件”对话框中均有“项目”选项。

创建项目的操作步骤：

（1）单击工具面板中“项目”或者 项目(R)... 图标，弹出“项目”对话框，如图 1-7 所示。

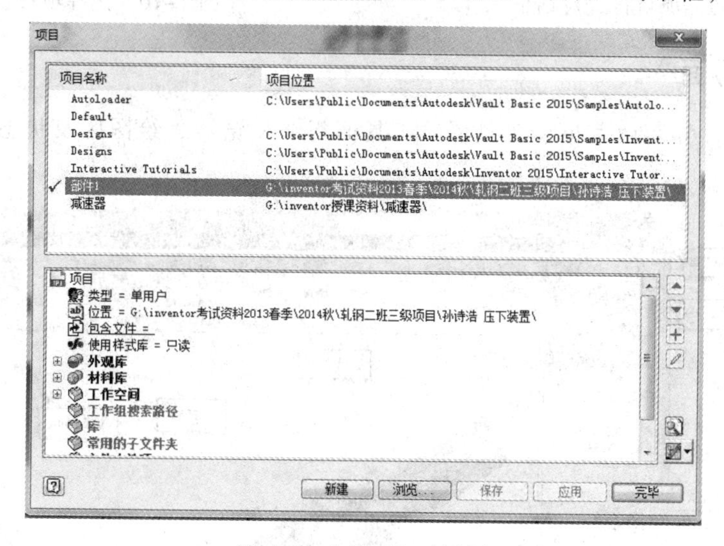

图 1-7 “项目”对话框

注意：新建的项目必须激活才能够使用。双击项目名称，出现“√”表示已被激活，如图 1-7 所示。

（2）在图 1-7 中，单击“新建”，弹出“Inventor 项目向导”对话框，如图 1-8 所示。

（3）在图 1-8 所示对话框中选择“新建单用户项目”，单击“下一步”，弹出如图 1-9 所示新建项目向导的对话框。在对话框中，设置项目名称、存储路径等。

（4）单击图 1-9 中所示“下一步”，弹出项目选择库对话框，如图 1-10 所示。单击“完成”按钮，即完成项目新建操作。

图 1-8 “Inventor 项目向导”对话框

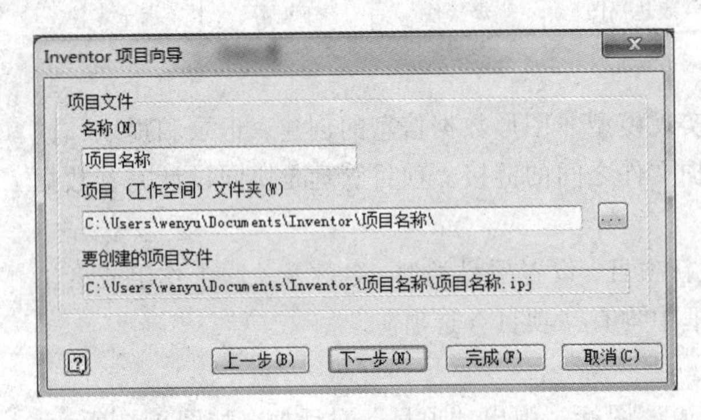

图 1-9 项目设置对话框

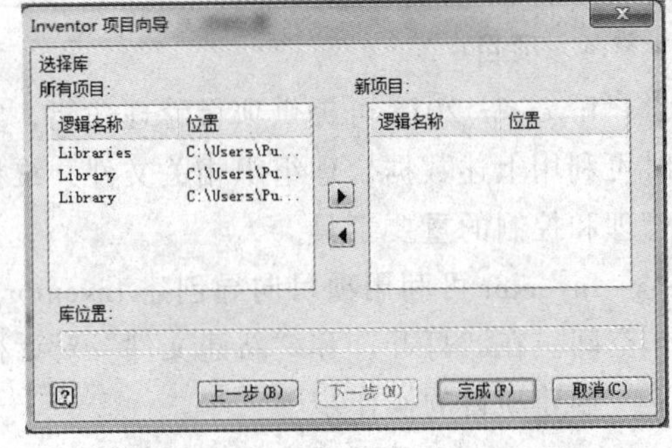

图 1-10 选择项目包括的库

1.3.2 软件界面

Inventor 软件界面由菜单、工具栏、工具面板、浏览器、绘图区及状态栏等组成，如图 1-11 所示。

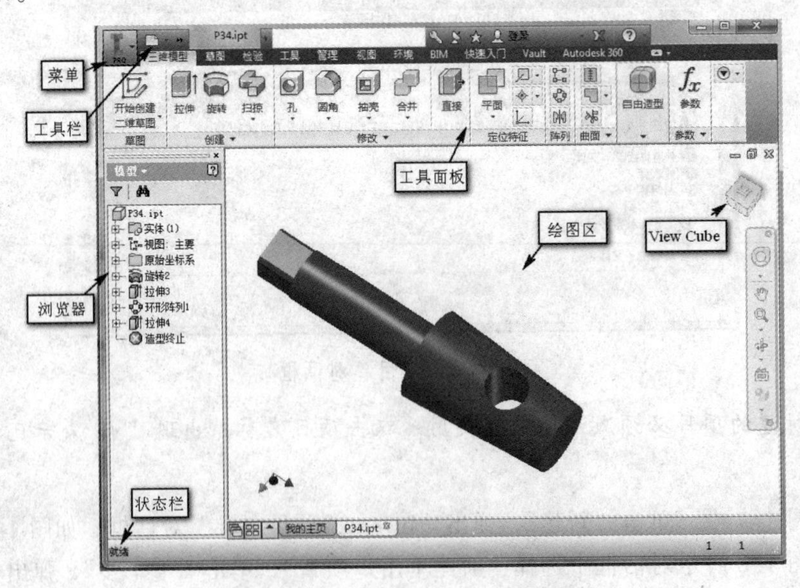

图 1-11 Inventor 2015 软件界面

1. 菜单栏

菜单栏位于 Inventor 2015 软件界面左上角。菜单栏可提供各种功能，并按照一定的逻辑关系分类存放到不同的下拉菜单中，以便完成新建文件、打开文件、保存、iProperty、打印等任务。

2. 工具栏

工具栏位于菜单栏右侧，包括常用的命令和工具图标，具体如下。

(1)"文件管理" 命令：，包括新建、打开、保存等命令。

(2)"操作"：，包括撤销、恢复命令。

(3)"返回"：，退出当前操作，返回到上一层操作环境，如进行草图编辑时，返回到零件建模环境；在装配环境编辑零件时，返回到装配环境；在工程图环境下，编辑工程图草图时返回到工程图环境。

(4)"本地更新"：，重新生成零件或者子部件及附属选项，使其数据更新。

(5)"选择过滤"：，对实体、面和边、特征等选择进行过滤，使对某类型的选择更直接。

(6)"材料"：，指定零件材料或者新建材料。

(7)"外观"：，设置零件外观颜色，不改变材料属性。

(8)"参数"：，列出创建零件或者装配的所有参数及添加的参数。

(9)"视图观察"：打开工具栏"视图"，在导航功能区对视图进行观察设置，如图1-12所示。图1-12中，观察方向为正视于所选择的方向。

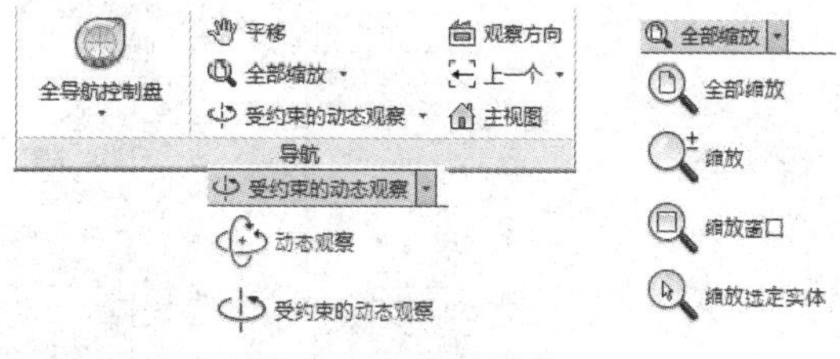

图1-12　导航功能区

(10)"三维导航工具 View Cube"：选择不同观察位置查看三维模型，以实现各方向的视图观察。鼠标放在图形区右上角则会出现图标，选择单击图标的棱线、顶点、面或拖动棱线、顶点、面等进行旋转，可以实现各视图间的切换观察，如图1-13所示。

技巧：直接滚动鼠标中轮，对视图进行缩放；按住中轮并移动，实现视图的平移；按"Shift+中轮"对移动视图进行旋转。

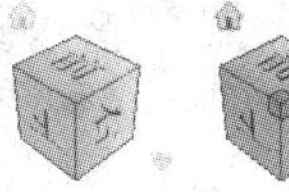

图1-13　View Cube 导航工具

3. 工具面板

工具面板给出草图工具、三维模型等常用的功能按钮。对于零件、装配、工程图、视图表达等不同环境，工具面板提供了不同的工具图标，如图1-14～图1-16所示。

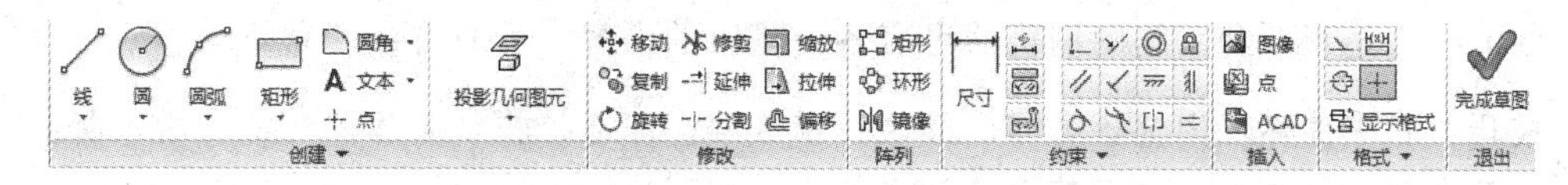

(a) 二维草图工具面板

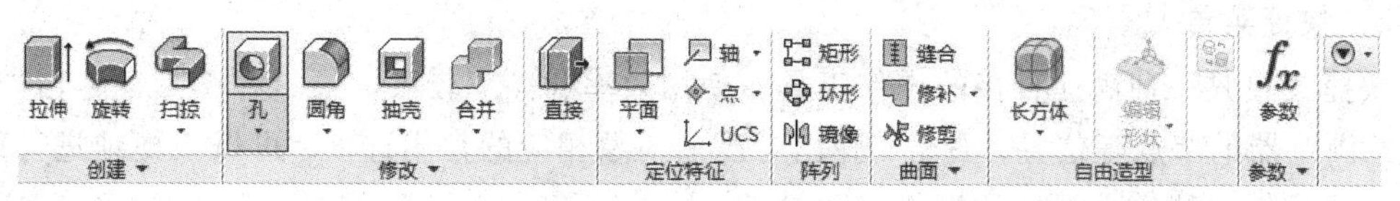

(b) 零件特征工具面板

图1-14　零件工具面板

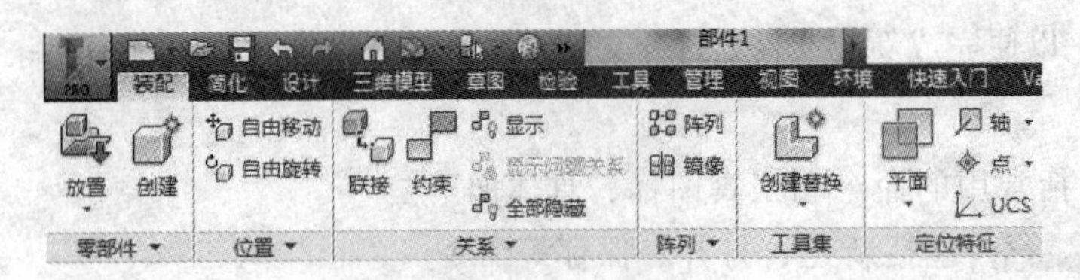

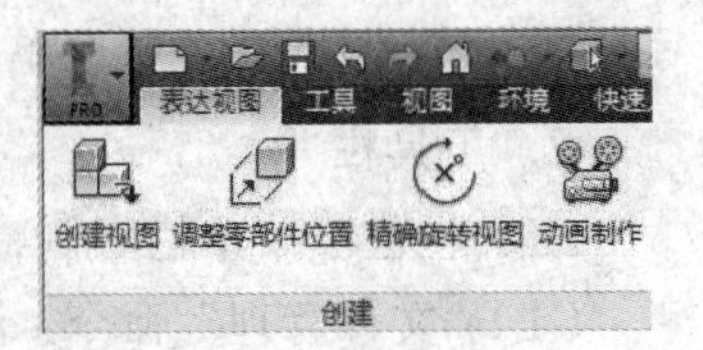

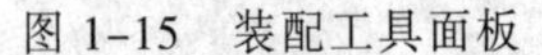

图 1-15 装配工具面板　　图 1-16 表达视图工具面板

4．浏览器

浏览器显示了零件、装配和工程图等的结构层次，对每个工作环境的浏览器都是唯一的。浏览器是设计者管理和完成设计的有力助手。

零件环境的浏览器如图 1-17(a)所示，在浏览器中先选择零件的特征或者草图，然后右击，通过弹出快捷菜单，对特征或者草图进行编辑和修改等其他操作，如图 1-17(b)、图 1-17(c)所示。

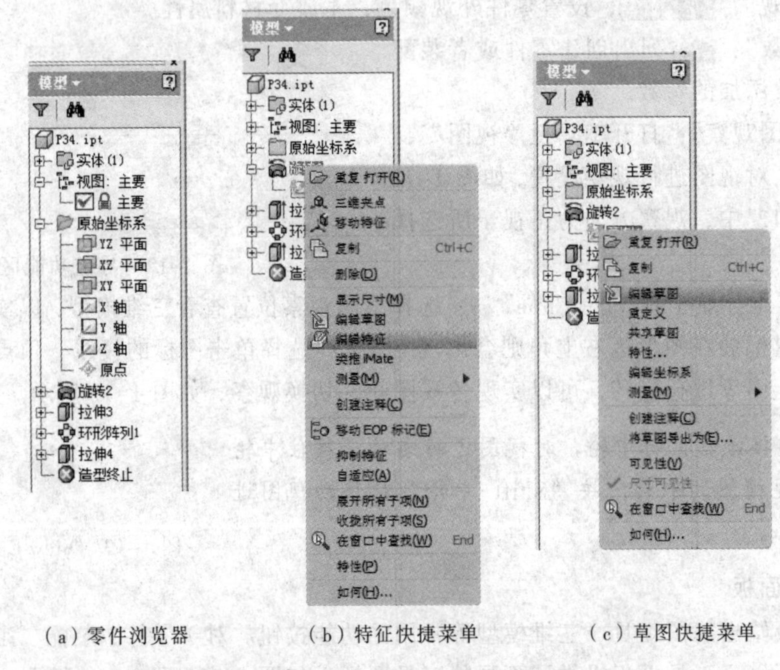

（a）零件浏览器　　（b）特征快捷菜单　　（c）草图快捷菜单

图 1-17 零件模型浏览器

装配、表达视图和工程图浏览器也有各自相应的内容，后面将详细介绍。

技巧：在零件环境浏览器上可以修改特征名称，即选择特征名称，双击，输入新名称即可替换原有的特征名称，使之符合设计者的要求。

5．快捷菜单

快捷菜单是一种简捷直接的操作工具，使用效率和频率较高。通过在图形区空白处、模型上、浏览器的节点等位置，右击，弹出与当前对象相应的常用选项，可以快捷地进行编辑、删除、可见性设置等选择性的操作。

打开柱塞泵部件中的填料压盖零件，在空白区域，右击，弹出快捷菜单，如图 1-18 所示，通过快捷菜单可以进行新建草图、拉伸、旋转、打孔等操作。

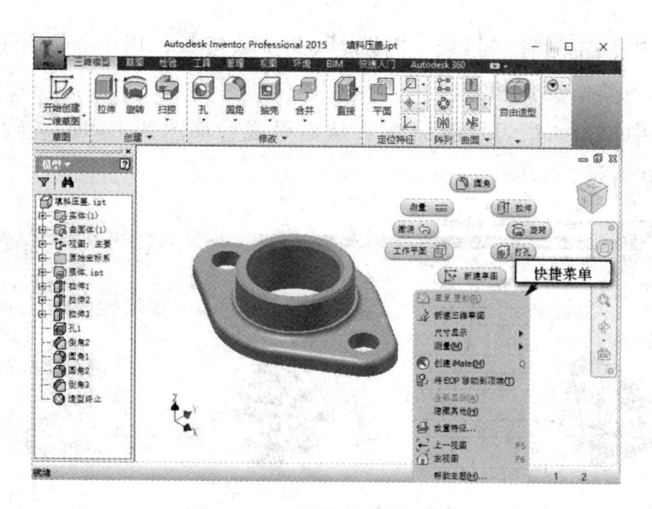

图 1-18　零件的快捷菜单

6．状态栏

状态栏位于软件界面最下端，左边显示当前操作的提示信息。

Inventor 2015 软件界面设计非常简捷，易学易用，并具有智能化的特点。智能化主要体现在：每一次操作所需要的工具都可以通过次级的对话框提供；界面中只有与当前操作信息相关联的信息，简捷有效；光标在移动过程中的感应非常灵敏，十分易用。

1.3.3　使用帮助

Inventor 2015 中文版软件所提供的设计支持系统即帮助功能，可以有效地帮助设计人员掌握软件功能，利用帮助系统充分获取相应的信息，进行高效的设计工作。设计支持系统内容丰富、详尽，方式多种多样，包括快速入门、学习资源、练习教程、演示动画、网上资源和可视教学等。

Inventor 2015 的帮助系统使用关联帮助机制，可以在多种位置激活帮助系统，激活途径主要有：

（1）在菜单栏中单击图标、按功能键【F1】或者在浏览器中选择特征单击鼠标右键选择“如何...”选项以打开帮助对话框，如图 1-19 所示。

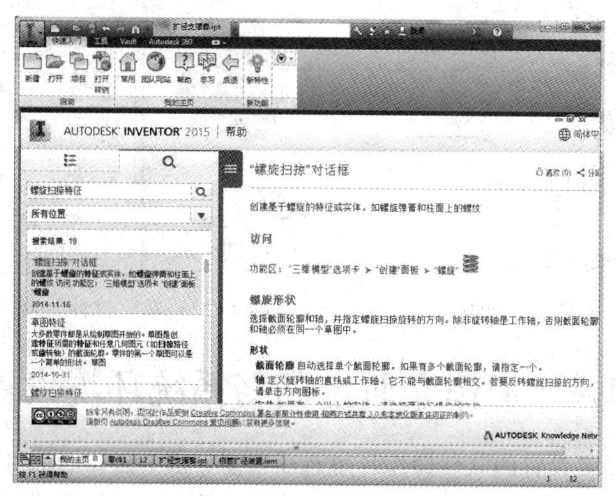

图 1-19　帮助对话框

在帮助对话框中，左侧有“目录”“搜索”的选项按钮，用于查看和查找要帮助的信息，右边列出相应信息的操作步骤和方法。

（2）在菜单栏中单击“学习”图标，从而可观看草图到工程图各项操作步骤的教学演示动画，如图 1-20 所示。

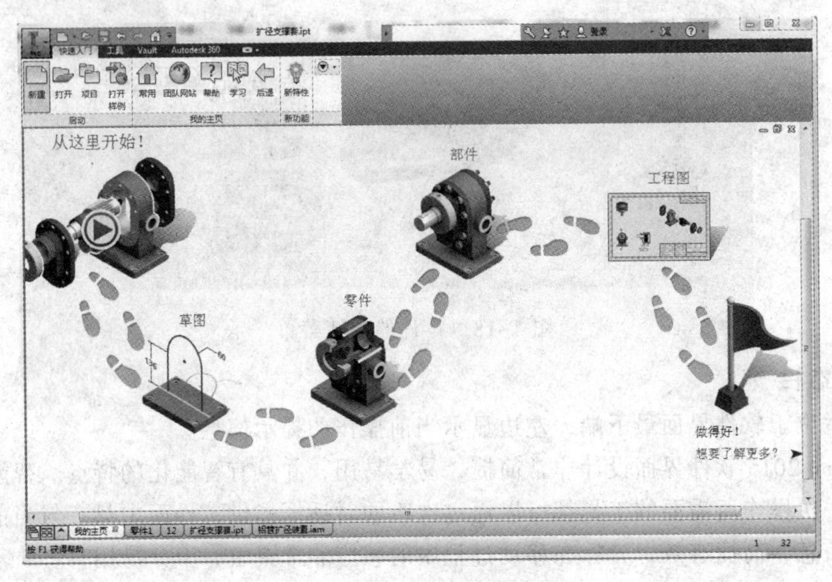

图 1-20　教学演示动画

（3）在不同工作环境单击右键，在弹出的快捷菜单最下方选择“如何...”选项，帮助系统指向关联的内容，如图 1-21 所示。

（4）创建零件特征时，在弹出的特征对话框中，左下角会出现“？”，这也是快捷帮助按钮。单击“？”按钮，进入帮助系统，该帮助系统可说明该特征的创建方法等内容，如图 1-22 所示。

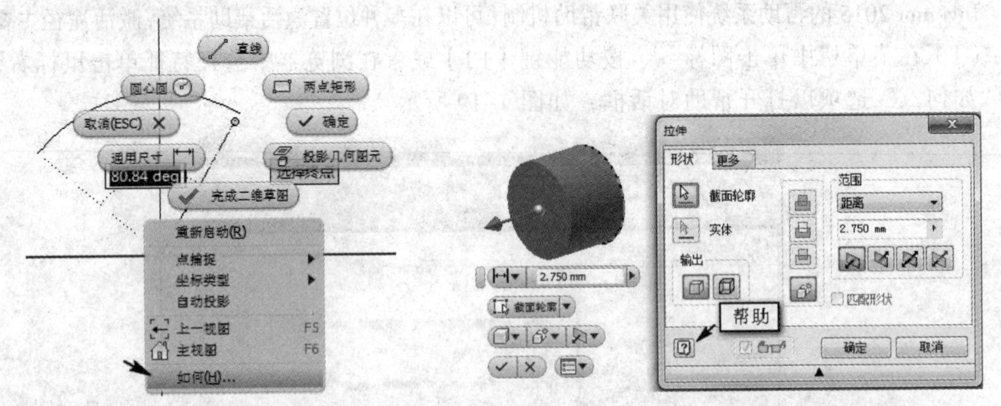

图 1-21　“如何...”选项　　　图 1-22　在“拉伸”对话框激活帮助

1.4　工作界面定制与系统环境设置

Inventor 2015 需要设置的软件操作环境选项很多，因为工作界面可以自己定制，而使得软件界面可满足设计者的实际需求，这样既有了方便快捷的操作环境，又提高了工作效率。

不同的环境“文档设置”略有区别。

1.4.1　文档设置

Inventor 2015 通过“文档设置”对话框完成单位、草图、造型等设置。

不同软件环境下“文档设置”不同。在零件、部件和工程图环境下，选择菜单栏“工具”选项面板中“文档设置”图标，弹出对话框如图 1-23~图 1-25 所示。

对于零件和部件环境，“单位”和“草图”设置相同，“造型”设置不同，如图 1-23 及图 1-24 所示；对于工程图，除了“草图”之外，添加了“工程图”和“图纸”选项卡，去掉了“单位”和“造型”选项卡，如图 1-25 所示。

图 1-23~图 1-25 对话框中主要选项含义如下。

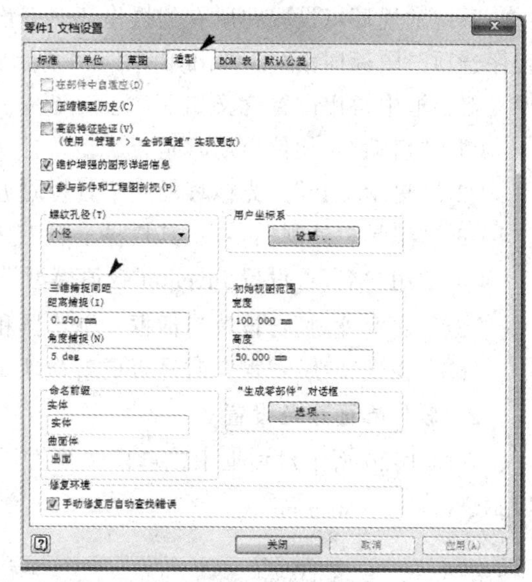

图 1-23　零件“文档设置”对话框

（1）“单位”：设置零件和装配环境下长度和角度单位。

（2）“草图”：设置零件和工程图的光标捕捉间距、绘图网格间距和其他草图设置。

（3）“造型”：零件环境设置三维光标捕捉间距；装配环境增加设置交互式接触设置包括接触集合。

（4）“图纸”：工程图环境，设置图纸背景、轮廓线颜色等。

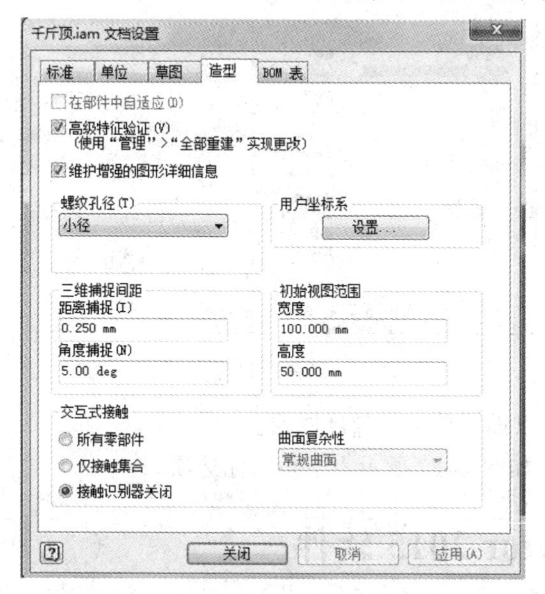

图 1-24　部件“文档设置”对话框

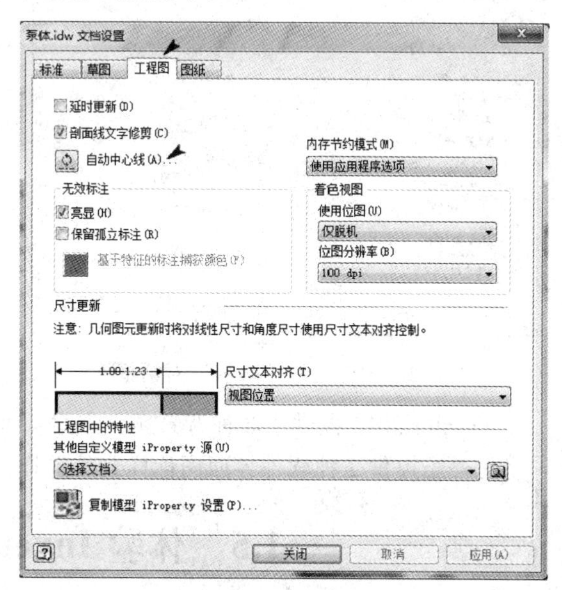

图 1-25　工程图“文档设置”对话框

1.4.2 系统常规环境和软件界面颜色设置

1. 系统常规环境设置（见图 1-26）

系统常规环境设置在所有的操作环境下均相同。选择菜单栏“工具”选项面板中“应用程序选项”图标即 ，弹出如图 1-26 所示的对话框。

对话框中常用设置含义如下。

（1）“启动”：软件启动时是否启动“打开文件”“新建文件”对话框等。

（2）“提示交互”：光标移动到工具栏附近显示动态提示命令。

（3）“工具栏外观”：对工具栏显示、工具动画演示等进行设置。

（4）“用户名”：设置 Inventor 数值模型设计者的名称。

（5）“文本外观”：设置对话框、浏览器和标题栏中文本的字体和大小。

（6）“物理特性”：保存时是否更新物理属性及更新物理属性的对象是零件还是零部件。

2. 软件界面颜色设置

在图 1-26 所示对话框中，选择“颜色”选项，设置零部件绘图区背景颜色，如图 1-27 所示。

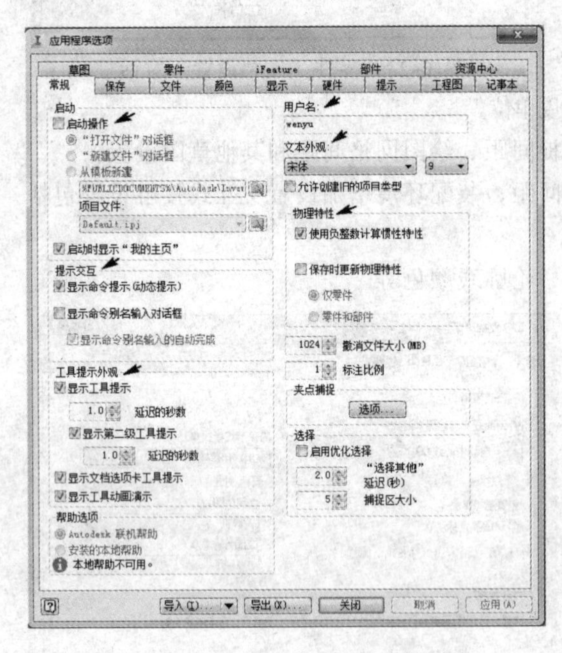

图 1-26 “应用程序选项”对话框

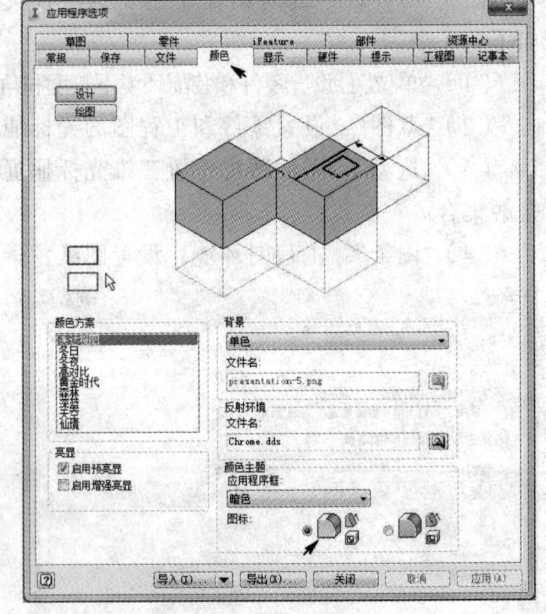

图 1-27 “颜色”设置对话框

Inventor 2015 提供了 8 种背景颜色方案，可以设置单色和梯度图像。

另外还提供 2 种软件界面图标样式的选择，如图 1-27 所示右下角图标选项。

1.5 体验 Inventor 2015 软件

产品数字模型的设计工作流程有多种，一般对于初学者比较容易掌握“自下而上”的设计流程，即创建零件阶段→部件阶段→表达阶段的设计过程，如图 1-28 所示。

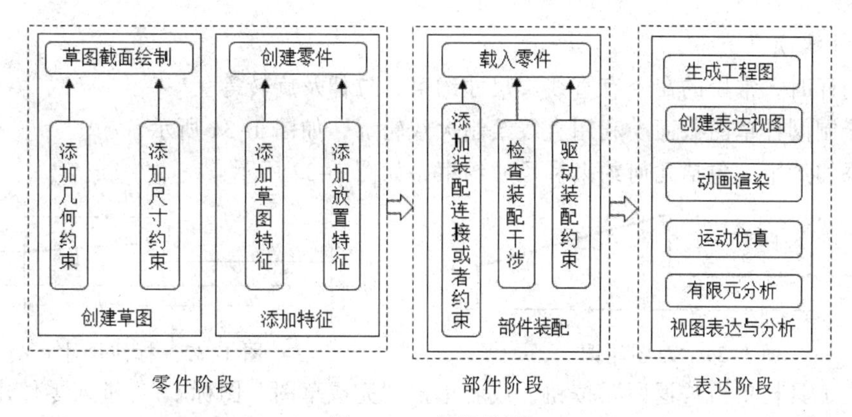

图 1-28　设计流程

由图 1-28 可知，零件阶段包括草图创建及编辑、特征创建及编辑两部分；部件阶段包括添加零件之间的约束关系、检查干涉和驱动约束等；表达阶段包括工程图创建及编辑、表达视图创建及编辑、动画渲染、运动仿真、有限元分析等。

Inventor 2015 中文版软件功能非常强大，且易学易用。下面结合实际例子粗略体验 Inventor 2015 软件在零件建模、装配和工程图中的基本工作流程及常用命令的操作方法。

1.5.1　零件建模

【例 1-1】创建如图 1-29 阀杆零件。

图 1-29　阀杆

操作步骤如下：

1. 新建零件文件

（1）启动 Inventor 2015 软件。

（2）单击□或者选择图 1-5 所示的图标，进入零件建模环境。

（3）单击工具面板左上角“开始创建二维草图”图标，选择系统默认 *XY* 平面为草图界面，进入草图界面，如图 1-30 所示。

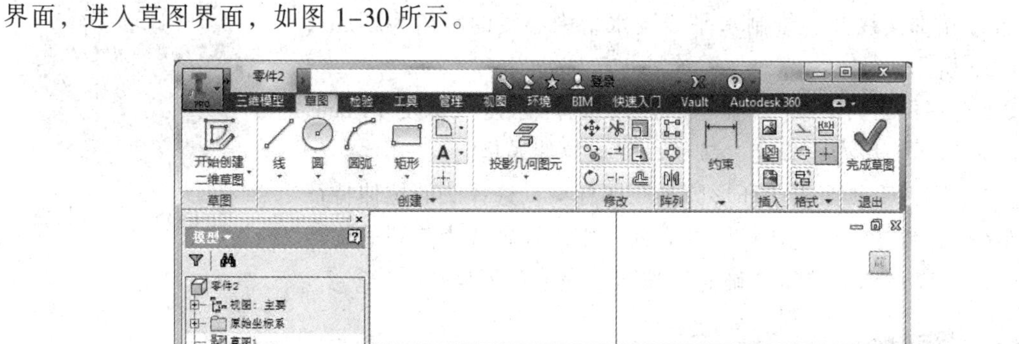

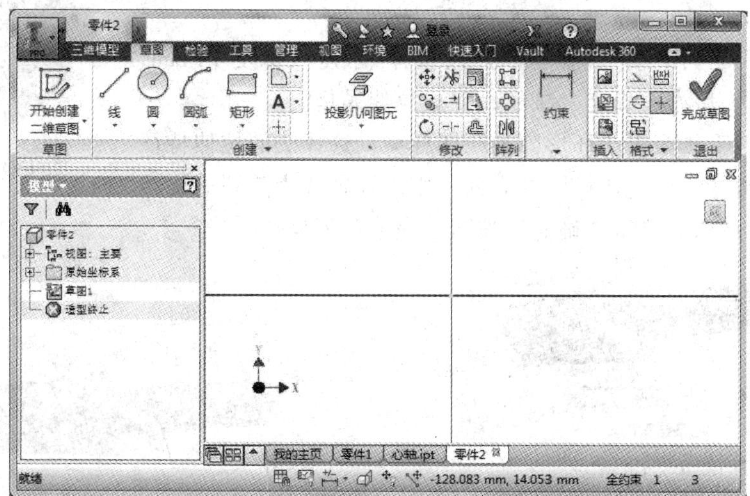

图 1-30　草图工作界面

2. 零件建模

创建阀杆时，常用的命令有直线、尺寸约束、拉伸及旋转等。

（1）绘制阀杆草图截面。利用直线绘制大致轮廓，如图 1–31 所示。

（2）添加约束。包括几何约束和尺寸约束，如图 1–32 所示。

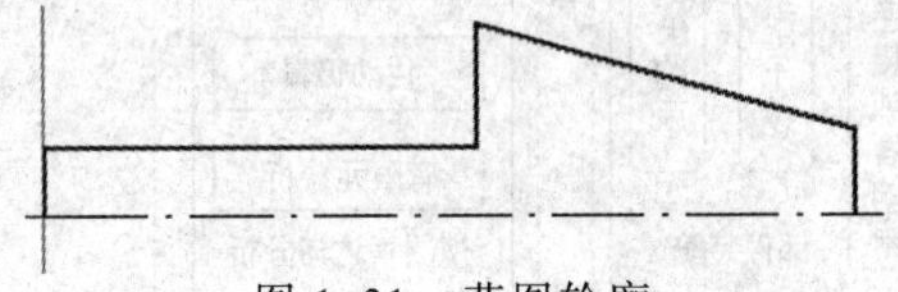

图 1–31　草图轮廓

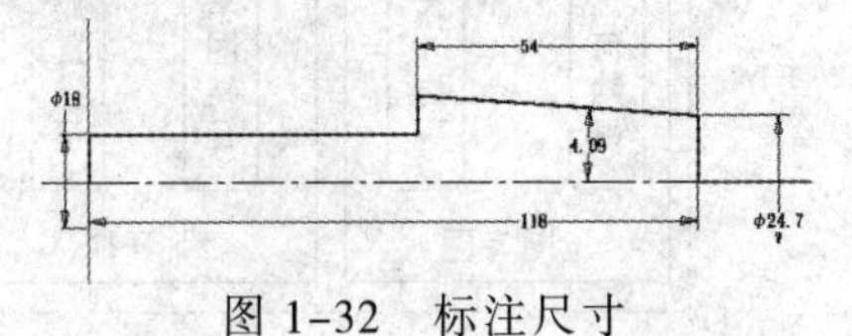

图 1–32　标注尺寸

（3）在工具栏单击“返回”按钮，或者单击“完成草图”图标，进入零件建模环境，如图 1–33 所示。

（4）单击零件工具面板“旋转”图标，为已建草图轮廓创建旋转特征，如图 1–34 所示。右击，在弹出的快捷菜单中选择√，完成旋转操作。

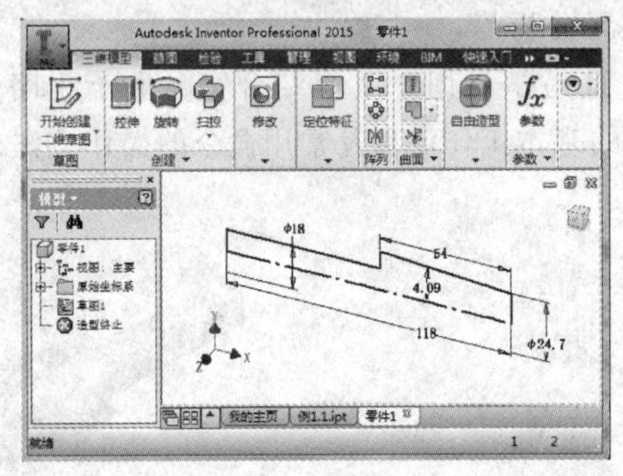

图 1–33　退出草图

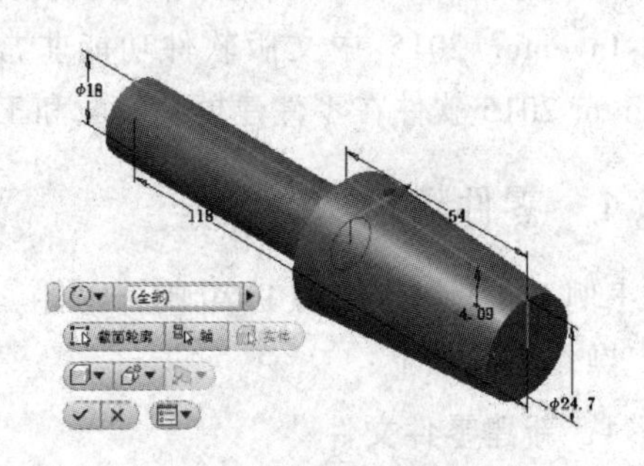

图 1–34　旋转特征

（5）创建阀杆端部正方形。

① 选择阀杆端部，右击，在弹出的快捷菜单中选择“新建草图”，投影端部实线圆，绘制水平线距水平中心线的距离为 7 mm，如图 1–35 所示。

②单击零件工具面板“拉伸”图标，选择“求差”，深度 14 mm，如图 1–36 所示。单击“确定”按钮，完成拉伸操作。

③单击零件工具面板“环形阵列”图标，选择②的拉伸特征为阵列特征，数量 4 个，选择圆柱表面，则圆柱轴线为阵列的旋转轴，如图 1–37 所示。单击“确定”按钮，完成阵列操作。

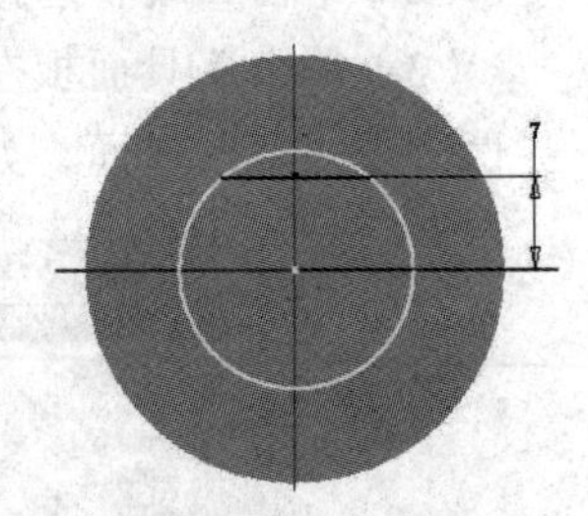

图 1–35　切除截面

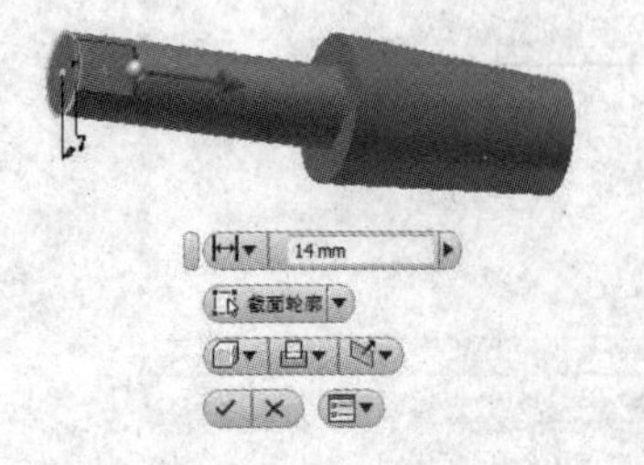

图 1–36　拉伸特征

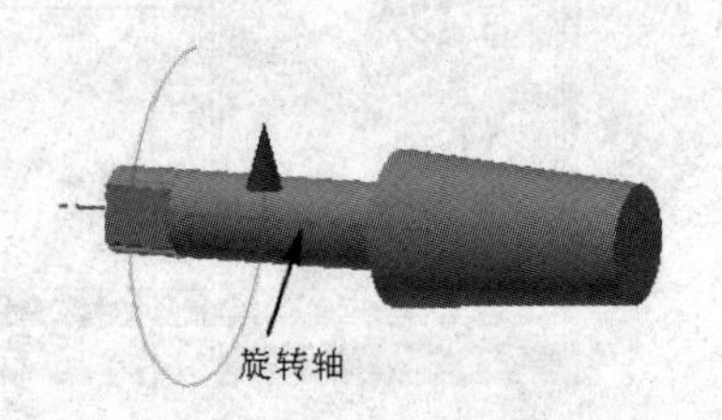

图 1–37　环形阵列特征

（6）创建孔。

① 绘制通孔截面。选择系统默认 XY 为草图平面，绘制 $\phi15$ 的圆，到左侧端面的定位尺寸为 22mm，如图 1-38 所示。

② 单击零件工具面板“拉伸”图标，选择“求差”选项，深度“贯通”，如图 1-39 所示。单击“确定”按钮，完成孔特征的创建。

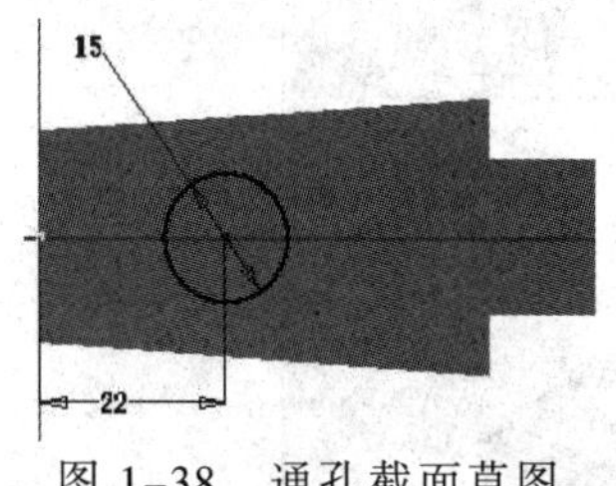

图 1-38 通孔截面草图

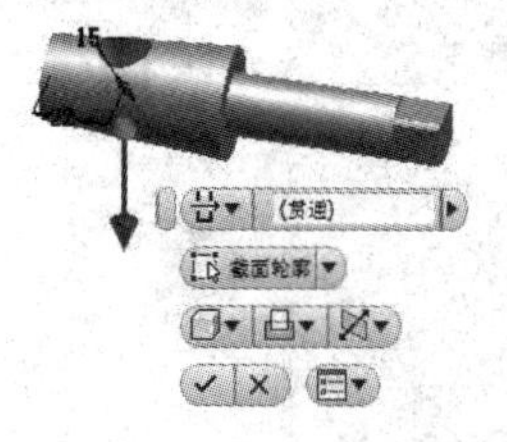

图 1-39 孔特征

（7）设置零件属性。单击菜单栏图标，选择“iproperty”，设置主题（名称）、零件代号、物理属性（材质）等。

（8）零件外观编辑。单击零件工具面板外观，改变零件颜色，选择淡黄色，即使得阀杆的外观颜色改变，完成阀杆的创建，如图 1-39 所示。

（9）保存文件。单击零件工具栏“保存”图标，保存阀杆零件的文件。

1.5.2 零件装配

【例 1-2】阀杆与套的装配操作。

操作步骤如下：

1. 新建部件文件

在“新建文件”选择“Standard.iam”或者在图 1-5 所示快捷菜单中直接选择图标，进入部件环境，创建部件文件，如图 1-40 所示。

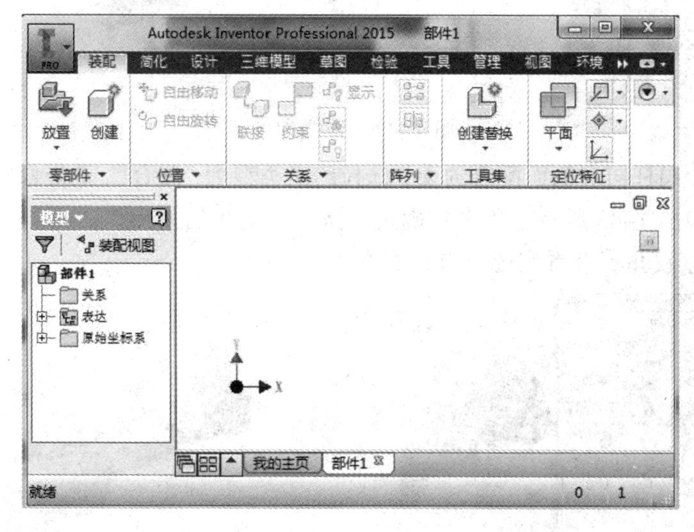

图 1-40 Inventor 2015 部件界面

2．装入零部件

单击部件工具面板“放置”图标，按住【Ctrl】键同时选择“阀杆”和“套”，在绘图区内单击，把阀杆和套放置到部件环境中，如图 1-41 所示。

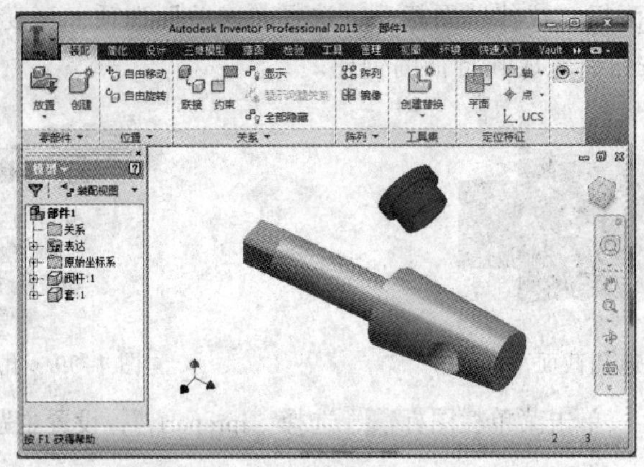

图 1-41　装入阀杆和套

3．装配零部件

（1）在部件工具面板，单击“约束”按钮，选择约束类型为“配合”，选择用阀杆和套的轴线，如图 1-42 所示的操作。单击“应用”按钮，完成其轴线配合操作。

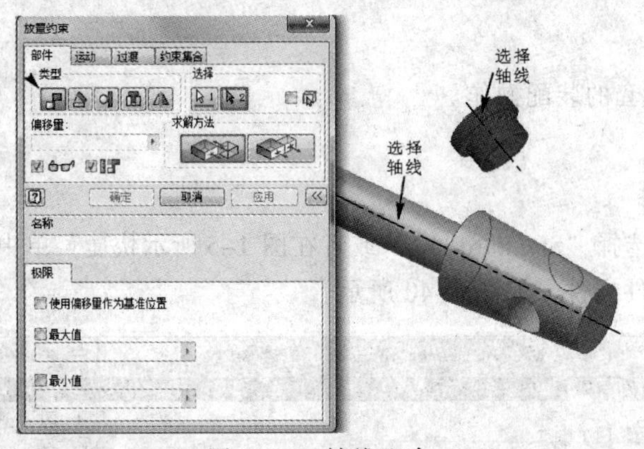

图 1-42　轴线配合

（2）继续添加阀杆与套侧面配合约束。选择约束类型为“配合”，选择阀杆表面与套侧面，设置间隙为 0，如图 1-43 所示。单击“确定”按钮，退出约束操作。

（3）调整观察视角，查看装配效果，如图 1-44 所示。

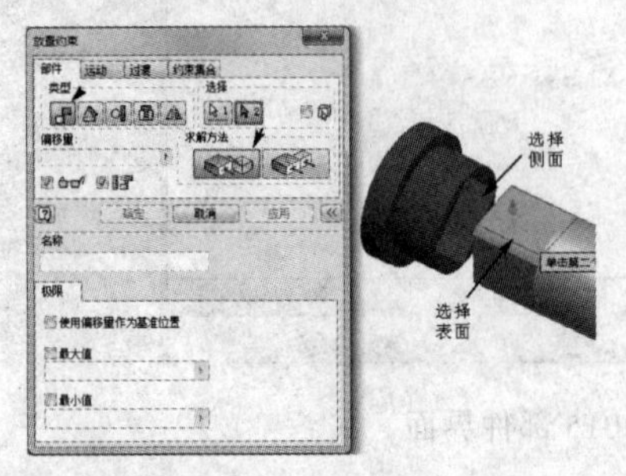

图 1-43　侧面配合

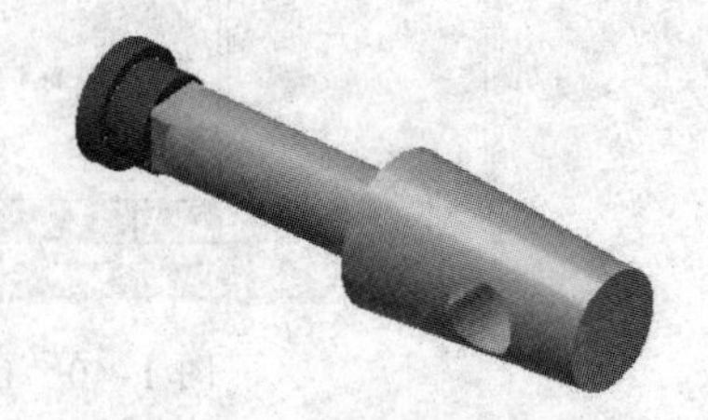

图 1-44　查看装配效果

1.5.3　零件工程图

【例 1-3】创建阀杆工程图。

操作步骤如下：

1. 新建工程图文件

在“新建文件”对话框中，选择工程图模板“Standard.idw”，或者单击图 1-5 所示“工程图”图标，进入工程图环境，如图 1-45 所示。

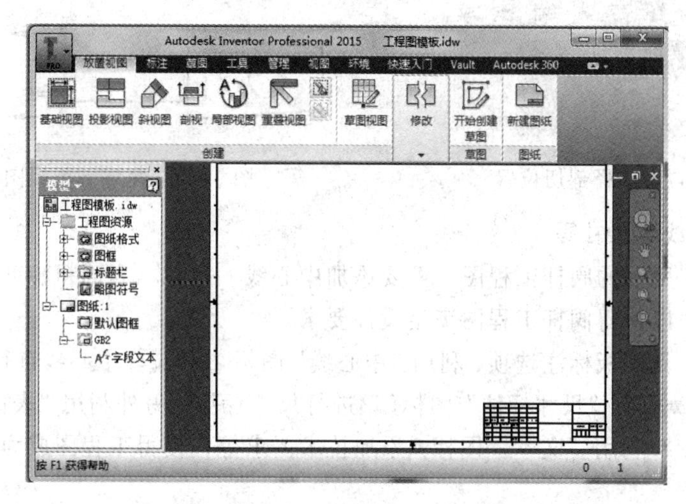

图 1-45　工程图界面

2. 生成工程图

（1）创建基础视图。在工程图视图工具面板中，选择“基础视图”，弹出“工程视图”对话框，选择“阀杆.ipt”，设置视图方向、比例等，如图 1-46 所示。拖动鼠标可以继续创建轴测图、投影视图等，直接右击，在弹出的快捷菜单里选择“创建”或者单击“确定”按钮，即可完成基础视图的创建。

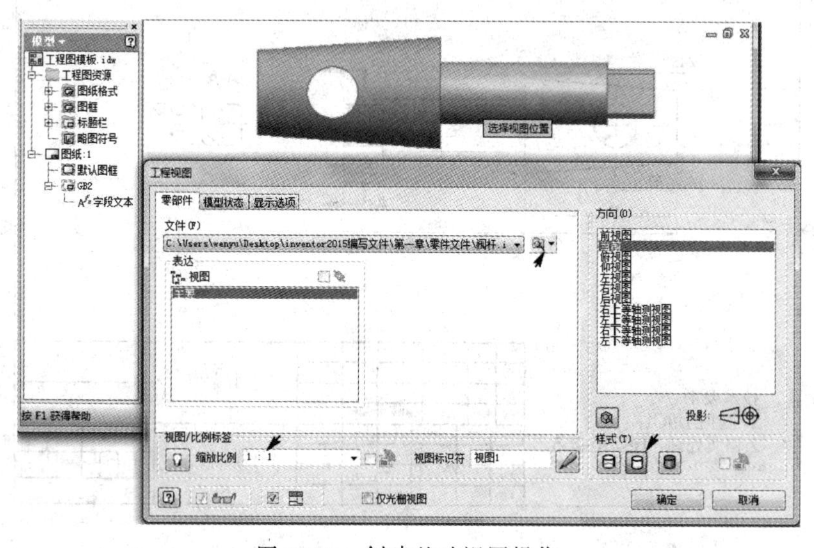

图 1-46　创建基础视图操作

（2）创建剖面视图。单击工程图工具面板“剖视”图标，选择基础视图，单击确定剖切位置的第一点，拖动鼠标，单击确定剖切位置的第二点；右击选择“继续”，如图 1-47 所示。在弹出对话框的中单击“确定”按钮，完成剖面视图的创建，如图 1-48 所示。

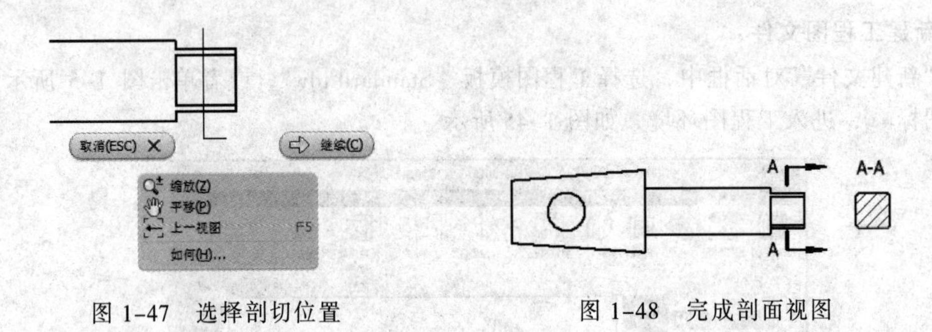

图 1-47　选择剖切位置　　　图 1-48　完成剖面视图

3．添加中心线、尺寸等

对于图 1-48 所示的阀杆工程图，需要添加中心线、尺寸、表面粗糙度、技术要求等几何和加工的信息，以使得阀杆工程图满足设计要求。

单击工程图工具面板标注选项，利用“中心线”图标对阀杆中心线进行标注、利用“检索尺寸”图标检索或者“尺寸标注”图标进行尺寸标注；另外利用“表面粗糙度”图标标注表面粗糙度、利用“文本”图标A添加技术要求等，使得工程图成为后续加工中能够使用的完整工程图。

在阀杆零件建模时，选择菜单栏 iProperty 选项设置主题、零件代号、物理属性等，在工程图中标题栏会自动提取上述属性，实现零件名称、零件代号和重量在标题栏中的自动添加。这部分内容将在后续的零件创建和工程图章节中详细介绍。

经过上述编辑操作的阀杆完整的工程图，如图 1-49 所示。

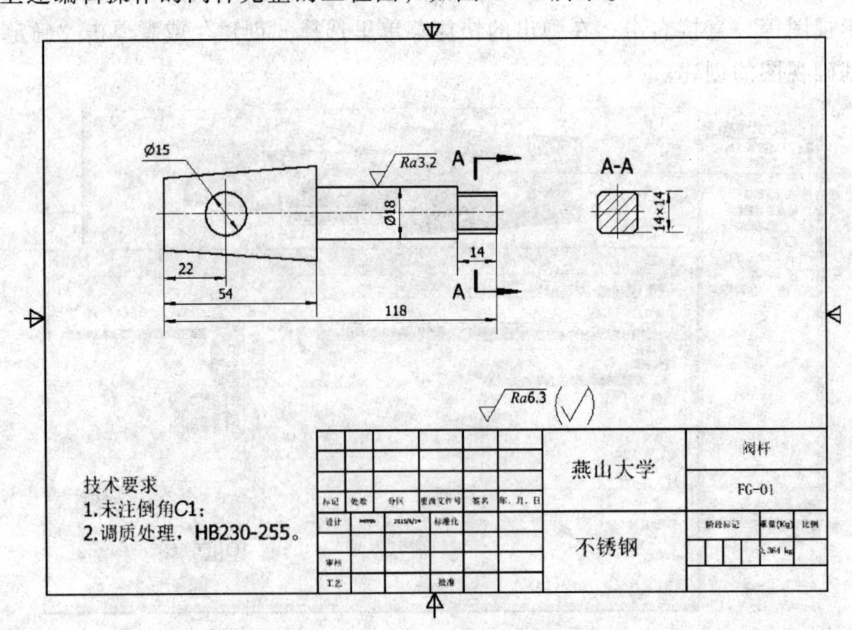

图 1-49　阀杆零件工程图

本 章 小 结

本章简单介绍了 Inventor 2015 的特点、功能及新特性，主要介绍了该软件的界面构成、工具栏、菜单栏、工具面板、浏览器等功能。通过实例介绍 Inventor 2015 的设计流程，体验该软件的强大功能及易学易用的操作方法。

复习思考题

1. Inventor 2015 软件界面的菜单栏、工具栏、工具面板和浏览器的位置及各项中包括的功能有哪些？

2. 对视图观察的操作方法有几种？其中快捷操作方法有几种？

3. 如何创建草图、新零件？

4. Inventor 2015 有哪些新特性？

5. 熟悉 Inventor 2015 从零件、装配到工程图的工作流程。

第 2 章 草图创建及编辑

本章导读

在 Inventor 2015 三维建模过程中，草图是创建特征的基础。本章主要介绍草图绘制、编辑和约束等命令功能，及其操作方法和操作技巧。通过本章学习使学生熟练掌握草图绘制、编辑和约束等操作方法，为特征创建打下基础。

教学目标

通过对本章内容的学习，学生应做到：

- 了解草图构成和设计流程。
- 熟悉草图绘制、编辑、约束等命令功能。
- 掌握草图绘制、编辑、几何约束、尺寸标注等的操作方法和操作技巧。
- 通过学习本章提供的实例，熟悉并掌握草图创建、编辑、几何约束和尺寸标注等的操作方法和操作技巧，能够熟练掌握草图绘制方法并完成完整草图的绘制工作。

2.1 草 图 概 述

草图是 Inventor 2015 的一项最基本的技能，几乎所有的特征及模型的创建都脱离不了草图。草图分为二维和三维草图。二维草图建立在某一平面上，与平面相关联。三维草图建立在空间中，可用空间坐标系绘制三维草图。本书介绍的草图，不作特别说明的情况下，是指二维草图。

2.1.1 草图基本知识

1. 草图组成

草图由草图平面、坐标系、几何轮廓、几何约束和尺寸等组成。草图有开放轮廓和封闭轮廓两种类型。开放轮廓用于创建扫掠路径、面拉伸或者旋转等造型，而封闭轮廓用于创建实体、扫掠路径或者面等。

2. 草图与特征关系

（1）草图是特征的基础，特征基于草图。对草图的编辑，即对几何轮廓、几何约束和尺寸的修改，退出草图后，特征将自动更新。

（2）特征只受到基于它的草图约束，与其他特征无关。

（3）如果特征是在其他特征基础上创建的，则这两个特征之间存在关联性。删除或者修改第一个特征，后面创建的特征有可能失效。如创建拉伸特征，在拉伸特征表面创建筋板特征，拉伸特征修改或者删除，筋板特征就会出错。

3. 草图设计流程

绘制草图轮廓、添加几何约束和尺寸约束如果没有按照正确的方法和顺序操作，将会给设计工作带来不必要的重复，降低工作效率。创建完整草图的正确步骤如下：

（1）利用草图工具面板提供的绘制几何图元命令，创建与完整的几何轮廓近似的图形。

（2）利用草图工具面板提供的“几何约束”命令，添加必要的几何约束，保证几何图元间准确的位置关系。

（3）利用草图工具面板提供的“尺寸约束”命令，添加尺寸约束，确定草图几何图元大小和位置，使之符合设计要求。

草图设计流程如图 2-1 所示。

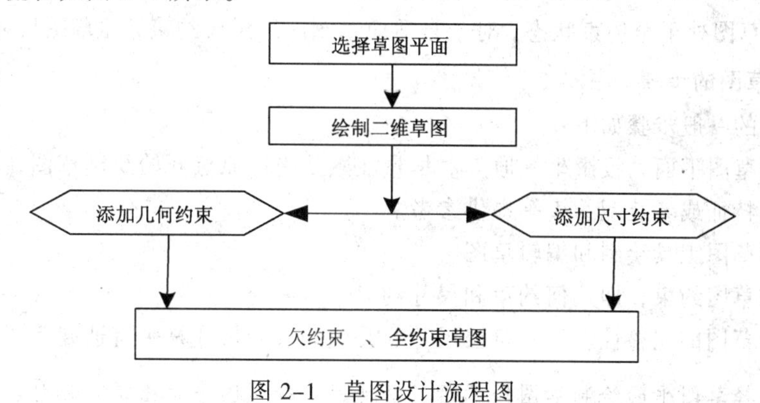

图 2-1 草图设计流程图

2.1.2 创建草图

1. 创建草图的基本方法

草图是在草图平面上绘制几何图形，通过添加几何和尺寸约束，使之成为特征能够使用的轮廓。草图是在指定平面上创建的，这些平面通常为默认坐标平面（*XY* 平面、*YZ* 平面、*ZX* 平面）、实体表面或者新建的工作平面等。

草图平面的坐标系为系统默认坐标系，包括 3 个坐标平面、3 个坐标轴和 1 个坐标原点，可通过展开浏览器中“原始坐标系”进行查看，如图 2-2 所示。默认状态下，系统坐标系不显示。若要在绘图区内显示系统坐标系，则应在浏览器中选择坐标平面或者坐标轴，右击，在弹出的快捷菜单中选择“可见性”进行显示。

图 2-2 原始坐标系

草图除了可利用绘制工具创建外，也可以投影或者偏移已有的实体边线和面或通过复制和阵列已有的几何轮廓等进行创建。

只有草图处于激活状态，才能够进行创建、编辑等操作。

2. 创建草图的基本原则

为减少草图绘制及编辑的时间，提高工作效率，创建草图时应遵循以下原则：

（1）创建实体的草图为封闭的截面轮廓，不封闭的轮廓一般只生成面。截面轮廓不允许自相交，否则不能生成实体。

（2）绘制草图时，应先画出截面轮廓的大致形状，然后添加几何约束确定图元之间的位置关系，再添加尺寸，否则在添加约束时所画的草图会发生扭曲变形。

（3）草图轮廓尽可能简单，对于复杂的特征采用多次创建简单形状的草图的方法来创建。

（4）创建草图时，绘制草图的起点或者中心点应尽可能放到默认坐标系原点、坐标轴上；或者放到坐标平面的投影中心、对称线上等，为特征创建或者装配约束等提供位置参考要素，减少创建位置参考的工作量。

（5）利用投影工具，与不在当前草图上的其他几何图元之间建立关联。

（6）一般草图处于全约束状态，对于自适应草图应采用欠约束，即草图尺寸标注不完全。

3. 创建草图的步骤

草图创建的一般步骤如下：

（1）选择草图平面，投影坐标原点。尽量在默认坐标原点开始绘制草图，减少草图定位尺寸，为其他特征或者装配约束等提供参考。

（2）利用草图工具绘制和编辑草图。

（3）添加草图约束，即几何约束和尺寸约束。

（4）检查草图的完整性。检查定位尺寸、几何约束和尺寸是否有遗漏等。

技巧： 选择草图平面绘制草图轮廓后，发现所选择草图平面错误，此时在浏览器中单击欲修改的草图，单击右键，在弹出的快捷菜单中选择“重定义”，选择正确的草图平面，已有的草图轮廓就放置在所选择的草图平面上。

4. 二维草图面板

Inventor 2015 是用于草图创建的工具面板，包括“创建”“修改”“约束”“插入”和“格式”，如图 2-3 所示。

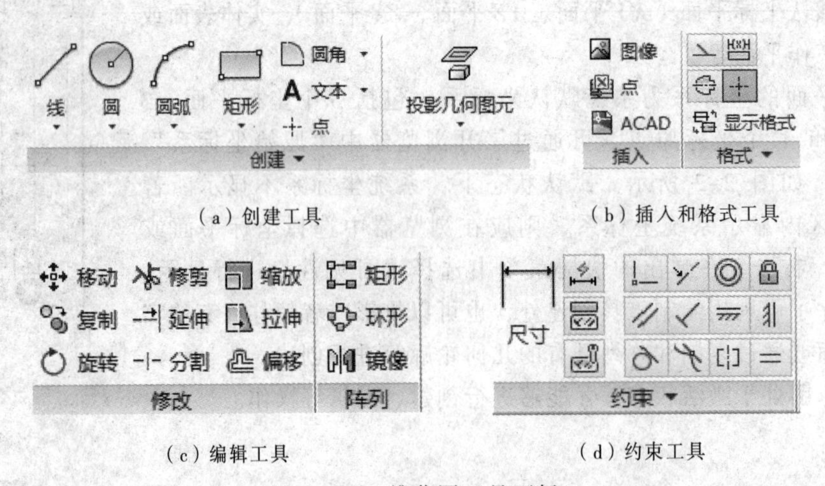

（a）创建工具　（b）插入和格式工具

（c）编辑工具　（d）约束工具

图 2-3　二维草图工具面板

注意："▼"符号表示有扩展选项。单击该符号，出现更多选择工具。例如在图 2-3 中，单击图标下面的"▼"符号，会出现 3 个图标："三点圆弧"、"相切圆弧"和"圆心圆弧"，如图 2-4 所示，选择其中一个即可执行相应的操作。

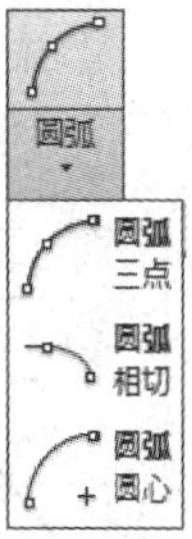

5. 草图线型样式

创建草图需要使用不同线型，如轮廓线（实线）、辅助线（构建线）、中心线等。绘制草图需要在实线、构建线和中心线之间进行切换。系统默认的线型是实线，构建线和中心线，它们的图标在草图工具栏右侧"格式"中。

图 2-4 "▼"符号

（1）构建线：用于截面轮廓的辅助定形和定位，显示为"细点线"样式。

（2）中心线：主要表示回转体的轴线等，显示为"点画线"样式。

注意：创建草图时，系统默认是实线。如果绘制构建线或者中心线的图元，单击构建线图标或者中心线图标，即可绘制构建线或中心线的图元。对于已经绘制好的构建线图元，选择图元后单击"构建线"，即可变为实线；类似操作可以把中心线图元变为实线；对于实线图元，选择实线图元后，单击"构建线"或者"中心线"线型图标即可变为构建线或者中心线图元。

2.2　草图绘制工具

Inventor 2015 提供了易学易用且操作简单的草图绘制工具，利用草图绘制工具绘制截面轮廓。熟练掌握草图绘制工具操作的方法和技巧，是后续的特征创建的奠基石。

1. 点

点用于轮廓辅助定位或者打孔的位置参照等。单击草图创建面板上的"点"图标，在绘图区内单击鼠标左键，则会在单击位置出现点。如果连续绘制点，则再次单击鼠标左键，若结束绘制，则应单击鼠标右键，在弹出的快捷菜单中选择"确定"或者按【Esc】键，即退出点的操作。

2. 线

线主要用于创建截面轮廓，包括直线、样条曲线、表达式曲线、桥接曲线等工具。单击草图创建面板上"线"图标下面的"▼"符号，出现如图 2-5 所示的各种线工具。线型改变可通过线型样式进行切换。

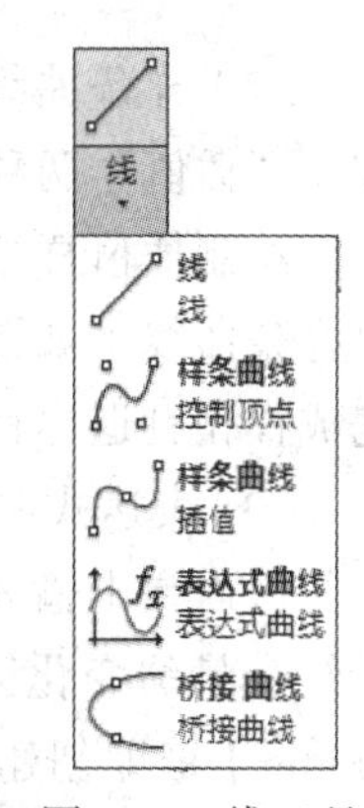

图 2-5　线工具

（1）直线。单击线工具中图标，在绘图区内确定直线的起点和终点，如图 2-6 所示。若绘制首尾相连的直线即折线，连续单击直线的端点即可，如图 2-7 所示。若退出直线操作，单击右键，在弹出的快捷菜单中选择"确定"，或按【Enter】键或【Esc】键即可。

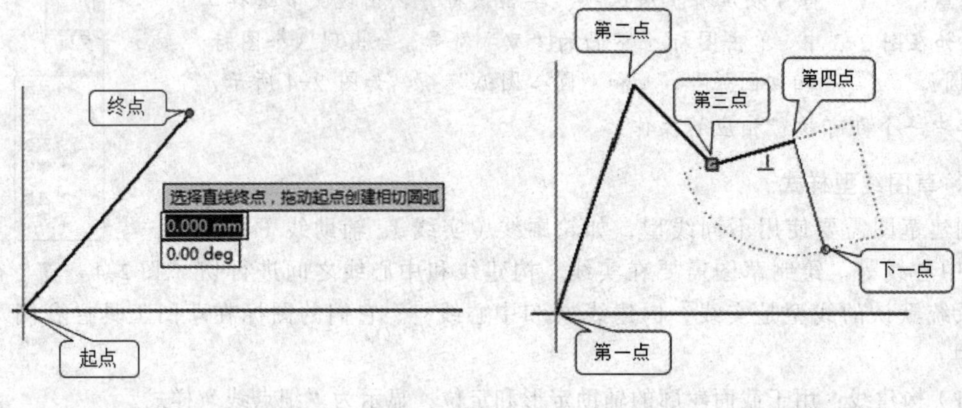

图 2-6　两点直线　　　　图 2-7　首尾相连直线

技巧：使用直线工具可以绘制与直线相切的弧。连续绘制直线时，在直线的端点按住鼠标左键拖动，即可绘制与直线相切或者与直线法线相切的圆弧（四个象限均可）。松开鼠标左键，即创建了圆弧，圆弧的方向由鼠标拖动的方向确定，如图 2-8 所示。

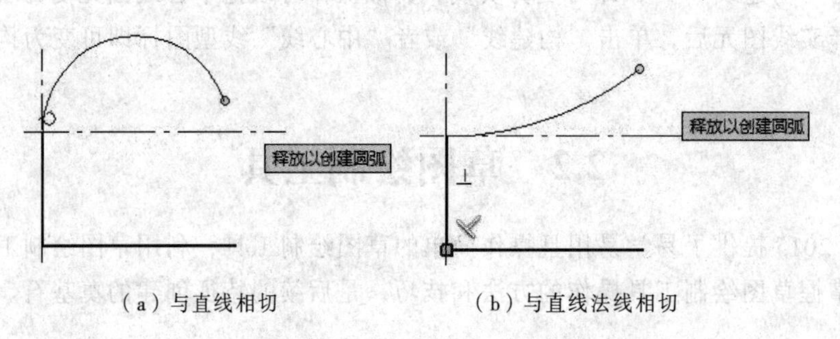

（a）与直线相切　　　　（b）与直线法线相切

图 2-8　直线工具绘制圆弧

（2）样条曲线。样条曲线可用于创建曲线和曲面等，如图 2-5 所示，有“控制顶点”和“插值”两种。

绘制插值样条曲线方法是单击“插值”图标，在绘图区内依次选择插值点即可绘制插值样条曲线，如图 2-9 所示。单击绘图区中“√”或者右击，在快捷菜单中选择“创建”，完成操作且退出命令。

（3）表达式曲线。表达式曲线用于创建用二维方程控制的曲线。单击图 2-5 所示图标，绘图区内弹出输入 x、y、t 表达式的对话框，例如在表达式中输入“x=5*t、y=1.5*sin(360*t)”系统变量的变化区间为“t=0~1”，绘制的正弦曲线如图 2-10 所示。单击“√”或者直接按【Enter】键即创建了表达式曲线并退出该操作。

（4）桥接曲线。桥接曲线的功能是把两个断开的曲线用平滑连续的曲线相连。曲线类型可以是草图线、样条曲线、圆弧或者投影曲线。如图 2-11(a)所示为断开的样条曲线和圆弧，单击图 2-5 中“桥接曲线”图标，选择样条曲线端点和圆弧端点，即把样条曲线与圆弧用平滑曲线连接，如图 2-11(b)所示。

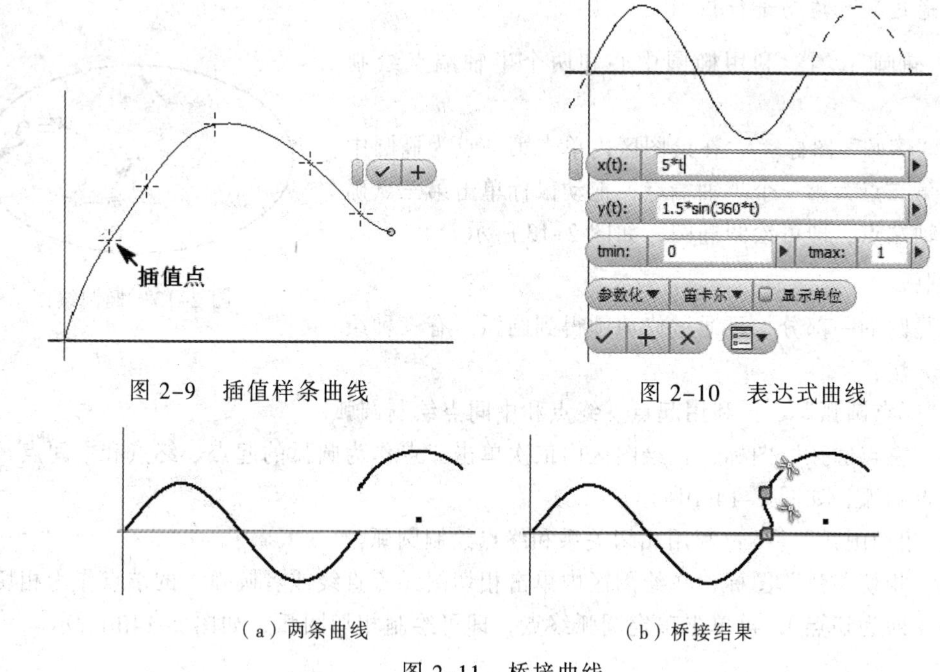

图 2-9　插值样条曲线

图 2-10　表达式曲线

（a）两条曲线　　（b）桥接结果

图 2-11　桥接曲线

3．圆

圆的绘制工具包括圆和椭圆。圆的绘制可采用两种方法：圆心和半径、相切圆。

（1）圆心和半径：利用圆心和半径绘制圆。

单击草图工具面板“圆心和半径”图标，在绘图区内选择一点确定为圆心，移动鼠标给出半径长度（或者直径长度）或者用键盘输入半径值，按【Esc】键或者右击，在弹出的快捷菜单中选择“确定”，完成圆的绘制，如图 2-12(a)所示。

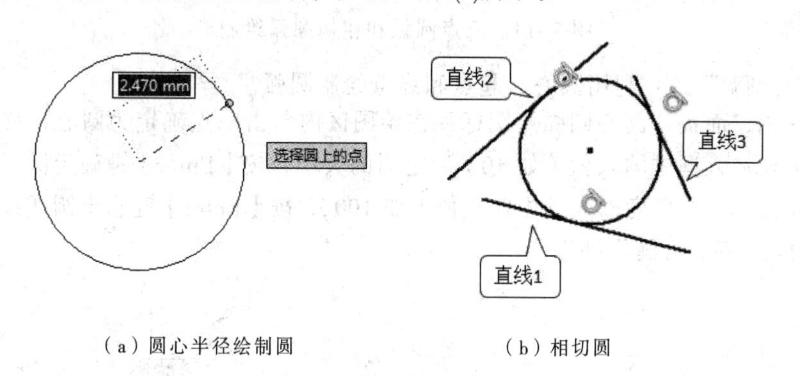

（a）圆心半径绘制圆　　（b）相切圆

图 2-12　圆绘制

（2）相切圆：绘制与三条直线相切的圆。

单击“相切圆”图标，在绘图区内依次选择三条与圆相切的直线，即可绘制相切圆，如图 2-12(b)所示。

技巧：绘制圆时，右击，在弹出的快捷菜单中，选择“直径”或者“半径”，绘制圆时采用直径或者半径方式绘制圆。通过几何和尺寸约束确定圆尺寸和位置，在圆尺寸和位置确定之前，通过鼠标拖动进行粗调。

（3）“椭圆”：利用椭圆中心和两个半轴端点绘制椭圆。

单击“椭圆”图标，在绘图区内单击第一点为椭圆中心，单击第二点为第一个半轴端点，拖动鼠标单击第三点确定另一半轴端点，即可绘制椭圆，如图 2-13 所示。

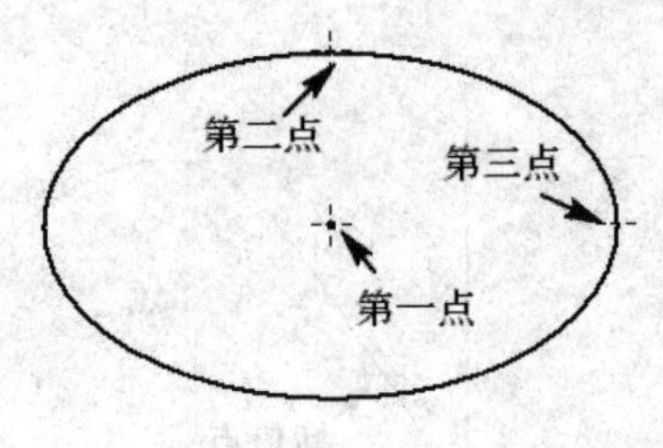

图 2-13　椭圆绘制

4．圆弧

圆弧是圆的一部分，可通过修剪圆得到圆弧。有三种绘制圆弧的方法：

（1）“三点圆弧”：利用起点、终点和中间点绘制圆弧。

单击“三点圆弧”图标，在绘图区内依次单击三点作为圆弧的起点、终点和中间点，即可绘制三点圆弧，如图 2-14(a)所示。

（2）“相切圆弧”：利用相切关系和终点绘制圆弧。

单击“相切圆弧”图标，在绘图区内单击相切图元（直线或者圆弧）的端点作为相切圆弧的起点（即为切点），再单击确定圆弧终点，即可绘制相切圆弧，如图 2-14(b)所示。

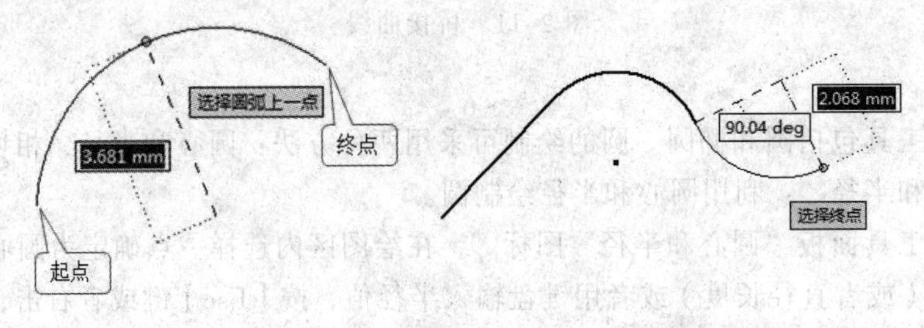

（a）三点圆弧　（b）相切圆弧

图 2-14　三点圆弧和相切圆弧绘制

（3）“圆心圆弧”：利用圆心、起点和终点绘制圆弧。

单击草图创建面板“圆心圆弧”图标，在绘图区内单击一点确定为圆心，移动鼠标给出半径或者在半径输入框中输入值（如 10）确定圆的大小，按【Enter】键确定圆弧起点，移动鼠标预览圆弧大小，在角度输入框中输入值（如 100），按【Enter】键确定圆弧终点，完成圆弧绘制。图 2-15 所示为操作过程。

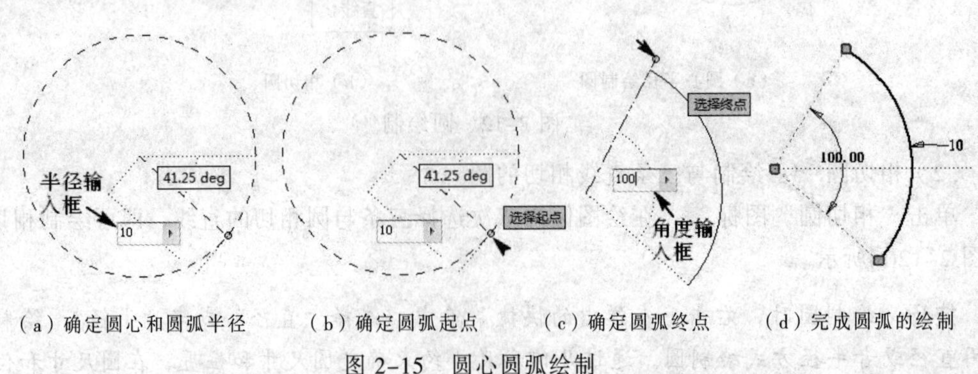

（a）确定圆心和圆弧半径　（b）确定圆弧起点　（c）确定圆弧终点　（d）完成圆弧的绘制

图 2-15　圆心圆弧绘制

5. 矩形

矩形工具中包括矩形、多边形和各种槽的绘制工具，如图 2-16 所示：

（1）“两点矩形”，利用矩形两对角点绘制矩形。

单击二维草图面板相应的图标，在绘图区内单击两点作为矩形的对角点，即可绘制矩形。

（2）“三点矩形”：利用第一点、第二点确定矩形第一条边，利用第三点确定另一边长绘制矩形，如图 2-17 所示。

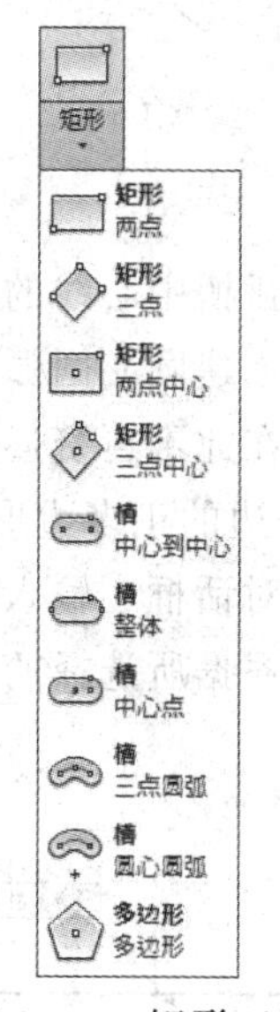

图 2-16　矩形工具

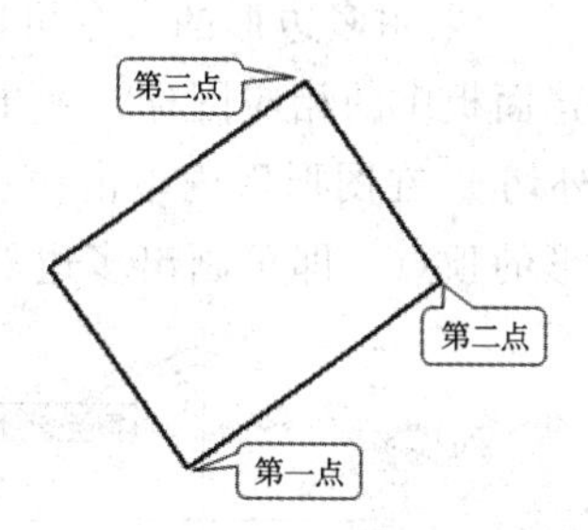

图 2-17　三点矩形

（3）“三点中心矩形”：第一点确定的是矩形中心点，第二点确定是第一条边的中点，第三点确定第一条边与另一边的交点即可绘制矩形。

（4）“中心到中心槽”：通过确定槽两中心位置和槽宽绘制线性槽。

单击“中心到中心槽”图标，在绘图区内单击一点，拖动鼠标单击第二点，将上述两点作为线性槽圆弧中心的位置，如图 2-18(a)所示。继续拖动鼠标确定槽宽，或者输入圆弧半径（或直径），如图 2-18(b)所示，创建的中心槽如图 2-18(c)所示。

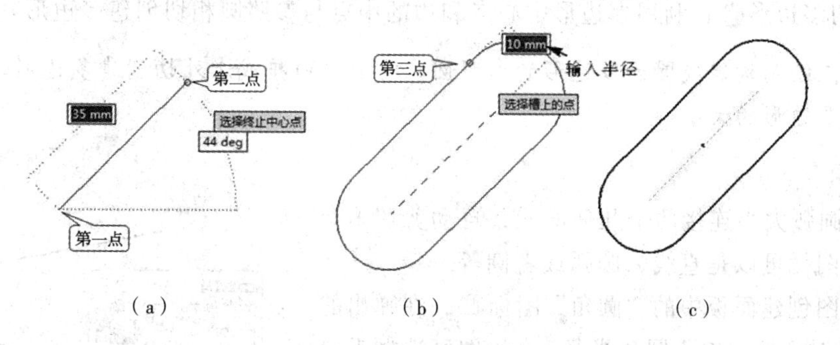

图 2-18　中心到中心槽

整体槽和中心槽的绘制方法与中心到中心槽类似，在此不再赘述。

（5）“三点圆弧槽”：利用三点确定圆弧槽中心位置并给出槽宽绘制三点圆弧槽。

利用三点绘制圆弧槽的中心线位置，如图 2-19(a)所示，拖动鼠标确定槽宽或者输入半径（直径），如图 2-19(b)所示，即可创建三点圆弧槽，如图 2-19(c)所示。

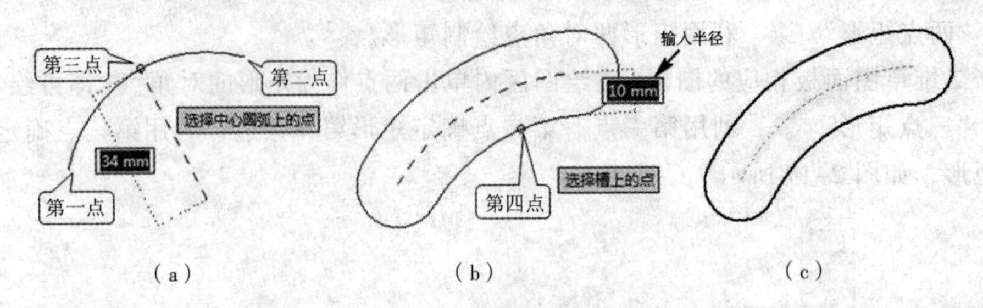

（a）　（b）　（c）

图 2-19　三点圆弧槽

创建“圆心圆弧槽”，是利用圆弧槽中心线的圆心、圆弧槽中心线的起点和终点创建的圆心圆弧槽。可拖动鼠标确定宽度或者输入半径（直径）来创建圆心圆弧槽。创建圆心圆弧槽与三点圆弧槽的区别只是圆弧槽中心线的创建方法不同，在此不再赘述。

（6）多边形：采用多边形的命令可以创建最多有 120 条边的正多边形。

单击草图创建面板中的相应图标，弹出多边形对话框。在对话框中输入边数并选择其创建方法（内接和外切）。在图形区内单击一点为多边形的中心，根据所选择的创建方法单击另外一点作为多边形的顶点，即可画出多边形，如图 2-20 所示。

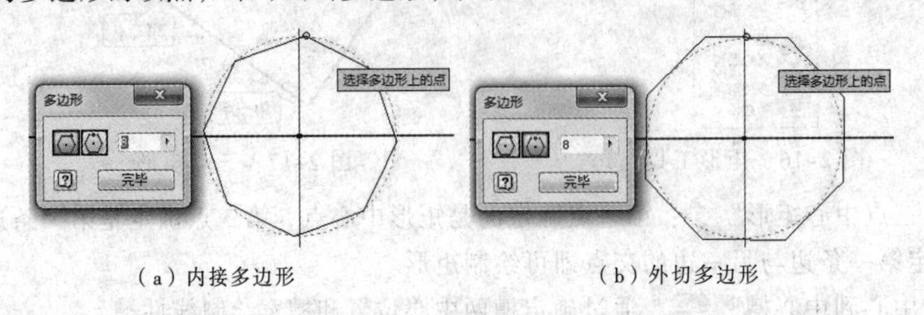

（a）内接多边形　（b）外切多边形

图 2-20　多边形绘制

创建多边形的方法：

① 内接多边形：利用多边形中心点和顶点与参照圆相交创建多边形。

② 外切多边形：利用多边形中心点和边的中点与参照圆相切创建多边形。

技巧：先绘制构建线圆为多边形的参照圆，再通过内接或者外切创建多边形，通过确定圆尺寸定义多边形的大小。

6. 圆角

用指定圆弧大小连接两个几何图元，自动剪切多余部分。几何图元可以是直线、圆弧或者圆等。

单击草图创建面板中的“圆角”图标，在弹出的“二维圆角”对话框中输入圆角半径，在绘图区选择需要连接的两个几何图元，即可给出连接圆角，如图 2-21 所示。

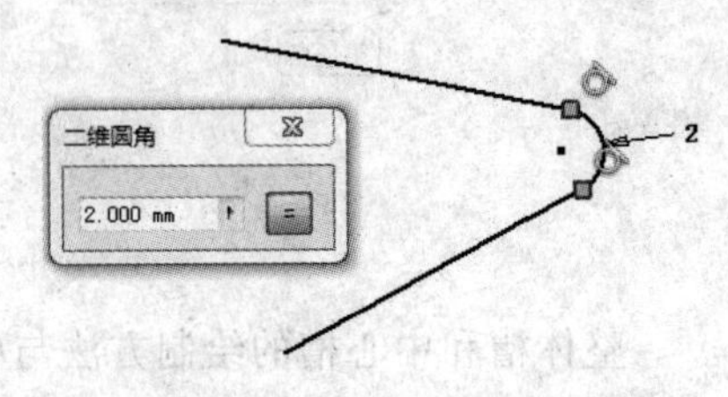

图 2-21　圆角绘制

7. 倒角

通过“裁剪两条直线长度”、“长度与角度”等方法连接两条线。

单击草图创建面板中的“倒角”图标，在弹出的对话框中确定倒角类型和倒角边长，在绘图区选择需要倒角的直线，即可画出倒角，如图 2-22 所示。

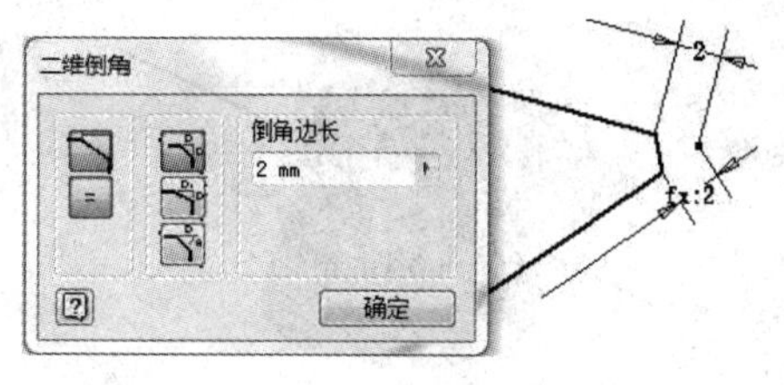

图 2-22 倒角绘制

设置倒角数值方法：

（1）单击“距离”图标：输入需要剪裁两条直线的长度，用相等剪裁长度的方法创建倒角。

（2）单击“两距离”图标：分别输入需要剪裁的两条直线的长度。

（3）单击“角度和距离”图标：分别输入需要剪裁的一条直线长度及这条线的旋转角度。

技巧：在草图中尽量不用圆角和倒角编辑草图，在实体模型中进行圆角和倒角的创建，相对于草图编辑和模型修改非常方便，可减少草图操作。

8. 点、中心点

单击草图创建面板中的“中心点”图标，在绘图区单击一点即可绘制中心点（默认）。如果绘制点，在格式面板中取消“中心点”图标，在绘图区单击一点即可绘制点。

9. 投影几何图元

Inventor 2015 可将模型的几何图元（边和顶点）、闭合回路、定位特征或者原始坐标系中的选项投影到草图上，创建参照几何图元或者截面轮廓。投影几何图元的类型有 4 种，如图 2-23 所示。

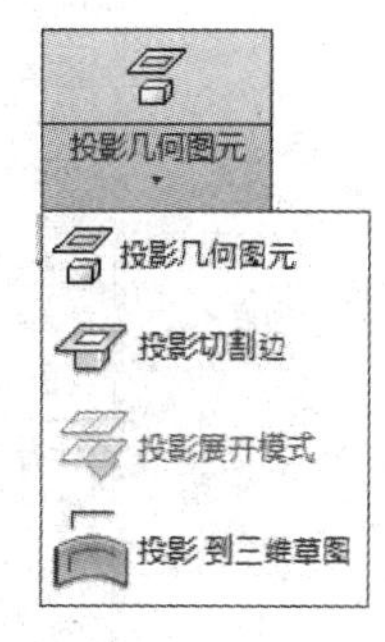

图 2-23 投影几何图元类型

（1）“投影几何图元”：将模型上的边和顶点、闭合回路、定位特征或者曲线投影到当前草图上。

单击“投影几何图元”图标，选择要投影的边、顶点等，自动投影到当前草图上，如图 2-24 所示。

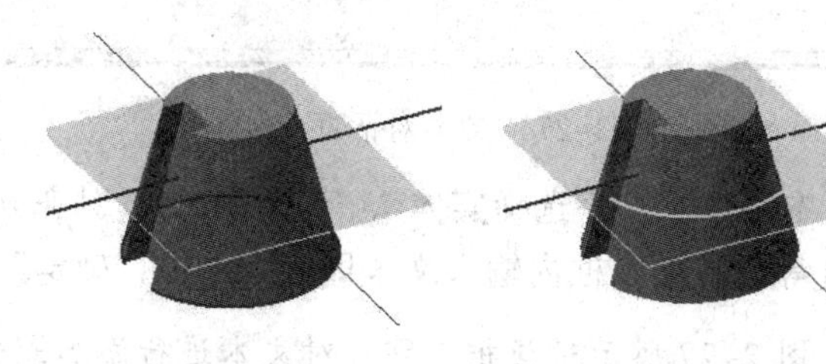

（a）选择投影边　　（b）投影结果

图 2-24 投影几何图元

（2）“投影切割边”：将与草图平面相交的模型边线投影到当前草图上，如图 2-25 所示。

（3）“投影到三维草图”：在草图平面创建草图，选择三维模型表面或者曲面，自动把草图投影到曲面上，如图 2-26 所示。

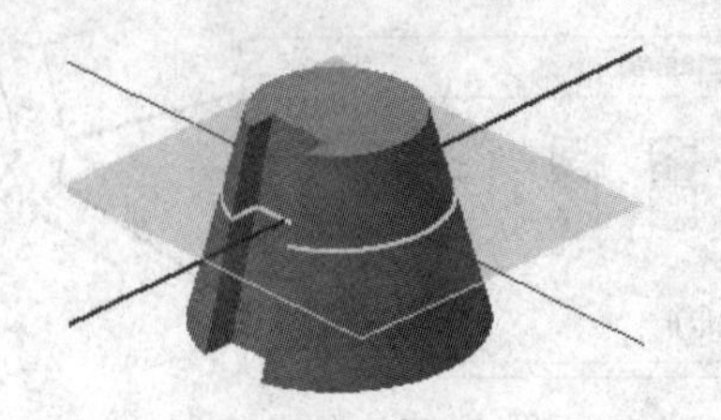

图 2-25　投影切割边

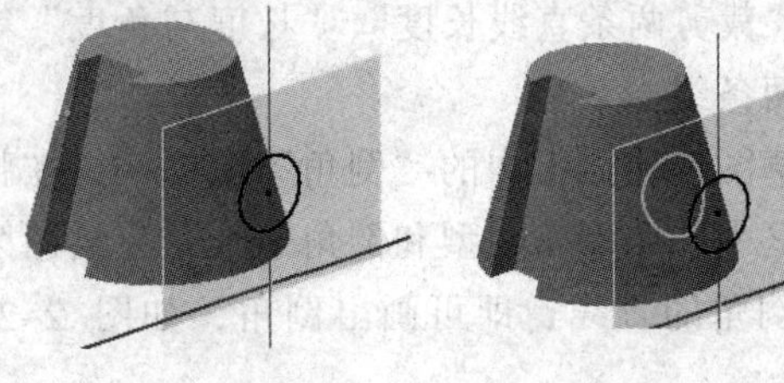

（a）创建草图　　（b）投影结果

图 2-26　投影到三维草图

（4）投影展开模式：钣金件的折弯部分，可以展开后投影到草图平面上。

10．文本

Inventor 2015 可在草图中添加文本。文本可作为说明性文字，也可作为特征的草图。

创建文本的方法如下。

（1）文本：在草图平面上添加文本。

单击“文本”图标 **A**，在绘图区内单击确定书写文本的位置，弹出“文本格式”对话框，如图 2-27 所示。

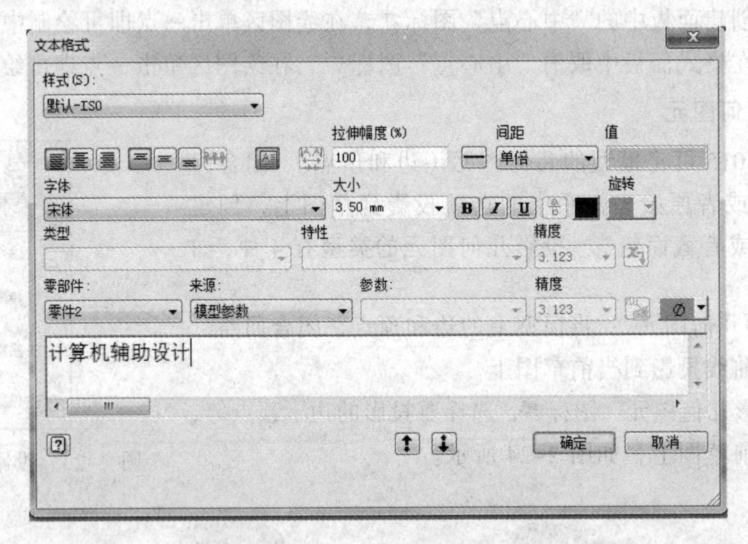

图 2-27　文本对话框

在图 2-27 中，设置文本字体（汉字选择实体），字号为 3.5，对齐方式为左对齐，行间距为单倍，拉伸幅度为 100 等，在文本框内输入文本即可。单击“确定”即可创建文本。

技巧：双击文本，弹出图 2-27 所示对话框，即可对文本进行添加或者删除等编辑操作。

（2）几何图元文本：在直线或者圆弧上创建文本。

单击“几何图元文本”图标 ^A，选择直线或者圆弧，弹出“几何图元文本”对话框，如图 2-28 所示。在对话框中，设置文本方向，偏移距离为 0，起始角度为 0，字体为宋体、字号为 3.5 等，输入文本“计算机辅助设计”，创建的几何图元文本结果如图 2-28 所示。

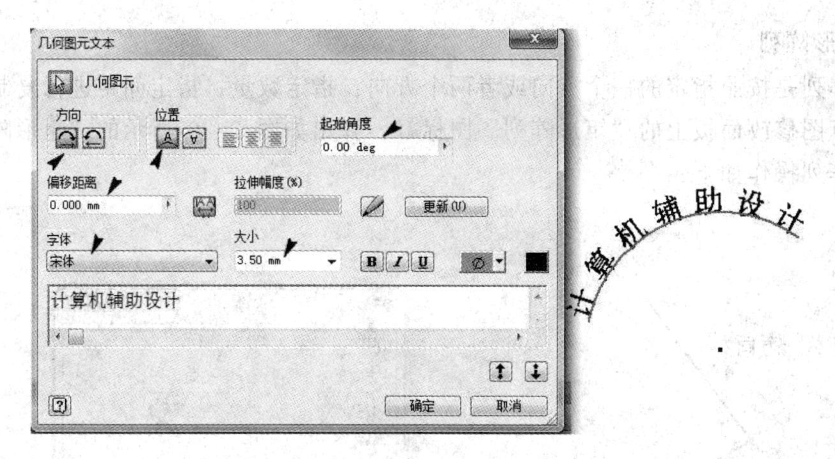

图 2-28 “几何图元文本”对话框

2.3 草图编辑工具

在草图编辑时首先选择几何图元。常用的选择方法如下。

（1）单选：将光标移动到几何图元上，图元变为红色，单击选中的几何图元即会显示变色。

（2）多选：按住【Ctrl】或者【Shift】键，依次单击多个图元进行累计多选；若再次单击选中的图元，则该图元被取消选中。

（3）窗口选：在绘图区内，按住鼠标左键向右下或者右上拖动，形成浅红色矩形窗口，松开鼠标完成选择，在窗口之内的图元被选中。

（4）相交窗口选：在绘图区，按住鼠标左键向左下或者左上拖动光标，形成浅绿色矩形窗口，松开鼠标完成选择，在窗口之内以及与窗口相交的图元均被选中。

草图编辑工具有很多，有一部分具有关联编辑性质。关联编辑是指通过这些工具编辑的图元与原图元具有参数关联性，即修改原图元，则与其具有关联性的图元将随之得到联动修改。关联编辑工具包括“镜像”、“阵列”、“偏移”等。

1. 镜像

单击草图修改面板上的图标，弹出“镜像”对话框，如图 2-29 所示。对话框中各项含义如下。

（1）“选择”：选择需要镜像的图元。

（2）“镜像线”：在绘图区选择镜像线。镜像线可以是实线、构建线或者中心线。

（3）“应用”：完成镜像操作，继续进行镜像操作。

（4）“完毕”：完成镜像操作，退出操作。

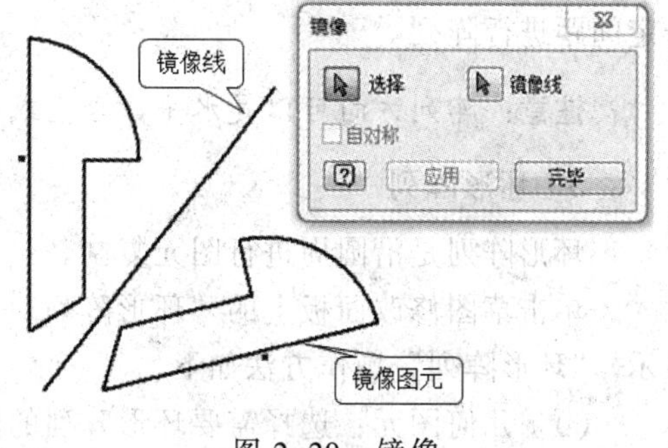

图 2-29 镜像

技巧：镜像为关联编辑。改变镜像线位置，镜像图元位置随之改变；拖动改变图元形状或者位置，镜像图元随之联动变化。

2．矩形阵列

矩形阵列是按照指定的一个方向或者两个方向，指定数量，指定间距进行复制图元。

单击草图修改面板上的“矩形阵列”图标，弹出如图 2–30 所示的“矩形阵列”对话框。矩形阵列操作如下：

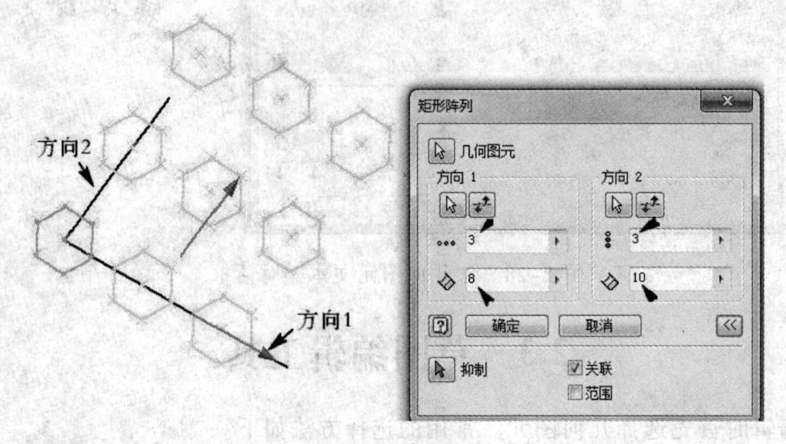

图 2–30　矩形阵列

（1）几何图元，选择需要矩形阵列的图元，例如六边形。

（2）方向 1，选择一条直线作为第一个阵列方向，输入该方向的阵列数量为 3，间距为 8。

（3）方向 2，选择另一条直线作为第二个阵列方向，输入该方向的阵列数量为 3，间距为 10。

（4）单击“确定”按钮，完成矩形阵列。

注意：可通过方向按钮旁的图标改变阵列方向；以一个方向或者两个方向阵列均可。

在图 2–30 所示对话框下方有三个选项，各选项含义如下。

（1）抑制：可将选择的抑制图元变为虚线，不参与特征创建。

（2）关联：勾选关联选项，阵列的图元随着原图元改变自动改变。

（3）范围：勾选范围选项，是按照指定间距除以数量得到间距值进行阵列，否则按照指定间距进行阵列。

注意：阵列方向可以是水平、垂直或斜方向，其参照可以是实线、构建线或者中心线。

3．环形阵列

环形阵列是沿圆周进行图元复制。

单击草图修改面板上的“环形阵列”图标，弹出“环形阵列”对话框，如图 2–31 所示。“环形阵列”操作方法如下。

（1）几何图元：选择需要环形阵列的图元，例如六边形。

（2）轴：选择一个点或者几何图元的端点作为阵列中心。

（3）在文本框中输入环形阵列数量 8 和阵列范围角度 360°。

（4）单击“确定”按钮，完成六边形的环形阵列。

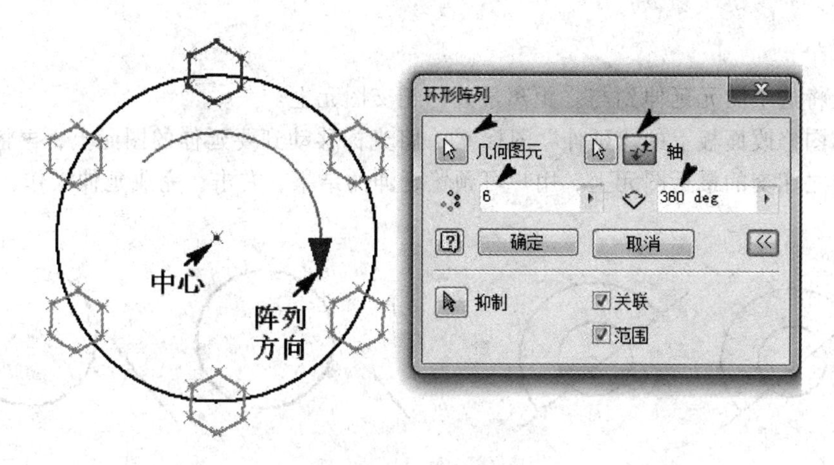

图 2-31 环形阵列

对话框下方 3 个选项的含义与矩形阵列对话框中的相同。

4．偏移

单击草图修改面板上的“偏移”图标，选择需要偏移的图元，拖动鼠标到偏移位置，单击即可绘制偏移的图元，如图 2-32 所示。

偏移操作默认是回路选择，且偏移图元与原图元等距。若偏移一个或者多个独立图元，或者忽略等距偏移，右击，在弹出的快捷菜单中去掉回路选择和约束偏移量，选择图元，按【Enter】键确定，移动鼠标进行非等距偏移。

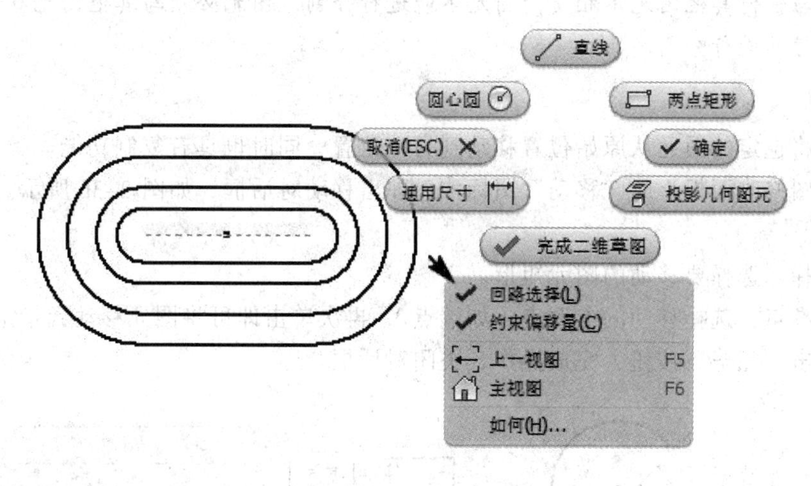

图 2-32 偏移

5．修剪

修剪是用来去掉相交图元多余部分的工具。

单击草图修改面板上的“修剪”图标，鼠标指针移动到要修剪的曲线上，使被修剪的曲线变为虚线，单击则曲线被删除，如图 2-33 所示。

技巧：有交点的图元才能使用修剪工具进行删除。当修剪图元有多个交点时，靠近光标的交点的图元被删除。只要按住【Shift】键即可在修剪和延伸操作之间切换。

6. 延伸

延伸是将选中图元延伸到与之距离最近的相交图元上。

单击草图修改面板上的“延伸”图标，将光标移动到要延伸的图元上，再将所选的图元延伸到与之相交的最近图元上，用户可预览延伸的结果，右击，完成延伸操作，如图 2–34 所示。

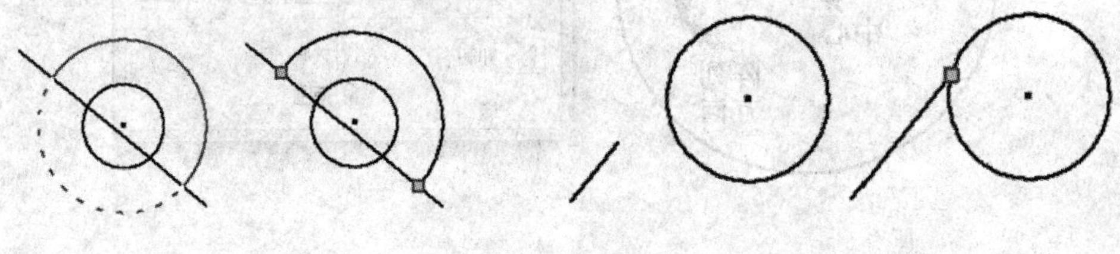

图 2–33　修剪　　　　图 2–34　延伸

注意：如果图元端点有固定约束则不能延伸。另外，必须有交点的图元才能进行延伸操作。

7. 分割

分割是将一个图元利用与其他图元的交点分为两个或者多个独立图元。

单击草图修改面板上的“分割”图标，选择要分割的图元，选择圆，右击，完成操作，如图 2–35 所示，圆被分为两部分。

注意：与任何其他图元不相交的图元不能进行分割。图元必须与其他图元有交点，才能利用此交点对其进行分割。

8. 移动

移动是将选定的图元从原始位置移动到另一位置，同时也具有复制功能。

单击草图修改面板上的“移动”图标，弹出移动对话框，如图 2–36 所示。“移动”操作步骤如下。

（1）选择：选择要移动的图元矩形。

（2）基准点：选择移动的参照点（如端点），再次单击即可将图元移动到指定位置。

（3）单击“完毕”按钮，完成操作，关闭对话框。

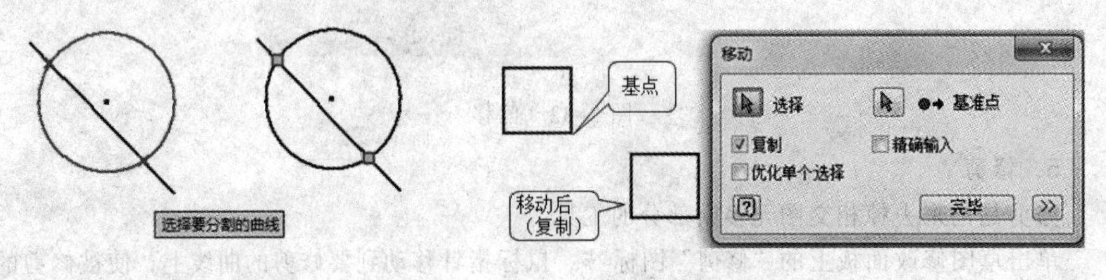

图 2–35　分割操作　　　　图 2–36　移动

注意：若勾选移动对话框中复制选项，则不仅移动而且复制了所选图元，保留了原图元，否则原位置图元将被移到新位置。

9. 旋转

旋转是将选定的草图图元相对于中心点旋转指定的角度。

单击草图修改面板上的“旋转”图标，弹出“旋转”对话框如图 2-37 所示。旋转操作方法如下。

（1）选择：选择要旋转的图元，例如五边形。

（2）中心点：选择一点为旋转的中心点，例如五边形的一个端点。

（3）角度：输入精确旋转角度（例如-120°）或者拖动鼠标给定角度。角度顺时针为负，逆时针为正。

（4）单击“应用”按钮，完成操作，继续对其他图元进行旋转操作。单击“完毕”按钮完成操作且关闭对话框。

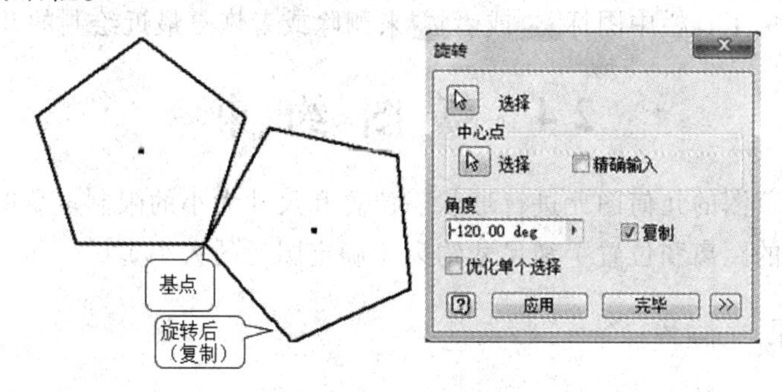

图 2-37　旋转

10. 复制

“复制”是将选定的草图复制一份或者多份。

单击草图修改面板上的“复制”图标，弹出“复制”对话框，如图 2-38 所示。“复制”操作方法如下。

（1）选择：选择要复制的图元，例如五边形。

（2）基准点：选择一点为基准点，例如五边形的端点。在绘图区单击即复制，可多次单击实现多份复制。

（3）单击“完毕”按钮，完成操作，关闭对话框。

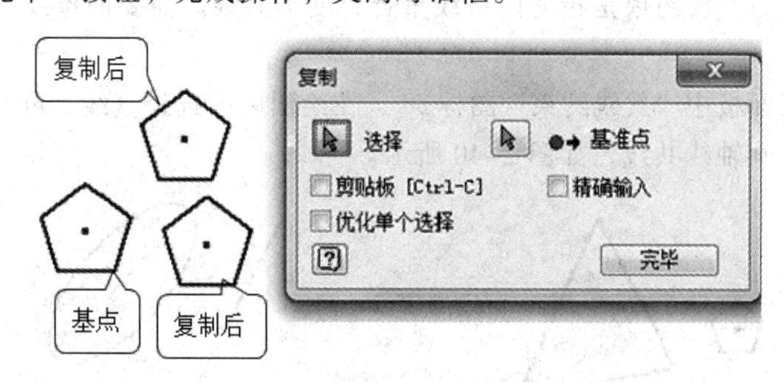

图 2-38　复制

技巧：选择几何图元后，按【Ctrl+C】组合键，再按【Ctrl+V】组合键同样可完成复制操作。

11. 拖动几何图元

将光标移动到几何图元的端点或者图元上，待图元变色后按住鼠标左键且拖动，即可把几何图元位置进行移动或者改变图元的大小。

注意： 拖动几何图元改变其大小和位置，只适用于未标注定位尺寸和大小的图元或者标注不完全的图元。

12. 删除几何图元

删除几何图元的方法有：

（1）选择要删除的几何图元，右击，在弹出快捷菜单中选择“删除”即可。

（2）选择要删除的几何图元，在键盘上按【Delete】键，即可删除图元。

（3）可利用菜单工具栏中图标或者来删除或者恢复最近绘制的几何图元。

2.4 草图约束

草图约束是对草图的几何图元进行形状、位置和尺寸大小的限制。草图约束分为几何约束（确定图元之间的距离和位置）和尺寸约束（确定图元的大小）。

2.4.1 几何约束

1. 几何约束工具

几何约束工具包括重合、共线、同心、平行、垂直、竖直、水平、相切、平滑、对称、相等和固定约束，用于确定图元之间的距离和位置关系。

（1）重合约束。重合约束是使两点重合或者点与直线重合。

单击草图约束面板中“重合约束”图标，在绘图区内选择图元上的点，如直线端点或者中点、圆心等，然后选择另一图元上的点，单击后这两点重合，如图 2-39(a)所示。

当重合约束应用在两个圆或者圆弧的圆心时，其与同心约束相同。

注意： 如果重合约束的图元没有位置限制，则约束后图元由第一次选择的图元位置确定。

（2）共线约束。共线约束是指使两条线重合，变为共线。需要两条线可以是直线或者轴线等。

单击草图约束面板中“共线约束”图标，在绘图区内选择直线，再选择椭圆轴线，右击，选中直线与椭圆轴线共线，如图 2-40 所示。

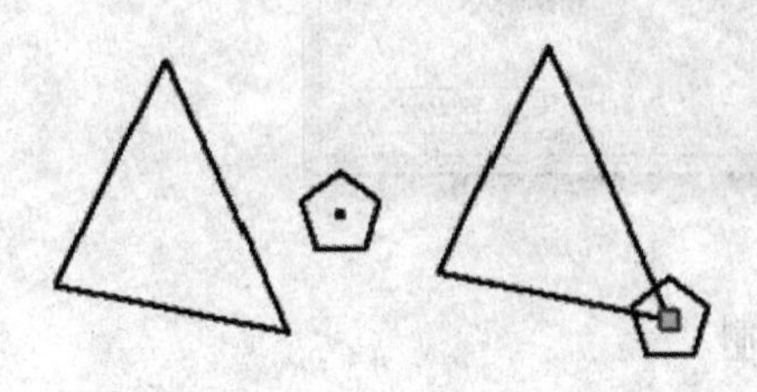

（a）约束前　（b）约束后

图 2-39　重合约束

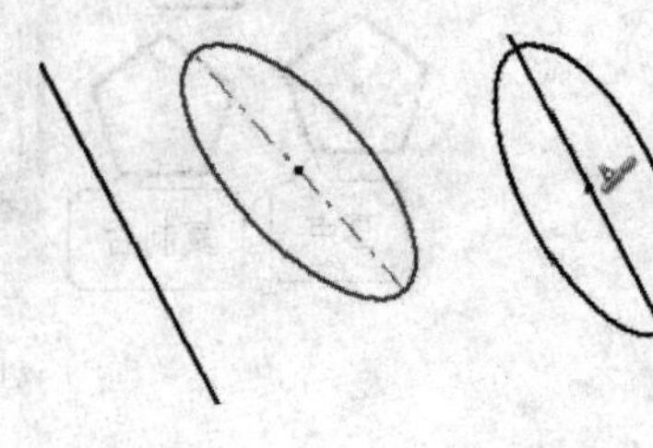

（a）约束前　（b）约束后

图 2-40　共线约束

采用共线约束，未被约束的线条与已约束的线条共线。若两个线条均未被约束，则第二个线条与第一个线条共线。

（3）同心约束。同心约束是使两个圆、圆弧或者椭圆等圆心重合。

单击草图约束面板中“同心约束”图标◎，在绘图区内选择圆、圆弧或者椭圆，再选择第二个圆、圆弧或者椭圆，单击后则二者同心，如图 2-41 所示。

（4）平行约束。平行约束是使所选的线段相互平行。线段可以是直线或者轴线等。

单击草图约束面板中“平行约束”图标 //，在绘图区内选择四边形的边，再选择直线，单击后这两个线条相互平行，如图 2-42 所示。

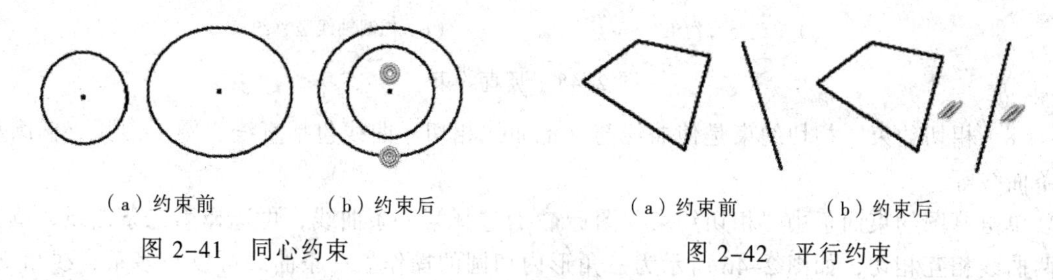

（a）约束前　（b）约束后

图 2-41　同心约束

（a）约束前　（b）约束后

图 2-42　平行约束

技巧：若让几条直线或者轴线平行，先选择这些直线，单击平行约束图标即可使它们平行。

（5）垂直约束。垂直约束是使所选的线性图元相互垂直。线性图元包括直线、样条曲线、椭圆轴线、圆或者圆弧等。

单击二维草图面板中“垂直约束”图标✓，在绘图区分别选择两个图元，即可创建垂直约束，如图 2-43 所示。

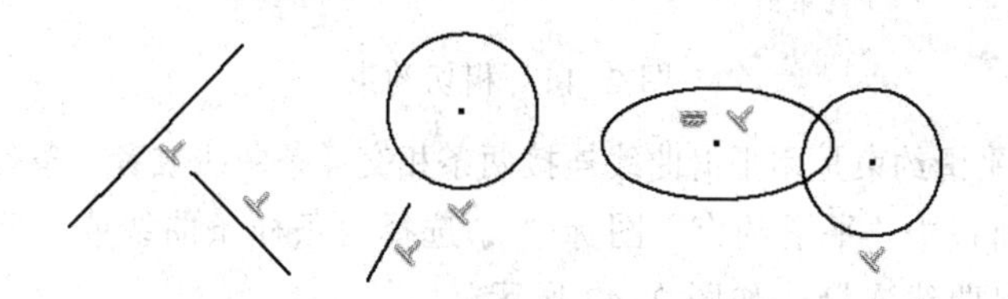

图 2-43　垂直约束

注意：对样条曲线添加垂直约束，必须在样条曲线和其他曲线的端点处。圆或者圆弧与直线垂直是直线与圆或者圆弧在与直线交点处的切线垂直。

（6）水平约束。水平约束是使直线、轴线或者成对点平行于草图坐标系 *X* 轴。

单击草图约束面板中的“水平约束”图标 ═，在绘图区内选择一条直线、轴线或者成对点，即可使它们与 *X* 轴平行，即水平，如图 2-44 所示。

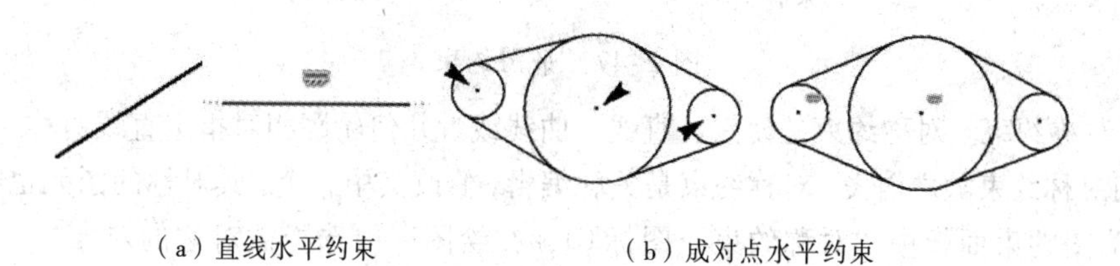

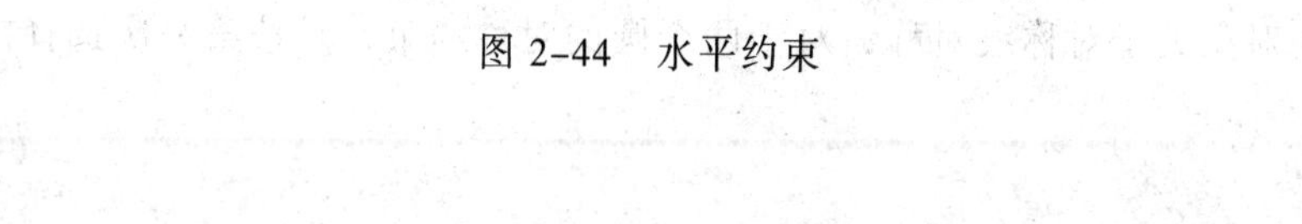

（a）直线水平约束　（b）成对点水平约束

图 2-44　水平约束

（7）竖直约束。竖直约束是使直线、轴线或者成对点平行于草图坐标系 *Y* 轴。

单击草图约束面板中“竖直约束”图标，在绘图区内选择一条直线、轴线或者成对点，即可使它们与 *Y* 轴平行，即竖直，如图 2-45 所示。在其他平面上的线条，注意方向。

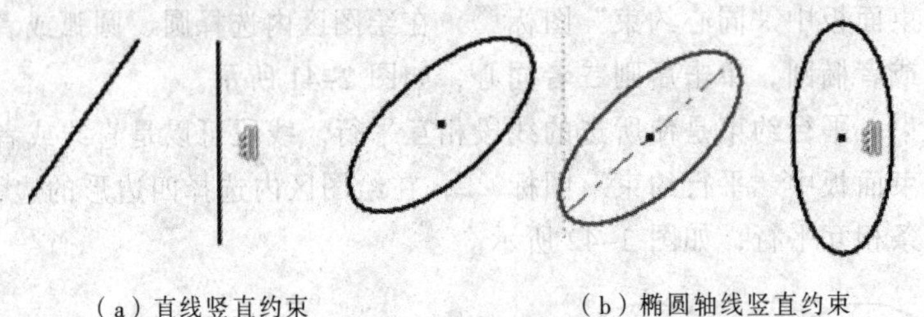

（a）直线竖直约束　　（b）椭圆轴线竖直约束

图 2-45　竖直约束

（8）相切约束。相切约束是使曲线与其他曲线相切。曲线包括直线、圆、圆弧、椭圆和样条曲线等。

单击草图约束面板中“相切约束”图标，选择第一条曲线，再选择第二条曲线，单击后两曲线相互相切，如图 2-46 所示为三角形内切圆的操作。一条曲线可以与多条直线相切。

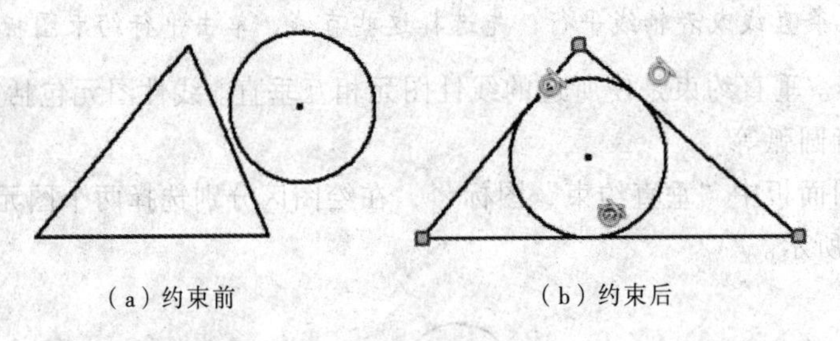

（a）约束前　　（b）约束后

图 2-46　相切约束

（9）平滑约束。平滑约束是用平滑曲线连接两条相交样条曲线或者一条条样曲线和一条直线。

单击草图约束面板中“平滑约束”图标，选择两条样条曲线或一条样条曲线和一条直线，在端点处用平滑曲线连接，如图 2-47 所示。

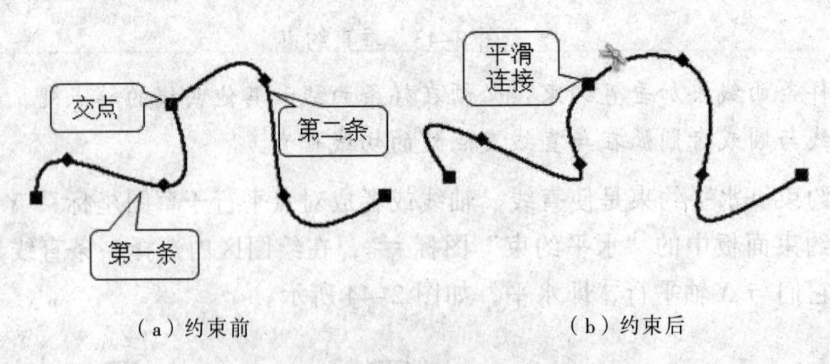

（a）约束前　　（b）约束后

图 2-47　平滑约束

（10）对称约束。对称约束是使点、直线、曲线或者几何轮廓相对指定直线对称。如果对称线删除，则对称约束随之消失。对称约束是关联编辑，修改其中一个，其对称的图元也随之修改。

单击草图约束面板中“对称约束”图标，在绘图区内选择欲对称的对象，再单击对称线，则这两个对象关于对称线对称；对于两个圆的对称约束，是按第一次选择的圆的尺寸修改第二次选择的圆大小，如图 2-48 所示。

（11）等长约束。等长约束是使圆和圆弧半径相等、直线长度相等的约束。

单击草图约束面板中“等长约束”图标，在绘图区内选择第一个对象，如圆、圆弧或者直线，再选择第二个相同图元对象，单击后这两个图元具有相同尺寸，如图 2-49 所示。

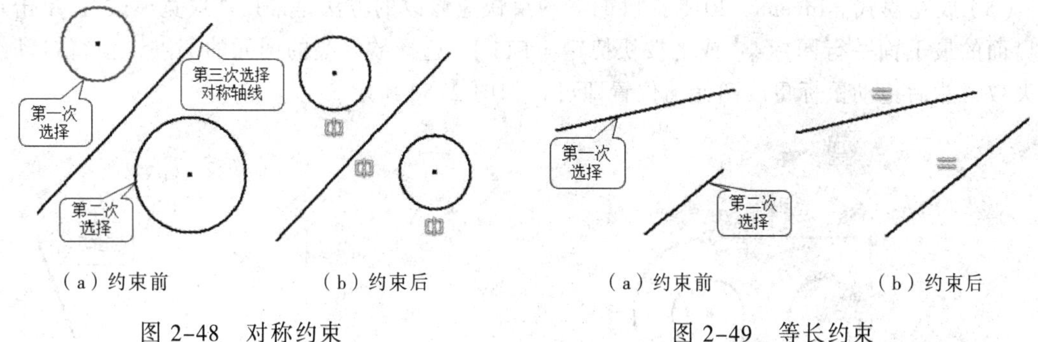

（a）约束前　（b）约束后　（a）约束前　（b）约束后

图 2-48　对称约束　　图 2-49　等长约束

注意：等长约束是将第二次选择的对象修改为与第一次选择的对象相等。

（12）固定约束。固定约束是将点或者直线固定在绘图区某一位置。

单击草图约束面板中“固定约束”图标，在绘图区内选择一个或者多个对象，单击后它们的颜色会出现变化，说明这些对象在草图平面中位置已经固定了，不能再进行移动。

2. 几何约束操作

几何约束的操作包括自动约束的捕捉、显示/隐藏约束、删除等。

（1）自动约束的捕捉。Inventor 软件可设置草图约束自动捕捉功能。绘制草图时，默认状态下系统会根据所画的图元自动应用几何约束，如绘制直线时拖动鼠标，光标旁边会自动出现水平、竖直、平行、相切等各种符号，表明系统自动推测并启用了相应的约束，如图 2-50 所示。

（2）显示/隐藏所有几何约束。查看几何图元的约束情况的操作：

① 单击草图约束面板中“显示约束”图标，单击需要显示约束的图元，将该图元上的约束显示出来，如图 2-51(a)所示。若暂时显示某图元的约束，则单击该图元，约束出现，再单击约束消失。

② 若要长久显示约束，则右击，在快捷菜单中选择“显示所有约束”或者按快捷键【F8】，即可查看草图中所有约束，如图 2-51(b)所示；若让约束消失，则右击，在快捷菜单中选择“隐藏所有约束”或者按快捷键【F9】即可。

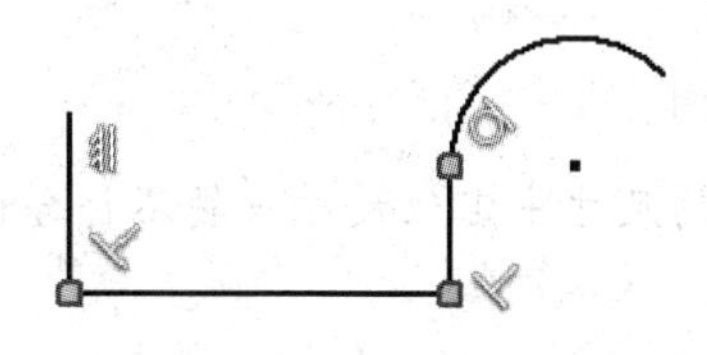

图 2-50　自动约束

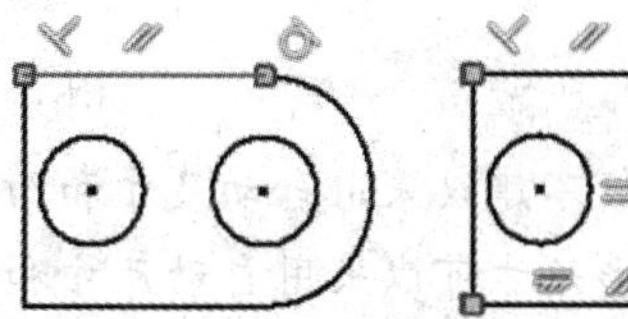

（a）单击显示约束

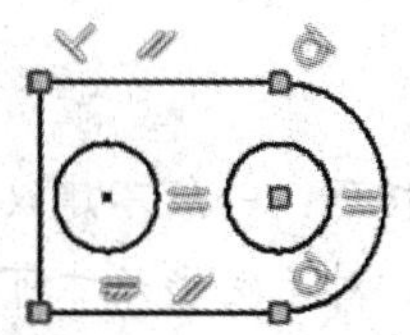

（b）显示所有约束

图 2-51　显示约束

（3）禁用自动约束。在多数情况下，采用自动约束能够加快绘图速度，但有时不希望使用自动约束，绘图时同时按住【Ctrl】键，则绘制的图元之间不显示任何约束。

（4）删除约束。若要删除某个约束，则应首先显示全部约束，选择欲删除的约束，右击，在快捷菜单中选择“删除”或者按【Delete】键即可，如图 2-52 所示为删除垂直约束。

（5）放宽模式。Inventor 2015 提供的对约束快速修改的方法是采用“放宽模式”。单击草图界面的最下面一行图标或者按快捷键【F11】，选择欲修改的图元的端点，使得自动约束失效，然后拖动鼠标更改图元的位置即可，如图 2-53 所示。

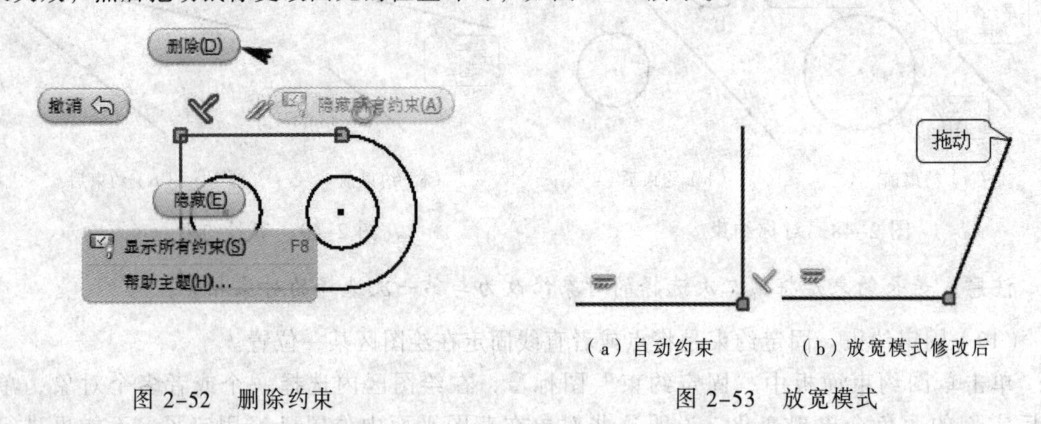

（a）自动约束　（b）放宽模式修改后

图 2-52　删除约束　　图 2-53　放宽模式

2.4.2　尺寸约束

尺寸约束是通过标注尺寸精确确定各类图元的大小和位置。尺寸包括线性尺寸、圆类尺寸和角度尺寸。

1. 自动尺寸和约束

自动标注尺寸是对所选择的图元自动标注缺少的尺寸和约束。

单击草图约束面板中“自动标注尺寸”图标，弹出自动标注尺寸对话框，如图 2-54 所示。在对话框中，单击“曲线”选择欲标注的图元，单击“应用”按钮，该图元标注了尺寸和约束；或者选择多个图元，则对多个图元进行标注尺寸和约束。若选择图元不想标注尺寸和约束，则单击“删除”按钮即可。单击“完毕”按钮退出该操作，关闭对话框。

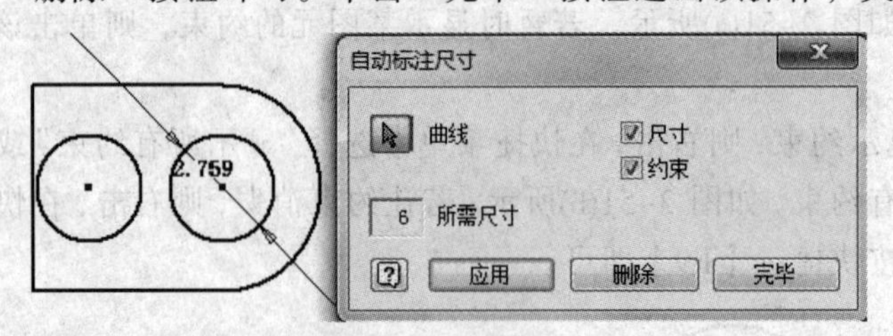

图 2-54　自动尺寸和约束

技巧：一般不建议采用自动尺寸和约束，因为所标注的尺寸中定位尺寸一般不符合设计要求，对于定形尺寸可以采用自动尺寸和约束。

2. 标注尺寸

Inventor 2015 采用“尺寸标注”通用图标标注草图中所有尺寸类型。

单击草图约束面板中“尺寸标注”图标，选择需要标注的图元，拖动鼠标，选择尺寸放置位置并单击鼠标，弹出尺寸输入对话框，输入尺寸值，如图 2-55 所示。若标注尺寸需要添加公差，则单击尺寸输入对话框中黑三角符号，在弹出的快捷菜单中选择公差，弹出如图 2-56 所示的公差标注对话框。

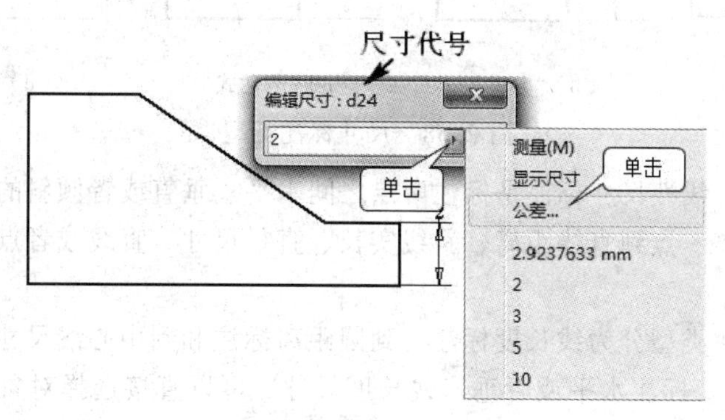

图 2-55　尺寸输入对话框

公差的标注类型，可直接在图 2-56 所示的对话框中选择，选择孔或者轴的公差代号即可标出对应的公差。生成工程图时还可自动检索尺寸，自动检索公差。

尺寸类型有“值”、“名称”、“表达式”和“公差”四种形式。草图环境下，在绘图区内空白区域右击，在快捷菜单中选择尺寸显示，弹出上述四种尺寸类型的下级菜单，在此进行切换即可，如图 2-57 所示。

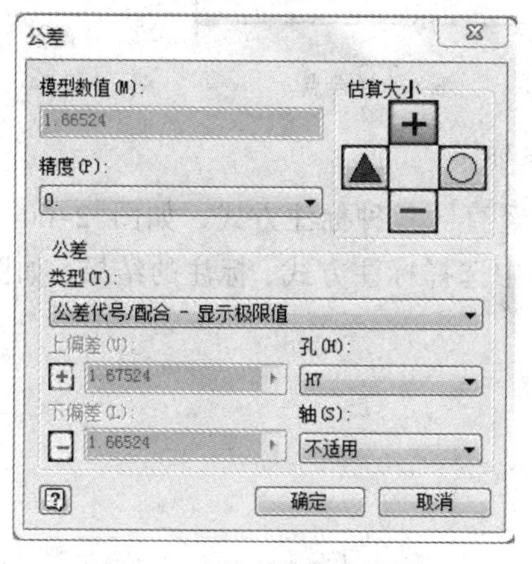

图 2-56　公差标注对话框

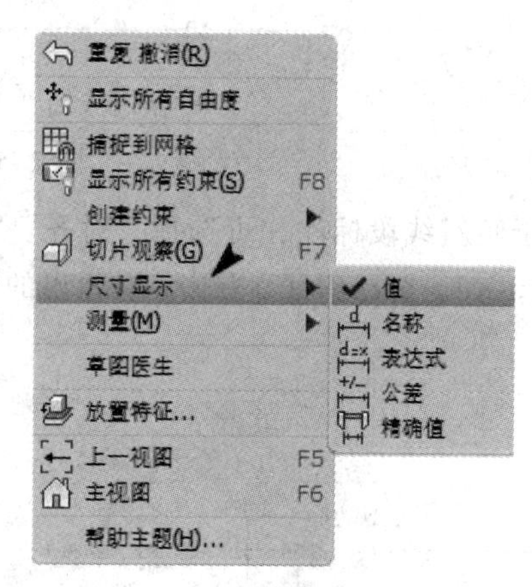

图 2-57　尺寸类型快捷菜单

其中“值”只显示标注的尺寸值；“名称”只显示标注的尺寸代号，代号是从 d0 开始；“表达式”是用等式表示尺寸代号和尺寸值；“公差”是在值显示基础上标出公差。四种尺寸标注的显示结果如图 2-58 所示。

技巧：尺寸输入时，输入状态一定是英文，可以采用包含加、减、乘、除、幂次方等运算符号的计算式。

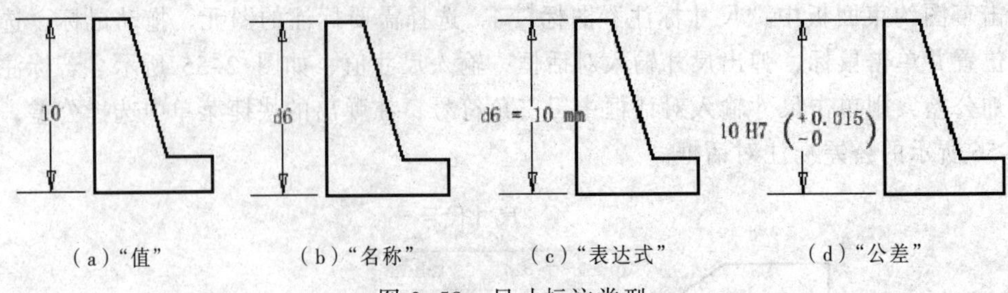

（a）“值”　（b）“名称”　（c）“表达式”　（d）“公差”

图 2-58　尺寸标注类型

（1）线性尺寸。线性尺寸标注是标注两点之间水平、垂直或者倾斜的距离、直线长度、直线与直线之间距离、点到直线距离、斜线实长、直径尺寸、直线或者点到圆或圆弧的切点之间距离等。

线性尺寸的标注类型分为线长度标注、到圆距离标注和到中心线尺寸标注。

① 线长度标注。标注水平或者垂直线长度尺寸，可以直接选择对象进行标注，如单击直线标注直线长度，如图 2-59(a)所示；也可以选择直线两个端点进行标注，如图 2-59(b)所示。

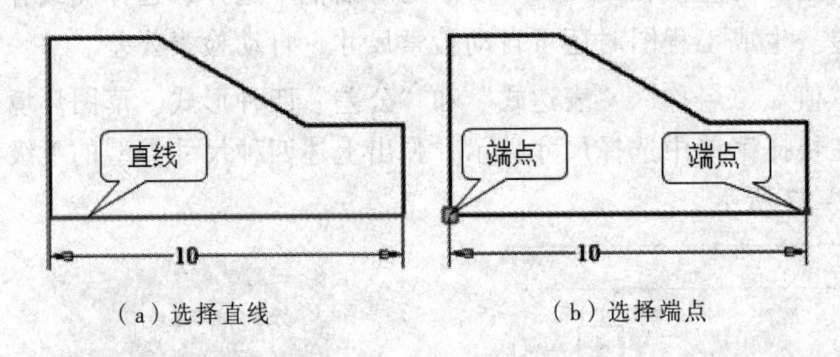

（a）选择直线　（b）选择端点

图 2-59　线长度标注

对于倾斜线段标注，可选择“对齐”“水平”“竖直”三种标注方式，如图 2-60 所示。单击图标，选择斜线，右击，在弹出的快捷菜单中选择标注方式，标注的结果，如图 2-61 所示。

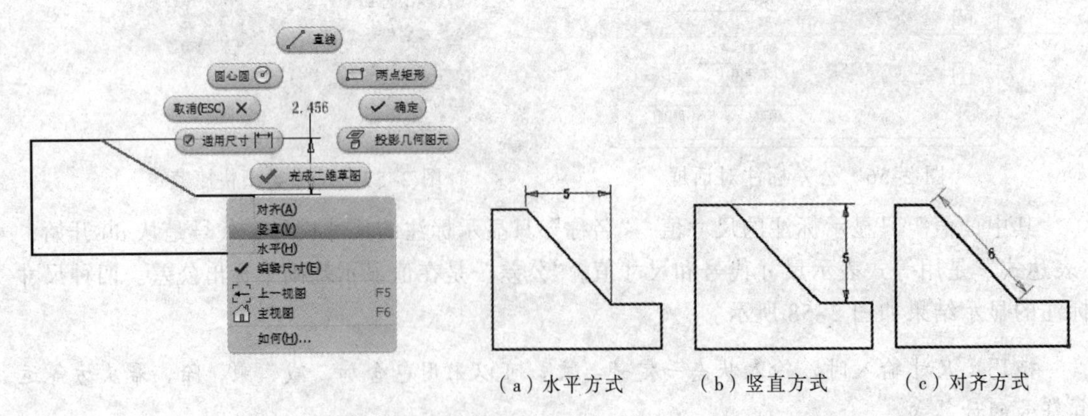

（a）水平方式　（b）竖直方式　（c）对齐方式

图 2-60　倾斜线段尺寸标注类型快捷菜单　　图 2-61　倾斜线段不同标注方式结果

另外，在选择斜线后，水平拖动鼠标标注水平尺寸，竖直拖动鼠标标注竖直尺寸。拖动鼠标在光标旁边出现的对齐提示符号，单击左键，拖动鼠标标注斜线实长，单击左键放置尺寸位置即可，如图 2-62 所示。

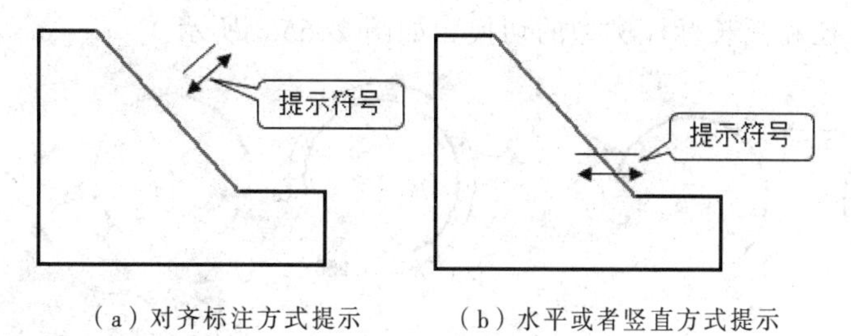

（a）对齐标注方式提示　　（b）水平或者竖直方式提示

图 2-62　线性尺寸不同标注方式

② 到圆或者圆弧的尺寸标注。在标注直线或者点到圆或者圆弧距离时，若直接选择圆或者圆弧则会标注的到圆心的距离，如图 2-63(a)所示。若要标注的到圆或者圆弧切点距离时，移动鼠标指针到圆或者圆弧上，鼠标指针到切点附近时，出现如图 2-63(b)所示的标注提示符号，再单击圆，完成直线到圆或者圆弧切点的标注，如图 2-63(c)所示。

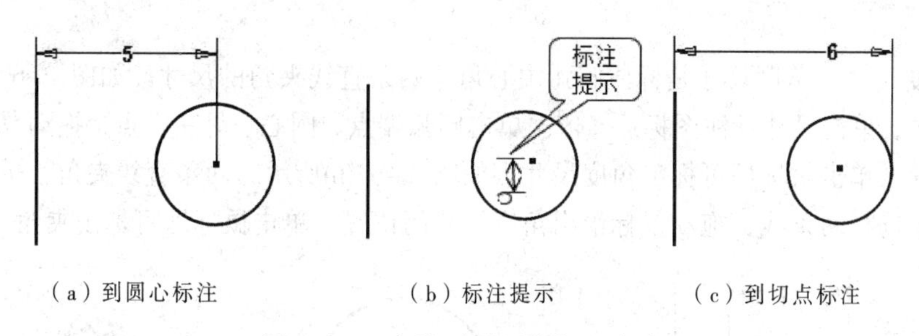

（a）到圆心标注　　（b）标注提示　　（c）到切点标注

图 2-63　直线到圆距离标注方式

③ 到中心线尺寸标注。标注直线或者点到中心线的尺寸时，如果标注的尺寸是关于中心线的直径尺寸，则自动添加“ϕ”。

单击草图约束面板中尺寸图标，选择直线或者点再选择中心线，可标出直径尺寸，如图 2-64(a)所示。这种标注常用于创建旋转体或者旋转面的直径的标注，创建的特征尺寸显示，如图 2-64(b)所示。在工程图中，检索尺寸为直径尺寸，为方便工程图的尺寸标注，减少了工程图的编辑工作。

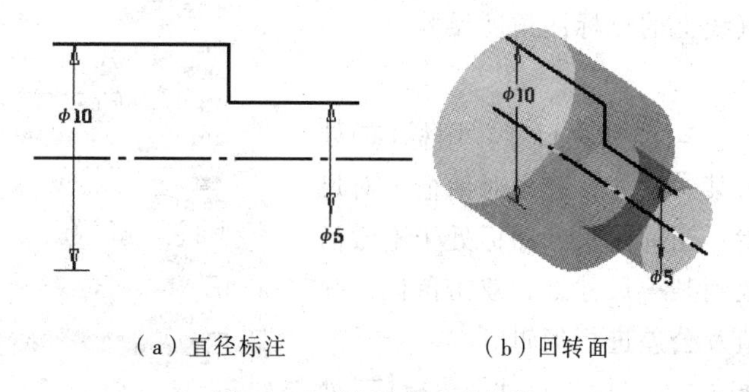

（a）直径标注　　（b）回转面

图 2-64　选择中心线标注

（2）圆尺寸。圆尺寸是标注圆和圆弧的半径或者直径尺寸，还可以标注圆弧的弧长尺寸，如图 2-65(a)、图 2-65(b)、图 2-65(c)所示。当标注尺寸在半径、直径和弧长之间进行切换时，选择圆或圆弧后，右击，在弹出的快捷菜单的尺寸类型中选择“直径”、“半径”或者“弧长”，即可完成直径、半径和弧长标注类型的切换，如图 2-65(d)所示。

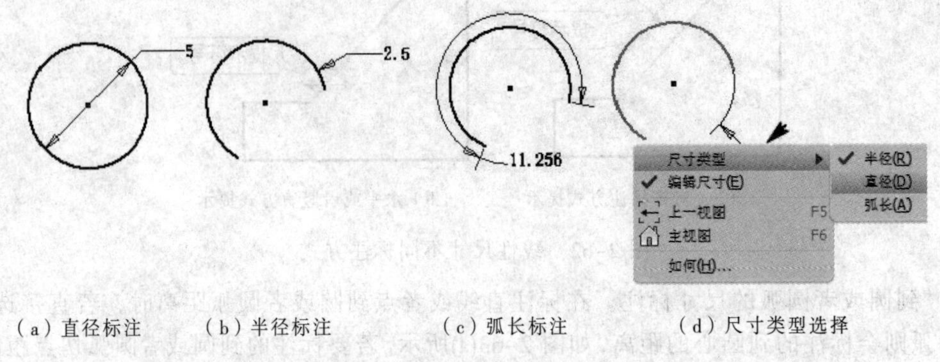

（a）直径标注　（b）半径标注　（c）弧长标注　（d）尺寸类型选择

图 2-65　圆和圆弧尺寸标注

对于椭圆可单击尺寸标注图标，再单击椭圆，分别标注两个半轴长度尺寸，如图 2-66 所示。

（3）角度尺寸。角度尺寸是标注圆弧中心角、两条直线夹角的尺寸。如图 2-67(a)所示为圆弧中心角标注，单击尺寸标注图标后，依次单击圆弧端点、圆心、另一端点，拖动鼠标确定角度的大小和位置，单击鼠标即可标出角度尺寸。如图 2-67(b)所示为两条直线夹角，单击尺寸标注图标后，依次选择两条线，拖动鼠标给出角度尺寸的位置，单击鼠标即可标出夹角尺寸。

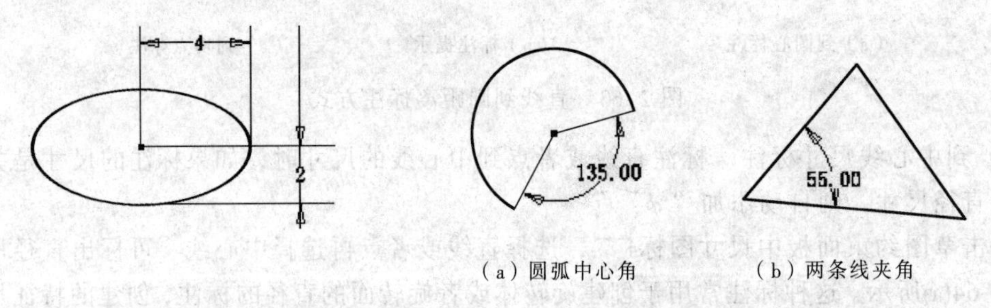

（a）圆弧中心角　（b）两条线夹角

图 2-66　椭圆标注　图 2-67　角度标注

对于两直线夹角的标注，还可以单击直线上的一点、顶点、另一直线上的点标注角度尺寸。

3．尺寸编辑

（1）修改尺寸值。当“标注尺寸”图标处于激活状态时，单击某一尺寸，弹出对话框，对尺寸值及公差进行编辑；当标注尺寸图标处于不激活状态时，可将鼠标放到某一尺寸上，双击鼠标，弹出对话框，对尺寸值及公差进行编辑。

（2）尺寸特性修改。当“标注尺寸”图标处于不激活状态时，选择某一尺寸，右击，在快捷菜单中选择“尺寸特性”，弹出对话框，修改尺寸代号和公差，如图 2-68 所示。

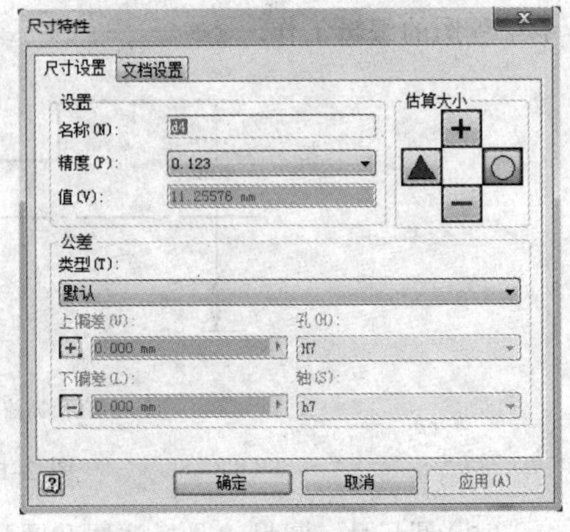

图 2-68　“尺寸特性”对话框

（3）删除尺寸。当标注“尺寸”图标处于不激活状态时，选择某一尺寸，单击右键，在弹出快捷菜单中选择“删除”或者按【Delete】键即可删除尺寸。

2.5　定制草图工作区环境

草图工作环境设置主要包括约束、显示、坐标系等选项。

单击菜单工具中“应用程序选项”图标，弹出如图 2-69 所示对话框，在对话框中选择草图，对草图工作环境进行设置，包括“约束设置”“样条曲线拟合方式”“显示”“平视显示仪”等其他选项。

图 2-69　“应用程序选项”对话框

1. 约束设置

单击在图 2-69 所示“约束设置”选项中的“设置”，弹出约束设置的对话框，如图 2-70 所示。它包括“常规”、“推断”（自动捕捉约束）、“放宽模式”三个选项卡。

在“常规”选项卡中，选择“警告用户将应用过约束条件”，当添加尺寸使草图过约束时显示警告信息；勾选“创建时显示约束”和“显示选定对象的约束”，在创建图元及选定图元时显示约束类型。勾选“在创建后编辑尺寸”和“根据输入值创建尺寸”，在创建图元时可以编辑尺寸及输入尺寸，如图 2-70(a)所示。

在“推断”选项卡中，包括“推断约束”和“保留约束”选项，“选择约束推断”选项中，可根据绘图的需要选择推断的约束类型。推断是绘图时拖动鼠标自动判断约束类型，如水平、垂直、相切等约束，便于自动捕捉约束，如图 2-70(b)所示。

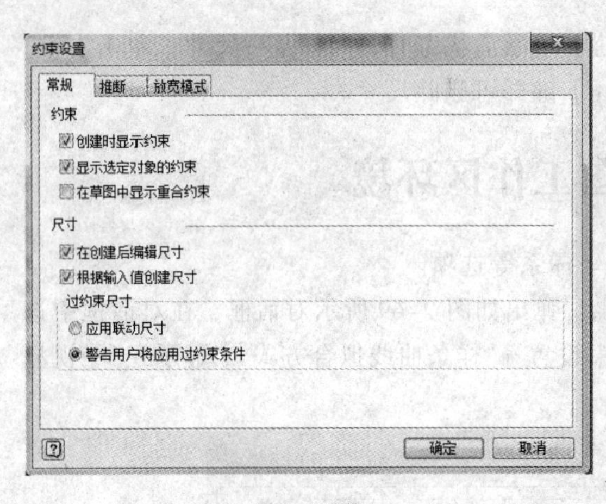

（a）常规设置

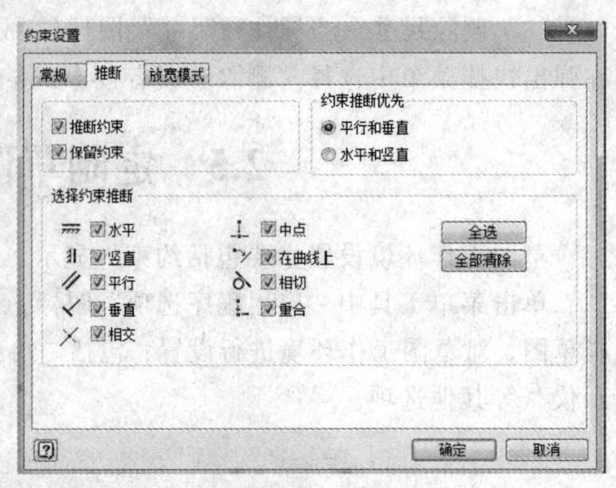

（b）推断设置

图 2-70 “约束设置”对话框

在“放宽”模式选项卡中，包括“启用放宽模式”选项，按照默认不勾选即可。

2. 显示

显示选项可用于设置草图网格线、辅助网、轴的显示；选择“坐标系指示器”选项，可在草图界面显示坐标系。

3. 样条曲线拟合方式

设置样条曲线两点之间的过渡，确定样条曲线识别的类型。

4. 平视显示仪

设置坐标系类型和显示方式。选择“平视显示仪”，弹出如图 2-71 所示对话框，设置指针和尺寸输入方式。

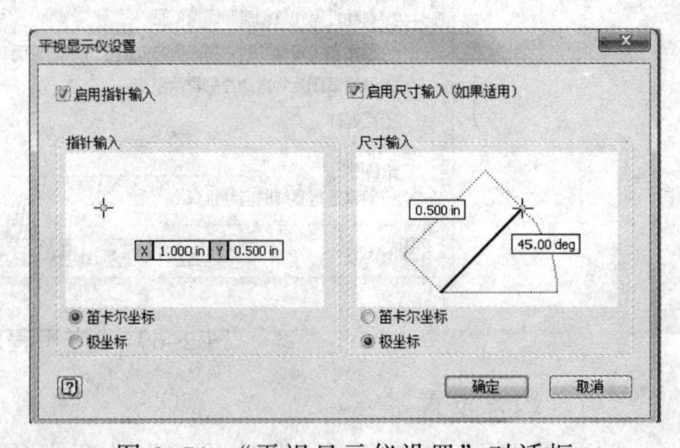

图 2-71 “平视显示仪设置”对话框

5. 二维草图其他选项

（1）在创建曲线过程中自动投影。启用该功能，可将几何图元自动投影到当前草图平面上，否则不投影。

（2）自动投影边以创建和编辑草图。它用于设置当创建草图时，所选面的边是否自动投影到草图上。

（3）创建和编辑草图时，将观察方向固定为草图平面。创建草图时，选择草图平面，该平面自动正视于观察方向。

（4）创建草图后，自动投影零件原点。创建草图时，选择草图平面，零件的原点自动投影，便于绘图定位。

（5）点对齐。创建草图时，自动捕捉草图点，弹出点线给出对齐捕捉。

6. 三维草图

新建三维直线自动折弯：创建三维直线时，是否自动放置相切的拐角过渡。

2.6 草 图 实 例

利用草图的绘制工具、几何约束和尺寸约束等绘制草图。

【例 2-1】绘制如图 2-72 所示的草图。

图形分析：图 2-72 所示草图均为直线，可采用首尾相接直线绘制该图形。

绘图步骤：

（1）新建零件文件。

（2）单击“开始创建二维草图”图标，选择草图平面 *XY* 面，*XY* 面自动正视于屏幕。

（3）单击二维草图面板中“直线”图标，在坐标原点单击作为直线的端点，拖动鼠标，利用自动约束绘制水平线，直接输入线段长度 45；然后拖动绘制斜线，接着拖动绘制垂直线，依次把界面轮廓绘制完成，最后与原点重合，如图 2-73 所示。

（4）单击草图面板中“尺寸标注”图标，标注角度 40°、50° 和斜线长度 30，最后草图如图 2-72 所示。

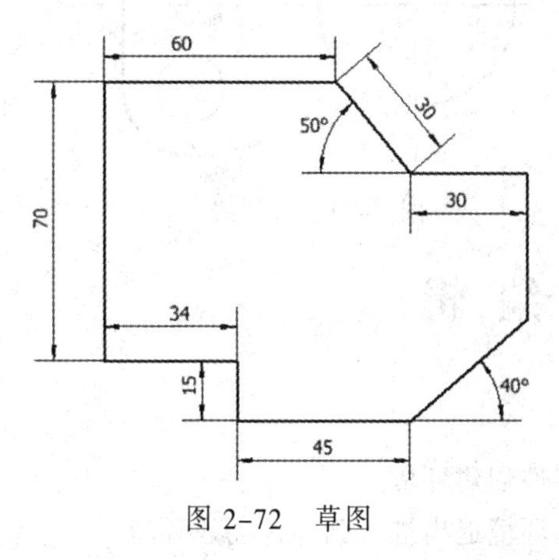

图 2-72　草图

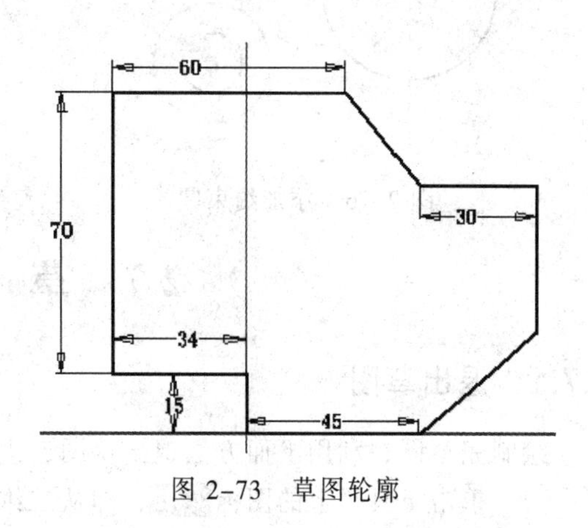

图 2-73　草图轮廓

【例 2-2】绘制如图 2-74 所示的草图。

图形分析：该草图由直线、圆弧和圆组成，且上下对称，可利用直线、圆弧和圆命令，及对称、竖直、相等和相切等约束等绘制该草图。

绘图步骤：

（1）新建一个零件文件。

（2）单击“开始创建二维草图”图标，选择草图平面 *XY* 面，*XY* 面自动正视于屏幕。

（3）单击二维草图面板中“圆”图标，在坐标原点绘制直径 60 的圆，向右上方拖动鼠标绘制直径 20、40 的同心圆，从直径 60 的圆的中心绘制对称构建线，如图 2-75 所示。

（4）利用相等约束，使上下圆相等，利用竖直约束使它们的圆心在同一竖直线上，利用对称约束使它们关于构建线对称，如图 2-76 所示。

（5）绘制左右圆的上下切线，利用剪切，剪掉上下多余圆弧，如图 2-77 所示。添加上下圆的定位尺寸 80 和 90，完成草图绘制，如图 2-74 所示。

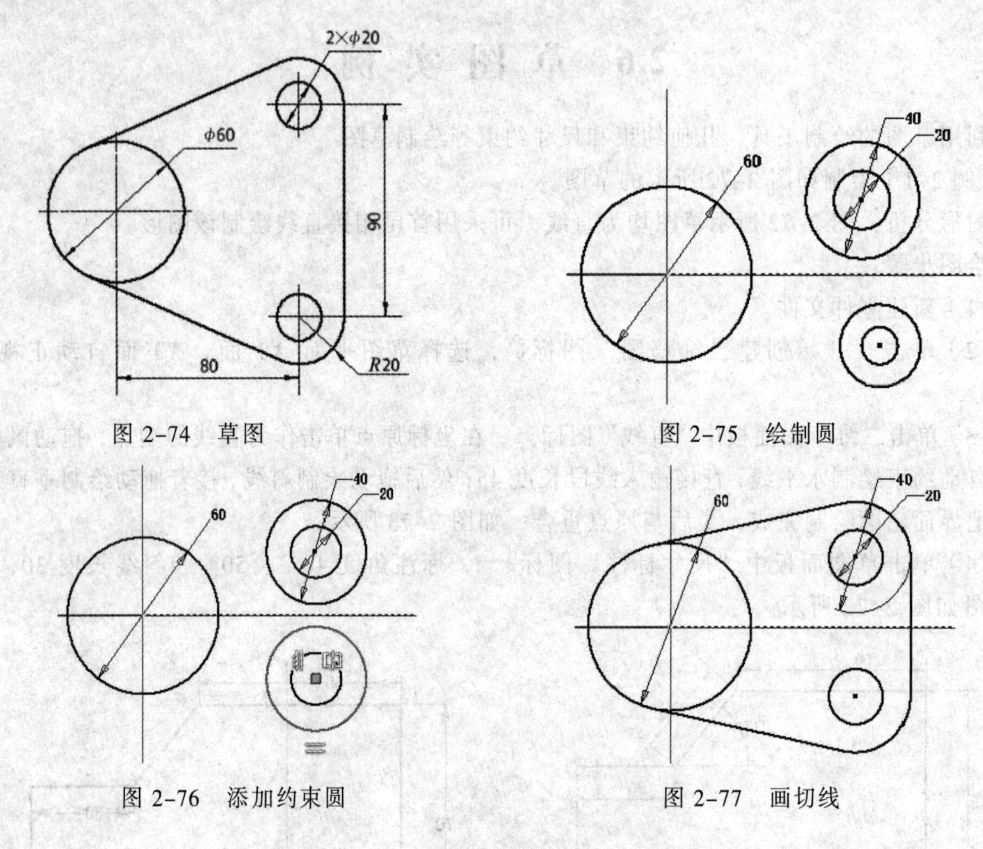

图 2-74 草图　　图 2-75 绘制圆

图 2-76 添加约束圆　　图 2-77 画切线

2.7 草图编辑

2.7.1 退出草图

绘制完草图，利用下面方法退出草图，进入零件创建环境。

（1）单击工具栏上的图标，即从二维草图环境退出进入到零件创建环境。

（2）单击工具栏上的图标✔即可。

（3）在绘图区空白位置，右击，在弹出的快捷菜单中选择“完成二维草图”即可。

2.7.2 编辑草图

对草图进行编辑时，首先打开草图，然后利用草图工具对草图进行编辑。打开草图的方法：

（1）在浏览器中，找到要编辑的草图，双击即可打开该草图。

（2）在在浏览器中，找到要编辑的草图，右击，在弹出的快捷键中选择“编辑草图”即可进入草图环境，对草图进行编辑。

对打开的草图进行编辑，如添加/删除几何轮廓、标注尺寸等操作。

2.7.3 退化和共享草图

1. 退化草图

退化草图是已经被建立特征使用过的草图，否则称为未退化草图。退化的草图在浏览器中变为灰色，不能再使用。

零件环境或者装配环境中对零件进行编辑时，任何时候均可新建草图或者编辑退化草图。当使用某一草图创建特征后，此草图就变为退化草图，不能再次使用了。

2．共享草图

在建模时，如果需要用同一草图多次添加特征，完成多次造型，则必须通过共享草图来实现。建立共享草图的操作方法：

（1）绘制如图 2-74 草图，为外形轮廓添加拉伸特征，深度 10，创建特征，如图 2-78 所示。

（2）选择在浏览器中的“拉伸 1”中的“草图 1”，右击，在快捷菜单中选择“共享草图”，如图 2-79 所示。

图 2-78　特征

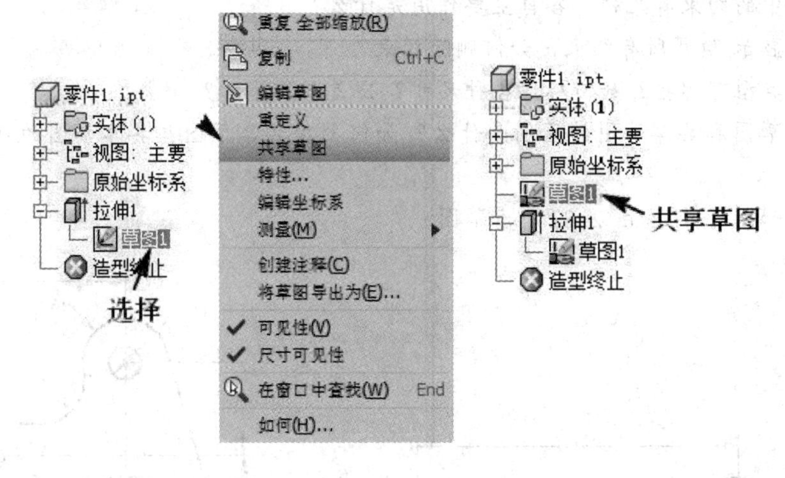

（a）快捷菜单　　（b）共享草图结果

图 2-79　共享草图操作

（3）在浏览器的拉伸 1 上方出现草图 1 图标，此时草图 1 变为共享草图，后续其他特征的创建均可以使用该草图。草图 1 的几何轮廓及尺寸是显示在特征上的，若要改变其可见性，选择该草图，右击，在弹出的快捷菜单中选择可见性即可使其显示或者不显示。

2.8　三维草图简介

三维草图是在三维空间中绘制的草图，包括三维点、直线、圆弧、螺旋线等。三维草图的工具面板，如图 2-80 所示。

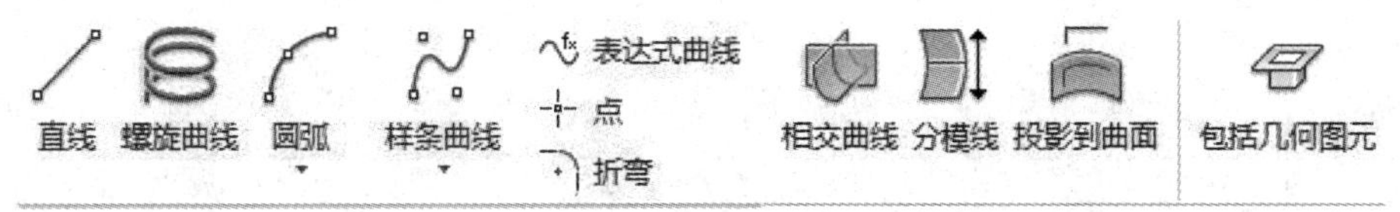

图 2-80　三维草图环境

三维草图面板的工具与二维草图工具以及绘制方法相同或者类似，但也有不同，绘制三维草图没有草图网格等。三维草图的各种绘制功能、绘制方法和操作，本书不作介绍。

本章小结

本章重点介绍了草图的组成、绘制草图的方法、编辑草图的方法、创建几何约束和尺寸约束的方法等。另外，还介绍了草图工作环境的设置方法，使得草图环境符合设计者的要求，便于草图的创建及编辑。

复习思考题

1. 绘制草图的步骤是什么？

2. 草图中的约束有几种？各自主要作用是什么？

3. 如何显示/隐藏所有约束，如何删除约束？

4. 尺寸类型有哪些？如何标注各种尺寸？公差如何添加？

5. 退化草图和共享草图的区别是什么？如何创建共享草图？共享草图的可见性操作方法是什么？

6. 绘制如图 2-81 和图 2-82 所示草图。

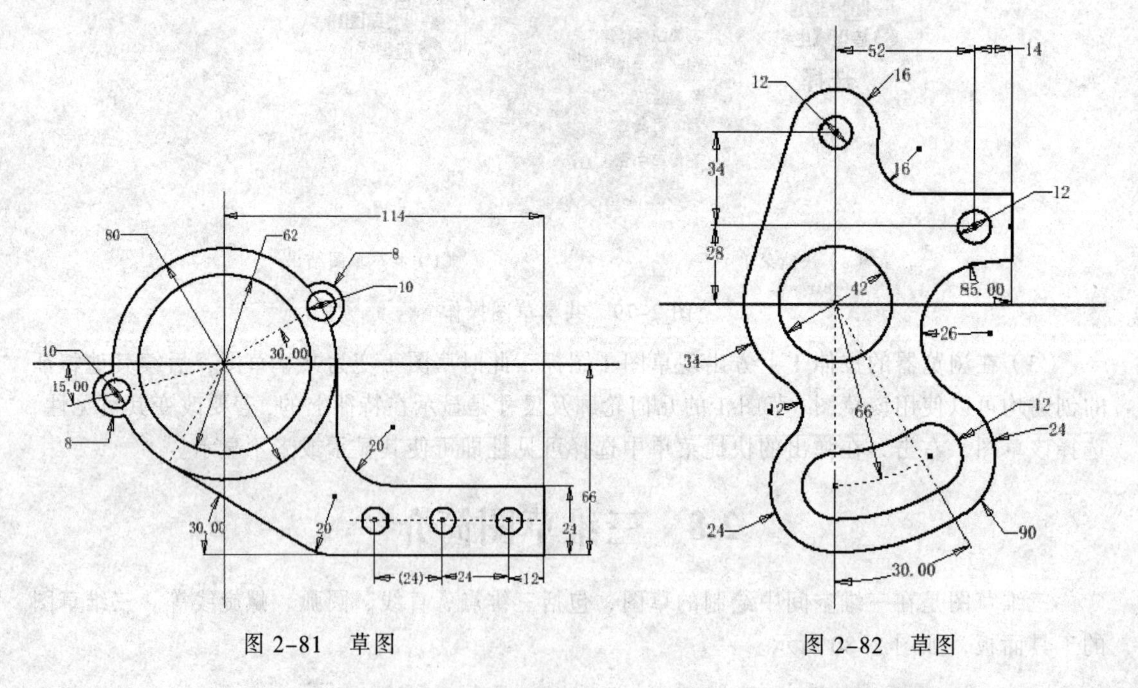

图 2-81 草图　　图 2-82 草图

第 3 章 特征创建及编辑

本章导读

零件是由一个或者多个特征组成的。本章主要介绍特征的类型、创建和编辑简单和复杂特征的方法、创建 iPart 零件族及参数化建模的方法，并通过实例说明特征创建和编辑的操作方法、技巧和步骤。通过本章学习使学生能够熟练掌握基于草图特征、定位特征、阵列特征、放置特征和复杂特征等创建与编辑方法。

教学目标

通过对本章内容的学习，学生应做到：

- 了解特征类型和创建流程。
- 熟悉基于草图特征、定位特征、阵列特征、放置特征和复杂特征等的创建和编辑功能。
- 掌握特征创建、编辑方法和技巧。
- 通过学习本章内容及提供的实例，应用特征创建和编辑的方法、步骤及技巧创建特征。

3.1 特征概念和分类

3.1.1 特征概念

特征是一种与建模相关的几何体（如拉伸、旋转、孔等），是零件建模的最基本几何元素。参数化建模也是基于特征的。零件是由一个或者多个特征组成的，这些特征之间既可相互独立，又可相互关联。

特征建模的特点：

（1）建模简单且参数化。

（2）体现设计理念。

（3）体现加工方法和加工顺序等工艺信息。

特征建模不仅包括创建零件形状的实体模型，还包括设计信息和工艺信息，为后续 CAPP（计算机辅助工艺设计）、CAM（计算机辅助制造）、CAE（计算机辅助分析）等提供所需要的数据。

3.1.2 特征分类

特征一般分为：基础特征、草图特征、定位特征和放置特征，下面分别介绍这四种特征的功能和特点。

1．基础特征

在零件创建过程中，第一个创建的特征为基础特征，它是零件建模的最基本特征，在此基础上再创建其他特征，完成零件建模。

2．草图特征

草图特征是指基于草图创建的特征，如拉伸、旋转、筋板、放样等。其特点是必须在草图的基础上创建。

3．定位特征

定位特征是创建特征时起到辅助定位的特征，如工作平面、工作轴、工作点等。其特点是不参与特征创建，只是起到定位参考的作用。

4．放置特征

放置特征是不用草图，在其他特征基础上直接创建，如倒角、螺纹、抽壳等。其特点是需要在已有的特征实体上创建。

3.2 基 础 特 征

零件建模的第一个特征是基础特征，是基于草图创建的，有关其创建方法参看“3.3 草图特征”一节。基础特征的选择要考虑零件的加工方法、设计理念，既要考虑形状，还要考虑后续特征的创建顺序和可行性等。

3.3 草 图 特 征

草图创建后，利用草图创建实体模型。草图特征包括拉伸、旋转、筋板、凸雕、扫掠、螺旋扫掠等。其中拉伸和旋转是使用频率最高的草图特征，将在这一节中介绍，其余草图特征在放置特征和复杂特征中介绍。

3.3.1 拉伸特征

拉伸特征是指草图轮廓沿着草图平面的法线方向拉伸建模。

单击零件工具面板中“拉伸”图标，弹出拉伸对话框，同时绘图区内弹出快捷操作框，如图 3-1 所示。

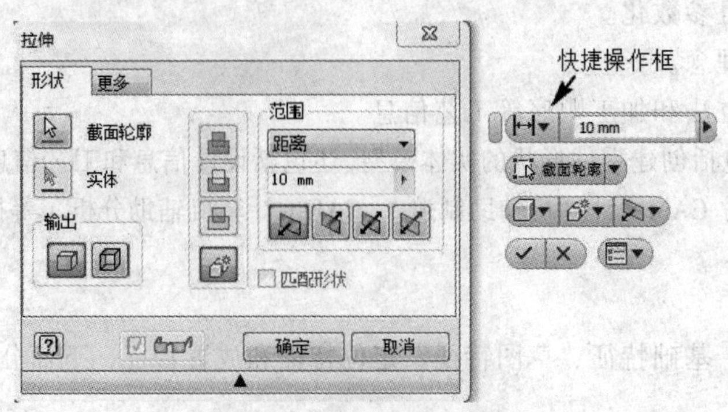

图 3-1　拉伸对话框

1．“形状”选项卡中各项含义

（1）“截面轮廓”：选择要拉伸的截面轮廓。如果草图中只有一个轮廓，则系统自动选择该轮廓；如果存在多个轮廓，则选择要拉伸的轮廓。选择时，在草图上移动光标，被光标指到的轮廓变成红色，单击进行选择，创建拉伸特征。

技巧：在草图平面中，直接单击一个或者多个轮廓，对所选轮廓拉伸；如果想去掉已选中的轮廓，则按住【Ctrl】键，单击选择欲取消的轮廓即可取消对该轮廓的选择。

（2）“输出”：创建拉伸特征的类型选项，分为“实体”和“曲面”两种输出方式。选择“实体”，创建实体特征，注意截面轮廓必须是封闭的才能创建实体；选择“曲面”，创建曲面，截面封闭或者不封闭均可，一次只能对一个轮廓创建一个曲面。曲面可作为创建其他特征的终止面或者分割实体特征的分割工具等。

（3）“拉伸模式”：是拉伸创建方式的选项，分为“求并”“求差”“求交”三种方式，可对选择的截面轮廓与已有的特征进行并、差、交运算。“求并”和“求差”是在原有的特征上添加和去除特征，而“求交”是创建与已有特征的共有的部分，处于共有之外的特征去除。

注意：上述三种运算是对实体操作的，不适用于曲面。

（4）“范围”：拉伸深度的控制，分为“距离”“到表面或平面”“到”“介于两面之间”“贯通”，通过下拉菜单选取，如图 3-2(a)所示。

（5）“距离”：直接输入数值，或者鼠标指针放到箭头位置上，按住鼠标左键拖动鼠标即可给出拉伸深度及拉伸方向，如图 3-2(b)所示。

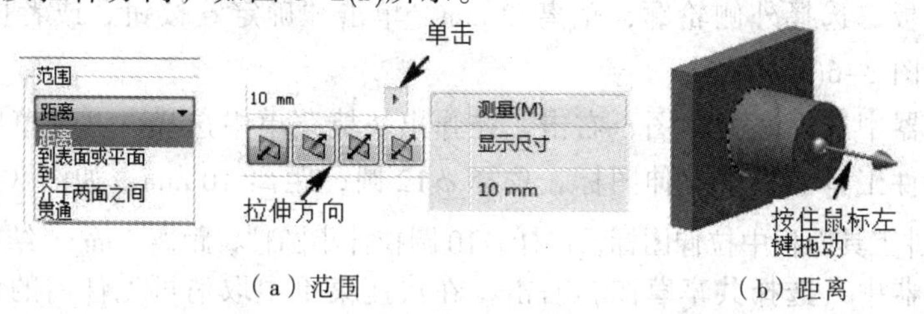

（a）范围　　（b）距离

图 3-2　拉伸范围、距离及拉伸方向

（6）“拉伸方向”：分为“方向 1”“方向 2”“对称”“不对称”四种。

注意：对称拉伸是按照给定距离的一半进行两侧对称方式的拉伸；不对称拉伸是按照两侧分别给出的距离进行拉伸。

（7）“匹配形状”：勾选匹配形状选项，对处于已有的特征中的不封闭的草图轮廓，自动延伸到已有特征的边界上，创建拉伸实体，如图 3-3 所示。

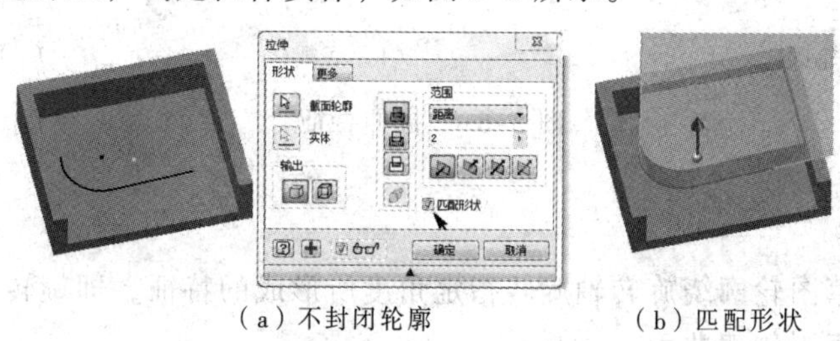

（a）不封闭轮廓　　（b）匹配形状

图 3-3　匹配形状

2. “更多”选项卡中各项含义（见图 3-4）

（1）“锥度”：沿拉伸方向给出锥角的拉伸，角度最大 180°，可正可负。

（2）“替换方式”：在范围中选择“到”或“介于两面之间”时，可进一步控制拉伸方向。

（3）“最短方式”：在范围中的选项“到”，则拉伸时最先碰到的表面为拉伸特征的终止面。

（4）“类推 iMate”：为装配做准备，可将 iMate 自动放到封闭轮廓上（如拉伸圆柱体、孔等）。

【例 3-1】完成如图 3-5 所示的拉伸特征。

图 3-4　更多选项卡

图 3-5　拉伸特征

操作步骤：

（1）创建新零件文件，在系统默认 *XY* 面，绘制如图 3-6(a)所示的草图轮廓。

（2）拉伸底板，选择外侧轮廓，距离 2 mm，单击“确定”按钮，或者按【Enter】键完成底板创建，如图 3-6(b)所示。

（3）在浏览器中选择底板草图，右击，在弹出快捷菜单中选择“共享草图”。

（4）单击零件工具面板中拉伸图标，选择 ϕ12 圆，距离 10 mm，如图 3-6(c)所示。

（5）单击零件工具面板中拉伸图标，选择 ϕ10 圆拉伸小圆柱，距离 5 mm，结果如图 3-5 所示。

（6）在浏览器中，选择共享草图，右击，在快捷菜单中取消可见性前的√，使共享草图不可见。

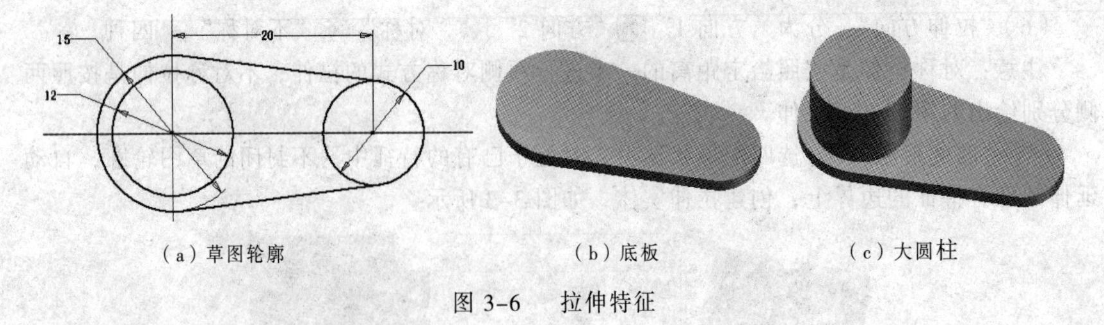

（a）草图轮廓　（b）底板　（c）大圆柱

图 3-6　拉伸特征

3.3.2 旋转特征

旋转特征是指草图轮廓绕旋转轴旋转指定角度所形成的特征，即旋转体。如果草图截面封闭则创建实体，否则创建曲面。

单击零件工具面板中“旋转”图标，弹出如图 3-7 所示的对话框。

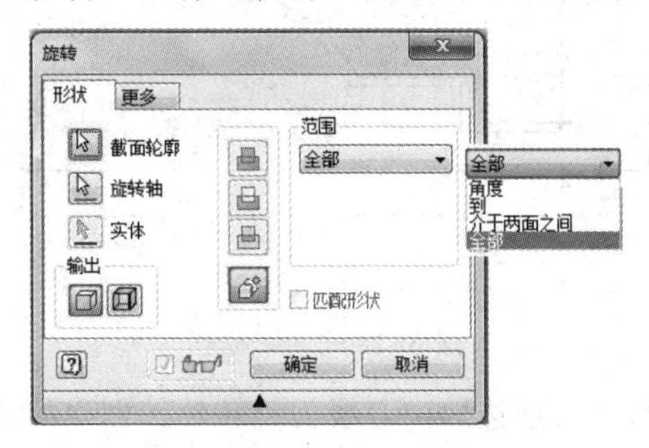

图 3-7　旋转对话框

“旋转”对话框与“拉伸”对话框的内容基本相同，不同之处如下。

（1）旋转轴：需要选择旋转轴。工作轴、中心线、构建线或者实线可以作为旋转轴。

（2）范围：是指旋转范围。旋转的范围有“角度”“全部”“到”“介于两面”之间四种方式。

注意：创建旋转特征，截面草图（用草图命令绘制的图形，如圆、矩形、多边形等）位于旋转轴一侧，不能超过旋转轴。图 3-8(a)所示为草图超过旋转轴，则会弹出如图 3-8(b)所示的警告信息。

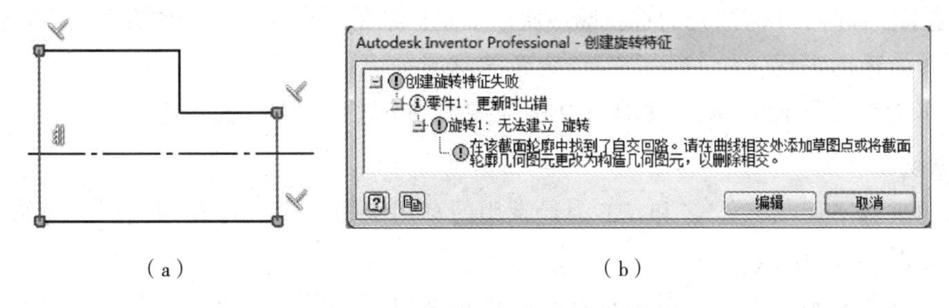

（a）　　　　（b）

图 3-8　截面不能超过旋转轴

技巧：对于多个草图轮廓，可以绕同一个旋转轴进行旋转，得到旋转特征，如图 3-9 所示。

【例 3-2】完成如图 3-10 所示的旋转特征。

操作步骤：

（1）创建新零件文件，在系统默认 *XY* 面绘制如图 3-11 所示的草图截面。单击零件工具面板中“旋转”图标，弹出图 3-7 所示的对话框，“范围”选择全部。

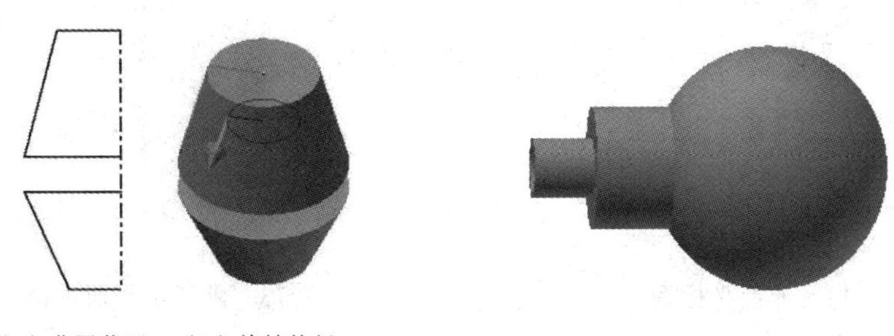

（a）草图截面　（b）旋转特征

图 3-9　旋转多个截面

图 3-10　旋转特征

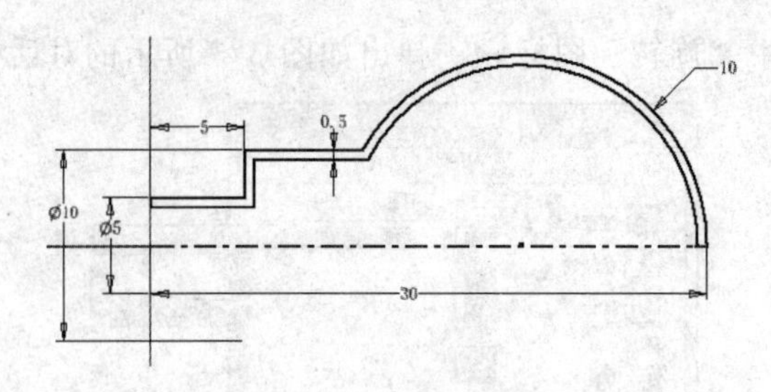

图 3-11　草图截面

（2）自动选择唯一草图，自动选取中心线为旋转轴，创建的旋转特征如图 3-10 所示。

3.4　定位特征

定位特征是一种辅助特征，主要是为创建新特征、装配或者草图等提供定位参照、定位约束等。定位特征包括工作面、工作轴和工作点。

3.4.1　工作面

工作面是无限大的平面，可以放置在空间的任意位置。工作面分为默认坐标面和创建工作面。创建工作面时，几何图元的选择顺序决定了坐标系的原点和坐标轴的方向。工作面的作用：

（1）作为草图平面。绘制草图时作为新的草图平面。

（2）作为参考平面。为后续的特征的位置及装配约束提供参考定位。

1. 默认工作面

默认的坐标平面 *XY*、*YZ* 和 *ZX* 为最常用的草图平面。它们可在浏览器“原始坐标系”中选择，如图 3-12 所示。

默认坐标面是不可见的，鼠标指针放在浏览器中某一坐标平面上，右击，在弹出快捷菜单中选择“可见性”，则该坐标面可见。默认坐标轴和坐标原点的可见性与默认坐标面可见性的操作方法相同。

创建第一个草图时，绘图区内出现默认的三个坐标面，鼠标放到某一坐标面，出现提示信息，如图 3-13 所示。选中某一坐标面即可进入草图环境。在二维草图中，利用“投影几何图元”，把坐标面、坐标轴、原点投影到草图平面上，绘制草图时作为定位参考。

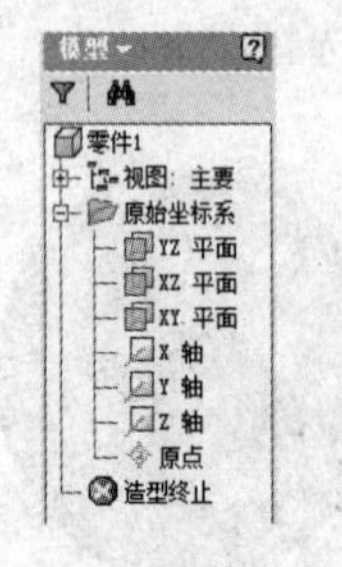

图 3-12　原始坐标系

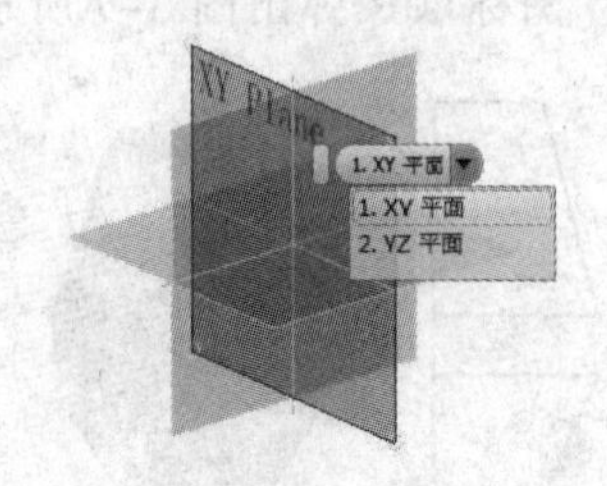

图 3-13　默认工作面选择

2. 创建工作面

工作面是依据平面几何知识创建的，创建的方法很多。单击零件工具面板中“平面”图标，在其下拉菜单中给出创建工作面的多种方法，如下所示。

（1）“从平面偏移”：选择一平面，创建与该平面平行且偏移一定距离的工作面，如图 3-14(a)所示。

（2）“平行于平面且通过点”：选择一点和一个平面，创建通过该点且平行于该平面的工作面，如图 3-14(b)所示。

（3）“两个平面之间的中间面”：选择两个平面，创建两个平行或者不平行的平面中间的面，如图 3-14(c)所示。

（4）“圆环体的中间面”：选择圆环，创建通过圆环中心的中间面，如图 3-14(d)所示。

（5）“平面绕边旋转的角度”：选择一平面和平行于该平面的一条边，创建与该平面成一定角度的工作面，如图 3-14(e)所示。

（6）“三点”：选择不共线三点，创建通过三点的工作面，如图 3-14(f)所示。

（7）“两条共面边”：选择两条共面边，创建通过两条共面边（或者工作轴）的工作面，如图 3-14(g)所示。

（8）“与曲面相切且通过边”：选择一条边和曲面，创建通过边且与曲面相切的工作面，如图 3-14(i)所示。

（9）“与曲面相切且通过点”：选择一点和曲面，创建通过该点且与曲面相切的工作面，如图 3-14(j)所示。

（10）“与曲面相切且平行于平面”：选择一平面和曲面，创建与平面平行且与曲面相切的工作面，如图 3-14(k)所示。

（11）“与轴垂直且通过点”：选择一点和一边线（工作轴），创建通过该点且与该边（工作轴）垂直的工作面，如图 3-14(m)所示。

（a）从平面偏移

（b）平行于平面且通过点

（c）两个平面之间的中间面

（d）圆环体的中间面

（e）平面绕边旋转的角度

（f）通过三点

（g）两条共面边

（i）与曲面相切且通过边

（j）与曲面相切且通过点

（k）与曲面相切且平行于平面

（m）与轴垂直且通过点

（n）在指定点处与曲线垂直

图 3-14 工作面创建方法

（12）“在指定点处与曲线垂直”：选择曲线和指定点，创建通过该点且与曲线垂直的工作面，如图 3-14(n)所示。

选择点、线和面等几何图元，由于一些图元重合不容易选中，可右击，在弹出的快捷菜单中选择“选择其他…”或者光标停留在几何图元上约 1 s，会出现如图 3-15 所示选项，光标所在选项的对应图元会亮显，单击某一选项即完成其对应图元的选择。

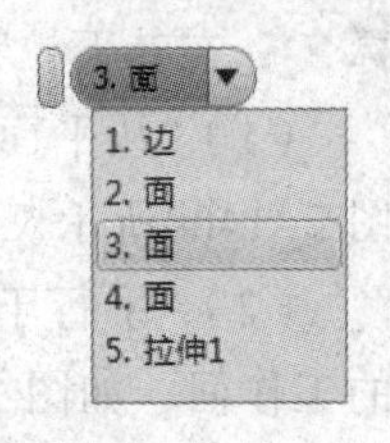

图 3-15　选择其他

3．工作面编辑

（1）工作面尺寸编辑：对于有尺寸控制的工作面，可在绘图区内或者在浏览器中选中它，右击，在弹出的快捷菜单中选择“编辑尺寸”对工作面的定义尺寸进行修改。

（2）重新创建工作面：在绘图区内或者在浏览器中选择工作面，右击，在弹出的快捷菜单中选择“重定义特征”，重新选择定义工作面的几何图元创建工作面。

（3）删除工作面：在绘图区内或者在浏览器中选择工作面，右击，在弹出的快捷菜单中选择“删除”，即可把已创建的工作面删除。

（4）对工作面显示修改：把光标停留在工作面上，若出现四个箭头，则按住鼠标左键拖动鼠标移动工作面位置，若出现双箭头，则按住鼠标左键拖动鼠标改变工作面大小。

（5）反转法向：在绘图区内或者在浏览器中选择工作面，右击，在弹出的快捷菜单中选择“反转法向”，改变工作面的法向方向。

3.4.2 工作轴

工作轴是无限长的构建线，主要用途有：

（1）投影到草图上，成为关联的几何图元。

（2）作为创建工作面或者工作点的参照。

（3）作为环形阵列的参照中心。

（4）作为旋转特征或者螺旋扫掠特征的轴线。

（5）作为装配约束的参照，放置其他零部件。

（6）作为创建特征的对称参照。

工作轴分为系统默认工作轴和创建的工作轴。系统默认的工作轴的选用和显示方法与系统默认工作面的选用和显示方法相同，如图 3-12 所示。单击零件工具面板中“工作轴”图标，在其弹出下拉菜单中，创建工作轴的方法有：

（1）“在线或边上”：创建与实体边线或者草图线重合的工作轴，如图 3-16(a)所示。

（2）“平行于线且通过点”：创建通过一点且平行于实体边线的工作轴，如图 3-16(b)所示。

（3）“通过两点”：创建通过两点的工作轴，如图 3-16(c)所示。

（4）“两个平面的交集”：创建两个平面的交线的工作轴，如图 3-16(d)所示。

（5）“垂直于平面且通过点”：创建通过某点且与平面垂直的工作轴，如图 3-16(e)所示。

（6）“通过圆形或者椭圆形边”：创建与圆、椭圆或者圆角特征的中心线重合的工作轴，如图 3-16(f)所示。

（7）“通过旋转面或者特征”：创建与旋转面或者特征的轴线重合的工作轴，如图 3-16(g)所示。

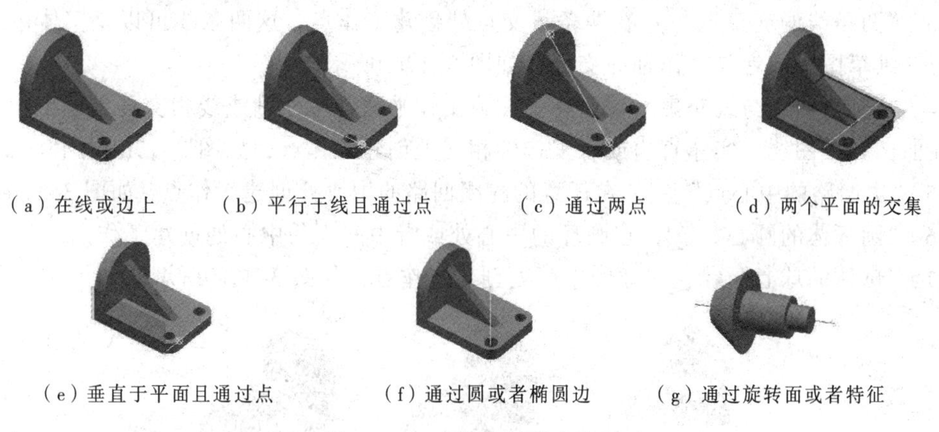

（a）在线或边上　（b）平行于线且通过点　（c）通过两点　（d）两个平面的交集

（e）垂直于平面且通过点　（f）通过圆或者椭圆边　（g）通过旋转面或者特征

图 3-16　工作轴创建方法

3.4.3　工作点

工作点是构建点，其主要用途如下：

（1）用于定义坐标系的原点。

（2）用于定义工作面、工作轴的操作点。

（3）用于定义三维草图或者三维扫掠路径的参照点。

（4）作为二维阵列中心。

（5）作为装配零部件的约束参考。

工作点分为固定工作点和非固定工作点两种。固定工作点可以放置在坐标系中任意位置，与模型无关联；非固定工作点位于实体模型上，与其关联。

1. 固定点

“固定点”主要用于创建空间曲线的参照点。创建方法：

（1）单击“固定点”图标。

（2）选择零件的顶点或者固定点的放置位置，激活“三维旋转/移动”工具。

（3）鼠标指针放到任意一个坐标轴上，通过拖动鼠标对此点进行移动或者旋转，单击“确定”即创建了固定点。

注意：固定点在空间中是位置固定的，与其他定位特征或者模型特征无关，其他特征改变，此固定点位置不变。

2. 非固定工作点

通常所称的工作点即为非固定工作点。工作点分为系统默认坐标原点和创建工作点，系统默认坐标原点的选用和显示方法与系统默认工作面的选用和显示方法相同，如图 3-12 所示。创建工作点的方法如下：

（1）“在顶点、草图点或者中点上”：创建在实体模型边线的顶点或者边线中点、草图点的工作点，如图 3-17(a)所示。

（2）“三个平面的交集”：在三个工作面或者实体平面的相交处创建工作点，如图 3-17（b）中所示。

（3）“两条线的交集”：在两条线交点处创建工作点，这两条线可以是实体边线、二维或者三维草图线或者与工作轴的交点，如图 3-17(c)所示。

（4）“平面/曲面与线交集”：在平面或工作平面与工作轴或线相交处创建工作点，还可以在曲面和草图线、实体直边或者工作轴相交处创建工作点，如图 3-17(d)所示。

（5）“边回路的中心点”：在任意的封闭回路的中心处创建工作点，如图 3-17(e)所示。

（6）“圆环体的圆心”：在圆环的中心处或者中间面的中心处创建工作点。

（7）“球体的球心”：在球的中心处创建工作点，如图 3-17(f)所示。

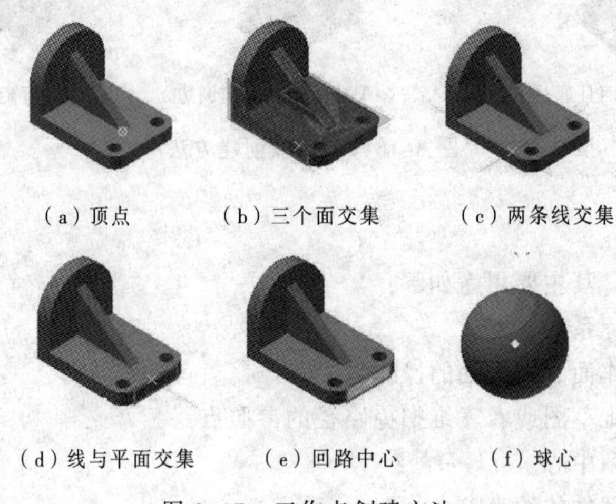

（a）顶点　（b）三个面交集　（c）两条线交集

（d）线与平面交集　（e）回路中心　（f）球心

图 3-17　工作点创建方法

3.5 放置特征和阵列特征

放置特征是在已有的特征基础上放置的各种结构要素，如打孔、倒角、圆角、螺纹等特征。

3.5.1 孔特征

孔特征是在零件模型上创建光孔或者螺纹孔。单击零件工具面板中“孔”图标，弹出如图 3-18 所示的对话框，对话框中各项含义如下。

1. 放置

确定孔的放置方式，即确定孔位置的定位方法。“放置”选项有四种，如图 3-19 所示。

（1）“线性”：利用两个方向定位尺寸确定孔位置，如图 3-20(a)所示。

（2）“同心”：在圆柱的中心位置打孔，与圆柱同心，如图 3-20(b)所示。

（3）“从草图”：利用草图点确定孔位置，一次可以打多个相同孔，如图 3-20(c)所示。

（4）“参考点”：在工作点位置打孔，且所打的孔垂直于所选的参考面或者平行于所选的参考边，如图 3-20(d)所示。

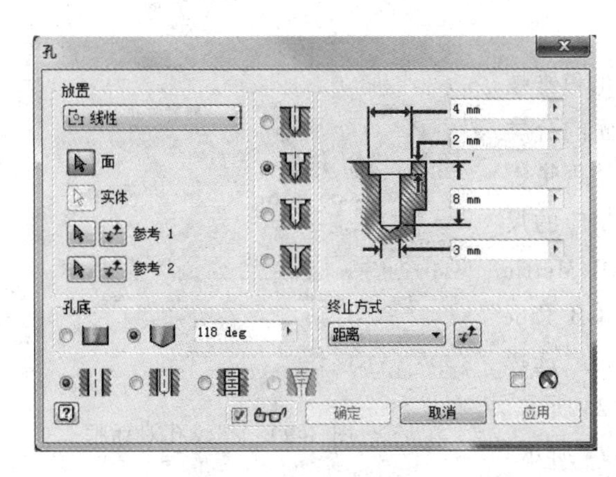

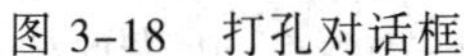
图 3-18　打孔对话框

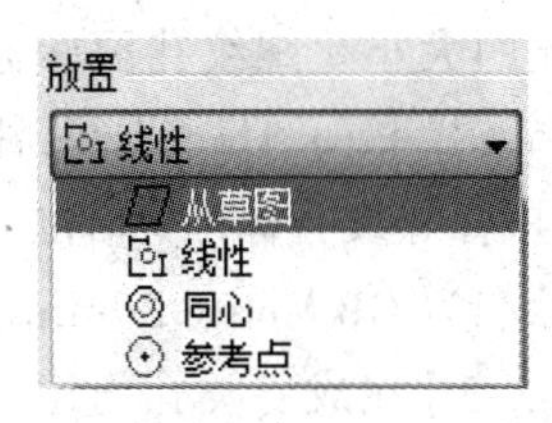

图 3-19　放置方式

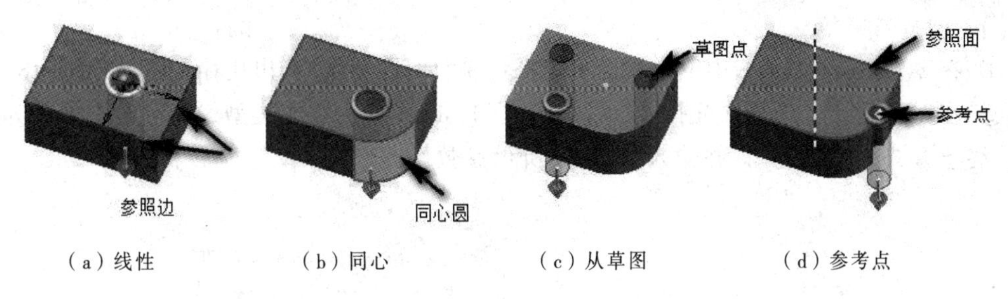

（a）线性　（b）同心　（c）从草图　（d）参考点

图 3-20　打孔四种方式

2. 孔类型和尺寸

孔的类型分为直孔、沉孔、沉孔平面孔（锪平孔）和倒角孔四种，如图 3-21 所示。各类孔的尺寸，在图 3-21 所示的右侧参数框中输入。

3. 孔底

孔的底部形状有平直和带锥角两种，如图 3-18 所示。创建盲孔需选择带锥角的孔底，角度一般为 118°，通孔不用选择孔底。

4. 终止方式

孔的深度控制方式有三种："距离"、"贯通" 和 "到"，如图 3-22 所示。

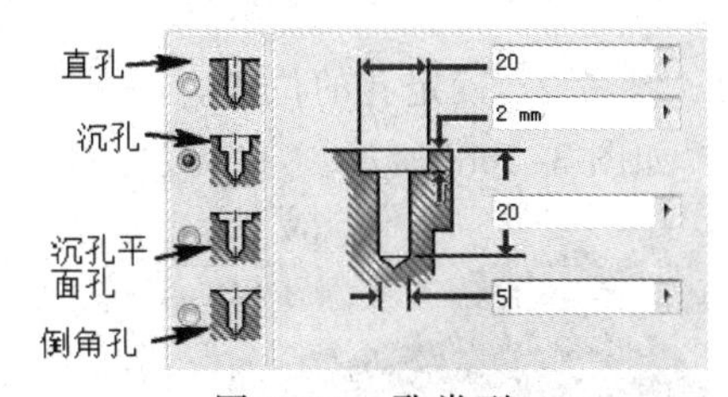

图 3-21　孔类型

图 3-22　孔终止方式

（1）"距离"：通过输入孔深度进行打孔。

（2）"贯通"：孔从打孔参照面穿透整个零件模型。

（3）"到"：选择孔终止面，在参照平面到选择的终止面之间打孔。

5．孔的分类

孔表面分为简单孔、配合孔、螺纹孔和锥螺纹孔四类，如图 3-23 所示。孔表面表面的分类可以与孔的类型组合，如直孔、沉孔等是否带螺纹，需要在图 3-21 所示对话框中输入相应的尺寸确定孔的大小。螺纹孔国标标准有 GB Metric Profile 和 GB Pipe Threads 两种，其中 GB Pipe Threads 是管螺纹孔标准，单位为英寸。一般选择螺纹孔标准为 GB Metric Profile，如图 3-23 所示。

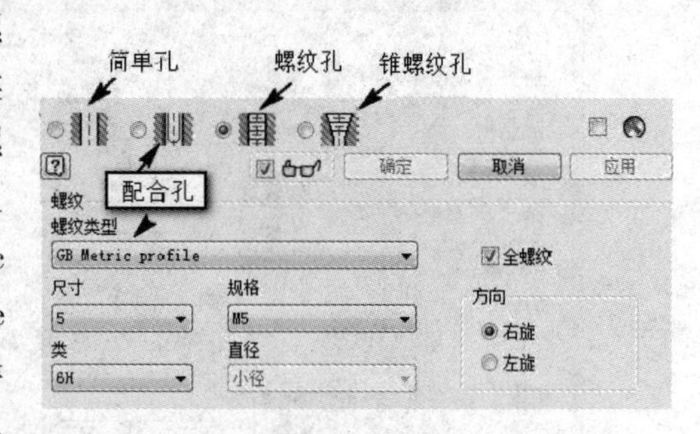

图 3-23　螺纹孔对话框

【例 3-3】完成各类孔创建，如图 3-24 所示。

打开零件文件“例 3-3.ipt”，零件底板尺寸为 50 × 40 × 5，上表面中心圆柱为 ϕ20 × 20。

（1）线性孔

① 在零件特征工具面板中单击“孔”图标，激活打孔功能，弹出孔对话框，如图 3-18 所示。

② 在对话框中，选择“沉孔”“螺纹孔”“GB Metric Profile”类型，指定放置方式为“线性”，终止方式为“贯通”，并输入图 3-25 所示参数。

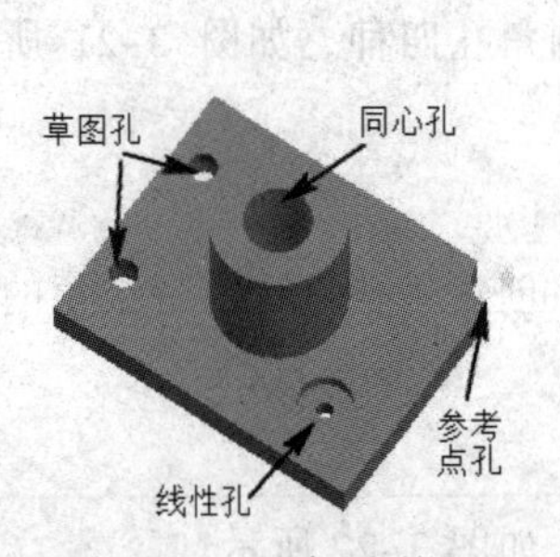

图 3-24　添加孔特征

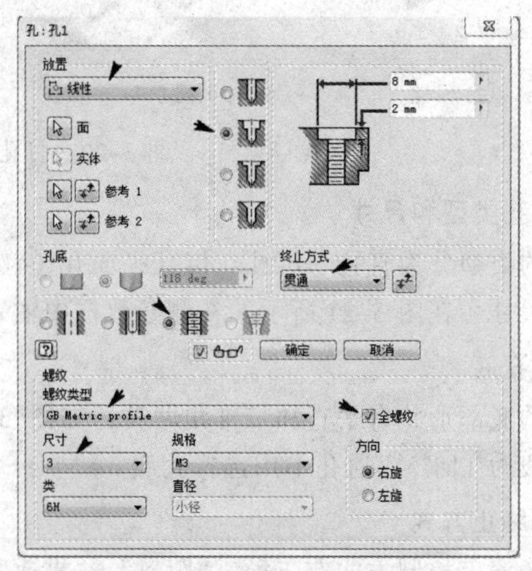

图 3-25　孔参数

③ 按照图 3-26 所示步骤，选择面、参考 1、参考 2，确定孔的位置。

④ 单击“确定”按钮，完成线性孔的创建，如图 3-26(d)所示。

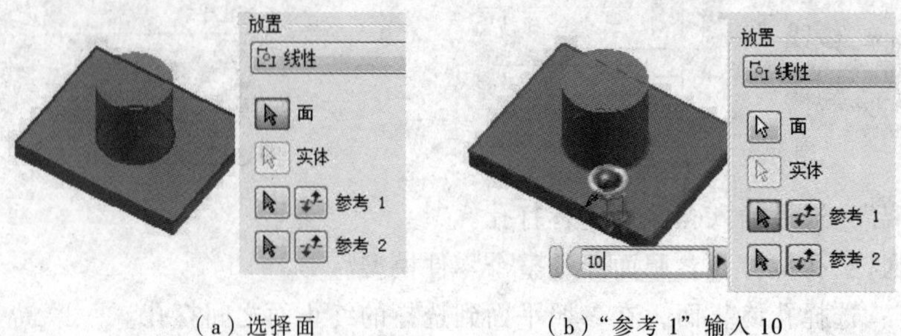

（a）选择面　　（b）“参考 1”输入 10

图 3-26　线性孔

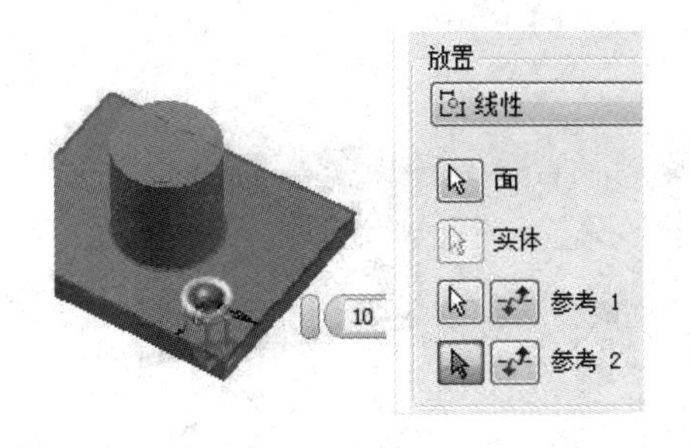

（c）“参考 2” 输入 10

（d）线性孔

图 3-26　线性孔（续）

（2）同心孔

① 在零件工具面板中单击“孔”图标，激活打孔功能，弹出如图 3-18 所示对话框。

② 在对话框中，选择“直孔”、“简单孔”，指定放置方式为“同心”，终止方式为“贯通”，并输入直径 10，如图 3-27 所示。

③ 平面选择圆柱上表面，同心参考选择圆柱侧表面，操作步骤如图 3-28 所示。

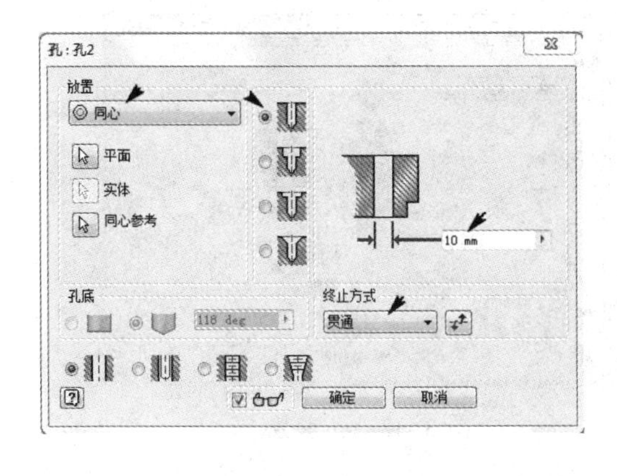

图 3-27　同心孔参数

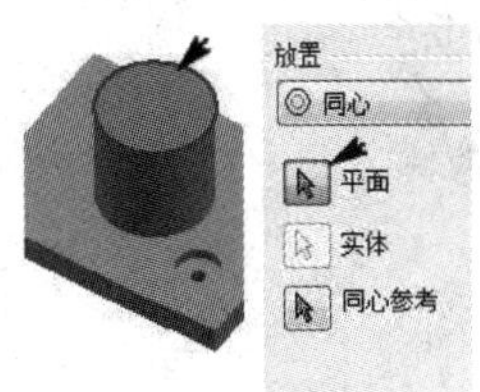

（a）选择面

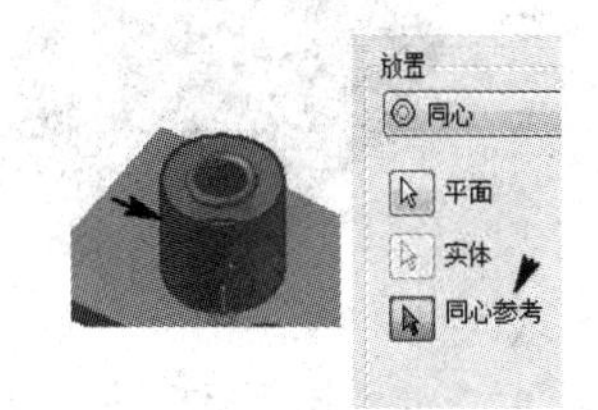

（b）选择圆柱面或者圆边

图 3-28　同心孔创建

④ 单击“确定”按钮，完成同心孔的创建。

（3）草图孔

① 创建草图点。选择底板上表面为草图平面，绘制如图 3-29 所示的两个点。对该两点添加关于水平构建线的对称约束。

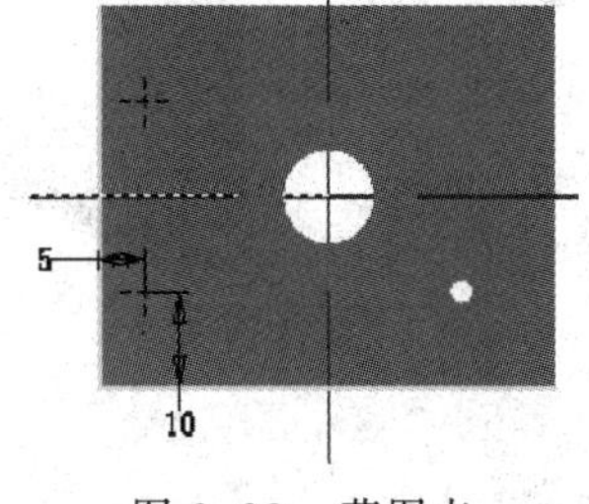

图 3-29　草图点

② 在零件工具面板中单击“孔”特征图标，激活打孔功能，弹出图 3-18 所示对话框。

③ 在对话框中，选择“直孔”“简单孔”，指定放置方式为“从草图”，终止方式“贯通”，输入孔直径 5，如图 3-30 所示。系统自动选择草图点为打孔位置。

④ 单击“确定”按钮，完成草图孔创建。

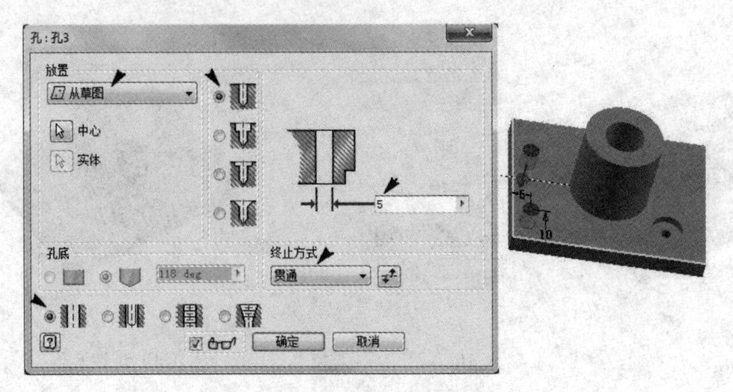

图 3-30　草图孔参数及预览

（4）参考点打孔

① 在底板的顶点上创建工作点，如图 3-31 所示。

② 在零件工具面板上单击“孔”图标，激活打孔功能，弹出如图 3-18 所示对话框。

③ 在对话框中，选择“直孔”、“简单孔”，指定放置方式为“参考点”，终止方式为“贯通”，并输入孔直径 10，如图 3-32 所示。

图 3-31　工作点

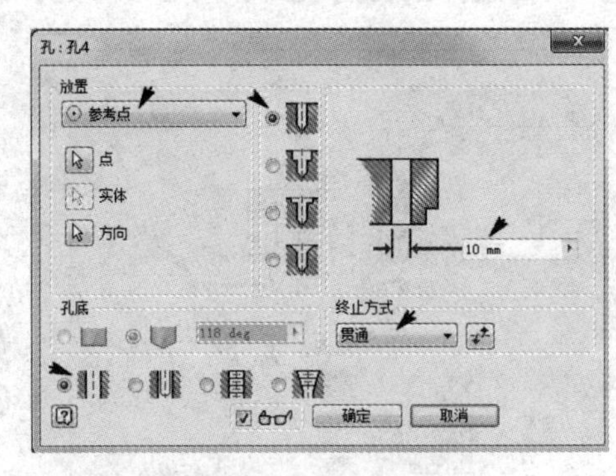

图 3-32　孔参数

④ 点选择参考点、方向选择底板上表面，操作步骤如图 3-33 所示。

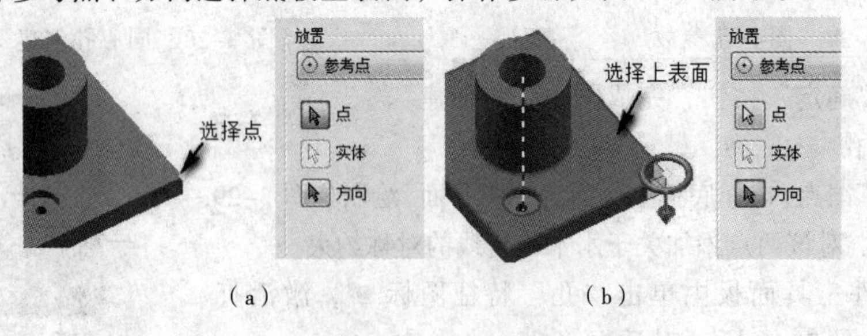

图 3-33　孔位置确定

⑤ 单击“确定”按钮，完成参考点打孔。

3.5.2　加强筋特征

为了提高零件强度和刚度，而选择添加加强筋和肋板特征。加强筋是与实体相交的封闭的薄壁特征，肋板是开放的薄壁支撑特征，也可以创建网状的加强筋和肋板。加强筋的类型，如图 3-34 所示。

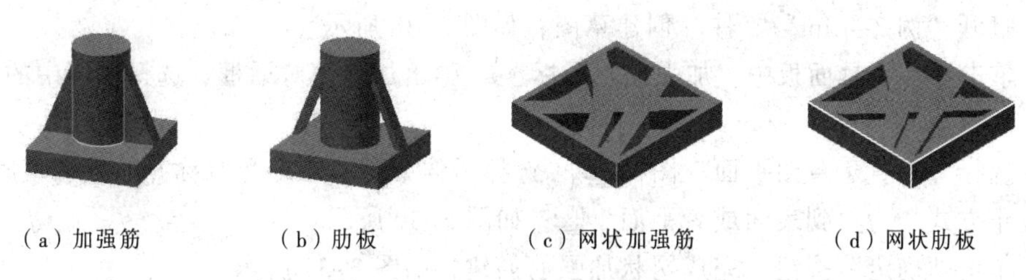

（a）加强筋　（b）肋板　（c）网状加强筋　（d）网状肋板

图 3-34　加强筋和肋板

加强筋和肋板的截面草图必须是开放的，不能封闭。另外，对于不是网状的加强筋和肋板一次只能对一个草图图元创建加强筋特征。单击零件工具面板中“加强筋”图标，弹出图 3-35 所示的对话框。

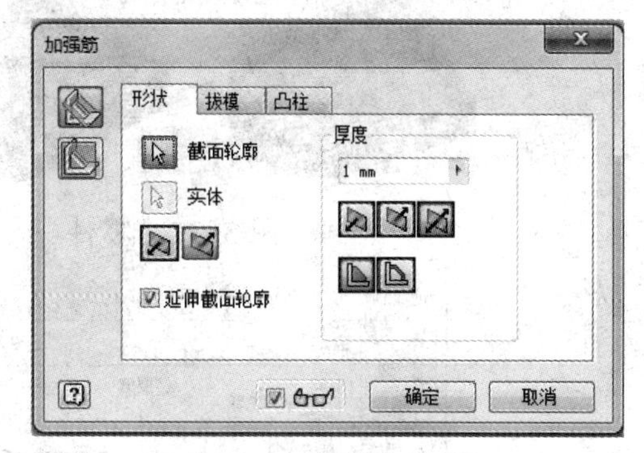

图 3-35　加强筋对话框

加强筋对话框中各项含义如下

①“垂直于草图平面创建筋板”：主要用于创建肋板，输入肋板宽度和厚度，如图 3-36(a)所示。同时可利用“拔模”和“凸柱”选项，创建带有锥度的筋板。

②“平行于草图平面创建筋板”：用于创建加强筋和肋板，输入筋板宽度或者肋板的厚度，如图 3-36(b)所示。

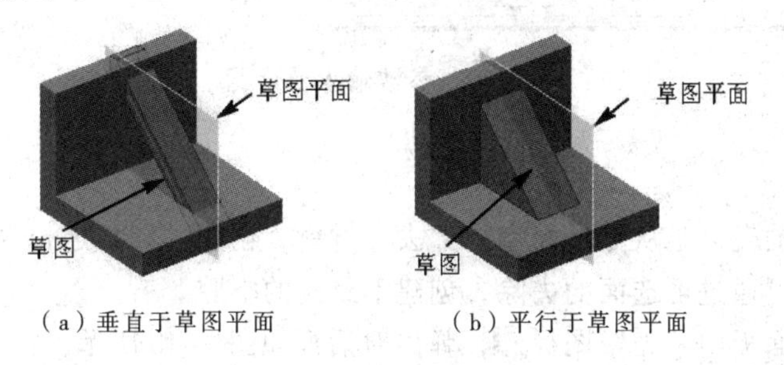

（a）垂直于草图平面　（b）平行于草图平面

图 3-36　筋板创建方式

③“截面轮廓”：通过形状简单开放的截面轮廓定义加强筋或者肋板的形状，也可以选择相交或者不相交的截面轮廓创建网状加强筋或者肋板。

④“方向”：用于控制筋板的延伸方向。可通过单击图标、控制筋板延伸方向。在创建筋板时，筋板必须指向实体之内。单击这两个图标，选择筋板延伸方向使得创建的筋板与实体相交。

⑤“厚度”：输入筋板的厚度。可通过单击图标、、选择厚度的控制方式，采用单向或者对称于草图平面给出筋板厚度。

⑥“终止方式”：单击“到表面或者平面”图标用于创建加强筋，单击“有限的”图标用于创建肋板（输入肋板厚度和宽度）。

【例 3-4】创建如图 3-37 所示的网状加强筋特征。

操作步骤：

（1）打开“例 3-4.ipt”零件。创建草图，如图 3-38 所示。

（2）单击零件工具面板中“加强筋”图标，弹出加强筋对话框，选择草图中的所有几何图元。

（3）选择“垂直于草图平面”图标，选择延伸方向、厚度为对称并输入筋板厚度 1、选择“终止方式”为“到表面或者平面”，如图 3-39 所示。

（4）单击“确定”按钮，完成网状加强筋创建，如图 3-37 所示。

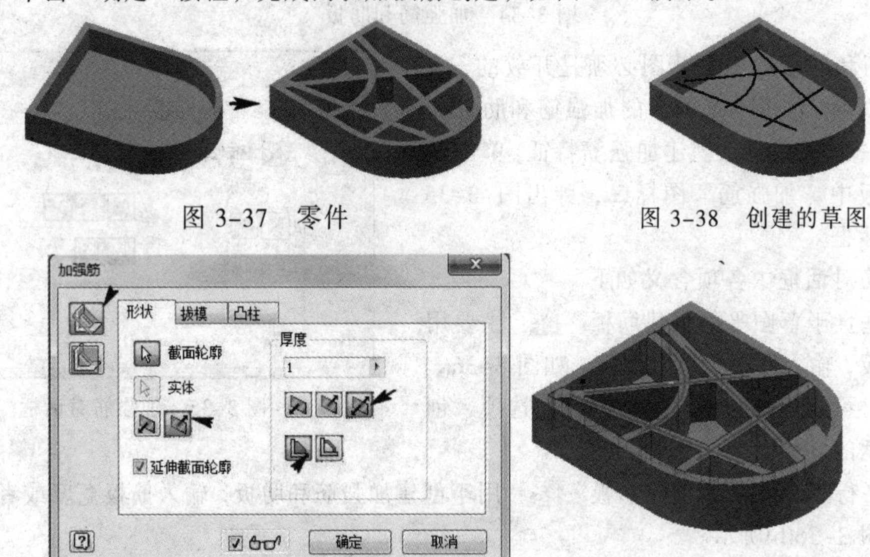

图 3-37　零件　　　　图 3-38　创建的草图

图 3-39　参数输入及预览

3.5.3　壳特征

壳特征也称为抽壳，是从零件模型内部去除材料，创建具有指定相等或者不等厚度的空腔零件。抽壳时，可通过可选面的去除，创建不封闭的空腔。

单击零件工具面板中“壳”图标，弹出对话框如图 3-40 所示。

对话框中各项含义如下。

①“开口面”：选择特征上去除的面，创建不封闭的空腔。

②“厚度”：输入壳的厚度。

③ 抽壳方式：

“向内”——从特征表面向内给出壳的厚度，特征的外部尺寸不变。

“向外”——从特征表面向外给出壳的厚度，特征的外部尺寸增加了壳的厚度。

“对称”——从特征表面向内外对称给出壳的厚度，特征的外部尺寸增加了壳的厚度的一半。

④“特殊面厚度”：用于创建壳体的不等壁厚，选择需要改变壁厚的面进行修改即可。

【例 3-5】完成如图 3-41 所示壳特征的创建。

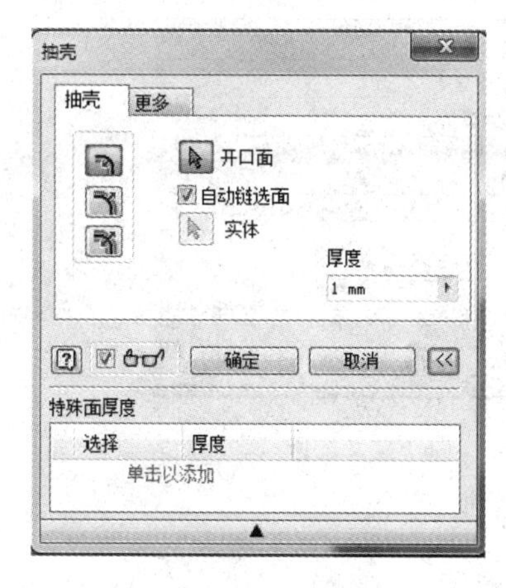

图 3-40　抽壳对话框

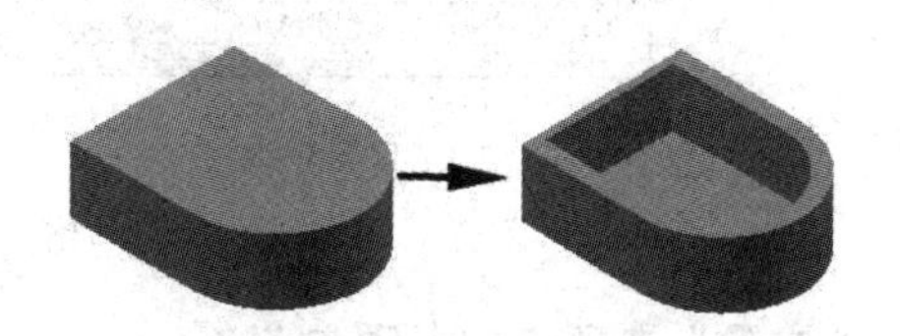

图 3-41　抽壳

创建步骤：

（1）绘制草图如图 3-42 所示，创建拉伸特征，拉伸深度为 8。

（2）单击零件工具面板中“壳”图标，激活壳功能，弹出图 3-43 所示对话框，选择向内抽壳，输入厚度 1，选择上表面为开口面，选择圆弧侧面为特殊面，厚度为 2。

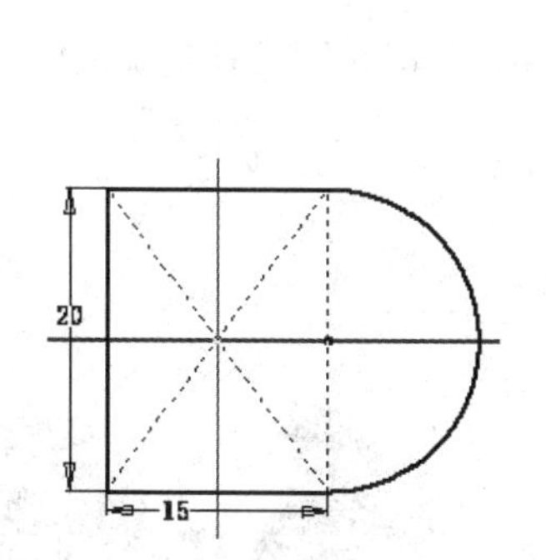

图 3-42　草图轮廓

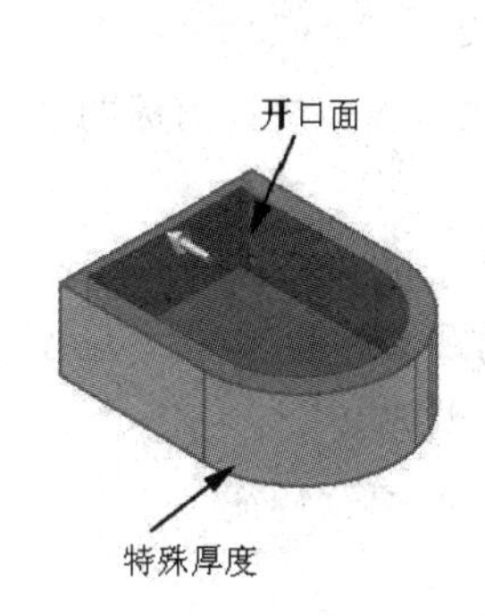

图 3-43　壳特征的创建步骤

（3）单击“确定”按钮，完成如图 3-41 所示的壳特征。

技巧：壳特征是对其之前创建的所有特征都进行抽壳，创建壳特征时应注意特征创建的顺序。选择开口面则该表面删除，对其他余面进行抽壳。开口面可以多选，如果开口面没有选择特征上的任何表面，则抽壳特征为完全封闭的空腔，如图 3-44 所示。

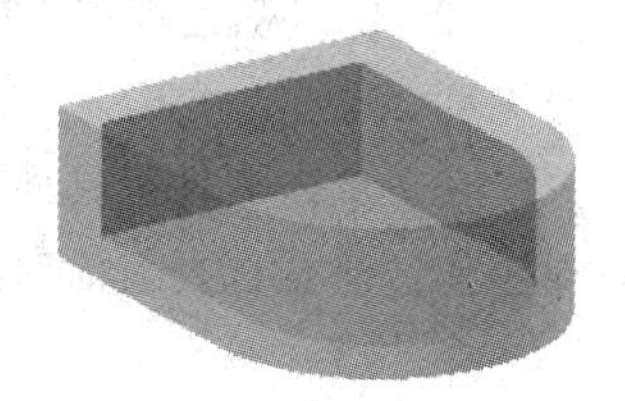

图 3-44　封闭空腔抽壳

3.5.4　螺纹特征

螺纹特征是用于在孔、轴表面上创建逼真显示的螺纹造型特征，可在生成工程图时显示出螺纹的特征。

单击零件工具面板中“螺纹”图标，弹出如图 3-45 所示的对话框。对话框中各项含义如下。

（a）位置选项

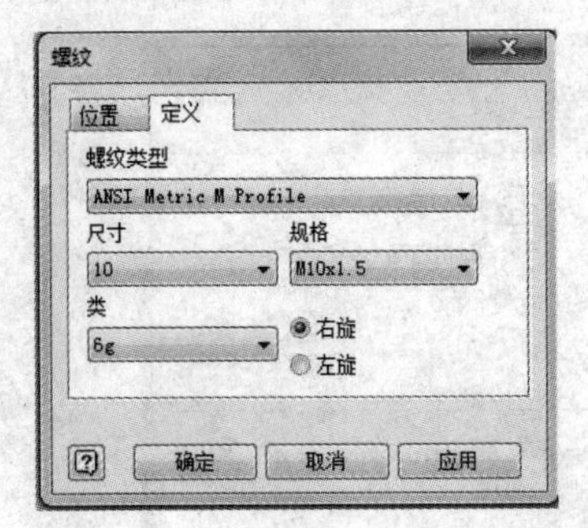

（b）定义选项

图 3-45　螺纹对话框

1.“位置”选项卡中各项含义

①“表面”：选择创建螺纹的圆柱表面。

②“全螺纹”：如果勾选此项，则在所选的圆柱表面总长度上添加螺纹；如果不勾选此项，则从选取的一端给出螺纹长度。

③“偏移量”与“长度”：“偏移量”用于从选取的一端给出指定距离添加螺纹特征；“长度”用于给出螺纹特征长度。

2.“定义”选项卡中各项含义

①“螺纹类型”：用于指定螺纹标准。选择国标的“GB Metric Profile”或者管螺纹的“GB Pipe Threads”。

②“尺寸”：选择表面后，尺寸将自动给出。

③“规格”：指定细牙螺纹的螺距，粗牙螺纹不用选。

④“类”：指定螺纹中径的公差值。

【例 3-6】完成如图 3-46 所示的螺纹特征。

操作步骤：

（1）创建螺栓头。创建新零件文件，在系统默认坐标面 XY 上绘制构建线圆直径 20，并绘制与之内接的六边形，拉伸深度 8。

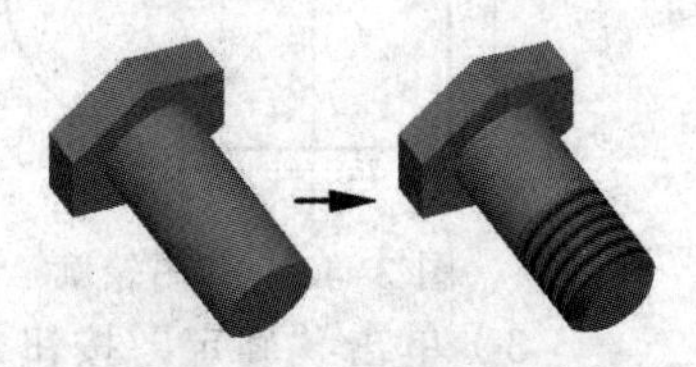

图 3-46　螺纹特征

（2）创建螺栓本体。在六边形的表面绘制直径 10 的圆，拉伸深度 20。

（3）单击零件工具面板中“螺纹”图标，激活螺纹功能，按照图 3-47 所示的操作步骤操作。注意选择表面时应靠近螺栓端部选取。

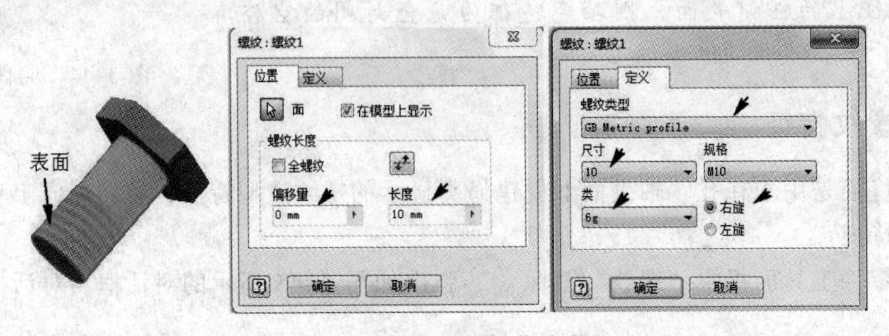

图 3-47　螺纹的操作步骤

（4）单击“确定”按钮，完成螺纹特征创建。

（5）在螺栓端面创建倒角 1，创建的结果如图 3-46 所示。

技巧：倒角必须在螺纹特征之后创建，否则工程图中表示螺纹特征的细线在倒角处没有显示。

3.5.5　圆角特征

圆角特征是在零件特征的一条或者多条边上添加内、外圆角的特征。添加圆角的方式有：边、面和全圆角。

单击零件工具面板中“圆角”图标，激活圆角功能，弹出如图 3-48 所示对话框。

1. 边圆角

在圆角对话框中，选择左上角的“边圆角”图标，创建边圆角的方式有等半径、变半径和过渡。

图 3-48　圆角对话框

（1）“圆角”对话框“等半径”选项卡如图 3-48 所示，其中各项含义如下。

①“边”、“半径”：在对话框中或者在绘图区内的快捷文本框中输入半径值，单击零件的边。选择一条边或者多条边，即可对所选的边进行倒圆角。

②“选择模式”：

“边”——单击选择添加圆角的边，或者按住【Ctrl】键单击撤销选择。

“回路”——用于选择与某一边相连构成封闭回路的边，或者按住【Ctrl】键单击撤销选择。

“特征”——此选项用于选中所有特征的棱边，或者按住【Ctrl】键单击撤销选择。

③“所有圆角”：勾选此项，则所有没有进行圆角的凹角，都将以添加材料的方法创建圆角，如图 3-49 (a)所示。

④“所有圆边”：勾选此项，则所有没有进行圆角的凸边，都将以去除材料的方法创建圆角，如图 3-49(b)所示。

原特征　（a）所有圆角　（b）所有圆边

图 3-49　所有圆角和所有圆边

（2）“圆角”对话框“变半径”选项卡如图 3-50 所示，其中各项含义如下。

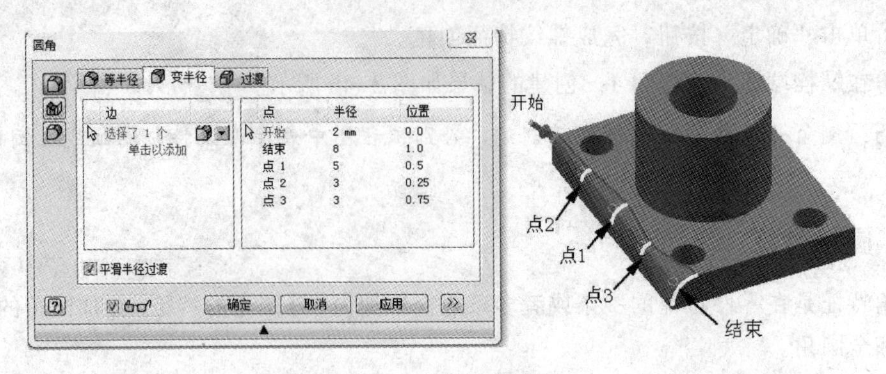

图 3-50 变半径倒圆角

①“边”：选择一条或者多条要进行变半径倒圆角的边。

②“点”：将鼠标指针放到所选择的边上时会出现点，此时可单击添加点。在框中显示“开始”和“结束”的点为所选择的边两端控制点，“点 1”、“点 2”和“点 3”为所添加的中间控制点。

③“半径”：输入对应各控制点的半径值，以改变倒圆角半径大小。

④“位置”：用于制订控制点的位置。可采用比率值的方式给出点的位置，比率值在 0~1 之间。

⑤“平滑半径过渡”：从一点到另一控制点之间的过渡方式采用平滑半径过渡。

（3）“圆角”对话框“过渡”选项卡如图 3-51 所示，各项含义如下。

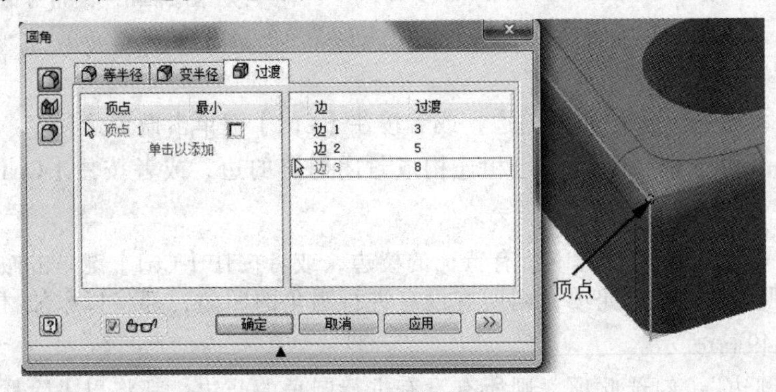

图 3-51 过渡圆角

①“顶点”：选择相邻边相交的顶点。

②“边”、“过渡”：输入相交边的过渡圆角大小。如图 3-51 所示，相邻三条边的圆角分别为 3、5、8。

注意：首先采用等半径或者变半径的方式创建相邻边都相交的圆角，才能控制相交区域过渡圆角。

2. 面圆角

单击图 3-48 中“面圆角”图标，弹出如图 3-52 所示对话框，其中各项含义如下。

①“面集 1、面集 2”：选择两个相邻相交的面，对由两面交线形成的边按照指定半径倒圆角。

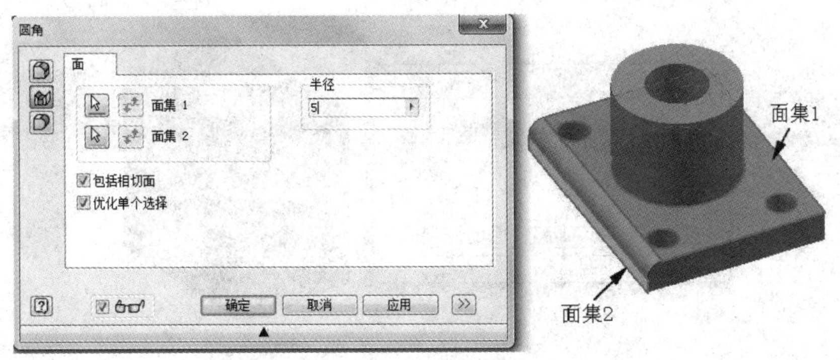

图 3-52　面圆角

② “半径”：输入圆角半径值。

3. 全圆角

全圆角是在两个平面之间用半个圆柱过渡的圆角。单击图 3-48 中“全圆角”图标，弹出如图 3-53 所示对话框。各项含义如下。

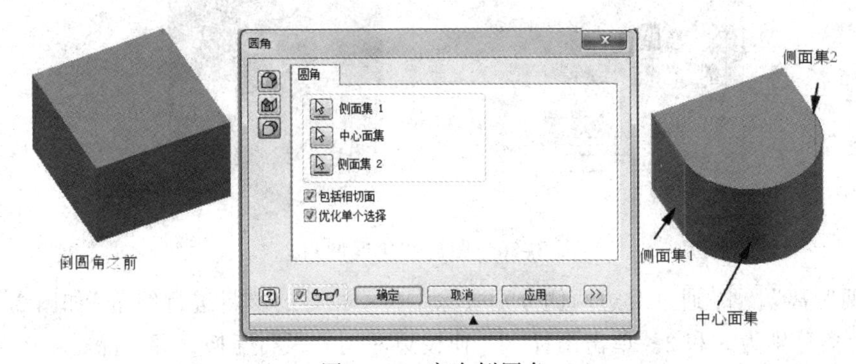

图 3-53　完全倒圆角

① “侧面集 1”：选择第一个平面。

② “中心面集”：选择两个面中间的平面。

③ “侧面集 2”：选择另一与中心面集相交的平面。

全圆角的操作方法及倒圆角的结果，如图 3-53 所示。

技巧：一个倒圆角命令可以同时实现边、面和全圆角的创建，在每次倒圆角变换时单击“应用”按钮即可。

3.5.6　倒角特征

倒角特征是在零件的一条或者多条边，用斜平面连接相邻两个面的特征。

单击零件工具面板中“倒角”图标，弹出如图 3-54 所示对话框。对话框中其各项含义如下。

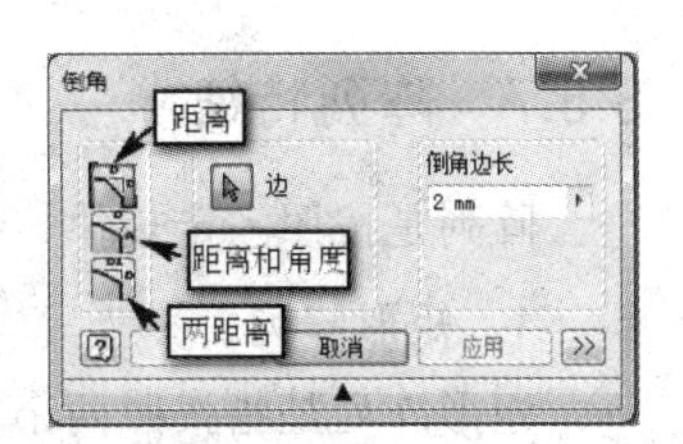

图 3-54　倒角对话框

（1）“距离”：通过在与边相交的两个面上去除相等长度材料的方式创建倒角。输入倒角边长，可以同时对多条边倒相同距离的倒角，如图 3-55 所示。

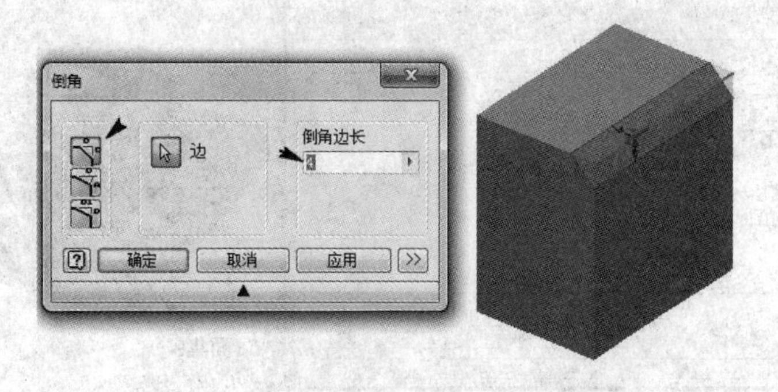

图 3-55　距离倒角

（2）“距离和角度”：选择表面和边，在对话框中输入边沿所选表面去除材料的距离（倒角距离）、该表面旋转的角度，创建倒角，如图 3-56 所示。

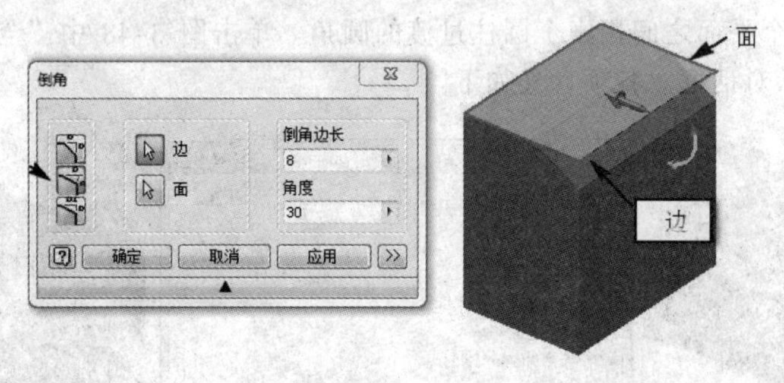

图 3-56　距离和角度倒角

（3）“两距离”：通过对边两侧分别去除距离不相等的材料进行倒角。如图 3-57 所示，两侧去除距离分别为 8 和 2。单击图标，使棱边两侧的距离互换，即去除距离改为 2 和 8。

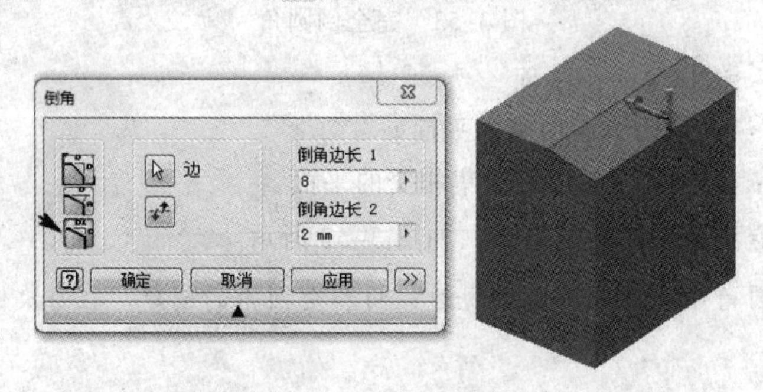

图 3-57　两距离倒角

注意：一次倒角命令只能实现对一条或者多条边以相同方式的倒角。

3.5.7　阵列特征

阵列是按照一定规律，对已有的特征进行复制。阵列特征类型有：矩形阵列和环形阵列。

1. 矩形阵列

矩形阵列是指按照两个方向对已有的特征进行复制。矩形阵列需要指定阵列方向及间距和数量。

单击零件工具面板中“矩形阵列”图标，弹出如图 3-58 所示的对话框。

对话框中各项含义如下。

（1）“特征”：选择零件上的 1 个或者多个特征，进行阵列。

（2）“实体”：选择整个零件，进行阵列。

（3）“方向 1”、“方向 2”：指定阵列的方向。可以实现单方向、双方向、斜向或者曲线阵列。阵列的方向可以选择零件实体边线、草图线或者表面，若选表面则将该表面的法线方向作为阵列方向。

注意：阵列的方向可以选择直线或者曲线。

（4）“阵列数量”：指定阵列方向上的特征数量，它是指原有特征和复制后所得到的特征总数量。

（5）“阵列长度”：采用“间距”“距离”“曲线长度”三种方式，确定复制特征在指定方向上的位置关系。

①“间距”：是指给定的特征之间的距离。

②“距离”：是指阵列特征的总的距离，可按照这个距离平均分配阵列数量。

③“曲线长度”：是指沿指定的曲线且按照曲线长度平均分配阵列数量所得到的间距。

【例 3-7】完成如下几种矩形阵列操作。

操作步骤：

创建新零件文件，在系统默认 *XY* 面绘制底板 50×3×2，在底板表面绘制到底板边线距离为 5、直径为 5 和高度为 5 的圆柱，如图 3-59 所示。

图 3-58　矩形阵列对话框

图 3-59　原特征

（1）间距阵列

在零件工具面板中单击矩形阵列图标，激活矩形阵列功能；方向 1 和方向 2 分别选择底板边线，并分别输入数量和间距值等，操作步骤如图 3-60(a)、图 3-60(b)、图 3-60(c)所示；单击“确定”按钮，完成间距阵列，如图 3-60(d)所示。

提示：阵列后的特征间距是在对话框中指定的间距值。

注意：可用于改变“方向 1”或者“方向 2”的阵列方向，使其与默认阵列方向相反。

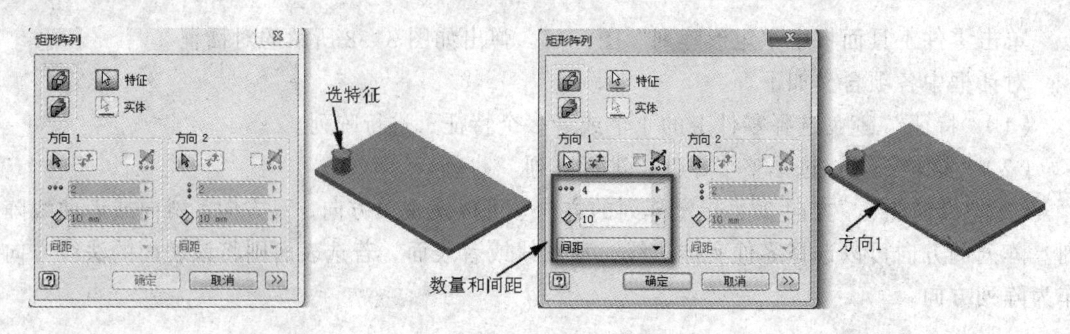

（a）选择特征　　（b）选择边线为方向 1，输入数量 4 和间距 10

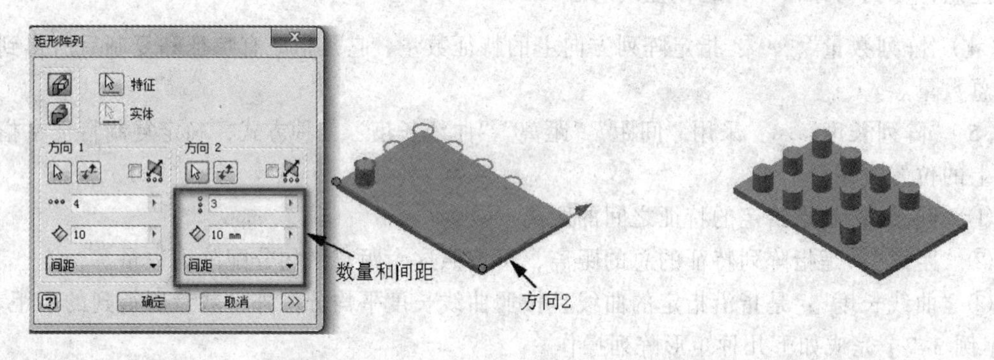

（c）选择边线为方向 2，输入间距数量 3 和 10　　（d）阵列结果

图 3-60　间距阵列

（2）距离阵列

在零件工具面板中单击矩形阵列图标，激活矩形阵列功能；方向 1 选择底板边线、距离输入 30，数量输入 5，阵列后的特征之间的间距为 30/5=6，操作步骤如图 3-61(a)所示。单击“确定”按钮，完成距离阵列，如图 3-61(b)所示。

提示：阵列后的特征间距为输入距离除以数量，30/5=6。

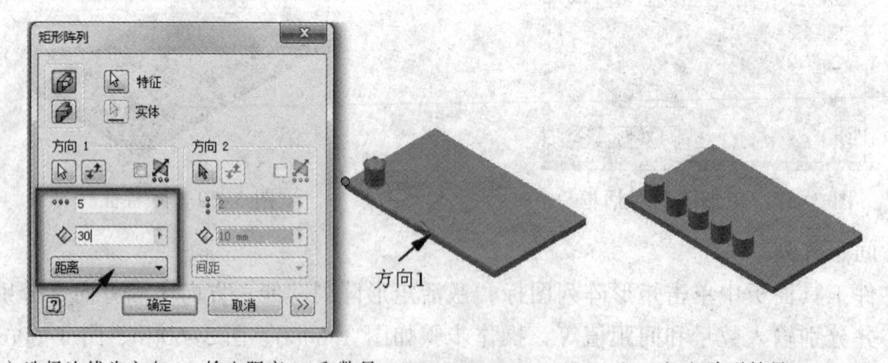

（a）选择边线为方向 1，输入距离 30 和数量 5　　（b）阵列结果

图 3-61　距离阵列

（3）曲线长度阵列

单击零件工具面板中矩形阵列图标，激活矩形阵列功能。选择草图轮廓为“方向 1”、“方向 2”，选择“曲线长度”，输入数量为 3，操作步骤如图 3-62(a)、图 3-62(b)、图 3-62(c)所示；单击“确定”按钮，完成曲线长度阵列，如图 3-62(d)所示。

（a）绘制草图

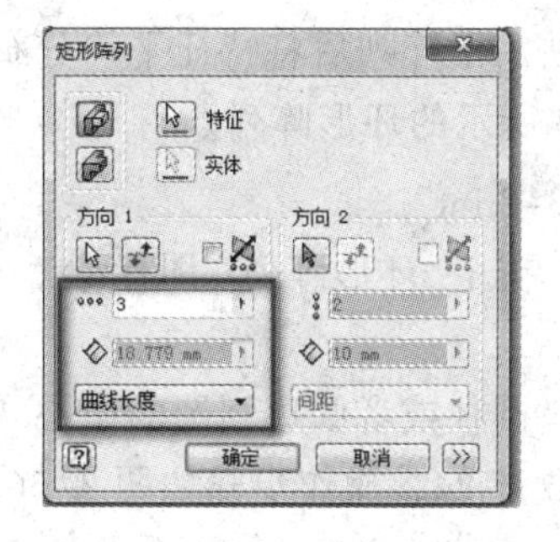

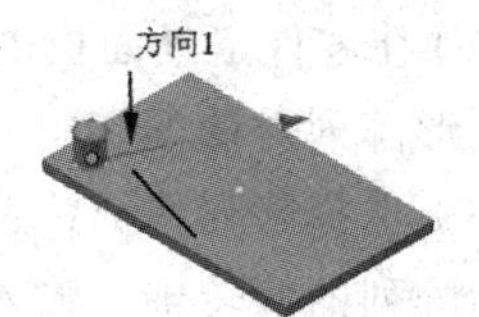

（b）选择草图为方向 1，输入数量 3

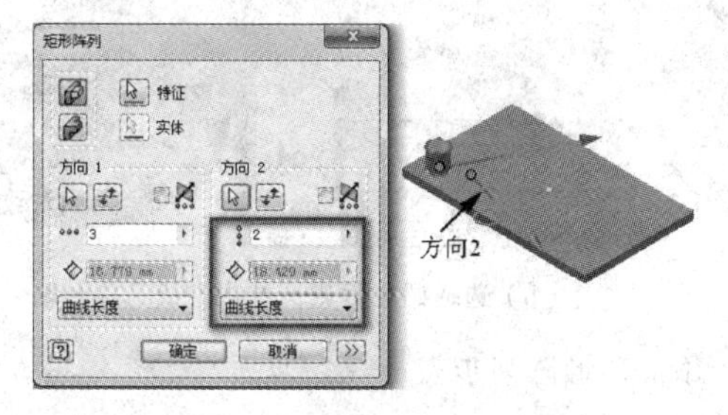

（c）选择草图为方向 2，输入数量 3

（d）阵列结果

图 3-62　曲线阵列

注意：阵列方向可以是直线、圆弧、样条曲线或者几种草图轮廓的混合均可作为阵列方向。用样条曲线进行矩形阵列操作步骤，如图 3-63(a)、图 3-63(b)所示。

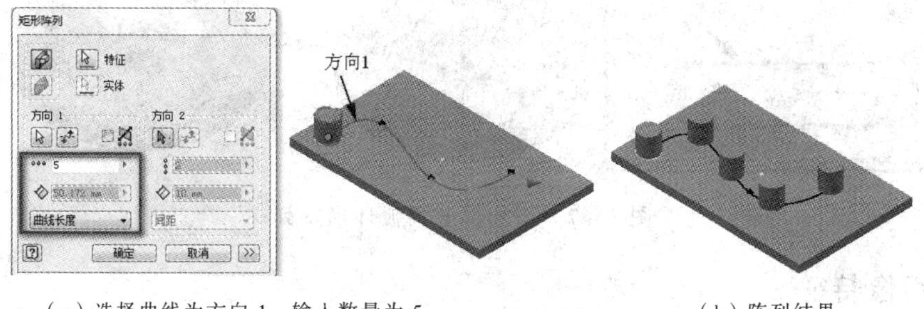

（a）选择曲线为方向 1，输入数量为 5　　　　（b）阵列结果

图 3-63　样条曲线阵列

2．环形阵列

环形阵列是沿圆周或者圆弧，指定数量和间隔角度，对已有特征进行阵列。

单击零件工具面板中“环形阵列”图标，弹出环形阵列对话框，如图 3-64 所示。

图 3-64　环形阵列对话框

对话框中各项含义如下。

①“旋转轴”：是指特征阵列时的旋转轴线，单击图标可改变旋转方向。

②“数量”：是指阵列后的特征总数。

③“角度”：指定阵列特征之间的角度，即特征之间的间隔角度。

④“中间平面”：此项用于阵列后将特征平均分布在所选的特征两侧。

【例 3-8】完成如图 3-65 所示的环形阵列。

（1）打开零件文件“例 3-8.ipt”。

（2）在零件工具面板中，单击“环形阵列”图标，弹出环形阵列对话框。

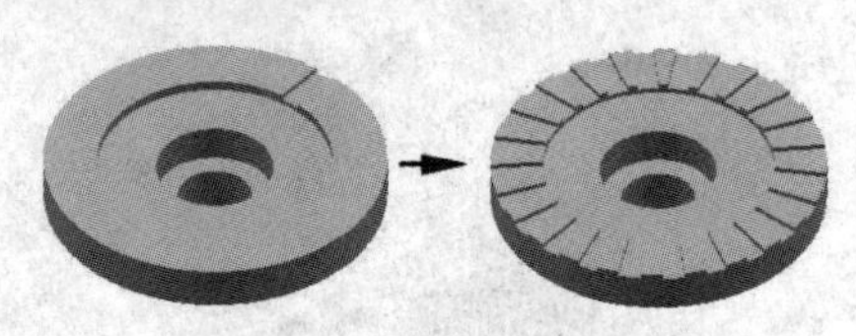

图 3-65　添加环形阵列

（3）选择阵列特征，选择圆柱或者圆边则圆的中心线作为阵列的旋转轴，输入数量 24，操作步骤如图 3-66(a)、图 3-66(b)所示。

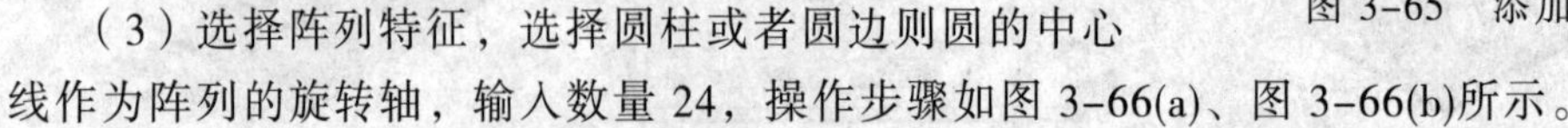

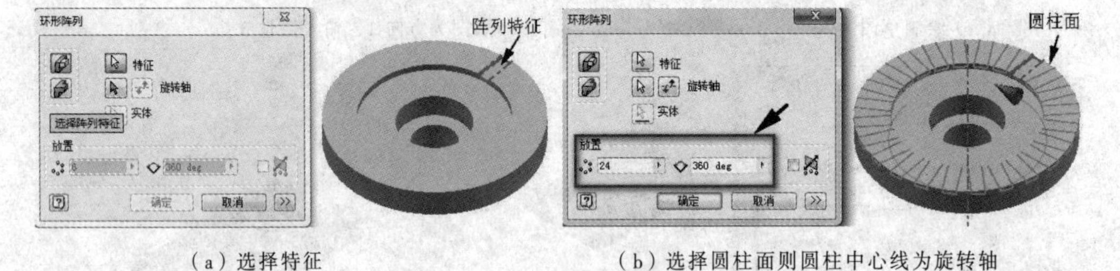

（a）选择特征　　（b）选择圆柱面则圆柱中心线为旋转轴

图 3-66　添加环形阵列步骤

（4）单击“确定”按钮，完成环形阵列，如图 3-65 所示。

注意：环形阵列可以是部分圆弧阵列，例如给出阵列圆弧角度 150°，如图 3-67 所示。

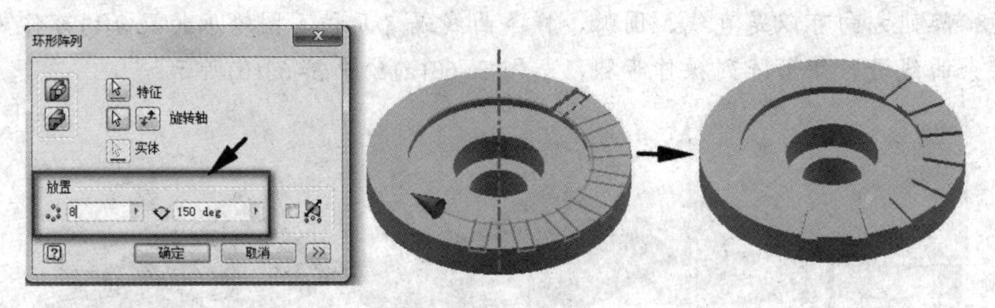

图 3-67　添加部分圆弧环形阵列

3.5.8　镜像特征

镜像特征是将特征或者零件复制到镜像平面另一侧，使其关于镜像平面对称的功能。单击零件工具面板中“镜像”图标，弹出如图 3-68 所示对话框。

镜像对话框中，镜像平面选择对称平面。镜像操作较简单，在此不再赘述。

图 3-68　镜像对话框

注意：镜像面必须是平面。

3.5.9　衍生零部件

衍生零部件是将已有的零件或者部件，作为其他零件的基础参照或者作为基础零部件插入到零件文件中。

创建零部件衍生时，应选择源零件或者部件，可以把草图、实体、曲面等插入到零件文件中。

衍生零部件与源零部件之间存在关联关系。如果要编辑衍生零部件，则可在源零部件中修改，衍生的零部件利用菜单栏更新选项即可进行修改。如果不再更改衍生零部件，则可以断开与源零部件的关联。

衍生零部件是单一零件，可以把此衍生零部件作为基础零件，通过添加或者去除特征等操作创建新零件。衍生零部件非常适合于有装配或者参照关系的零件建模。

注意：衍生必须在零件环境下创建。

1. 衍生草图

（1）创建新零件文件。

（2）打开菜单管理→单击插入选项的工具面板中“衍生”图标，找到要衍生的零件，“例 3-1.ipt”，弹出衍生零件对话框，如图 3-69(a)所示，同时在绘图区预览该零件。

（3）在对话框中选择草图为“+”，其余为“-”，单击“确定”按钮，完成草图衍生，如图 3-69(b)所示。

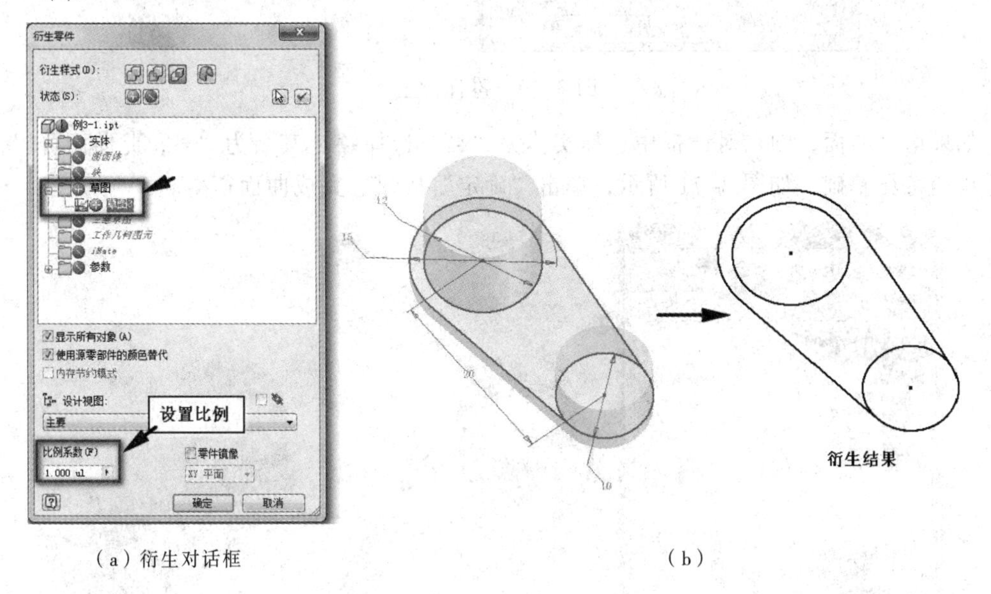

（a）衍生对话框　　　　（b）

图 3-69　草图衍生

（4）该草图即可以作为创建特征的草图，进行拉伸或者创建其他的特征。

2. 衍生零件

（1）创建一个新零件文件。

（2）打开菜单管理→单击插入选项的工具面板中“衍生”图标，找到要衍生的零件，“例 3-1.ipt”，弹出“衍生零件”对话框，如图 3-70 所示，同时在绘图区预览该零件。

（3）在对话框中选择实体为“+”，其余为“-”，如图 3-70 所示，对零件进行衍生。在此零件上可以创建添加或者去除特征。

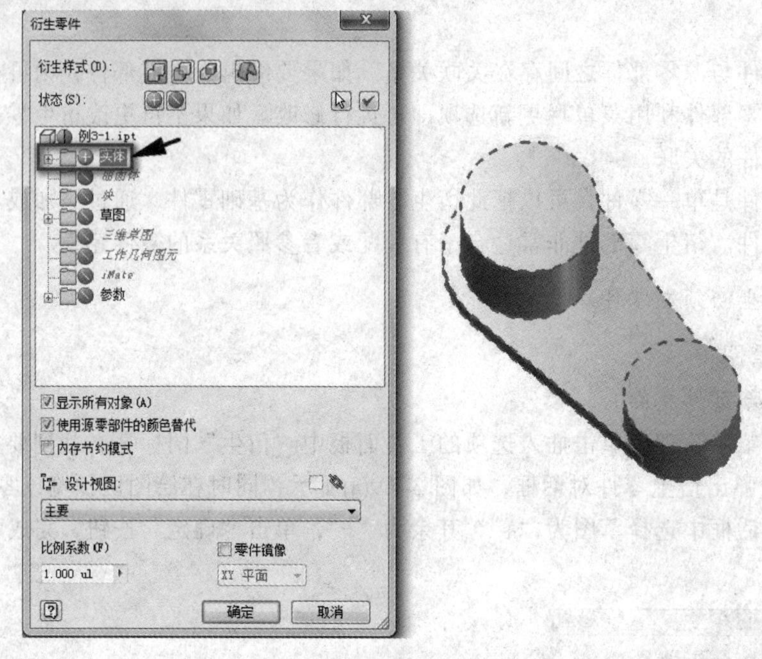

图 3-70　零件衍生

如果衍生曲面，则在对话框中选择实体为“+”，选择，其余为“-”，此曲面可以作为新零件的特征基础，如图 3-71 所示，单击“确定”按钮，完成曲面衍生。

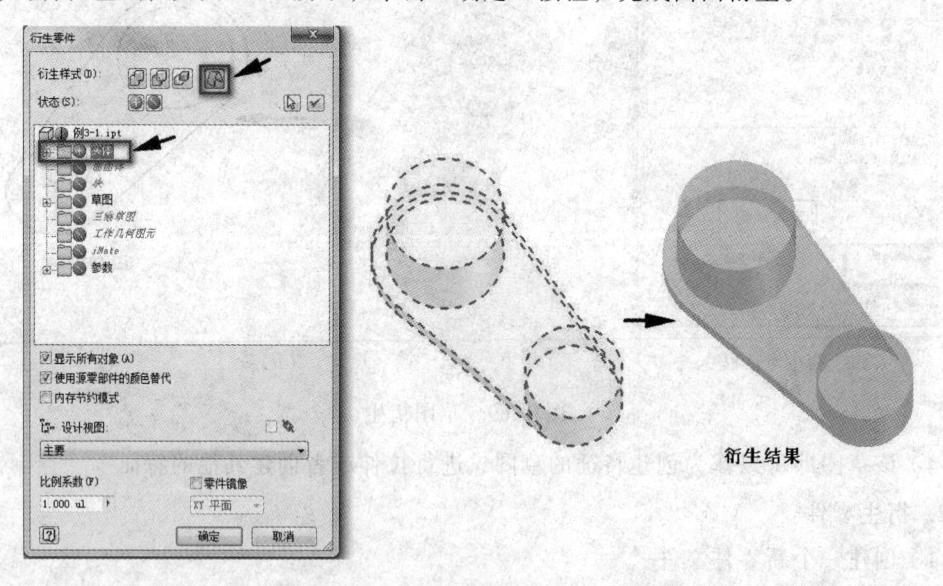

图 3-71　曲面衍生

3．衍生部件

利用装配部件衍生可以创建模具型腔，下面将介绍其操作方法。

（1）新建部件文件，单击工具面板中“放置”图标，查找零件文件“坯料.ipt”、“分割.ipt”，在绘图区内单击，即可把上述两个零件调入到装配环境，如图 3-72 所示。

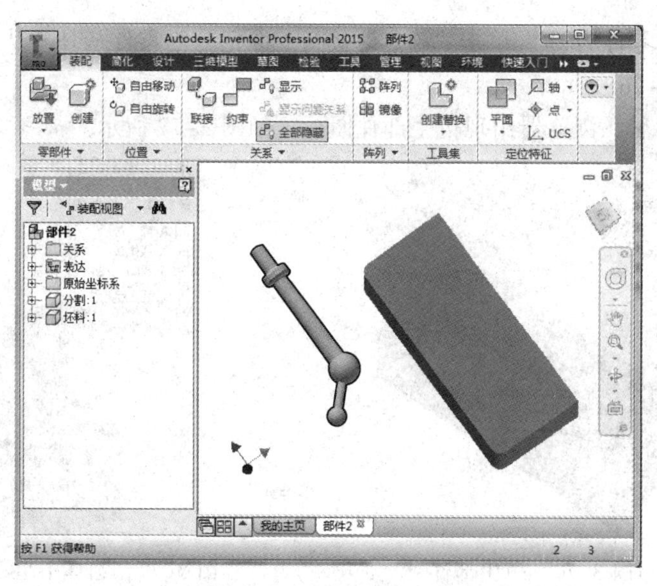

图 3-72　部件装配环境

（2）添加约束。添加坯料上表面和分割零件的中间面的配合约束，间隙为 0，将这两个零件装配到一起，操作结果如图 3-73 所示，保存该文件为“模具型腔.iam”。

（3）新建一个零件文件，选择操作管理→单击插入选项的工具面板中“衍生”图标，在“打开”对话框中选择“模具型腔.iam”，如图 3-74 所示，单击“打开”，弹出如图 3-75 所示“衍生部件”对话框。

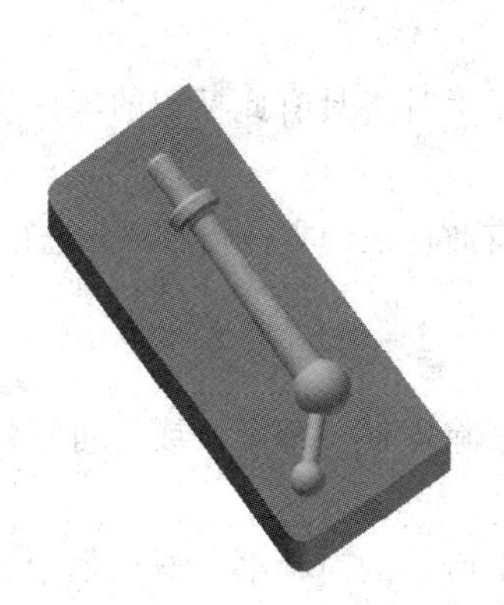

图 3-73　装配的结果

图 3-74　打开对话框

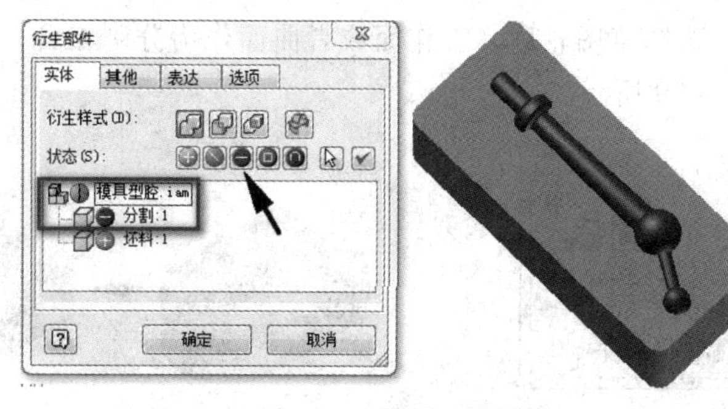

图 3-75　衍生对话框

（4）选择分割零件为，单击“确定”按钮，即把分割零件从坯料从减去，完成模具型腔的创建，如图 3–76 所示。

（5）衍生部件后，浏览器出现衍生部件图标，如图 3–77 所示。

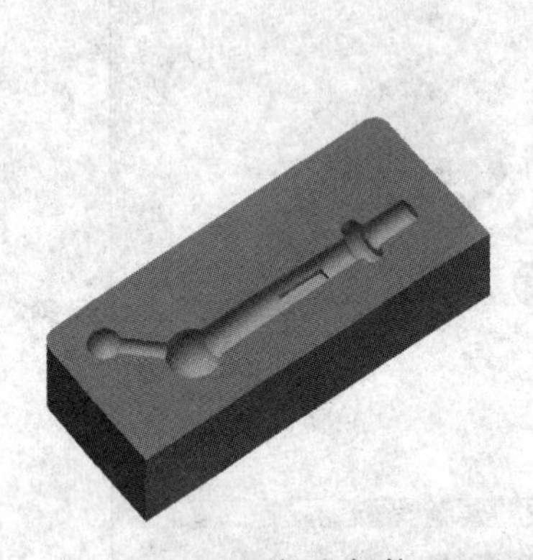

图 3–76　衍生部件

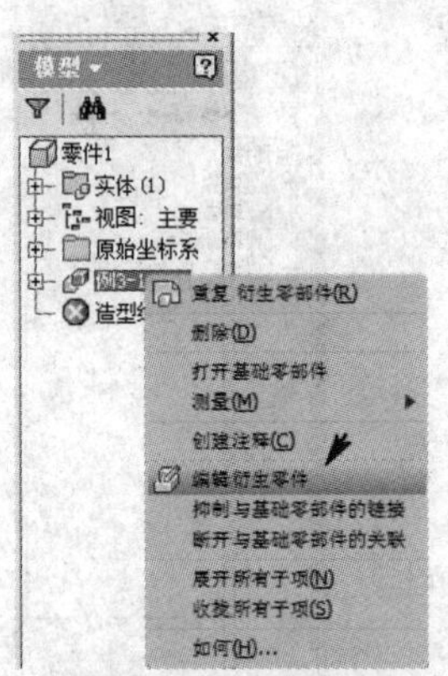

图 3–77　选择衍生零部件

编辑衍生部件时，可在浏览器中选择衍生零部件，单击右键在快捷菜单中选择“编辑衍生零部件”即可对源零部件进行编辑。

（6）对零部件进行编辑修改，修改后返回到零件环境；在浏览器中出现图标，在工具栏中单击“更新”图标，即完成对衍生部件的更新。

（7）保存该零件。图 3–75 衍生部件对话框中，各图标含义如下。

：具有此标记的零件进行布尔运算的并运算，即将具有此标记的零件全部衍生。

：具有此标记的零件不衍生，即不参与布尔运算。

：具有此标记的零件进行布尔运算的减运算，即在衍生时将具有此标记的零件从部件中减掉。

：具有此标记的零件进行布尔运算的交运算，即将具有此标记的零件相交部分进行衍生。

3.5.10　分割

分割是利用草图截面对零件的表面进行分割、修剪和删除零件一部分，或者将零件分割为多个实体的操作。

单击零件工具面板中“分割”图标，弹出如图 3–78 所示的对话框。对话框中各项含义如下。

（1）“分割面”：选择草图轮廓、工作面或者曲面作为分割工具，把零件的表面的部分区域分割出来，如图 3–79 所示。

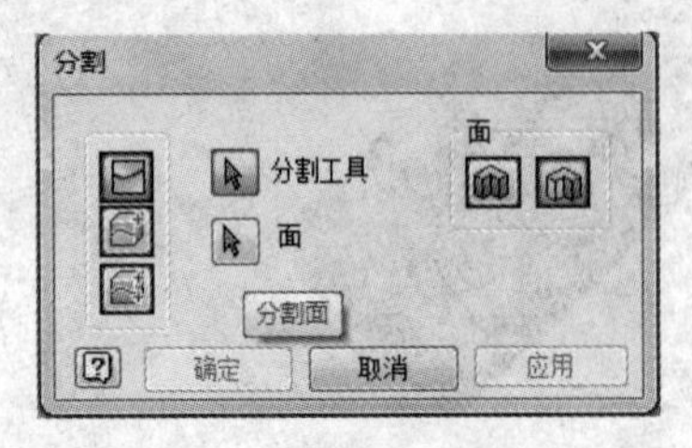

图 3–78　分割对话框

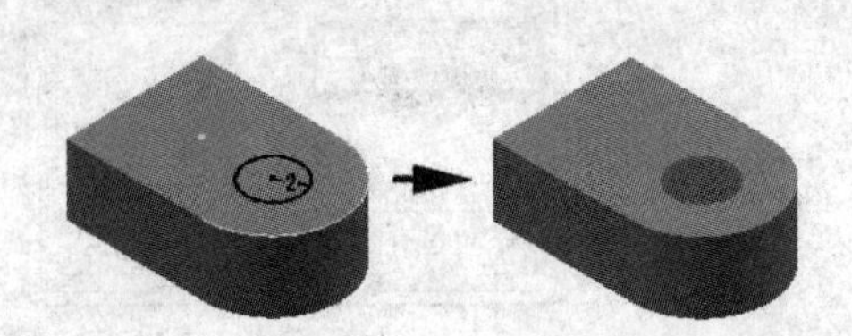

图 3–79　面分割

操作步骤：选择圆为分割工具、选择上表面为面，操作方法如图 3-80 所示，单击“确定”按钮，完成面分割操作。选择被分出的圆面，单击右键，在弹出的快捷菜单中选择“特性”，选择颜色为绿色，即可对该面颜色进行修改。创建结果如图 3-79 所示。

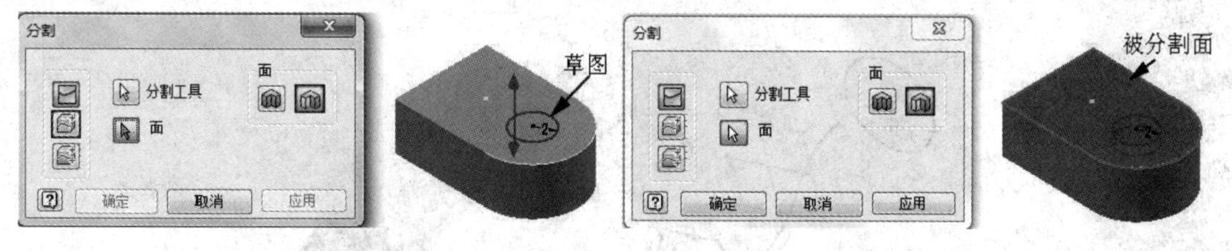

（a）选择圆为分割工具　　（b）选择分割面

图 3-80　面分割操作

注意：在有限元分析中可以对分割的面添加载荷或者约束。

（2）“修剪实体”：选择草图轮廓、工作面或者曲面作为分割工具，修剪或者删除零件的一部分，如图 3-81 所示。选择样条曲线为分割工具，修剪实体的操作如图 3-82 所示，单击“确定”按钮，完成修剪实体（见图 3-81）。

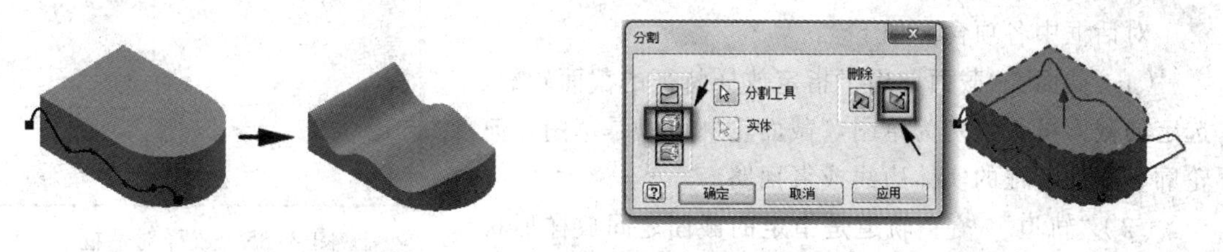

图 3-81　修剪实体　　图 3-82　修剪实体操作步骤

（3）“分割实体”：选择草图轮廓、工作面或者曲面作为分割工具，把实体分为两个实体，分割结果使浏览器出现两个实体的图标，如图 3-83 所示。

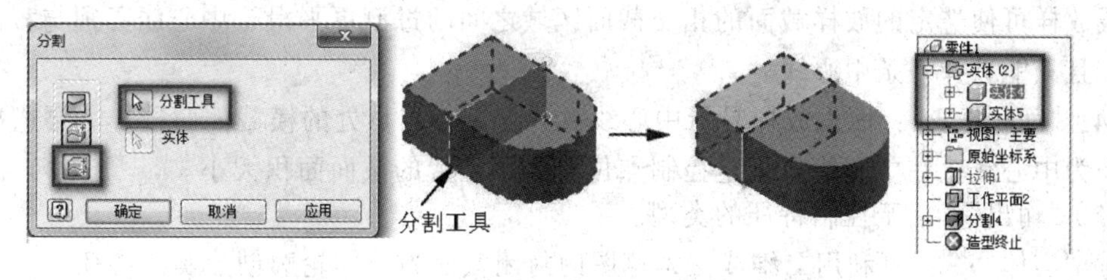

（a）选择面为分割面　　（b）分割结果和浏览器

图 3-83　分割实体操作步骤

3.6　复杂特征

对于简单特征采用一个草图轮廓就可以创建，但是对于复杂特征，往往需要两个或者两个以上的草图轮廓，同时需要多个工作面、工作轴等辅助定位特征（如放样、扫掠、螺旋扫掠等）才能完成创建。

3.6.1 放样特征

放样特征是用于创建光滑过渡两个或者两个以上的截面轮廓形状构成的特征，如图 3-84 所示。

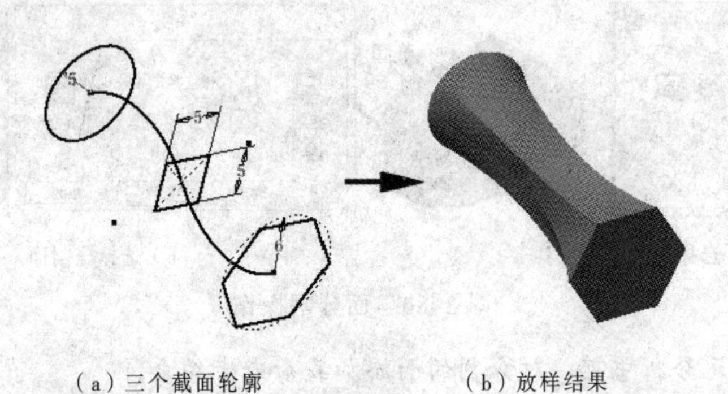

（a）三个截面轮廓　　　　（b）放样结果

图 3-84　放样特征

单击零件工具面板中“放样”图标，弹出如图 3-85 所示的对话框。

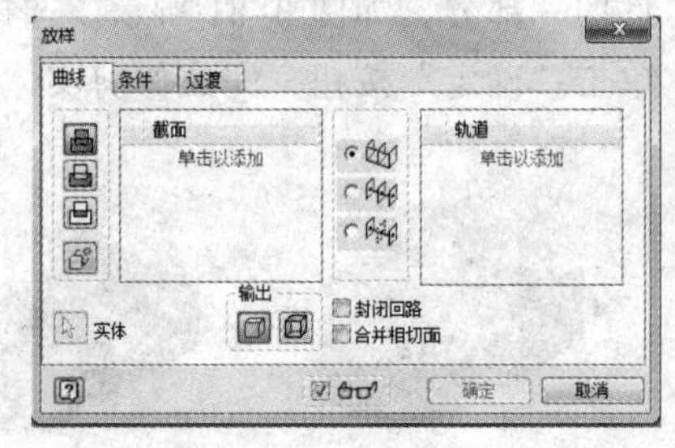

图 3-85　放样对话框

对话框中各项含义如下。

（1）截面：“截面”用于指定放样特征的截面轮廓。选定的截面可被识别为草图。截面轮廓可以是草图几何轮廓、零件特征的实体边线或者回路。

（2）“轨道”：轨道是指定的截面之间放样形状的二维曲线、三维曲线或模型边。可以添加任意数目的轨道来优化放样的形状。

（3）“中心线”：中心线是一种与放样截面成法向的轨道类型，其作用与扫掠路径类似。中心线放样可使选定的放样截面的相交截面区域之间的过渡更平滑。中心线必须与截面中心相交，且只能选择一条中心线。

（4）“面积”：面积放样是沿中心线放样控制指定点处的横截面面积。需要选择单个轨道作为中心线，在中心线上指定控制点位置和该位置的截面面积大小。

（5）“输出”：用于控制特征的类型。

①“实体”：可利用二维或三维草图的封闭截面为放样轮廓创建实体特征。

② 曲面：可利用开放或者封闭轮廓创建曲面特征。

【例 3-9】完成如图 3-86 所示的放样特征的添加。

操作步骤：

（1）打开零件“例 3-9.ipt”。

（2）单击零件工具面板中“放样”图标，激活放样的功能，弹出放样对话框。

（3）分别选择“草图 1”、“草图 2”、“草图 3”作为截面，放样形状控制选择“轨道”，输出为“实体”，如图 3-86 所示，单击“确定”按钮，完成放样特征，其结果如图 3-84 所示。

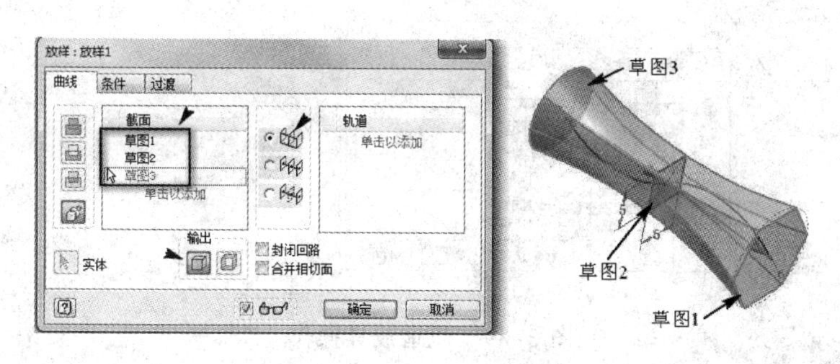

图 3-86　添加放样特征

【例 3-10】完成如图 3-87 所示的中心放样特征。

操作步骤：

（1）打开零件“例 3-10.ipt”。

（2）单击零件工具面板中“放样”图标，激活放样的功能，弹出放样对话框。

（3）分别选择“草图 1”、“草图 2”、“草图 3”作为截面，“放样形状控制”选择“中心线”，即选取“草图 4”，单击“确定”按钮，完成中心放样操作，如图 3-87 所示。

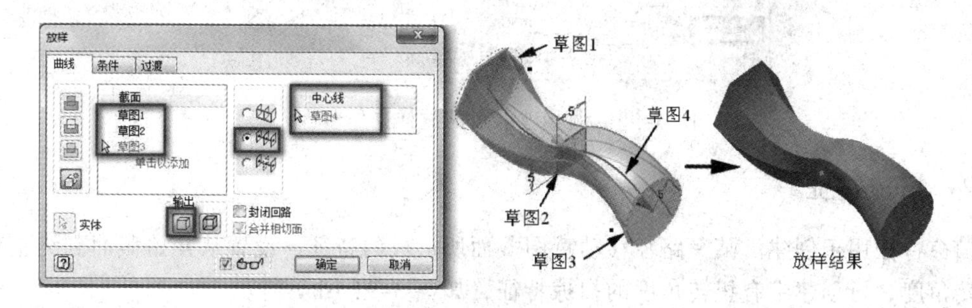

图 3-87　添加放样特征

【例 3-11】完成如图 3-88 所示的放样特征。

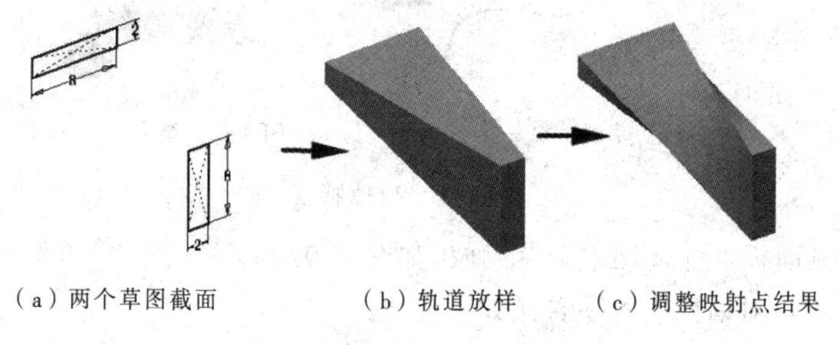

（a）两个草图截面　（b）轨道放样　（c）调整映射点结果

图 3-88　调整映射点的放样特征

操作步骤：

（1）打开零件“例 3-11.ipt”。

（2）单击零件工具面板中“放样”图标，激活放样的功能，弹出“放样”对话框。

（3）分别选择“草图 1”、“草图 2”作为截面，放样形状控制选择“轨道”，“输出”选择“实体”，如图 3-89 所示。

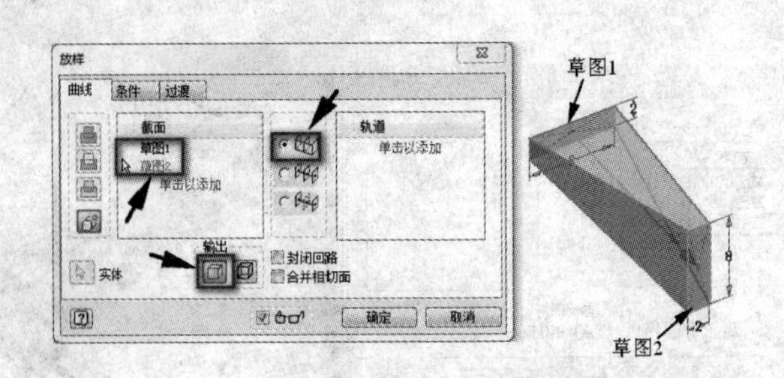

图 3-89　轨道放样操作

（4）在“放样”对话框中选择“过渡”选项，取消“自动映射”的勾选，拖动鼠标分别把“集合 1”、“集合 2”“集合 3”“集合 4”的位置移动到对应的图 3-90 所示的“1”“2”“3”“4” 的位置上，单击“确定”按钮，完成放样操作，结果如图 3-88 (c)所示。

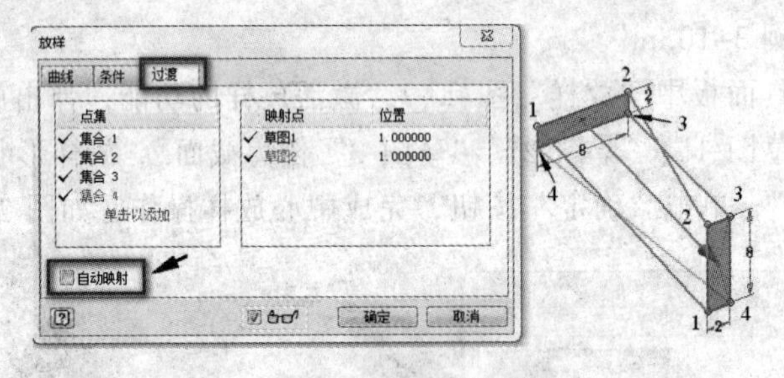

图 3-90　调整映射点的放样操作步骤

3.6.2　扫掠特征

扫掠特征用于创建沿某一路径移动草图截面所形成的特征，设置从开始截面到终止截面的扭转角度，可创建带有扭转角度的扫掠特征，如图 3-91（b）所示。

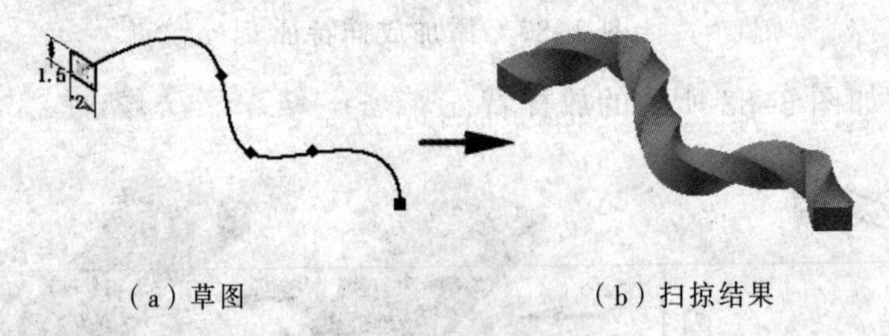

（a）草图　　（b）扫掠结果

图 3-91　扫掠特征

单击零件工具面板“扫掠”图标，弹出如图 3-92 所示的“扫掠”对话框。对话框中各项含义如下。

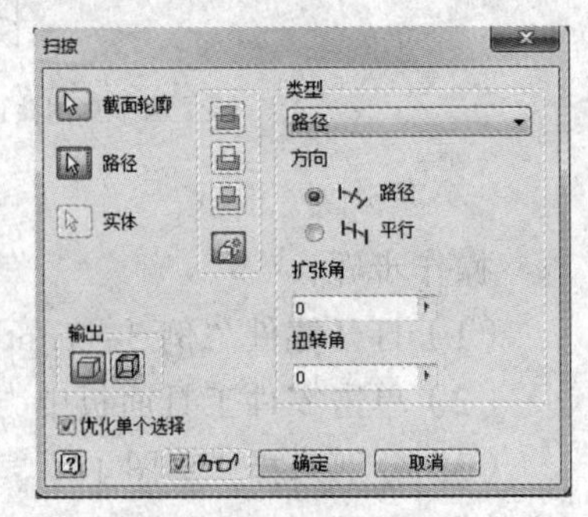

图 3-92　扫掠特征

（1）“截面轮廓”：用于指定沿指定路径移动的截面轮廓。创建实体扫掠时截面轮廓必须封闭，创建曲面扫掠时截面可以开放或者封闭。

注意： 截面轮廓的中心必须与路径的起点重合。

（2）“路径”：用于指定扫掠特征的轨迹和起始点。

注意： 在路径任意位置上的截面必须与扫掠路径垂直。

（3）“扩张角”：用于设置截面从起点到终点的锥角，可正可负。正的截面扩张角增加、负的截面扩张角减少。

（4）“扭转角”：用于设定沿路径从起点到终点进行扭转的角度，可正可负。扭转角正则逆时针扭转，扭转角负则顺时针扭转。

【例 3-12】创建如图 3-91(b)所示的扫掠特征。

操作步骤：

（1）打开零件“例 3-12.ipt”。

（2）在系统默认 *XY* 面创建样条曲线，利用“在指定点处与曲线垂直”的方法创建工作面在样条曲线端点与样条曲线垂直的工作面，在该工作面上创建截面 2×1.5 矩形草图，该矩形中心与样条曲线端点重合，如图 3-91(a)所示。

（3）单击零件工具面板中扫掠图标，激活扫掠功能，弹出扫掠对话框。

（4）分别选择“截面”、“路径”，设定扩张角为 0°、扭转角为 720°，如图 3-93 所示。

（5）单击“确定”按钮，完成如图 3-91(b)所示的扫掠特征。

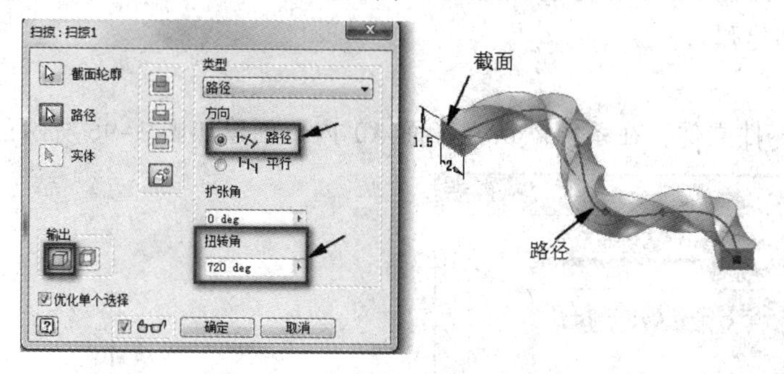

图 3-93 扫掠特征的操作步骤

3.6.3 螺旋扫掠特征

螺旋扫掠是沿螺旋线移动草图截面所形成的特征，常用于创建螺旋弹簧和螺纹。

单击零件工具面板中“螺旋扫掠”图标，弹出如图 3-94 所示对话框。

（a）“螺旋形状”选项卡

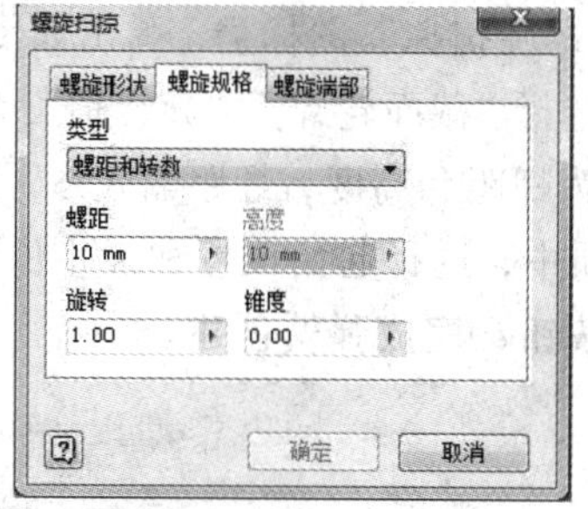

（b）“螺旋规格”选项卡

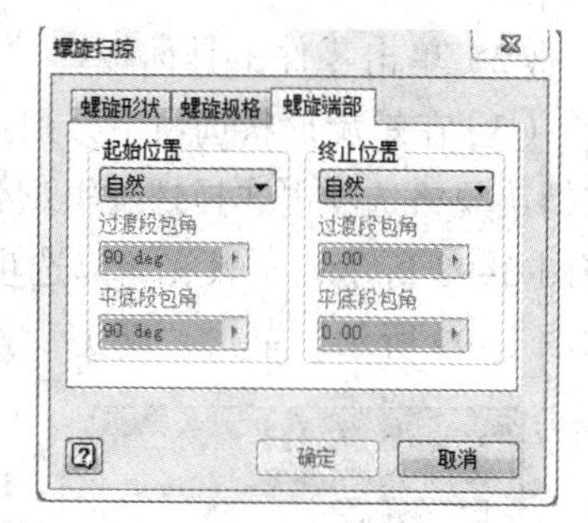

（c）“螺旋端部”选项卡

图 3-94 “螺旋扫掠”对话框

（1）“螺旋形状”选项卡中各项含义如下。

①“截面轮廓”：选择沿螺旋线螺旋扫掠的截面。创建实体的截面轮廓必须封闭，创建曲面的截面轮廓可以是开放或者封闭的。截面轮廓可以是任意几何形状、实心或者空心的。

②“旋转轴”：选择螺旋扫掠旋转的中心线。

③“旋转方向”：确定螺旋线的旋转方向。旋转方向分为逆时针和顺时针两种。

（2）“螺旋规格”选项卡中各项含义如下。

①“类型”：定义螺旋扫掠特征的螺旋类型，如图 3–95 所示。螺旋扫掠的类型有“螺距和转数”、“转数和高度”、“螺距与高度”和“平面螺旋”四种。

②“螺距”：螺旋线上的一点旋转一圈上升的高度。

③“高度”：螺旋线从起点到终点的高度即扫掠截面的中心从开始到结束的高度差。

④“转数”：是指螺旋线所旋转的圈数。

⑤“锥度”：是指截面从螺旋线起点到终点的锥度大小，锥度为正表示扫掠截面逐渐扩大，锥度为负表示扫掠截面逐渐减少。如果负角度很大，则终点的截面变为点。

（3）“螺旋端部”选项卡中各项含义如下。

①“自然”：螺旋起始和终止位置的螺旋扫掠为自然状态，不作处理。

②“平底”：把螺旋起始和终止位置压平一定角度，设置过渡段角度和平底段角度。

【例 3–13】创建弹簧。

操作步骤：

（1）创建新零件文件，在系统默认坐标面 *XY* 内，创建如图 3–96 所示的草图。

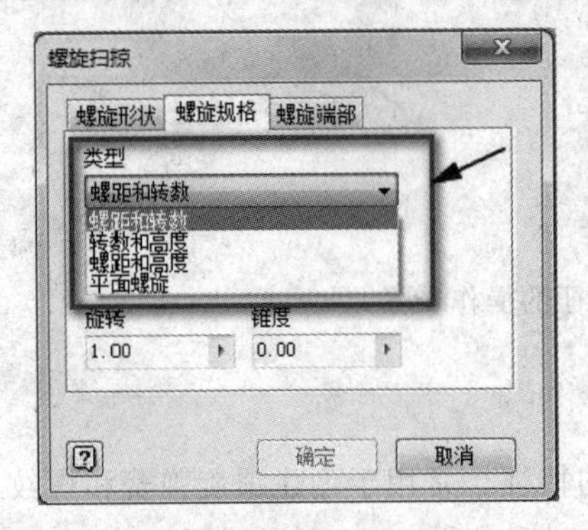

图 3–95 “螺旋规格”选项卡

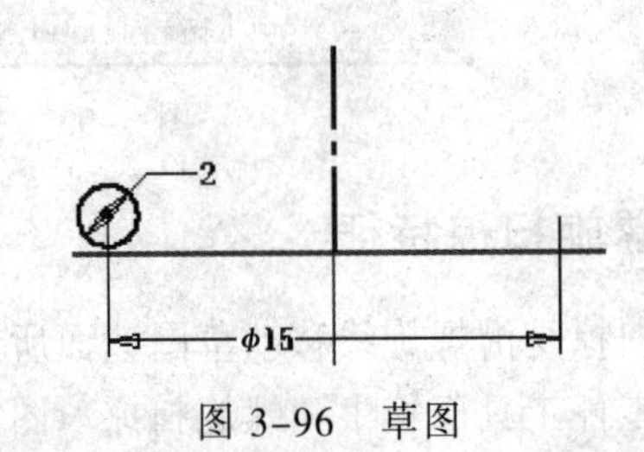

图 3–96 草图

（2）单击零件工具面板中“螺旋扫掠”图标，弹出如图 3–97 所示的对话框。

（3）在螺旋形状选项中分别选择“截面轮廓”、“旋转轴”、“输出为实体”，如图 3–97 所示；在螺旋规格选项中选择螺旋类型为螺距和高度，螺距输入 5，高度输入 15，锥角输入–10°，如图 3–98 所示；在螺旋端部选项中，选择起始位置和终止位置为平底，过渡角度均为 90°，如图 3–99 所示。单击“确定”按钮，完成弹簧创建。

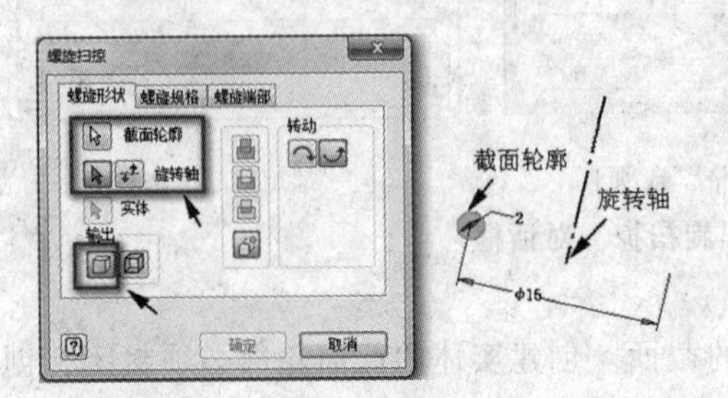

图 3–97 选择截面轮廓和旋转轴

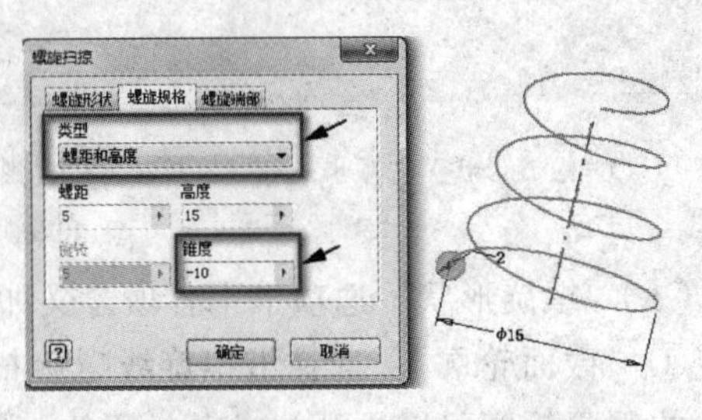

图 3–98 选择螺旋类型为螺距和高度

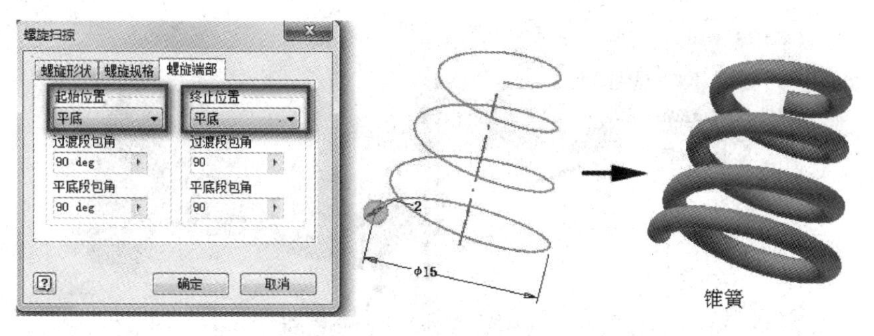

图 3-99　设置螺旋端部为平底

【例 3-14】创建平面弹簧。

操作步骤：

（1）创建步骤与【例 3-13】的（1）、（2）相同。

（2）在“螺旋规格”选项卡中类型设置为“平面螺旋”，设置螺距 3 和旋转圈数 5，如图 3-100 所示，单击“确定”按钮，完成操作。

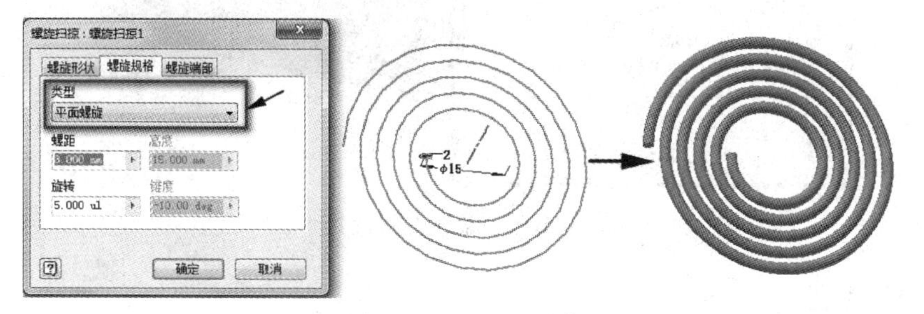

图 3-100　平面弹簧

【例 3-15】创建如图 3-101 所示的螺栓。

创建步骤：

（1）打开零件文件“例 3-15.ipt”。

（2）创建截面轮廓是边长为 0.8 的正三角形和中心线的草图，如图 3-102 所示。

（3）单击零件工具面板中“螺旋扫掠”图标，激活对话框中的各项功能，按照图 3-103 所示选择截面轮廓、布尔差运算，并将中心线设置为旋转轴。如图 3-104 所示，设置螺旋类型为螺距和高度，输入螺距 1.5，高度 15。

（4）单击“确定”按钮，完成螺栓创建，如图 3-101 所示。

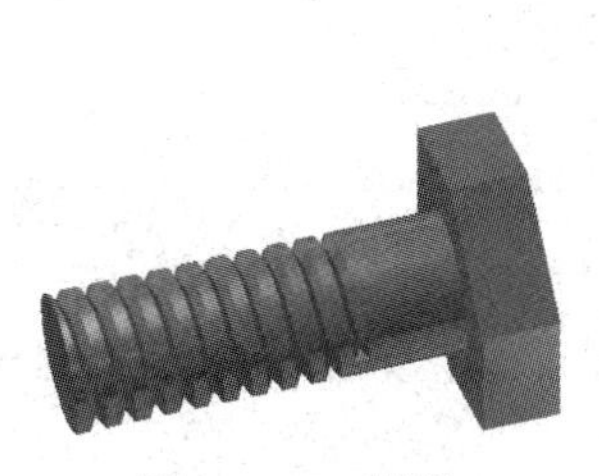

图 3-101　螺栓

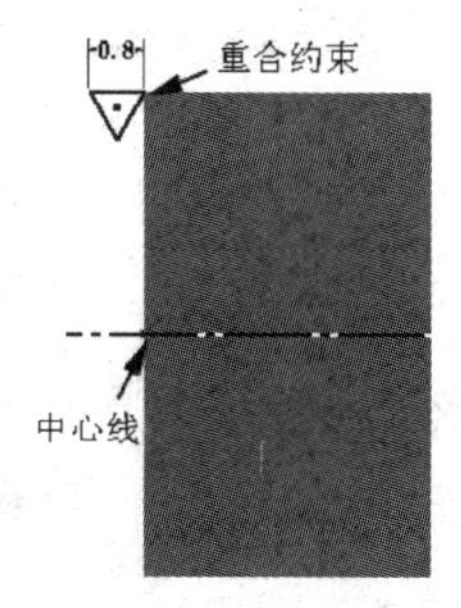

图 3-102　截面轮廓和中心线草图

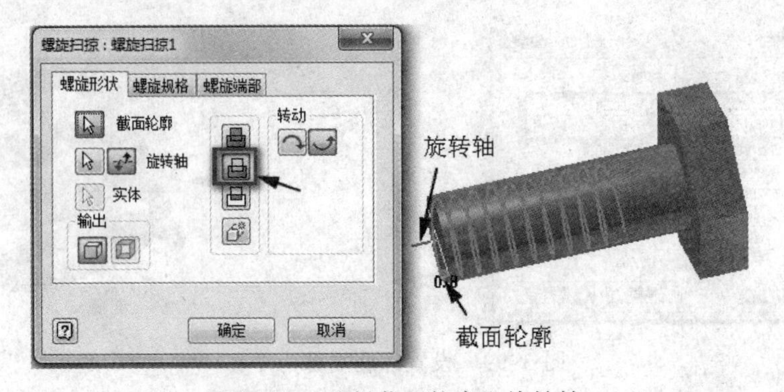

图 3-103　选择截面轮廓和旋转轴

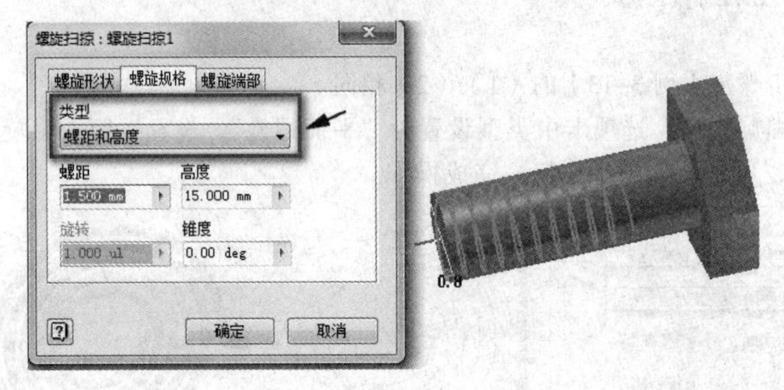

图 3-104　螺旋类型设置

3.6.4　拔模特征

零件在铸造时，为了从砂型中取出木模而不破坏砂型，在型腔表面沿拔模方向设计一定斜度，称为拔模斜度。

单击零件工具面板中“拔模”图标，弹出如图 3-105 所示对话框。

提示：拔模斜度在 Inventor 中没有限制，可以是任意角度拔模。实际铸造的拔模斜度一般是 0.5°～3°。

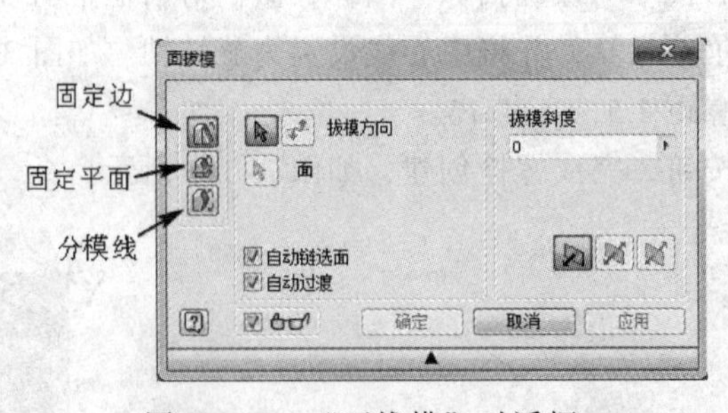

图 3-105　“面拔模”对话框

对话框中各项含义如下。

（1）“固定边”：选择平面上的一个或多个边为固定边；如果选面，面的轮廓边为固定边，创建拔模。

（2）“固定平面”：选择一个平面或工作平面为拔模方向，此面为固定面，其拔模方向垂直于所选面。

（3）分模线：把二维或三维草图作为拔模分模线，利用分模线把拔模面分为两部分，以分模线为固定边，对这两部分进行拔模。

“固定边”、“固定平面”、“分模线”均于拔模方式。

（4）“拔模方向”：确定零件从模具拔出的方向。在图形中移动光标，显示一个垂直于亮显面或沿亮显边的矢量，选择平面、工作平面、边或轴。

（5）“面”：为拔模操作指定面或边。当光标在面上移动时，弹出一个符号表示拔模的面，使用拔模斜度进行拔模。

（6）“拔模斜度”：设定拔模斜度。输入正的或负的角度，或者从列表中选择一种计算方法给定拔模斜度。

【例 3-16】添加如图 3-106 所示固定边的拔模特征。

操作步骤：

（1）在系统默认 *XY* 平面上，绘制关于中心对称的矩形 10×12，拉伸方向为单向、高度为 5；在长方体上表面中心位置，绘制直径为 5 的圆，拉伸 8，创建结果如图 3-106 所示。

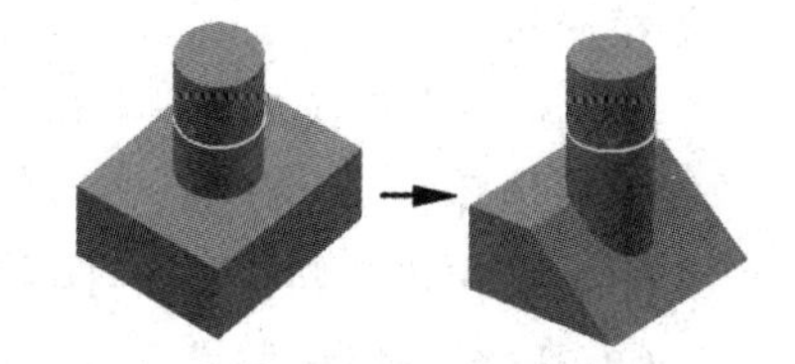

图 3-106　添加固定边拔模特征

（2）在零件工具面板中单击“拔模”图标，弹出对话框如图 3-105 所示。

（3）选择“固定边”为拔模方式，选择上表面为拔模方向，如图 3-107 所示。

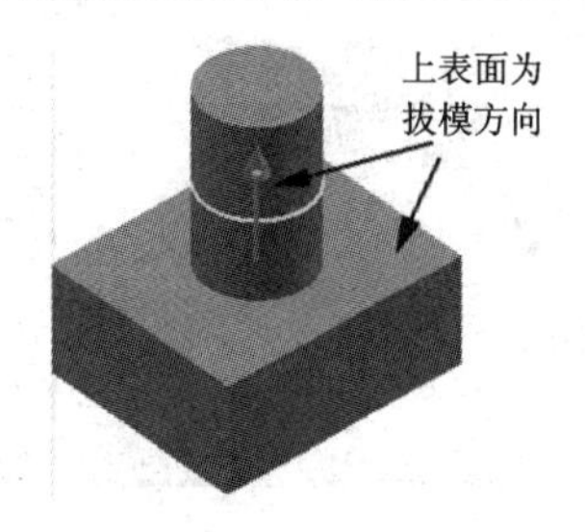

图 3-107　选择拔模方式和拔模方向

（4）选择长方体侧面为拔模面，输入拔模斜度为 50°，如图 3-108 所示。预览圆柱自然延伸到拔模后得到的斜面，单击“确定”按钮，完成固定边拔模操作，如图 3-106 所示。

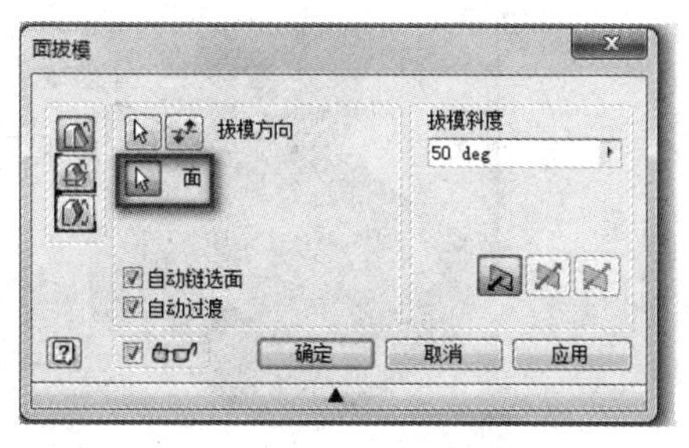

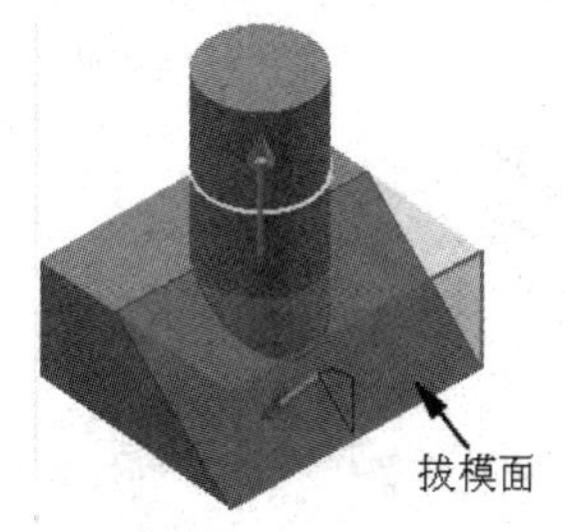

图 3-108　选择拔模面

【例 3-17】创建如图 3-109 所示面拔模。

操作步骤：

（1）操作步骤与【例 3-16】中（1）、（2）相同。

（2）选择面拔模方式，选择侧面为固定面，上表面为拔模面，拔模斜度为-15°，如图 3-110 所示。

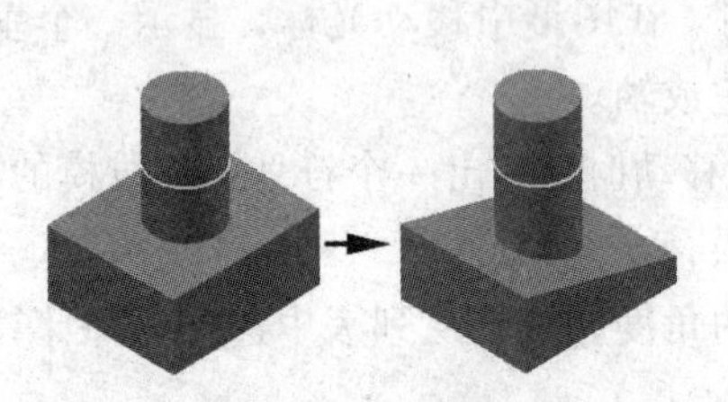

图 3-109　选择拔模面

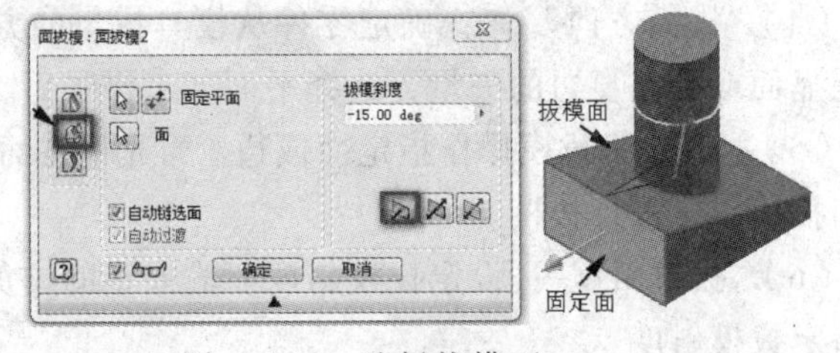

图 3-110　选择拔模面

（3）单击“确定”按钮，完成如图 3-109 所示的面拔模操作。

【例 3-18】完成如图 3-111 所示分模线拔模。

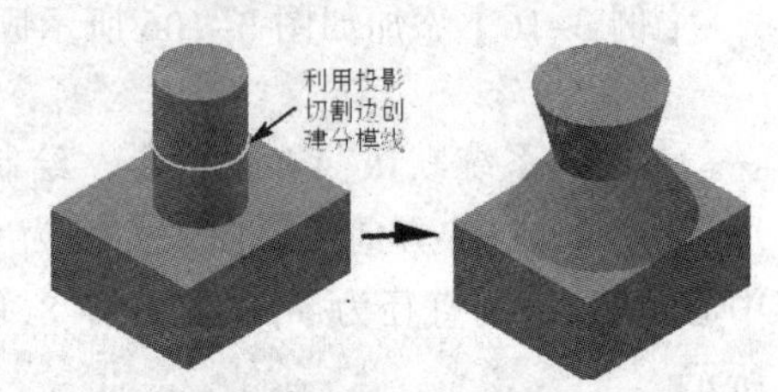

图 3-111　分模线拔模

操作步骤：

（1）操作步骤与【例 3-16】中（1）、（2）相同。

（2）选择分模线拔模方式，选择长方体上表面为拔模方向，如图 3-112 所示。

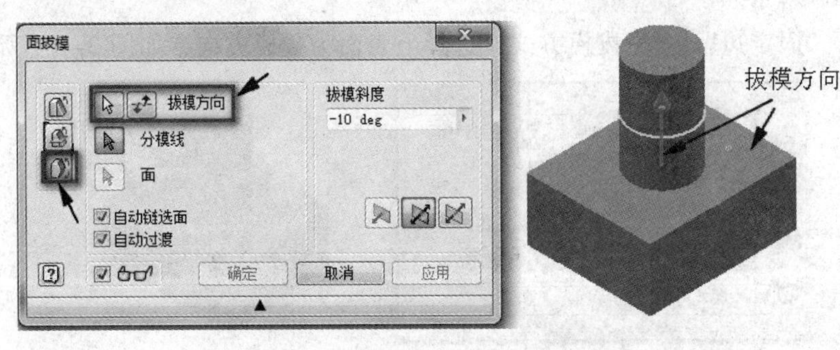

图 3-112　选择拔模方式和拔模方向

（3）选择分模线，将圆柱表面设置为拔模面，按照两个方向分别拔模，分别输入拔模角度-15°、-35°，如图 3-113 所示。

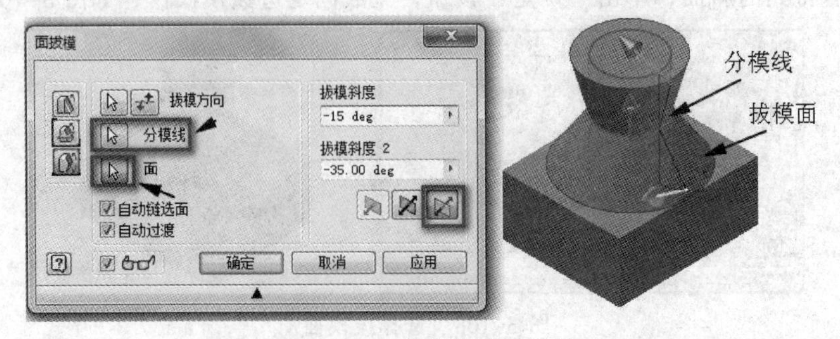

图 3-113　选择分模线和拔模面

（4）单击“确定”按钮，完成分模线拔模，如图 3-111 所示。

3.6.5　凸雕特征

凸雕特征是草图对零件表面进行凸出或者凹进的特征，此特征平行于表面，即各位置深度一致。

单击零件工具面板中“凸雕”图标，弹出如图 3-114 所示对话框。

图 3-114　凸雕对话框

对话框各项含义如下。

（1）“截面轮廓”：选择凸雕特征所用的草图轮廓或者文本。

（2）“凸雕方向”。

① “从面凸出”：从表面向外凸出创建凸雕，添加材料。

② “从面凹进”：从表面向内凹进创建凸雕，去除材料。

③ “从面凸出/凹进”：从表面向外/向内方向拉伸，分别添加凸出和凹进效果的特征。

（3）“折叠到面”：对于凸雕特征，选中此选项，是把草图轮廓环绕到特征表面创建该特征，否则是投影到面。

（4）深度：确定凸雕的凸出或者凹进的深度尺寸。

【例 3-19】创建如图 3-115 所示的凸雕特征。

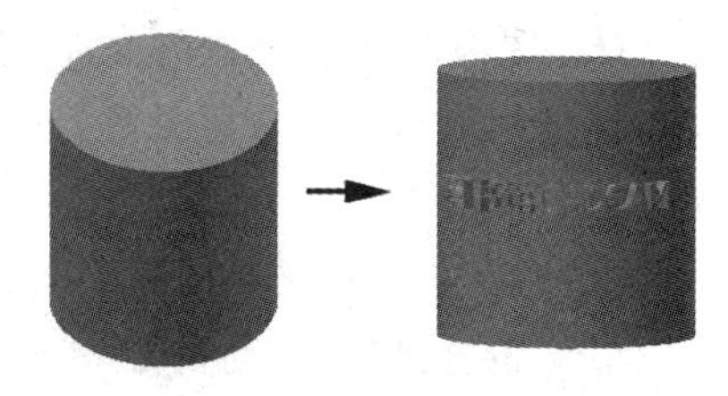

图 3-115　凸雕特征

操作步骤：

（1）创建新零件文件，在系统默认 *XY* 面创建直径为 20 的圆的草图，拉伸深度为 20，得到圆柱体。

（2）创建工作面 1，利用偏移工作面的方法把 *XZ* 面偏移 12。

（3）在工作面 1 创建草图，输入文本“图书馆 CADCAM”，字高为 2，字体为宋体，如图 3-116(a)所示。

（4）单击零件工具面板中“凸雕”图标，弹出如图 3-114 所示凸雕对话框。

（5）选择文本截面轮廓，输入深度 1，确定投影方向，操作步骤如图 3-116(b)所示。

（a）截面轮廓

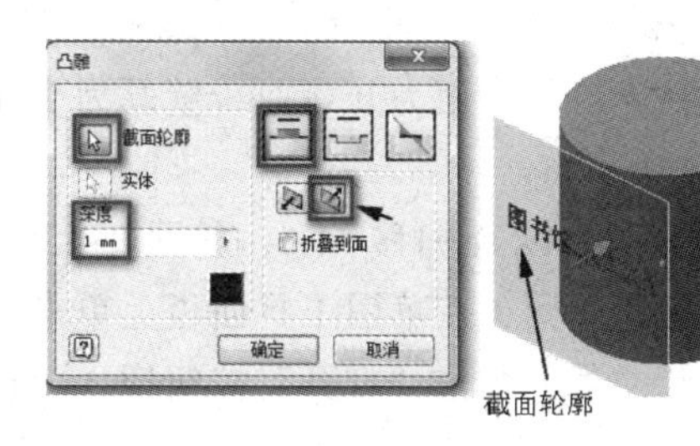

截面轮廓

（b）选择截面和方向

图 3-116　添加凸雕特征

（6）按照图 3-117 所示，勾选“折叠到面”，选择圆柱表面，单击“确定”按钮，完成凸雕操作，如图 3-115 所示。

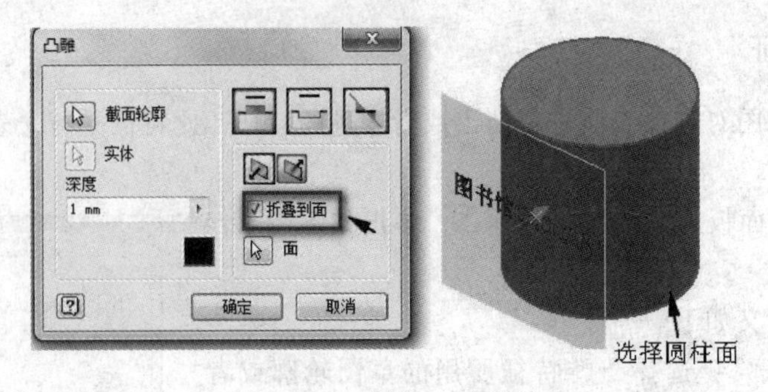

图 3-117　添加凸雕特征

（7）选择凸雕特征，右击，在弹出的快捷菜单中选择“特性”，选择凸雕特征颜色为黄色即可。

3.6.6　贴图特征

贴图是在模型表面放置图片等图像特征。图像可以是位图、Excel 表格、Word 文档等。

单击零件工具面板“创建”中“贴图”图标，弹出如图 3-118 所示的对话框。

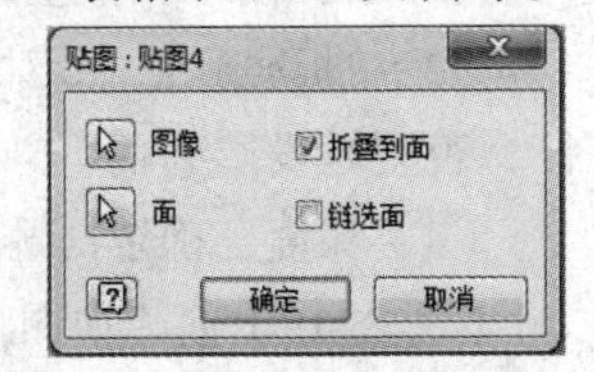

图 3-118　“贴图”对话框

对话框中各项含义如下。

①“图像”：选择贴图的文件，其扩展名可以是.bmp、doc、.xls 等。图像插入后，保留原图像大小，可以对图像进行调整大小和旋转。

②“面”：选择被贴图的表面。

③“折叠到面”：与凸雕中“折叠到面”含义相同，如果图像足够大，图像沿表面全部包围。

④“链选面”：选中此项，只能最大贴到相邻的面，不能全部包围。

【例 3-20】创建如图 3-119 所示的贴图特征。

图 3-119　添加贴图特征

操作步骤：

（1）新建零件文件。在系统默认 *XY* 面画半径为 20 的圆，拉伸为单向，深度为 50。

（2）对圆柱进行抽壳，上表面为开口面，壁厚为 1 mm，如图 3-120(a)所示。

（3）创建工作面 1，把 *XZ* 面偏移 41.5，如图 3-120(b)所示。

（4）在工作面 1 创建草图，在草图工具面板上单击“图像”图标，弹出查找文件对话框，找到要插入的图片文件，单击“打开”按钮插入图片，调整图像大小使其能够把圆柱表面包住，如图 3-120(c)所示。

（5）单击零件工具面板中“贴图”图标，弹出“贴图”对话框，图像选择草图，面选择圆柱面，勾选“折叠到面”，如图 3-121 所示。单击“确定”按钮，创建贴图特征如图 3-119 所示。

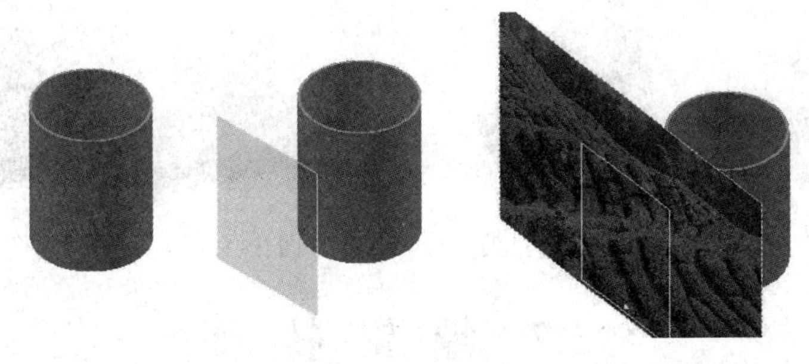

（a）圆柱抽壳　（b）创建工作面 1　（c）插入图像及调整大小

图 3-120　创建贴图步骤

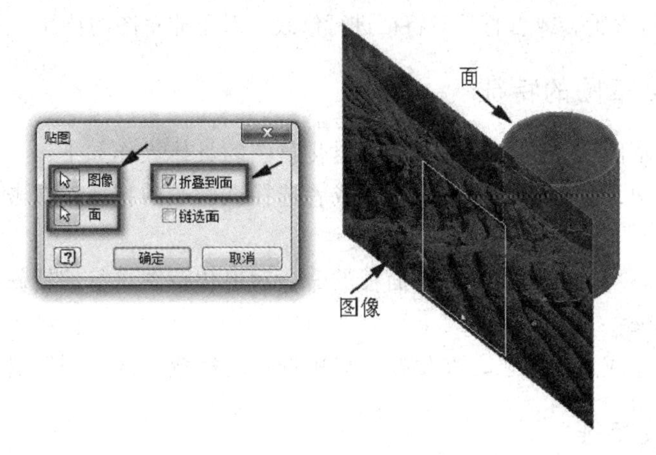

图 3-121　创建贴图步骤

3.6.7　加厚/偏移特征

“加厚/偏移”是把曲面表面加厚或偏移一定距离的特征。使用该特征可以添加或删除零件或缝合曲面的面厚度、从零件面或曲面创建偏移曲面，或者加厚特征创建实体。

单击工具面板中“加厚/偏移”图标，弹出如图 3-122 所示的对话框。

图 3-122　加厚/偏移对话框

对话框中各项含义如下。

①“选择”：选择要加厚的面或创建偏移曲面的面。

②“实体”：如果存在多个实体，选择要参与的实体。

③“距离”：指定加厚特征的厚度，或者指定偏移特征的距离。当输出为曲面时，偏移距离可以是零（以从实体模型或曲面复制曲面或单个面）。

④“方向”：沿单方向加厚/偏移，加厚可以在两个方向上等距离加厚。

⑤“自动过渡”：可自动移动相邻的相切面，还可以创建新过渡。默认情况下，自动过渡在零件造型环境中处于激活状态。不自动过渡，只是把选择的面与相邻面相交，如图 3-123 所示；自动过渡是用过渡圆角连接选择的面与相邻面，如图 3-124 所示。

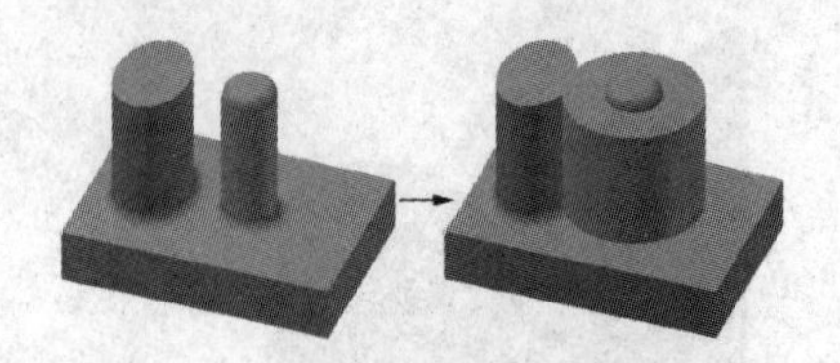

图 3-123 “加厚/偏移”不自动过渡

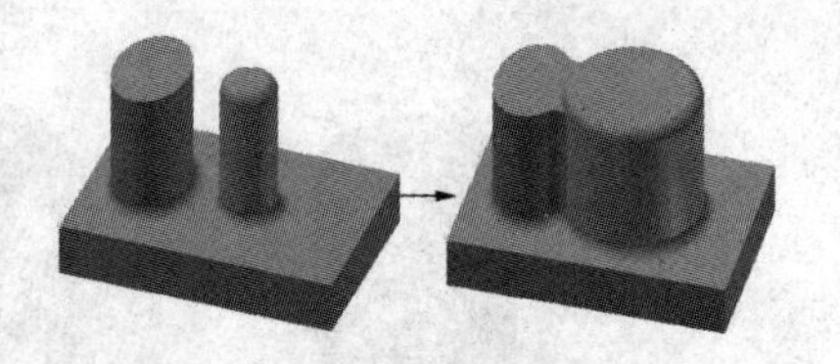

图 3-124 “加厚/偏移”自动过渡

3.7 编辑特征

为了满足设计的需要，往往需要在设计过程中对模型进行编辑修改。对于基于草图创建的特征，可对草图进行编辑，或者直接对特征进行修改；对于非草图的特征，直接进行修改即可。

3.7.1 编辑退化草图的特征

创建特征后的草图变为退化草图。编辑退化草图的具体操作如下：

（1）在浏览器中，直接双击退化草图，或者选择欲修改的特征，右击，在快捷菜单中选择“编辑草图”。

（2）进入草图环境，利用草图工具面板的命令对退化草图进行编辑修改，如添加草图轮廓、添加尺寸等。

（3）草图修改完成后，右击，在快捷菜单中选择“完成二维草图”，特征自动更新。

3.7.2 直接修改特征

对于特征，无论是基于草图还是非草图，都可进行直接修改。在浏览器中，选择欲编辑的特征，右击，在快捷菜单中选择“编辑特征”，弹出创建特征的对话框，对草图轮廓进行添加或者删除，对特征深度方式和深度等进行修改。修改后，特征自动更新。

3.8 iPart 创建零件族

iPart 是以表格的形式创建零件族，用于生成特征相同而尺寸不同的零件。iPart 是通过电子表格控制零件的参数，若修改零件，只须对原零件或者电子表格进行修改即可使整个零件族随之修改。

3.8.1 创建 iPart

1. 创建 iPart

下面以螺栓为例，介绍 iPart 的创建步骤。

（1）新建零件文件。在系统默认工作平面 *XY* 上，绘制构建线直径为 10 mm 的圆，绘制与该圆内接的六边形，单向拉伸，深度为 2 mm。在六边形表面中心位置绘制直径 5 的圆，单向拉伸，深度为 15mm。添加螺纹特征，螺纹长度为 10，螺纹规格为 M5×0.8；端部倒角 *C*0.5，完成螺栓创建，如图 3-125 所示。

图 3-125 螺栓

（2）单击菜单工具栏“管理”选项卡中的“创建 iPart”图标，弹出如图 3-126 所示的对话框。

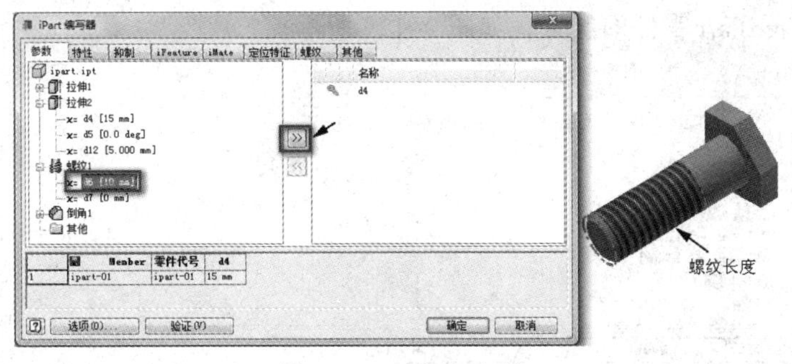

图 3-126　参数选项

（3）在图 3-126“参数”选项中，选择“d4”，单击»，把该尺寸添加到右侧窗口中；同法，把“d6”也添加到右侧窗口中；如果要取消已经添加的参数，可在右侧窗口选择参数，单击«即可。

（4）在图 3-126 所示“特性”选项卡中，打开“项目”选项，如图 3-127 所示，添加“设计人”、“批准人”等。

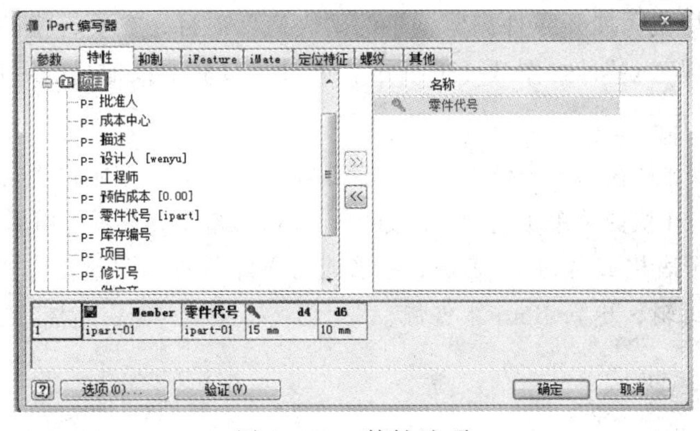

图 3-127　特性选项

（5）对草图完成参数和特性添加后，可将其中任意列设为主关键字。在右侧窗口中选择某一参数，右击，在弹出的快捷菜单中选择“关键字”→“[1]”，完成关键字设置，如图 3-128 所示。

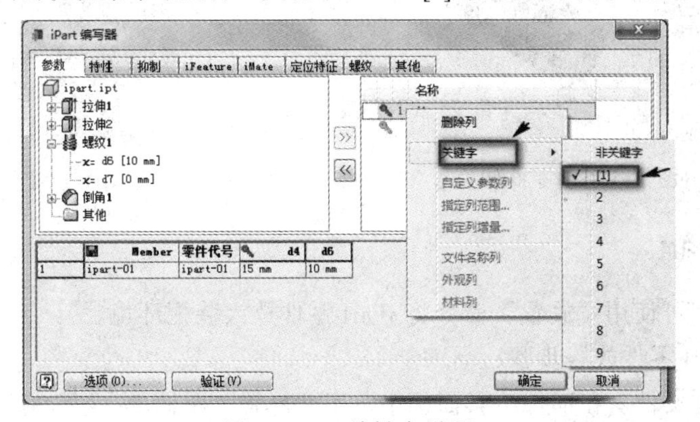

图 3-128　关键字设置

（6）在 iPart 表中插入行，进行表族零件的创建。在图 3-128 所示单元格中右击，在弹出的快捷菜单中选择“插入行”，增加一个族零件，修改其参数值。可根据需要继续增加族零件，每一行的参数代表 iPart 零件的配置，如图 3-129 所示。

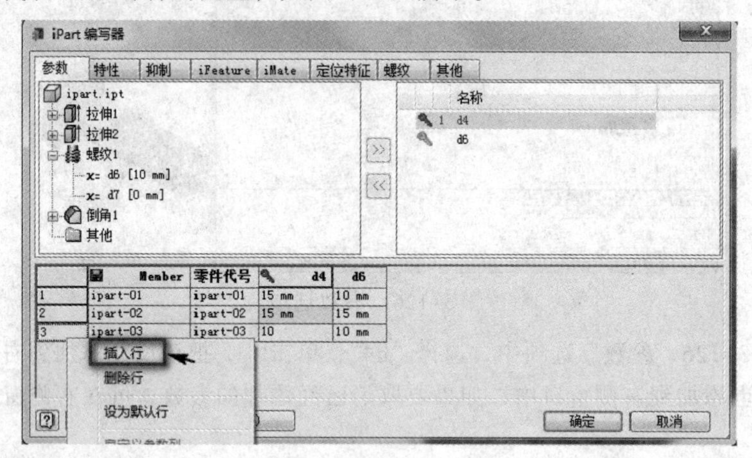

图 3-129　插入行

（7）完成所有设置，单击“确定”按钮，将零件转化为 iPart 零件族。

（8）零件之间切换。展开零件浏览器中的“表格”项目，在要转换的零件上双击将其激活，则该配置前出现“√”，如图 3-130 所示，此时窗口显示该配置的零件。

2．编辑 iPart

如果需要，可以通过在电子表格中添加或者删除行，对 iPart 族零件进行编辑。在浏览器中，选择“表格”右击，在快捷菜单中选择“通过电子表格编辑...”或者“编辑表...”，如图 3-131 所示。在弹出的电子表格或者 iPart 表中，添加或者删除某行，设置相应的数值，关闭电子表格，完成对表格的编辑，更新 iPart 零件族。

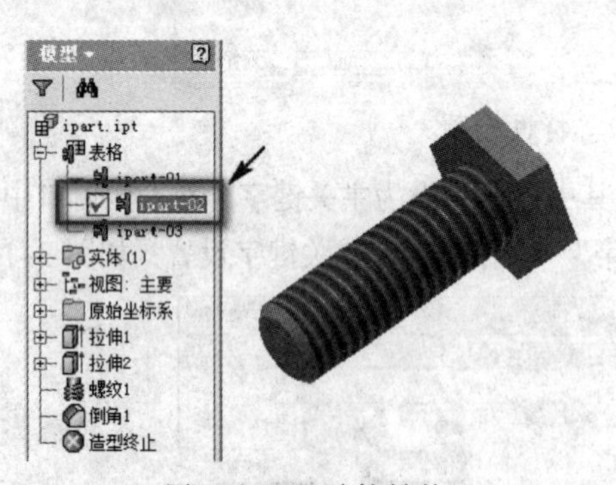

图 3-130　零件转换

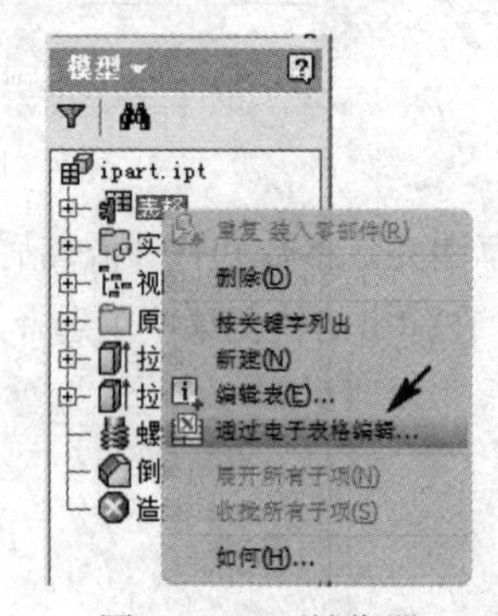

图 3-131　浏览器

3.8.2　使用 iPart

在装配环境，可使用“放置”命令将 iPart 零件放入装配环境。

下面介绍 iPart 零件放置步骤：

（1）新建部件文件。在部件工具面板中单击“放置”图标，在“打开”对话框中选择“iPart.ipt”，弹出如图 3-132 所示的对话框。在对话框中可以通过“关键字”、“树”、“表”等选项卡，选择需要放置的零件。

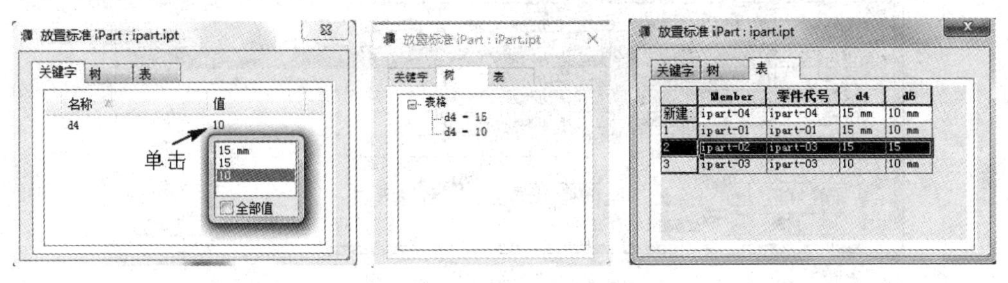

（a）“关键字”选项　　（b）“树”选项　　（c）“表”选项

图 3-132　放置 iPart 的对话框

（2）在需要放置的零件上，右击选择“确定”，完成操作，如图 3-133 所示。通过添加约束对该零件的位置进行确定即可。

（3）如果需要，可以装入同系列的 iPart 零件，重复步骤（1），即可完成操作。

图 3-133　装入 iPart 零件

3.9　创建参数化特征

3.9.1　参数

在绘制草图，对草图标注尺寸时，对话框中显示由系统指定的参数名，如图 3-134 所示。尺寸由尺寸值和尺寸名称组成。

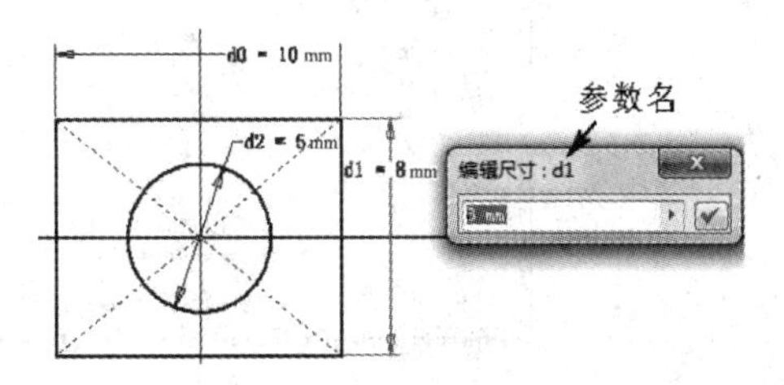

图 3-134　参数化尺寸

单击管理菜单工具面板中“参数”图标 f_x，打开如图 3-135 所示对话框，其中包括图 3-134 所示的三个尺寸，尺寸名是从 d0 开始的。修改这些参数即可对零件草图进行编辑，草图将自动更新。

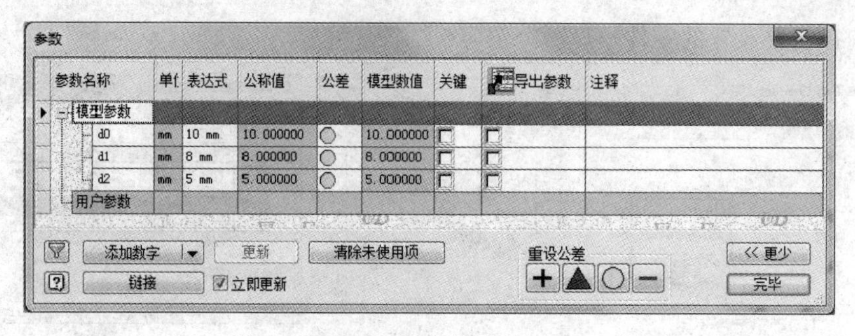

图 3-135　参数对话框

下面以创建“参数五角星.ipt”为例介绍参数定义方法，操作步骤如下：

（1）新建零件文件。

（2）在菜单栏工具中，单击“文档设置”，弹出如图 3-136 所示对话框。在“单位”选项卡里的“造型尺寸显示”中，选择“显示为表达式”。

（3）创建草图。在系统默认工作面 *XY* 面上绘制直径为 20 mm 的构建线圆，绘制构建线的正五边形，画出五角星，设置五角星的所有边相等约束，如图 3-137 所示。

图 3-136　文档设置对话框

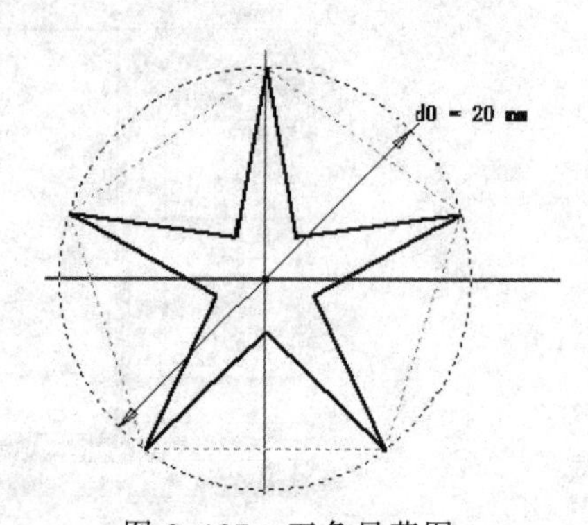

图 3-137　五角星草图

（4）将 *XY* 面偏移 1 mm 创建工作面 1，在此工作面上创建草图点。

（5）创建放样特征。单击工具面板中“放样”图标，选择五角星和点，放样特征如图 3-138(a)所示。对五角星进行抽壳，开口面选择五角星底面，壳厚度输入 0.1，如图 3-138(b)所示。

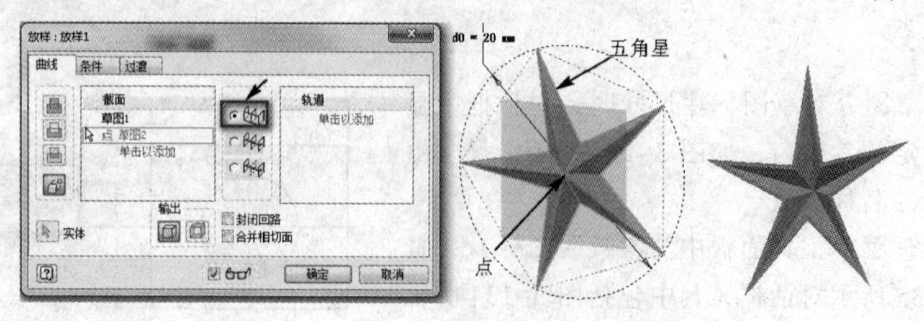

（a）放样特征　　　　（b）抽壳结果

图 3-138　放样和抽壳特征

（6）单击菜单栏管理中“参数”图标 f_x，打开参数对话框。在参数对话框中，将 d0 改为 D，工作面偏移距离改为 L，表达式输入 D/15，抽壳的厚度 d7 改为 H1，表达式输 D/100，如图 3-139 所示，单击“完毕”按钮，完成参数设置。

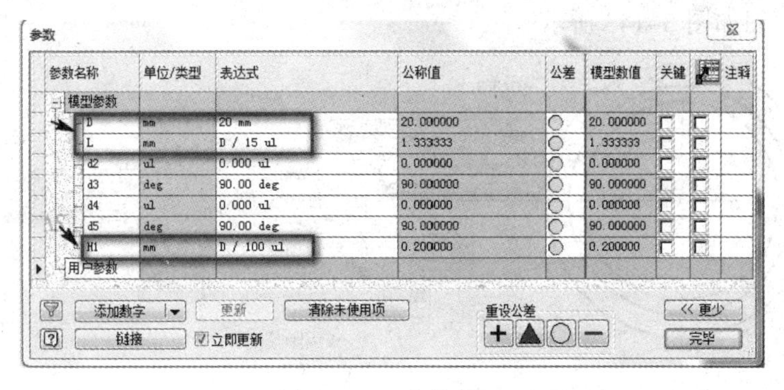

参数

参数名称	单位/类型	表达式	公称值	公差	模型数值	关键		注释
模型参数								
D	mm	20 mm	20.000000		20.000000			
L	mm	D / 15 ul	1.333333		1.333333			
d2	ul	0.000 ul	0.000000		0.000000			
d3	deg	90.00 deg	90.000000		90.000000			
d4	ul	0.000 ul	0.000000		0.000000			
d5	deg	90.00 deg	90.000000		90.000000			
H1	mm	D / 100 ul	0.200000		0.200000			
用户参数								

添加数字　更新　清除未使用项　重设公差　<< 更少　链接　立即更新　完毕

图 3-139　参数设置

（7）打开管理中“参数”对话框，对构建线圆直径 D 进行修改，工作面的偏移距离和抽壳厚度会随之变化，单击完毕按钮关闭对话框，五角星自动更新。

3.9.2　添加自定义用户参数绘制零件

利用“添加数字”添加自定义用户参数。这些参数可以是时间、质量、角度、速度、无量纲和温度等。

以齿轮为例介绍添加自定义用户参数创建零件的方法。

（1）创建新零件文件。

（2）单击菜单管理中“参数”图标 f_x，弹出“参数”对话框。在对话框中，设置齿轮模数 M=3mm、齿数 Z=35ul（无量纲）、压力角 α=20 deg（度）、齿轮厚度 L=20 mm、齿顶圆直径 $D_a=M\times(Z+2)$、齿根圆直径为 $D_f=M\times(Z-2.5)$、分度圆直径 $D=M\times Z$，如图 3-140 所示。

参数

参数名称	单位/类型	表达式	公称值	公差	模型数值	关键		注释
模型参数								
用户参数								
M	mm	3 mm	3.000000		3.000000			
Z	ul	35 ul	35.000000		35.000000			
a	deg	20 deg	20.000000		20.000000			
L	mm	20 mm	20.000000		20.000000			
Da	mm	M * (Z + 2 ul)	111.000000		111.000000			
Df	mm	M * (Z - 2.5 ul)	97.500000		97.500000			
D	mm	M * Z	105.000000		105.000000			

添加数字　更新　清除未使用项　重设公差　<< 更少　链接　立即更新　完毕

图 3-140　齿轮参数设置

（3）在系统默认工作面 XY 上，新建草图，绘制三个圆。对圆标注尺寸，单击尺寸框 ▸，在弹出的快捷菜单中单击“列出参数”，弹出参数对话框，选择“Df”，对齿根圆进行标注，如图 3-141 所示。对于分度圆“D”和齿顶圆“Da”标注和参数选择方法与齿根圆操作方法相同，标注结果如图 3-142 所示。

（4）在该平面绘制齿廓。绘制通过圆心的竖直构建线，创建角度为 a*2 的与竖直构建线相交的对称构建线 1 和 2，在该构建线与分度圆交点处创建点 1 和点 2；画一个圆弧，设置该圆弧与线 1 相切，并与点 1 重合约束；将该圆弧以竖直构建线为镜像线镜像，标注齿顶宽为 1.5 mm，齿廓草图如图 3-143 所示。

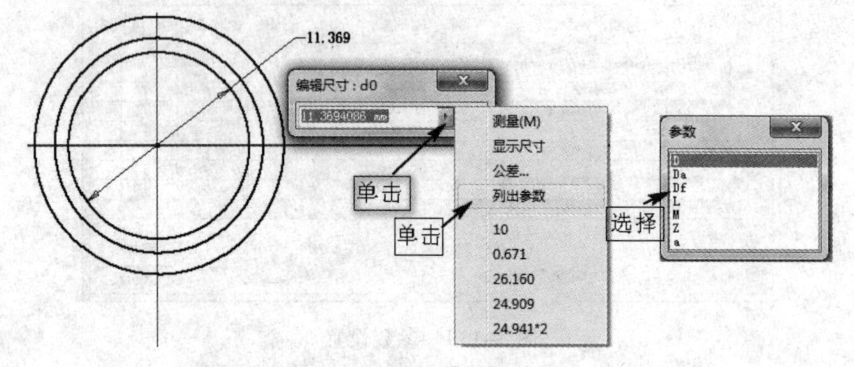

图 3-141 齿轮草图尺寸标注

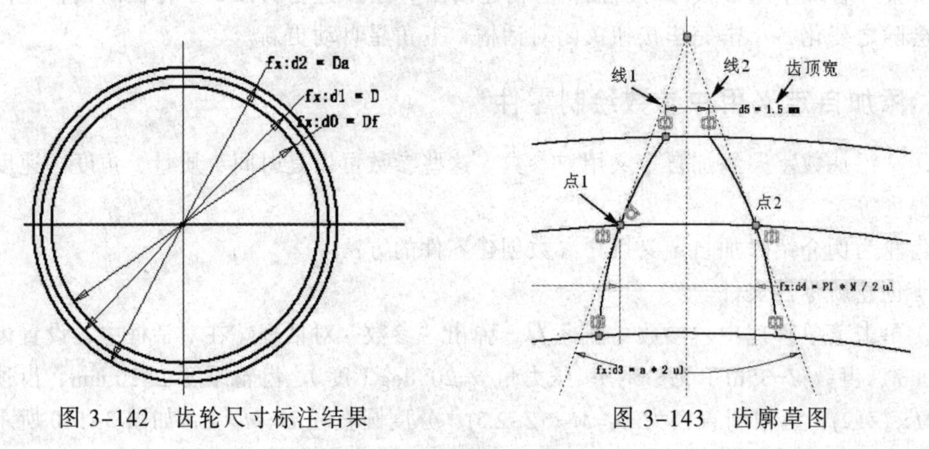

图 3-142 齿轮尺寸标注结果　　图 3-143 齿廓草图

（5）创建齿根与齿廓。对称拉伸齿根圆，距离选择“列出参数”→“L”或者直接书写 L，如图 3-144 所示。

（6）在浏览器中单击草图，右击选择“共享草图”。单击零件工具面板中拉伸图标，选择齿廓，拉伸方式为对称、距离直接输入“L”，如图 3-145 所示。在浏览器中，选择共享草图，右击，在快捷菜单中取消“可见性”的勾选，使共享草图不可见。

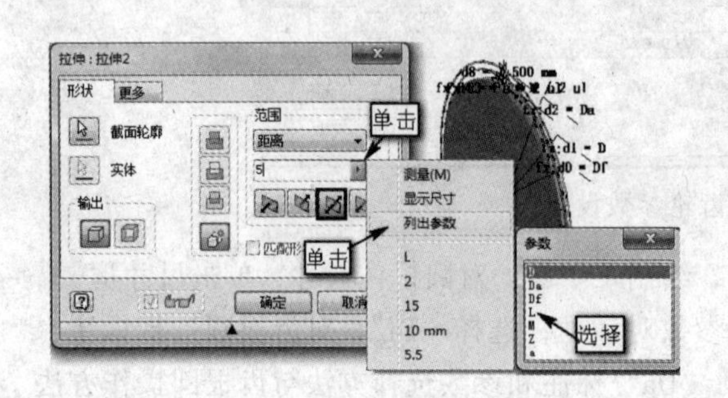

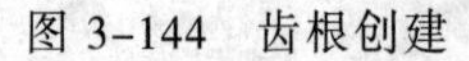
图 3-144 齿根创建

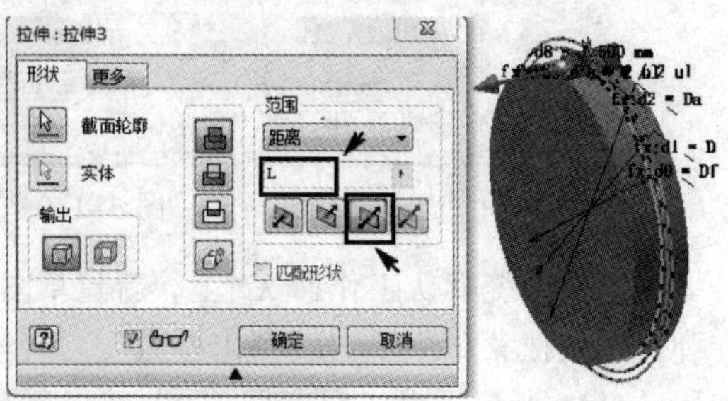

图 3-145 齿廓创建

（7）阵列齿廓，单击零件工具面板中“环形阵列”图标，特征选择齿廓，旋转轴选择圆柱面，则圆柱面中心线为旋转轴，数量选择“列出参数 Z”，单击“确定”按钮，完成阵列操作，如图 3-146 所示。

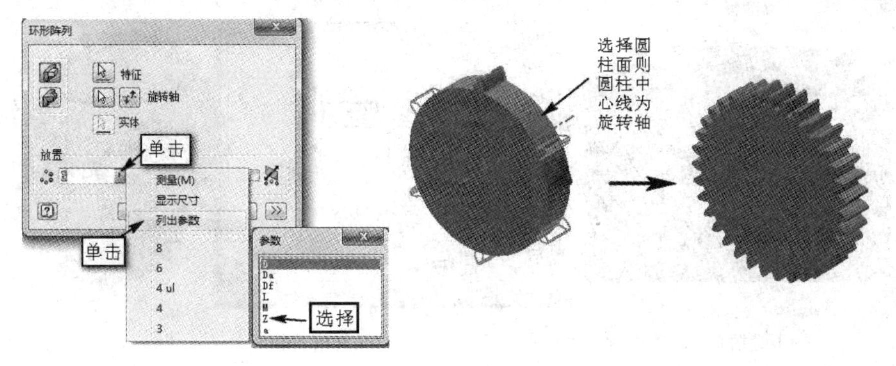

图 3-146　齿廓阵列

（8）在齿轮侧面创建去除特征，画直径 80 的圆的草图，如图 3-147(a)所示；单击零件工具面板中“拉伸”图标，选择“减运算”，深度为 2mm，如图 3-147(b)所示。

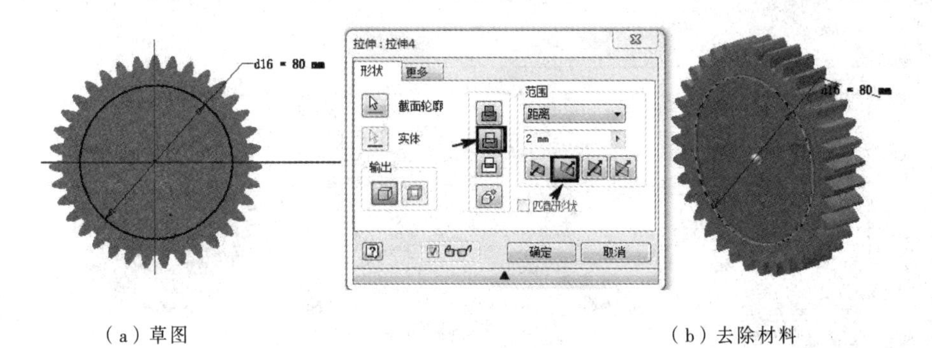

（a）草图　　（b）去除材料

图 3-147　添加去除特征

（9）特征镜像。选择上一步中创建的去除特征，单击零件工具面板中“镜像”图标，选择 *XY* 面为镜像面，如图 3-148(a)所示，单击“确定”按钮，完成镜像操作，如图 3-148(b)所示。

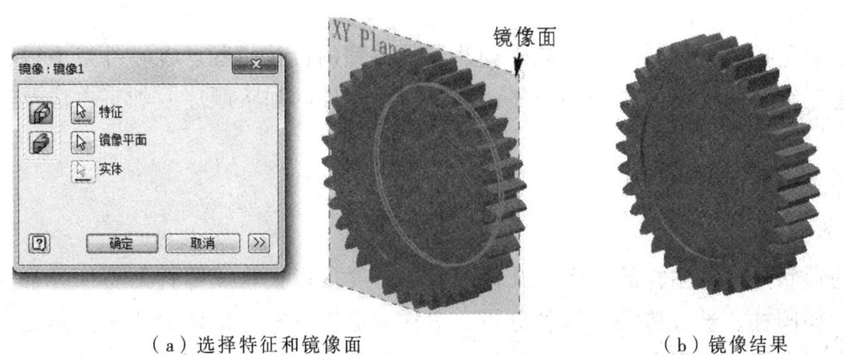

（a）选择特征和镜像面　　（b）镜像结果

图 3-148　镜像特征

（10）添加键槽特征。去除材料表面创建键槽草图，如图 3-149(a)所示。单击工具面板中“拉伸”图标，选择单向、差运算、贯通，单击“确定”按钮，完成键槽创建，如图 3-149(b)所示。

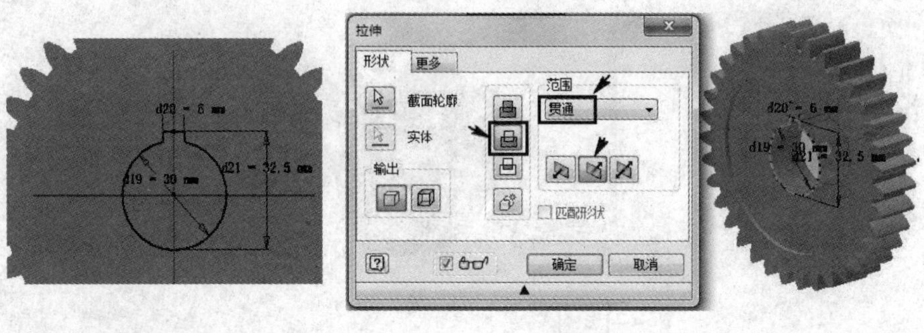

（a）键槽草图　　（b）键槽特征

图 3-149　添加去除键槽特征

（11）修改参数，创建新齿轮。单击菜单栏管理中参数图标，在参数表中，修改齿数为 50，模数不变，如图 3-150(a)所示。单击“完毕”按钮，则得到新齿轮零件，如图 3-150(b)所示。

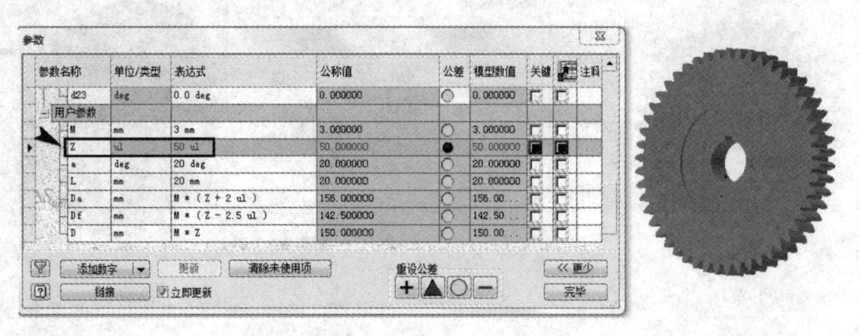

（a）管理参数修改　　（b）新齿轮

图 3-150　添加去除键槽特征

3.10　零件造型实例

零件造型是指用 Inventor 2015 软件创建零件模型的设计过程。在零件造型过程中，不仅要考虑创建三维实体模型的方法和顺序，还要考虑零件的加工顺序、加工方法及制造工艺等问题。

通常零件造型的过程分为以下三步：

1．形体分析

零件的形状是多种多样的，但从几何形状的角度可以把构成零件的特征分解为最简单的几何特征，如圆柱、长方体等，这种分析方法称为形体分析。形体分析主要是把构成零件的多个特征进行分解，把复杂的特征分解为简单的特征，再把这些简单特征进行造型成为复杂零件。

2．造型分析

造型分析是对零件中的特征结构进行分析，分析构成该零件的特征组成及各个特征的创建方法等，确定创建零件的整体思路、创建顺序等。造型分析一般包括以下内容：

（1）分析零件几何形状所具有的特征，如拉伸、旋转、放样等。

（2）分析各个特征的创建类型，如草图特征、放置特征等。

（3）分析添加的特征是否符合加工工艺要求。

（4）分析特征的添加顺序是否符合加工顺序要求。零件的第一个特征是零件的基本体相当于零件的毛坯，选择正确的特征创建基本体，要符合零件的加工要求。

对于上述（3）和（4）可根据具体零件的结构进行分析，使得出的建模顺序符合加工工艺；对于（1）和（2）与特征建模方法一样。

3. 实施造型

零件的造型实质是零件的设计过程，通过上述形体分析和造型分析得出建模的实施步骤和方法，使得零件建模目标明确，按照正确的顺序和步骤展开。

对于零件的造型，应多练习、多分析、多比较才能真正掌握造型的方法和技巧，达到“事半功倍”的效果。

注意：一个零件有多种造型的方法，应尽可能使得造型的步骤和方法简单又符合加工工艺要求，一般圆角和倒角等特征尽量在特征创建后添加，便于修改和编辑。如果圆角和倒角在草图中创建，对于特征修改不方便，还增加草图的工作量。

下面举例说明零件造型的方法和步骤。

【例 3-21】创建如图 3-151 所示的柱塞泵的泵体。

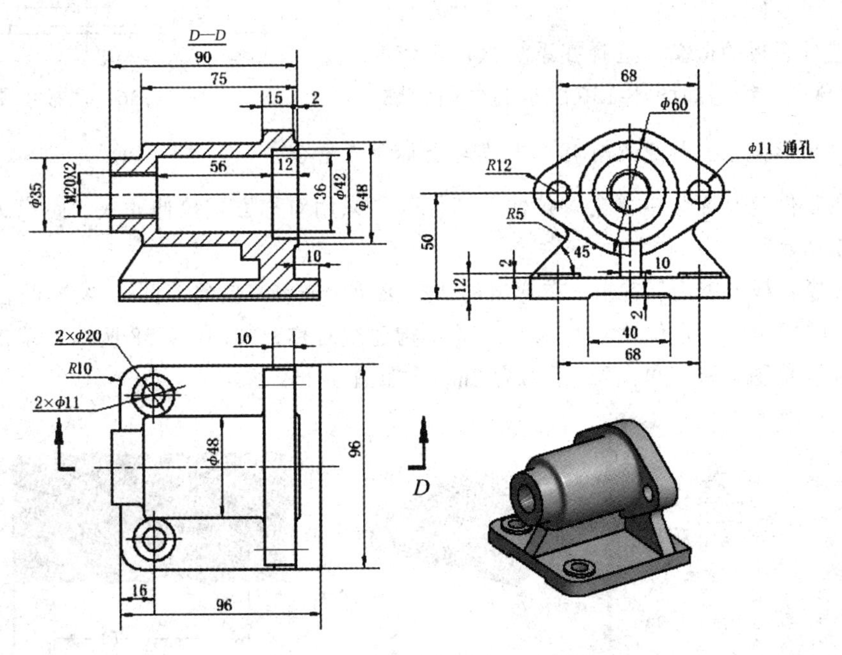

图 3-151　柱塞泵的泵体工程图

（1）形体分析。根据柱塞泵的泵体结构特点和特征几何形状，可以把泵体分解为四个部分：底板、法兰、本体和筋板，如图 3-152 所示。

（2）造型分析。泵体零件的造型顺序为先创建底板，再依次创建主体、法兰、筋板。

① 底板：利用拉伸特征创建长方体，创建凸台如图 3-153 所示，再打孔即可。

② 本体：可利用旋转特征创建，再添加螺纹特征，如图 3-154 所示。

③ 法兰：利用拉伸、打孔等创建，如图 3-155 所示。

④ 添加筋板特征、圆角特征等，完成泵体零件的建模。

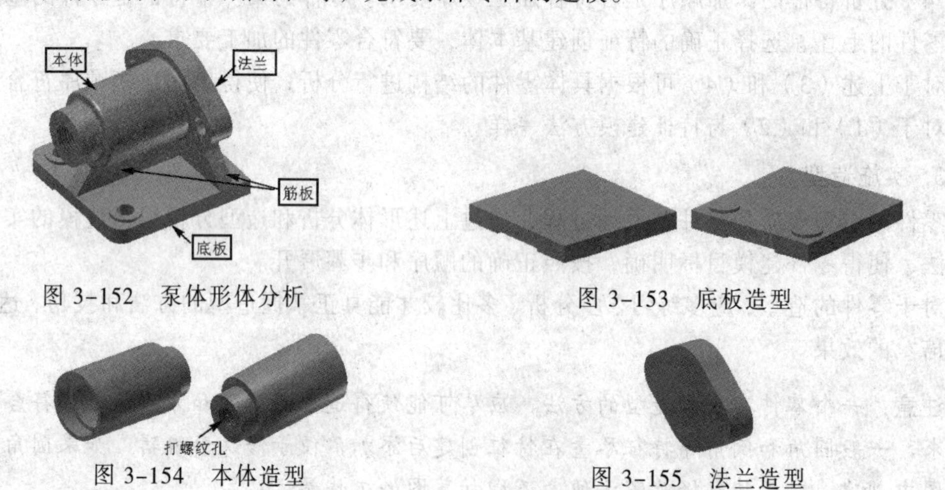

图 3-152　泵体形体分析　　图 3-153　底板造型

图 3-154　本体造型　　图 3-155　法兰造型

注意：本体也可以采用旋转、打孔、添加螺纹特征的顺序来创建。

操作步骤如下：

（1）新建零件文件。

（2）进行底板的造型。选择在系统默认工作面 *XY* 上创建草图，绘制如图 3-156 所示的草图轮廓。

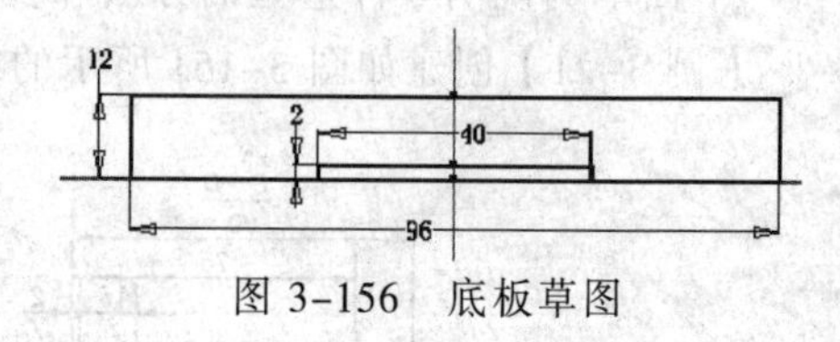

图 3-156　底板草图

注意：矩形关于坐标原点对称，下边与坐标原点重合。

（3）在零件工具面板中单击“拉伸”图标，采用对称方式拉伸底板，距离为 96mm，如图 3-157 所示。

（4）选择底板上表面，右击，在弹出的快捷菜单中选择“新建草图”，绘制凸台草图为直径为 20mm 的两个圆，定位尺寸 68×16，关于构建线对称，如图 3-158 所示；单击“拉伸”图标，选择“草图圆”、“单向”、距离为 2mm，如图 3-159 所示。

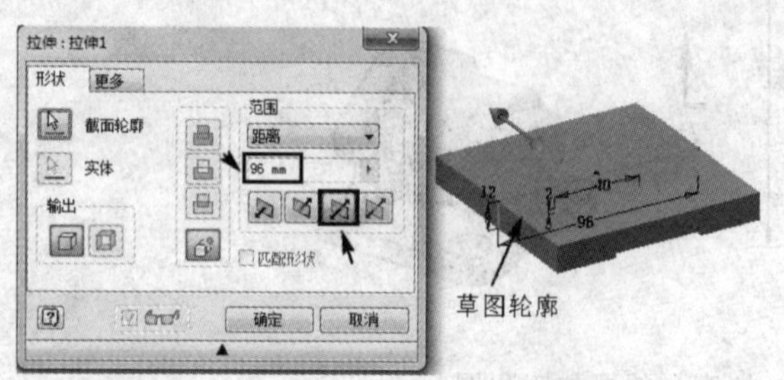

图 3-157　拉伸底板

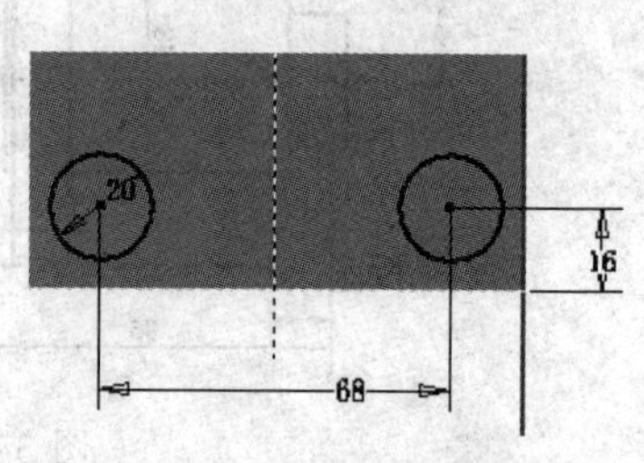

图 3-158　凸台草图

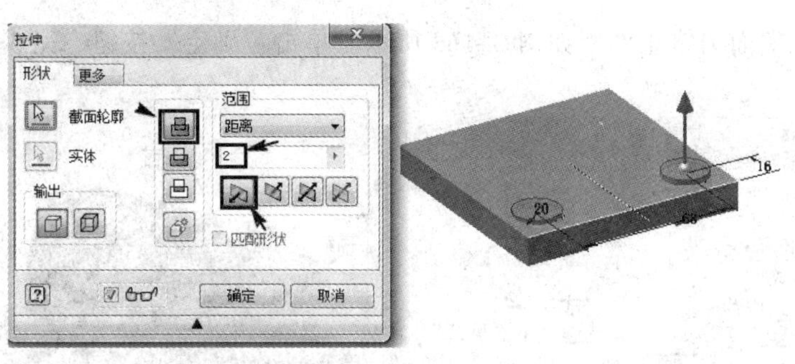

图 3-159　拉伸凸台

（5）在凸台上打孔。在零件工具面板中单击“孔”图标，选择孔类型为同心，选择凸台上表面为打孔平面，圆边为同心参考，输入孔直径 11、终止方式为贯通，如图 3-160 所示。单击“确定”按钮，完成打孔操作。

（6）阵列孔。在零件工具面板中单击“矩形阵列”图标，特征选择孔，选择边线为阵列方向，输入数量 2，间距 68，如图 3-161 所示。单击“确定”按钮，完成孔阵列操作。

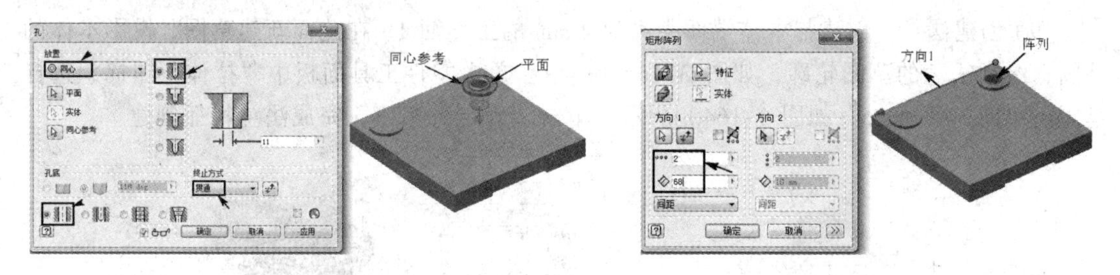

图 3-160　凸台打孔　　　　图 3-161　阵列孔

（7）创建本体。在系统默认工作面 *YZ* 面新建草图，右击，在快捷菜单中选择“切片观察”或者按【F7】键，绘制如图 3-162（a）所示的草图。单击零件工具面板中“旋转”图标，得到本体特征，如图 3-162（b）所示。

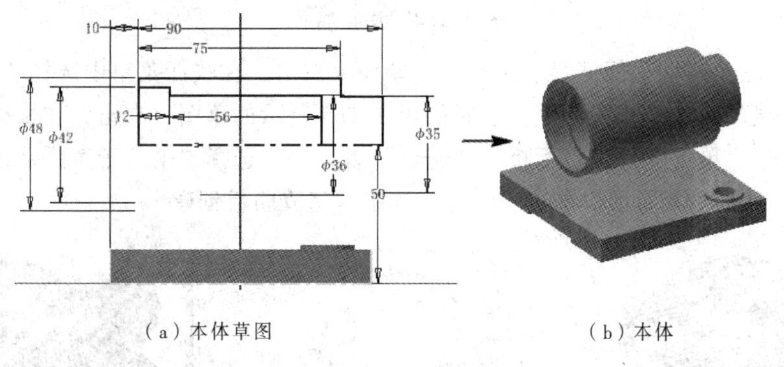

（a）本体草图　　　　（b）本体

图 3-162　本体创建

注意：草图轮廓位于轴线一侧，不能超过轴线。

（8）本体端部打螺纹孔。单击零件工具面板中“孔”图标，选择孔类型为同心，选择本体端面为打孔平面，圆边为同心参考，选择国标螺纹孔，螺纹规格为 M20×2，终止方式为

“到”，选择内孔端面为终止面，如图 3-163 所示。单击“确定”按钮，完成打孔操作。

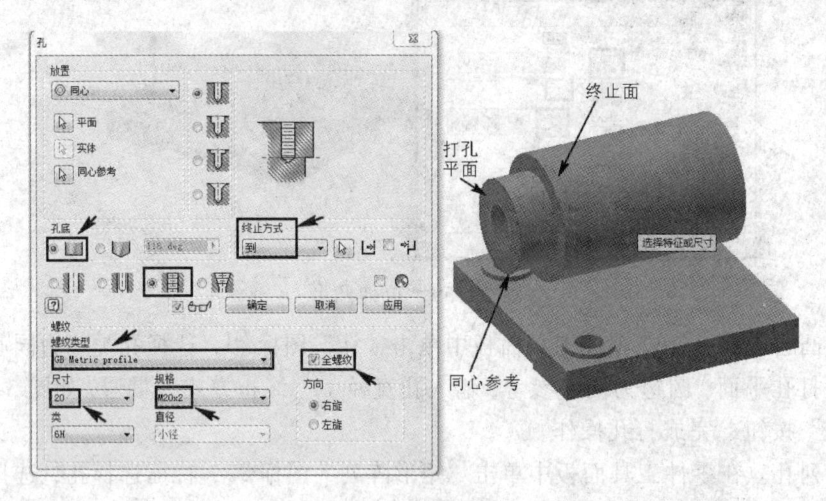

图 3-163　本体创建

（9）创建法兰。创建与本体端面距离为 2 mm 的工作面 1，在此面新建草图，投影本体的外圆，绘制法兰的草图轮廓，如图 3-164(a)所示。单击零件工具面板中“拉伸”图标，选择草图、单向、距离 15，如图 3-164(b)所示；单击“确定”按钮，完成法兰特征创建。

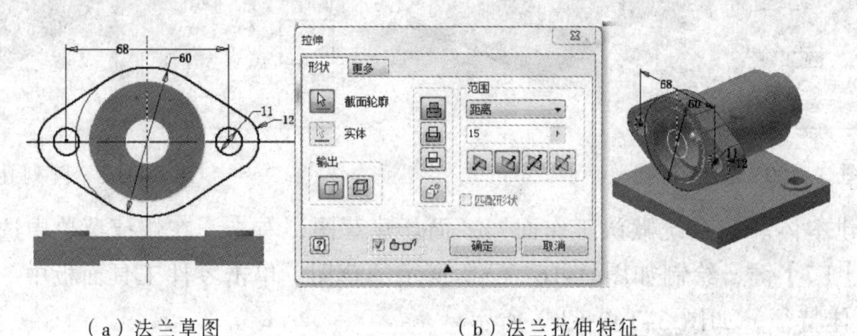

（a）法兰草图　　　　（b）法兰拉伸特征

图 3-164　法兰特征

（10）创建法兰与底板间筋板。选择法兰端面，右击，在快捷菜单中选择“新建草图”，投影底板的边线为构建线作为参照，绘制如图 3-165 所示的草图，右击，在快捷菜单中选择“完成二维草图”。单击零件工具面板中“筋板”图标，选择“平行于草图平面”、“单向”、厚度为 10，如图 3-166 所示。单击“确定”按钮，完成筋板创建。

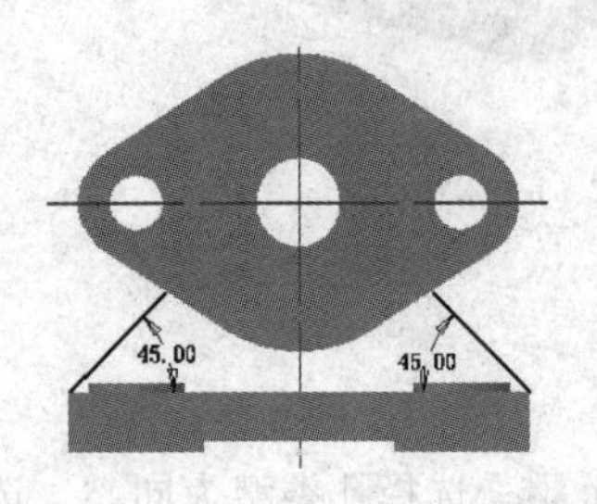

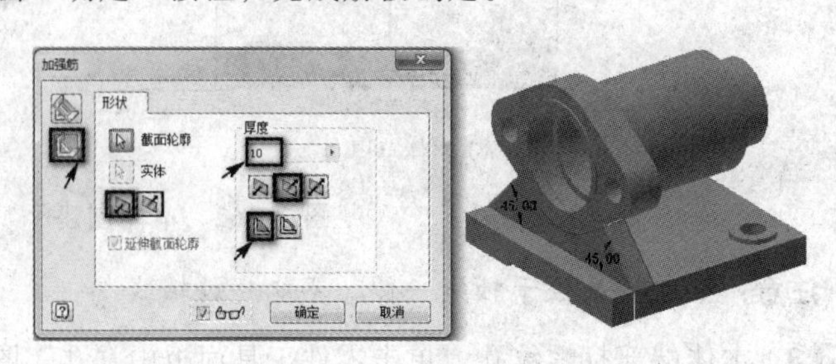

图 3-165　法兰与底板筋板草图　　　　图 3-166　法兰与底板筋板特征

（11）创建本体与底板间筋板。在 *YZ* 面新建草图，在绘图区内，右击，在快捷菜单中选择切片观察。投影本体和底板的边线为构建线，绘制如图 3-167 所示的草图，右击，在快捷菜单中选择“完成二维草图”，完成草图创建。单击零件工具面板中“筋板”图标，选择“平行于草图平面”、“单向”、厚度为 10，如图 3-168 所示，单击“确定”按钮，完成筋板创建。

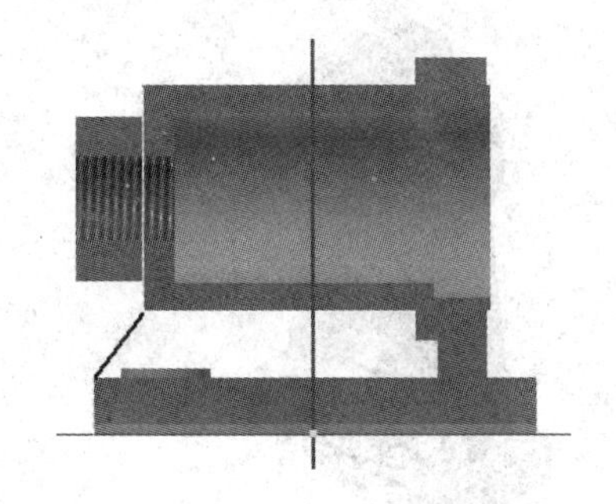

图 3-167 本体与底板筋板草图

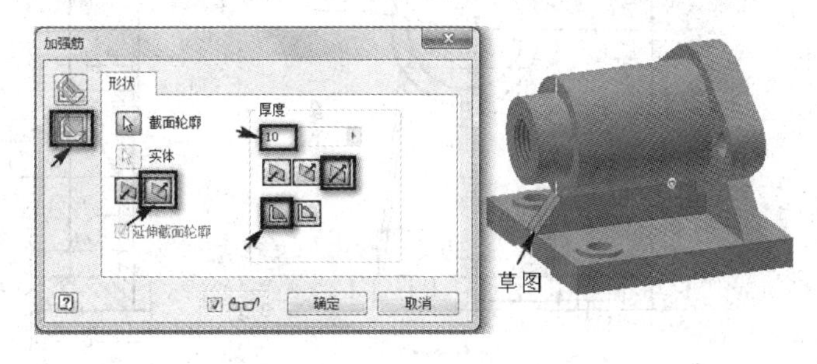

图 3-168 本体与底板筋板特征

（12）添加圆角特征。单击零件工具面板中“圆角”图标，对泵体底板、筋板和本体添加半径分别为 *R*10、*R*5、*R*1.5 的圆角，如图 3-169 所示。单击“确定”按钮，完成圆角特征添加。本体创建完成，如图 3-151 所示。

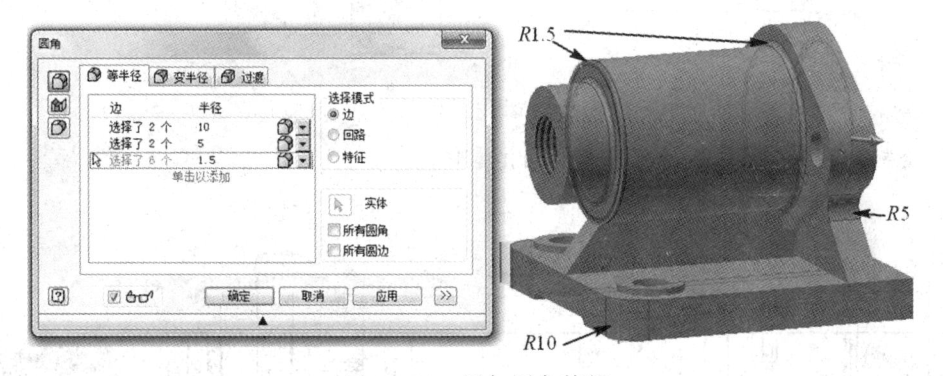

图 3-169 添加圆角特征

本 章 小 结

本章介绍了特征的概念和分类，重点介绍基于草图特征、定位特征、阵列特征、放置特征、复杂特征等创建方法、步骤和技巧，并通过实例说明各种特征创建的步骤和方法，为零件造型打下基础。另外介绍了特征的编辑方法，以及零件族创建和参数化建模的方法。

复习思考题

1. 草图特征有哪些，其使用率最高的是哪几种？
2. 放置特征有哪些，其创建方法是什么？
3. 工作面创建方法有哪些，其作用是什么？

4. 阵列特征的类型有哪些？创建阵列特征的步骤是什么？

5. 绘制如图 3-170 所示的零件。

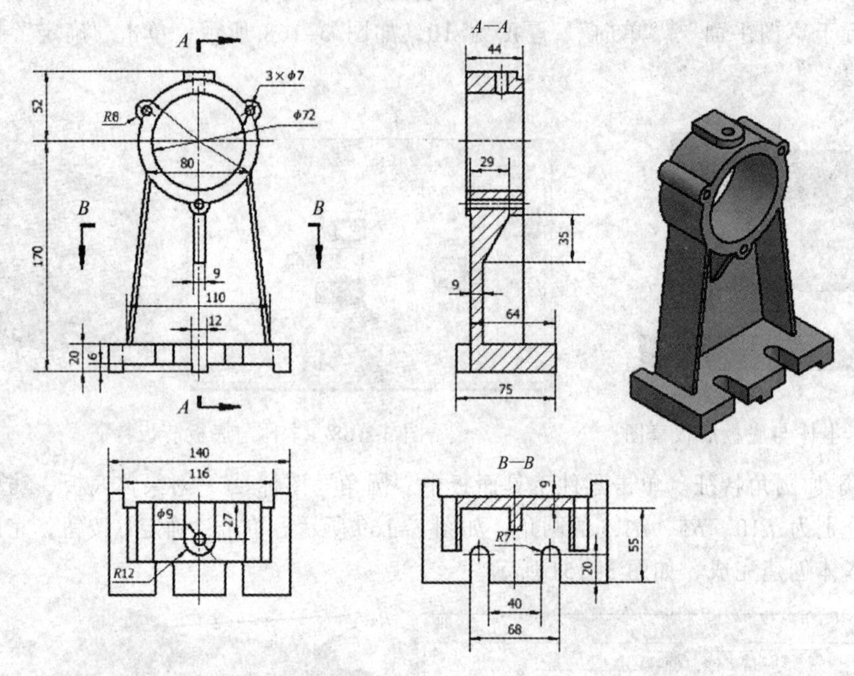

图 3-170

6. 绘制如图 3-171 所示的柱塞泵的阀体零件。

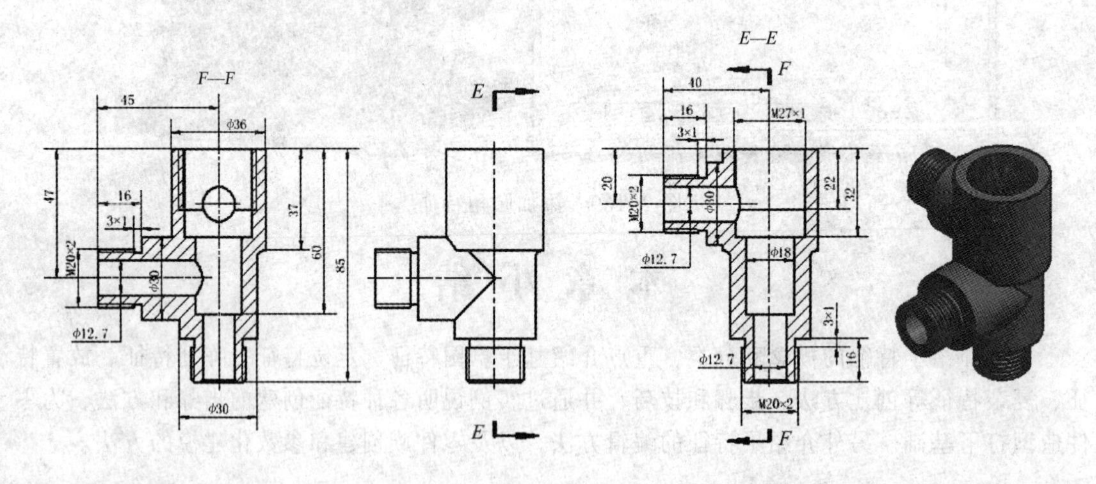

图 3-171

7. 绘制柱塞泵的其他零件，如图 3-172～图 3-174 所示。

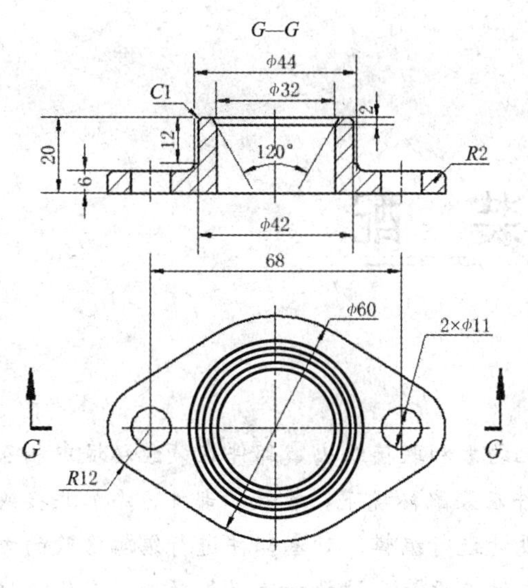

图 3-172　填料压盖

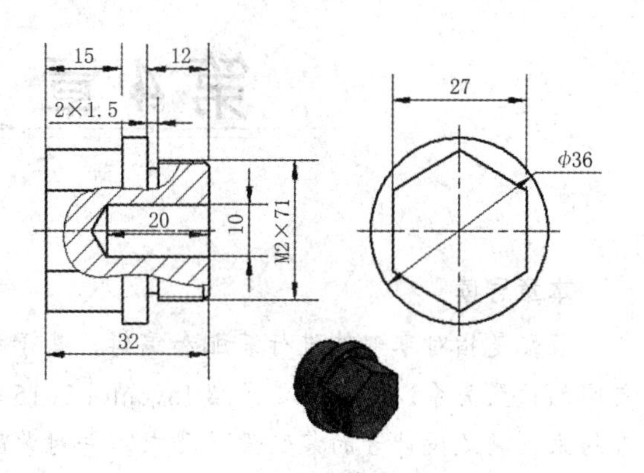

图 3-173　阀盖

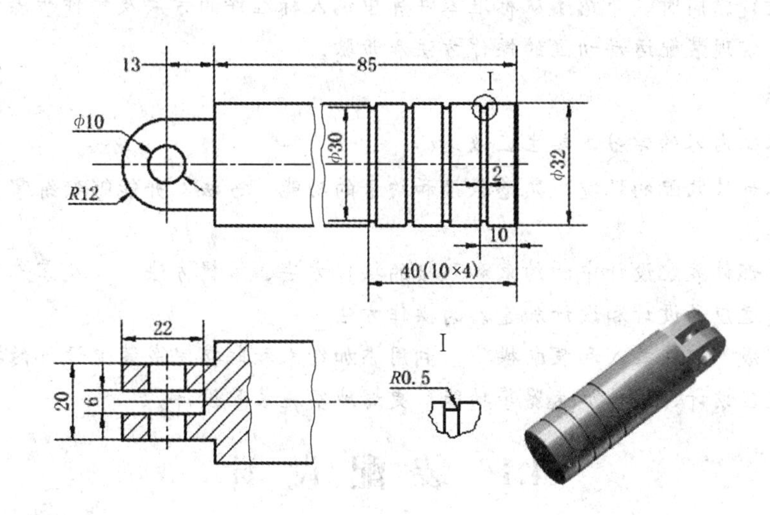

图 3-174　柱塞

第4章 装 配

本章导读

装配是指对零部件进行装配和编辑，基于装配约束和联接给出零部件在装配环境中相互之间的位置关系。本章主要介绍 Inventor 2015 软件在装配环境下，装入零部件、添加联接或者约束，满足设计者的装配设计要求，并对装配设计进行编辑，对零部件进行编辑修改的方法。同时还介绍在装配环境下，创建在位零件、自适应设计、设计加速器等功能，以便更好地完成装配设计。同时，介绍了从标准零件库中调入标准件的方法及操作步骤；并介绍了在装配环境下，实现装配运动动画的操作方法和步骤。

教学目标

通过对本章内容的学习，学生应做到：

- 了解零部件装配的环境，熟悉联接和约束的功能、方法，并能够熟练掌握零部件装配的操作。
- 掌握零部件装配设计中的约束和联接的操作方法、编辑方法，以及零部件的装入和编辑、自适应的设计和设计加速器的操作方法。
- 能够完成零部件装入和装配操作，利用添加约束和联接完成装配设计的操作。能够应用自适应设计、设计加速器等功能，更好地实施装配设计。

4.1 装 配 设 计

4.1.1 装配设计概念

装配设计通常有三种方法：

（1）自下而上。所有的零件在零件环境或者部件环境中完成，然后再装入到装配环境下，进行装配约束或者联接完成装配。一般零件较多且它们之间关联性较少的装配采用这种方式。

（2）自上而下。所有的零件设计均在装配环境下完成。先创建装配文件，在装配环境下创建相互关联的所有零件。这种方法适用于零件之间关联性比较强的装配设计方法，但是如果零件数量较多，则软件操作较慢。

（3）从中间开始。对于关联性比较少的零件，在零件环境下创建，装入装配环境采用约束或者联接进行装配；在装配环境下，再创建关联性比较强的零件，完成装配。这种方法在实际设计中，应用普遍，并符合设计的理念。

Inventor 2015 的部件环境可以同时适用于上述三种装配设计方法。

4.1.2　零部件装配环境

启动 Inventor 2015 并选择“新建”，选择“部件”图标；或者在“新建文件”对话框，双击“Standard.iam”，进入零部件的装配环境。

装配环境与零件环境，操作面板结构相同，但面板上的内容和浏览器不同。图 4-1、图 4-2 所示为部件工具面板、装配浏览器。

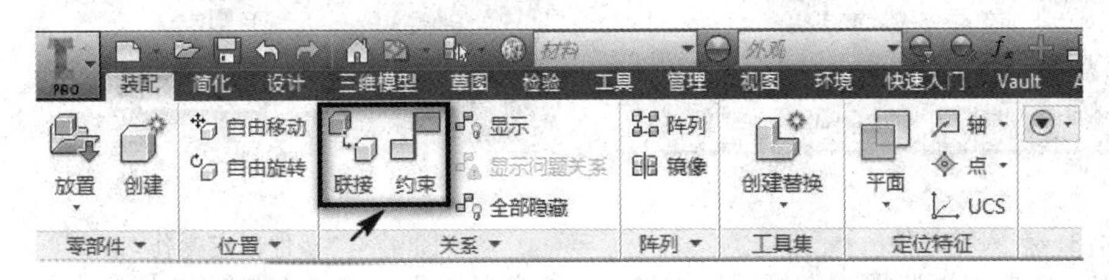

图 4-1　部件工具面板

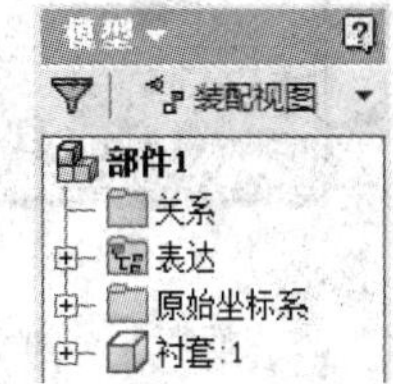

图 4-2　装配浏览器

（1）部件工具面板

装配环境下的部件面板提供了用于零部件装配设计的几乎所有的工具，包括装配约束和联接、设计加速器、创建在位零件；零部件的替换、阵列及镜像；对零部件进行拉伸、旋转和打孔等操作；对零部件进行有限元分析、运动仿真和渲染操作等。

（2）装配浏览器

显示装配浏览器装入的零部件及装入顺序，主要功能是创建、查看和编辑零部件的装配关系，显示或者隐藏零部件。双击某零件，可进入零件环境，对零部件进行修改和编辑，使其符合设计要求。单击菜单栏“返回”图标或者双击浏览器中“部件 1”回到装配环境，修改后的零部件将自动更新。

4.2　装入零部件

4.2.1　装入零部件

把已有的零部件装入到部件环境，可采用自下而上的设计方法。

新建部件文件，进入部件装配环境。单击部件面板上“放置”图标，打开如图 4-3 所示对话框。查找并选择需要装入的零部件。单击“打开”按钮，在绘图区内鼠标指针的位置出现所选择的零部件，单击即放置零部件，右击，在弹出的快捷菜单中选择“确定”，完成操作。

技巧：选择零部件时按住【Ctrl】键，可以选择多个零部件，同时装入多个部件进入到装配环境。

Inventor 2015 装入的零部件，如果没有添加约束，其自由度为 6 个。若要把某个零部件的位置固定，则应在浏览器或者绘图区内选择该零部件，单击右键，在快捷菜单中选择“固定”，如图 4-4(a)所示，使得该零部件在装配环境中位置固定，自由度为零。该零部件位置不变时，在浏览器中其图标增加固定标记，如图 4-4(b)所示。

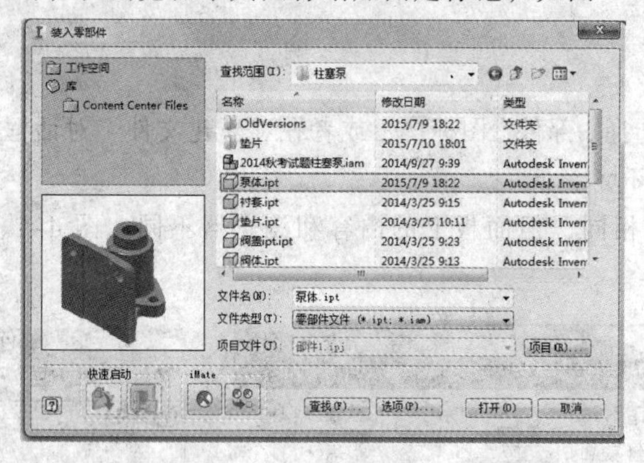

图 4-3　装入零部件

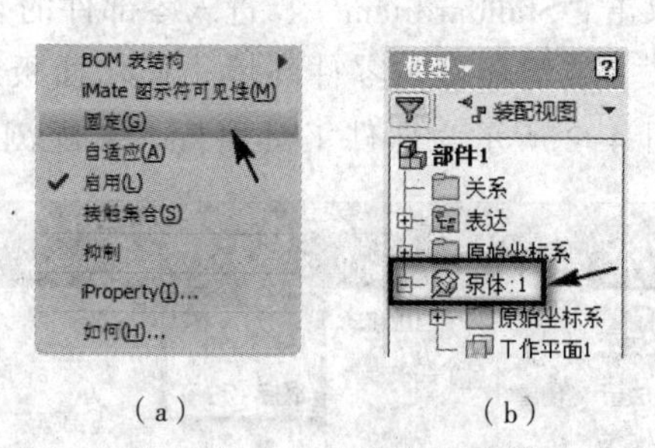

图 4-4　零件固定操作

若要解除固定，则应在浏览器或者绘图区内选择该零部件，即右击，在快捷菜单中单击“固定”，即取消固定前的勾选“√”，解除其固定约束。

4.2.2　零部件的视角和位置

装入的零部件的视角和位置如果不合适，将影响观察和添加约束等操作，因此需要对零部件的视角和位置做出调整，使其便于后续的操作。

（1）移动零部件

单击部件工具面板中“自由移动”图标 自由移动，将鼠标指针放到需要移动的零部件上，按住鼠标左键并拖动鼠标移动到合适的位置，放开鼠标，完成移动操作，或者单击需要移动的零部件，按住鼠标左键并移动即可实现零部件的移动。

（2）旋转零部件

单击部件工具面板中“自由旋转”图标 自由旋转，选择需要旋转的零部件，在零部件的附近出现“旋转”符号，将鼠标指针放在零部件上，按住鼠标左键并拖动可使零部件任意旋转，或者将鼠标指针放到 4 个旋转轴的任意一个上，按住鼠标左键并拖动使零部件绕旋转轴旋转，如图 4-5 所示。

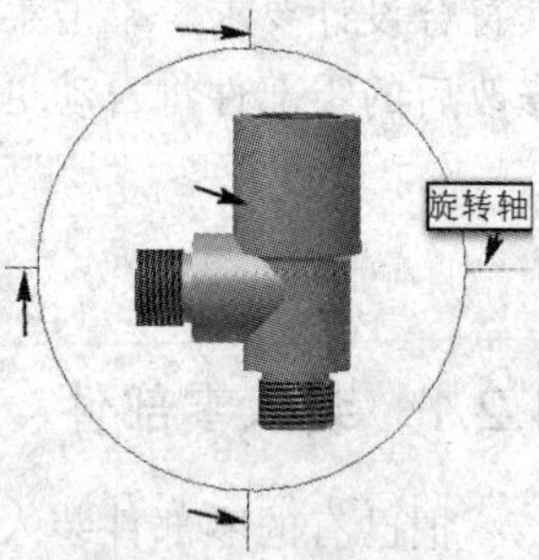

图 4-5　旋转零部件

注意：对零部件的移动和旋转，是对零部件位置和视角进行调整，以便于观察和添加约束，单击工具栏中“更新”图标，可将零部件的位置和视角更新为调整后的状态。

4.2.3　零部件可见性

进行装配时，由于零部件比较多，有的可能会被遮挡，添加约束或者联接时不容易进行操作，同时显示过多的零部件会影响计算机运行速度，因此需要对零部件的可见性进行控制。

（1）可见性

图 4-6（a）所示为柱塞泵的装配体，装配体中内部结构被泵体挡住。如果要观察被遮挡的部分应在绘图区内或者浏览器中选择泵体，右击，在弹出的快捷菜单选择“可见性”，即取消“可见性”前的勾选“√”，得到如图 4-6（b）所示结果。若想恢复泵体的可见性，则在浏览器中选择泵体，在弹出的快捷菜单选择“可见性”添加“可见性”前的勾选“√”即可。

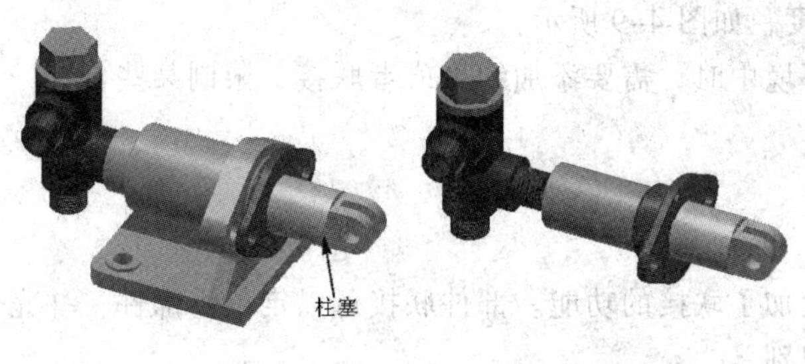

（a）装配体　　（b）泵体不可见

图 4-6　柱塞泵装配体

（2）隔离

如果对泵体进行单独观察，则应在绘图区内或者浏览器中选择泵体，右击，在弹出的快捷菜单中选择“隔离”，则其余零部件均不可见，可对其进行单独观察，如图 4-7(a)所示。浏览器中只有泵体可见，其余零部件均为不可见，浏览器状态如图 4-7(b)所示。

若想解除隔离，应在绘图区内或者浏览器中，选择泵体，右击，在弹出快捷菜单中选择“撤消隔离”，将所有不可见零部件恢复可见；或者在浏览器中，选择某个或者几个不可见的零部件，右击，在弹出的快捷菜单中选择“可见性”，对一个或者几个零部件恢复可见性。

（3）抑制

若想使得某个或者几个零部件不可见，且不占内存，应采用抑制方法。在绘图区内或者浏览器中，选择需要抑制的零部件，如选择泵体、阀体和阀盖，右击，在弹出快捷菜单中选择“抑制”，选择的零部件不可见且从当前的内存中被去除，如图 4-8(a)所示，此时在浏览器中这三个零件的显示图标和名称的颜色变浅，如图 4-8(b)所示。

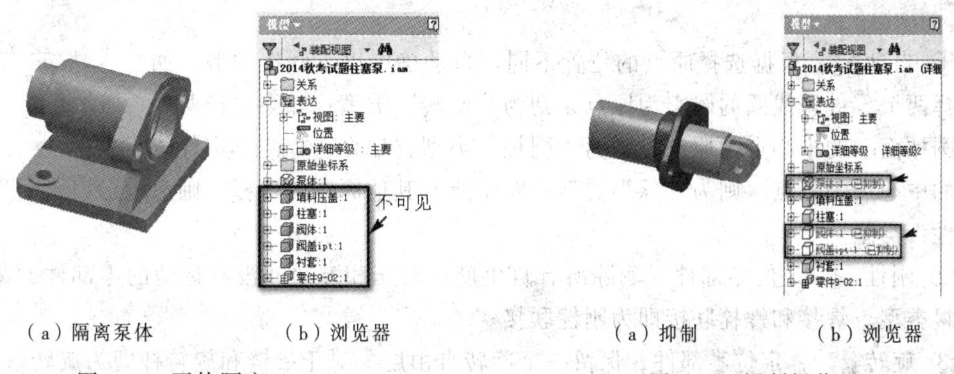

（a）隔离泵体　　（b）浏览器

图 4-7　泵体隔离

（a）抑制　　（b）浏览器

图 4-8　抑制操作

若想恢复抑制，可在浏览器中选择这三个零件，右击，在弹出的快捷菜单中选择“抑制”，取消抑制前“√”，恢复可见性。

4.3 添加联接与约束

4.3.1 零件的自由度

零部件在空间中的自由度有 6 个，绕 *X*、*Y*、*Z* 轴的旋转和沿 *X*、*Y*、*Z* 轴移动的自由度，如图 4-9 所示。

零部件在装配环境中时，需要添加约束或者联接，限制某些自由度，以完成装配。

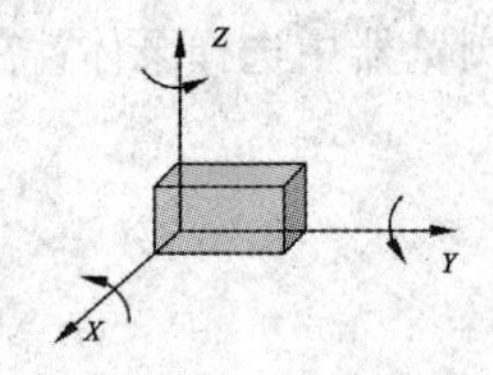

图 4-9 零件自由度

4.3.2 添加联接

Inventor 2015 增加了联接的功能。部件联接可以定位零部件，并完全定义自由度，在移动仿真中能够自动识别。

单击部件工具面板中“联接”图标，弹出如图 4-10 所示“联接”对话框。

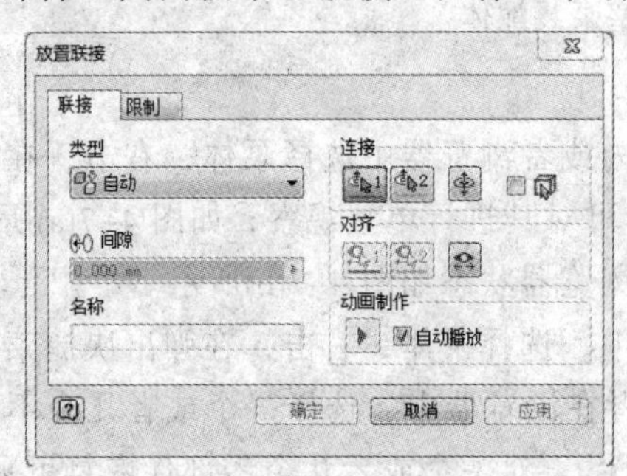

（a）联接选项　　（b）限制选项

图 4-10 联接对话框

“联接”选项卡如图 4-10(a)所示，各项含义如下。

（1）类型

联接类型有自动、刚性、旋转、滑块、圆柱、平面及球 7 种，如图 4-11 所示。

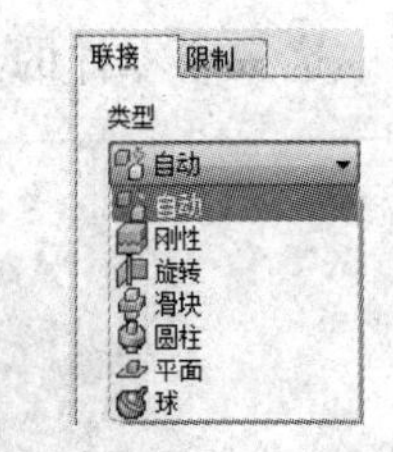

图 4-11 类型

① 自动。根据选择原点的位置不同可自动确定以下联接类型：如果选择两个零件边线圆的圆心为原点，则为“旋转”类型；如果选择两个零件圆柱面上的中心点为原点，则为“圆柱”类型；如果选择两个零件球体上的中心点为原点，则为“球”类型；对于所有其他原点的选择，则为“刚性”类型。

② 刚性：定位零部件，删除所有自由度。对于相互之间没有运动的零部件，采用刚性联接类型。焊接和螺栓联接即为刚性联接。

③ 旋转 ：定位零部件，保留一个旋转自由度。对于铰链和旋转杆即为旋转联接。

④ 滑块：定位零部件，保留一个平动自由度。沿轨迹移动的滑块即为滑块联接。

⑤ 圆柱：定位零部件，保留一个平动和一个旋转自由度。孔与其内的轴即为圆柱联接。

⑥ 平面 ：定位零部件，保留在平面内两个平动自由度和一个垂直于该平面的旋转自由度。使用此联接可以将零部件放置在平面上。零部件可以在平面上旋转或滑动。

⑦ 球 ：定位零部件，保留绕旋转点的三个旋转自由度。

（2）间隙

它确定连接零部件之间偏移的距离。

（3）名称

可在浏览器中为联接类型创建唯一的名称。可以输入名称，也可以保留为空（将自动创建默认名称）。

（4）联接

第一个原点：在第一个零部件上选择端点、中点和中心点。在绘图区内，第一次选择的原点将以与选择按钮颜色栏相同的颜色进行预览。

第二个原点：在第二个零部件上选择端点、中点和中心点。在绘图区内，第二次选择的原点将以与选择按钮颜色栏相同的颜色进行预览。第一个选定的零部件将移向第二个选定的零部件。

翻转零部件：使零部件翻转 180° 。

（5）对齐

第一个对齐视图：在第一个零部件上选择方向矢量面或边，作为对齐位置。

第二个对齐视图：在第二个零部件上选择方向矢量面或边，作为对齐位置。第一个选定的零部件将移向第二个选定的零部件。

反转对齐方式：使对齐方向相反。

（6）动画

勾选“自动播放”选项，在联接时播放联接的动画并预览装配结果。

“限制”选项卡如图 4-10(b)所示，其中各项含义如下。

（1）角度

用于设置旋转运动的范围值。只有旋转自由度时，此选项被激活。

“开始”：设置旋转开始角度。

“当前值”：装配的当前位置。

“结束”：设置旋转结束角度。

（2）线性

“开始”：设置移动开始位置。

“当前值”：装配的当前位置。

“结束”：设置移动结束位置。

【例 4-1】完成如图 4-12 所示千斤顶的联接操作。

分析千斤顶各零件的装配关系及运动关系。底座是固定的，起重螺杆既绕底座轴线旋转又沿其移动是圆柱联接，与起重螺杆相连接的旋转杆、螺钉及顶盖与螺杆之间没有相对运动，所以是它们之间是刚性联接。

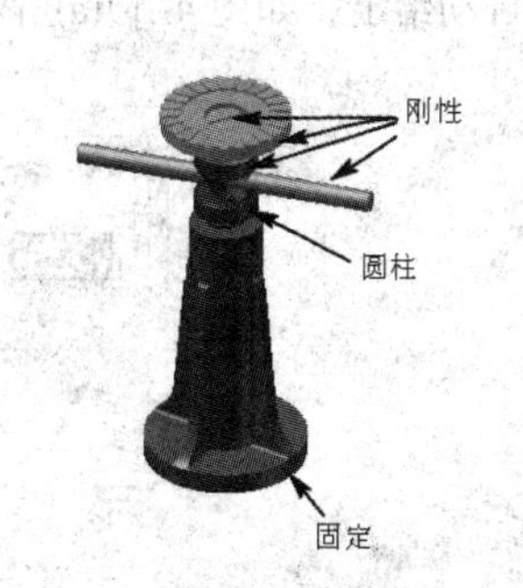

图 4-12 千斤顶联接装配

操作步骤如下：

（1）新建部件文件。在 Inventor 2015 菜单中，选择“新建”中的“部件”图标，或者在“新建文件”对话框中双击“Standard.iam”进入部件环境。

（2）在部件工具面板中单击“装入零部件”图标，弹出对话框，查找千斤顶的文件夹并打开文件夹，按住【Ctrl】键选择所有零件，如图 4-13 所示。

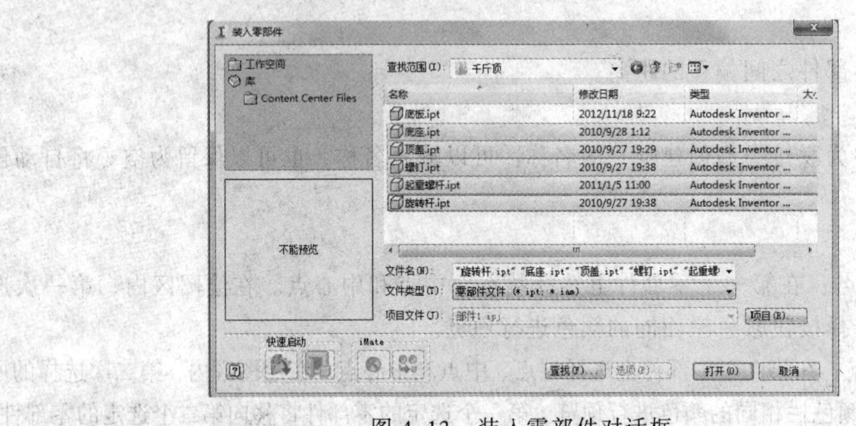

图 4-13　装入零部件对话框

（3）单击“打开”，在绘图区内单击，将所有零件装入到编辑环境，右击，在弹出的快捷菜单中选择“确定”，完成装入零部件，如图 4-14 所示。

（4）在绘图区内或者浏览器中选择底座，右击，在弹出的快捷菜单中选择“固定”，使底座的位置固定，自由度设置为 0，浏览器中底座的图标变为图 4-15 所示。

图 4-14　装入零部件

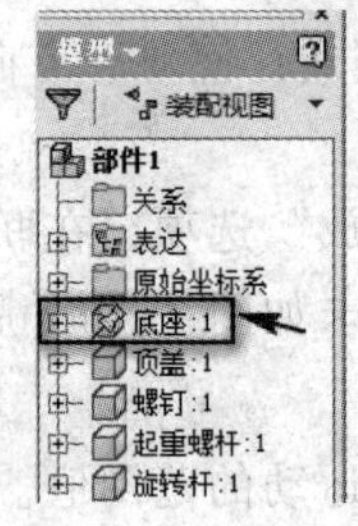

图 4-15　浏览器

（5）创建起重螺杆的圆柱联接。单击部件工具面板中“联接”图标，激活对话框的各项功能。在类型中选择“圆柱”，选择起重螺杆圆柱边，则圆边的中心点为“连接原点 1”，选择底座圆柱边，则圆边中心点为“连接原点 2”，如图 4-16 所示。在对话框中的名称栏中输入圆柱，对齐自动给出，如图 4-17(a)所示，单击“确定”按钮，完成圆柱联接创建，如图 4-17(b)所示。

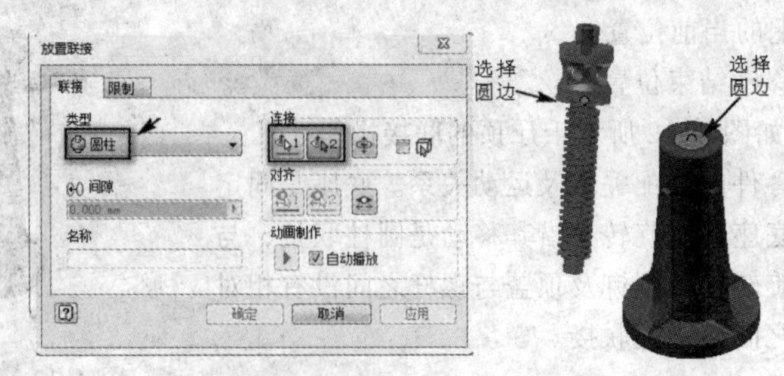

图 4-16　螺杆圆柱连接选择

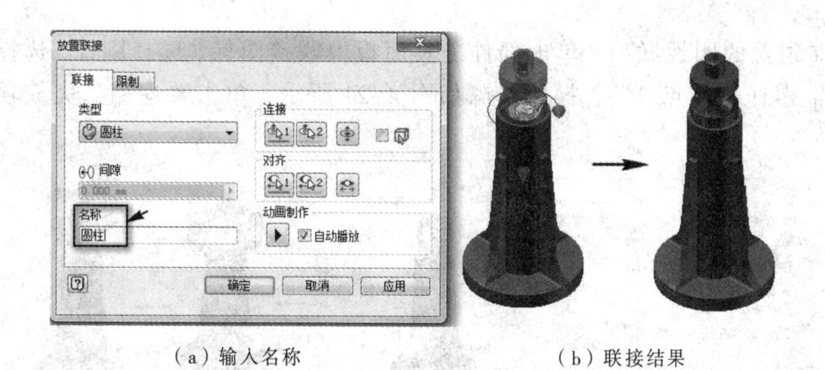

（a）输入名称　　　　（b）联接结果

图 4-17　螺杆圆柱联接结果

（6）单击浏览器中起重螺杆，选择圆柱图标，右击，在弹出快捷菜单中选择“**驱动**”，如图 4-18 所示，弹出“驱动”对话框，如图 4-19 所示。

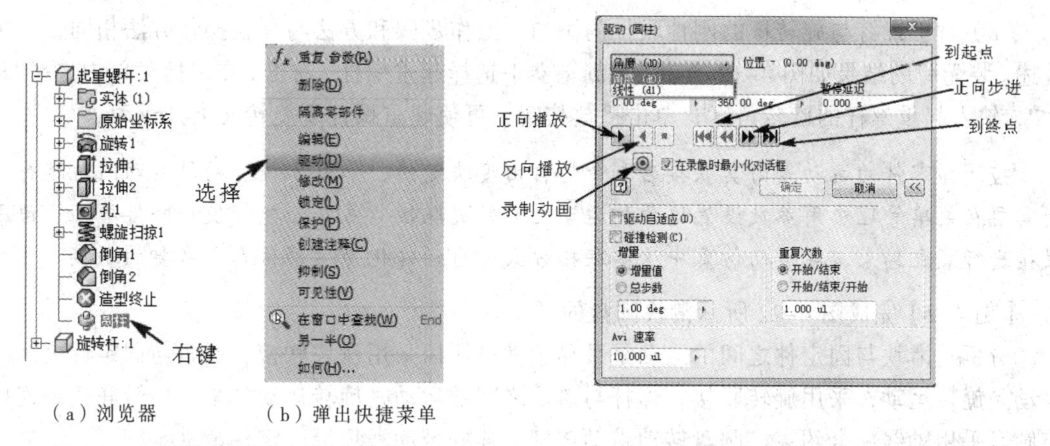

（a）浏览器　　　　（b）弹出快捷菜单

图 4-18　浏览器及弹出快捷菜单　　　　图 4-19　驱动对话框

对于圆柱联接，有两个自由度：平移和转动，驱动方式为角度和线性，给出数值，起重螺杆就可以旋转或者平移。但是这两个运动是独立的，如果既要转动又要平移，则可在菜单管理中选择参数，打开“参数”对话框。在“参数”对话框中，设置线性运动的参数为 -d0/360deg*10 mm，即旋转 360° 上升 10 mm，如图 4-20 所示。单击“完毕”按钮，参数设置完成，回到装配环境。在浏览器中选择起重螺杆，选择圆柱联接，右击，选择“驱动”，角度输入 360°，单击▶正向播放，即可使起重螺杆既旋转又上升 10mm。单击图标◎，可进行驱动动画的录制。

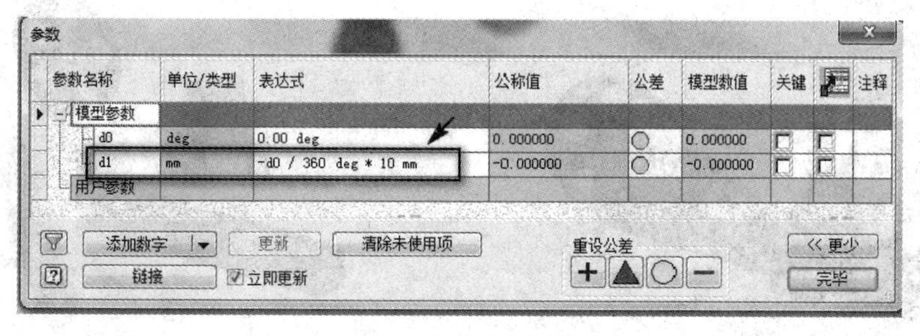

图 4-20　参数对话框设置

（7）添加顶盖的刚性联接。单击部件工具面板中联接图标，选择刚性，选择顶盖“原点 1”、起重螺杆“原点 2”，操作步骤如图 4-21 所示，单击“应用”完成顶盖的刚性联接。

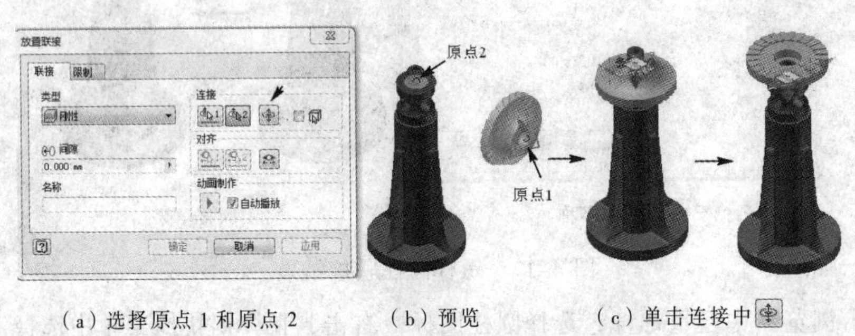

（a）选择原点 1 和原点 2　（b）预览　（c）单击连接中

图 4-21　顶盖刚性联接操作步骤

（8）对于螺钉与旋转杆的刚性联接的添加，操作步骤和方法与顶盖操作方法相同，不再赘述。装配后的结果如图 4-12 所示。在浏览器中选择起重螺杆，右击，在快捷菜单中选择“驱动”，输入起重螺杆的旋转角度，单击播放按钮，可使起重螺杆既旋转又上升运动。

技巧：零件的运动是由其联接后剩余的自由度决定的。如果零件有两种运动同时进行，则需要在菜单管理中用参数设置这两种运动之间的关联性。另外，能够使用联接尽可能使用联接进行装配约束，在运动仿真中这些联接方式会自动转化为运动仿真所需要的联接。

【例 4-2】完成图 4-22 所示滑块圆盘的联接。

分析：滑块与固定件之间的运动是平移运动，所以采用滑块联接；圆盘与固定件之间的运动是旋转运动，采用旋转联接；连杆与滑块之间的运动是旋转运动，采用旋转联接，连杆与圆盘采用轴线配合约束。圆盘转动带动连杆，连杆带动滑块沿固定件滑动。

操作步骤：

（1）新建部件文件。在部件工具面板单击“放置”图标，弹出对话框，查找滑块圆盘文件夹，按住【Ctrl】键选择固定件、滑块、圆盘和连杆，单击对话框中“打开”按钮，在绘图区内单击，放置零件。

再右击，在快捷菜单中选择“确定”，完成装入零件操作。

单击部件工具面板“自由旋转”和“自由移动”，调整零件位置。在浏览器中该绘图区内选择固定件，右击，在快捷菜单中选择“固定”，结果如图 4-23 所示。

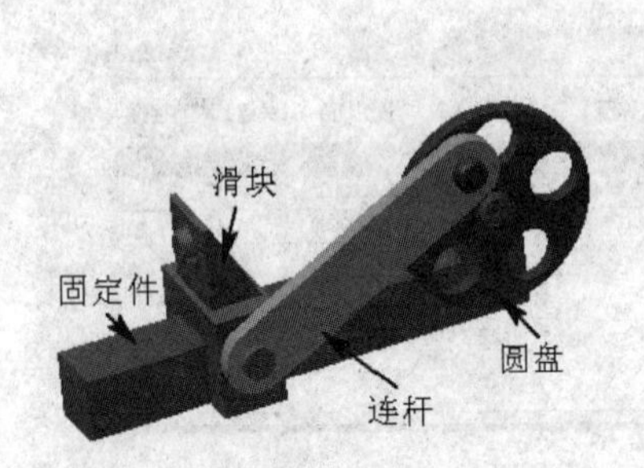

图 4-22　滑块圆盘联接

图 4-23　零件装入

（2）添加滑块与固定件的滑块联接。

单击部件工具面板中“联接”图标，选择类型为滑块，第一次选择滑块槽内上表面中心、第二次选择固定件上表面中心，如图 4-24(a)所示，单击“应用”按钮，完成滑块联接，联接结果如图 4-24(b)所示。

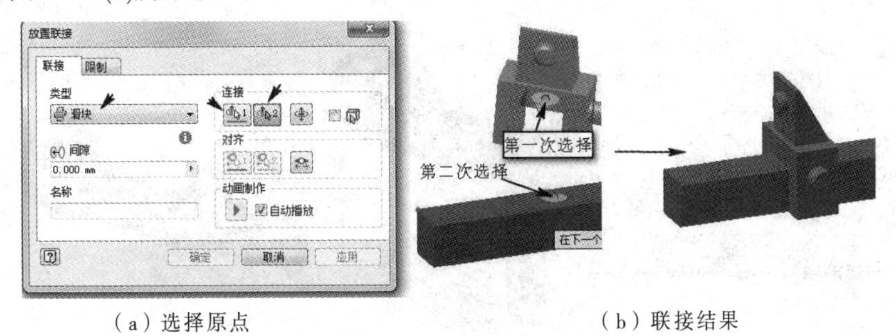

（a）选择原点　　　　（b）联接结果

图 4-24　滑块联接操作

（3）添加圆盘与固定件旋转联接。

选择联接类型为旋转，第一次选择圆盘的孔中心点、第二次选择固定件轴的中心点，如图 4-25(a)所示，单击“应用”按钮，完成操作，如图 4-25(b)所示。

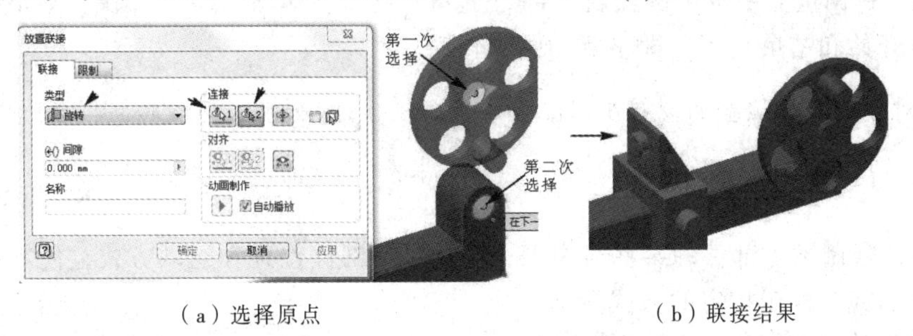

（a）选择原点　　　　（b）联接结果

图 4-25　圆盘旋转联接操作

（4）添加连杆与滑块的旋转联接。

选择联接类型为旋转，操作方法和圆盘与固定件旋转联接操作方法相同。第一次选择连杆孔中心点、第二次选择滑块圆柱中心点，如图 4-26(a)所示，单击“应用”按钮，完成操作，如图 4-26(b)所示。

（5）单击“联接”对话框中“确定”按钮，关闭“联接”对话框。

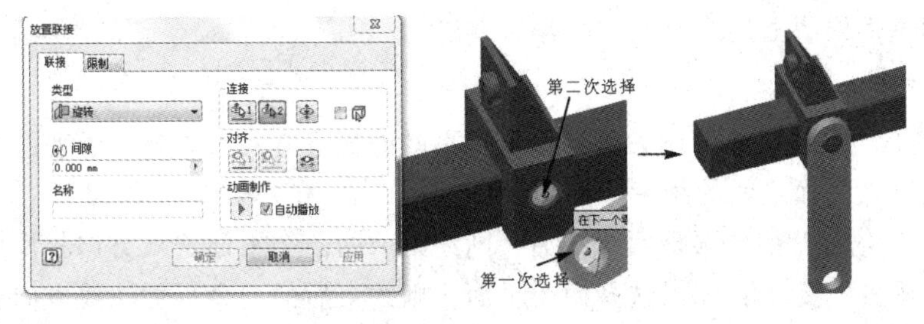

（a）选择原点　　　　（b）联接结果

图 4-26　连杆旋转联接操作

（6）添加连杆与圆盘的轴线配合约束。

单击工具面板中“约束”图标，选择“配合约束”，第一次选择连杆孔轴线，第二次选择圆盘的圆柱轴线，单击“应用”按钮，完成配合约束操作，如图 4-27(b)所示。

单击“确定”按钮，关闭约束对话框。

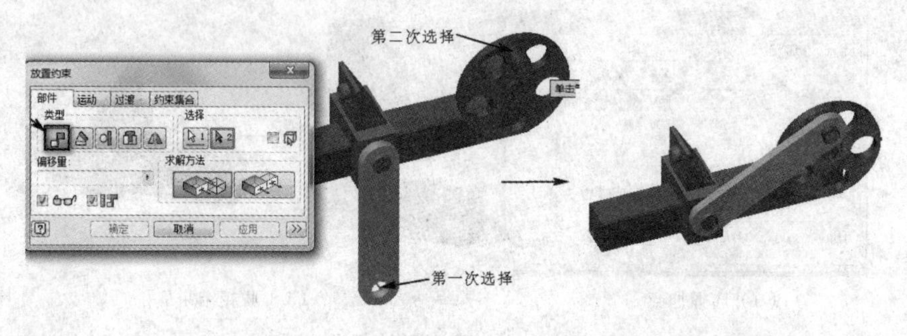

（a）选择原点　　　　（b）联接结果

图 4-27　连杆约束操作

（7）鼠标指针放到圆盘上，按住鼠标左键拖动，即可实现圆盘带动连杆，连杆带动滑块的滑动运动。在浏览器中单击圆盘前“+”，选择“旋转”，单击右键，在快捷菜单中选择“驱动”，输入开始和结束角度，即可驱动圆盘转动。

提示：对于连杆与圆盘的联接采用配合约束比较合适，如果采用旋转联接会出现约束错误。

4.3.3　添加约束

装配约束限制了零部件的某些自由度，决定了零部件位置和运动方式，使零部件在装配中的位置准确或者按照指定的方式运动。

在部件工具面板中单击“约束”图标，弹出“放置约束”对话框，如图 4-28 所示。

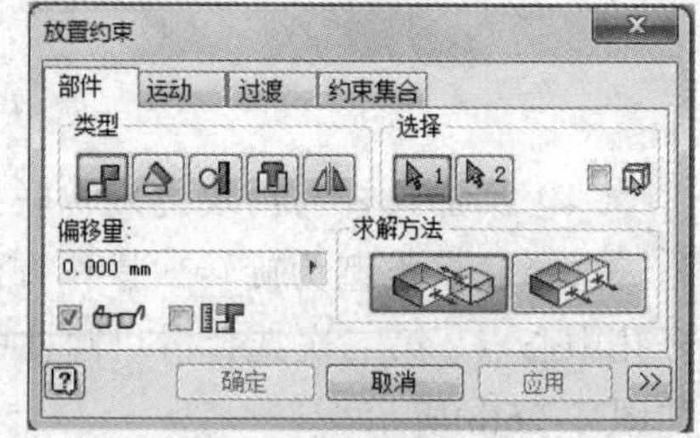

图 4-28　“放置约束”对话框

“放置约束”对话框中，提供了“部件”选项卡，包括“配合”、“角度”、“相切”、“插入”和“对称”五种位置约束；“运动”选项卡提供“转动”、“转动-平动”两种运动约束；“过渡”选项卡提供如凸轮或者槽中杆的运动关系约束。

下面分别举例说明上述约束类型的操作方法。

1. 配合约束

配合约束，根据选择的图元不同，给出不同的配合方式。主要用于平面之间约束，还可以用于直线、点、面之间的约束，如图 4-28 所示。

①“配合”：如果选择两个平面，则约束后的两个平面法线方向相反放置。

②“表面平齐”：如果选择两个平面，则约束后的两个平面法线方向相同放置。

③“第一次选择”：选择第一个零件上的平面、直线、点等图元。

④“第二次选择”：选择第二个零件上的平面、直线、点等图元。

⑤“偏移量”：输入约束图元之间的距离，可正可负。

⑥“预览”☑👓：勾选此项，可以预览配合约束后的效果。

⑦“预计偏移量和方向”□▯：勾选此项，“偏移量”将显示应用约束前的图元之间偏移量的值。

注意：如果选择两个平面，则是两个平面的法向方向相同或者相反，剩余在平面内的两个平移和沿平面的法线旋转自由度；选择直线和平面，在直线在平面内剩余在平面内的两个平移和沿平面的法线旋转自由度；选择两条直线，则两条直线重合，剩余沿直线平移和绕直线转动的自由度；选择点和直线，则点与直线重合，剩余点沿直线运动和绕直线转动自由度；如果选择两个点，则两个点重合，剩余绕点旋转的自由度。

【例4-3】完成如图4-29所示合页的配合约束。

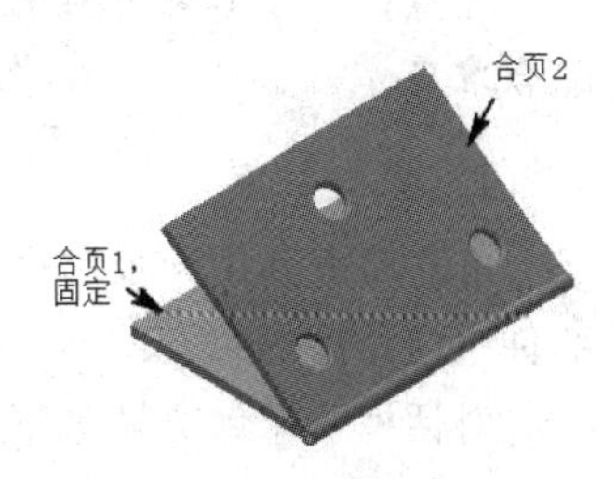

图4-29 配合约束

分析：对于合页2要与合页1装配在一起，实现合页2绕合页1转动，应添加合页2的轴线配合和端面配合约束。

操作步骤：

（1）创建新部件文件，单击部件工具面板中“放置”，查找“合页文件夹”，选择“合页.ipt”，在绘图区单击，放置第一个合页，拖动鼠标单击，放置第二个合页，单击右键选择“确定”，装入两个合页零件。选择“合页1”，在菜单栏中选择“外观”，设置其颜色为黄色。选择黄色合页，右击，选择固定。利用“自由旋转”自由旋转调整合页2的位置如图4-30所示。

（2）单击部件工具面板中“约束”图标，选择部件中配合约束，求解方法选择“配合”，分别选择合页1和合页2的轴线，实现轴线配合，单击“确定”按钮，剩余沿合页1轴线移动和转动自由度，操作步骤如图4-30(a)、图4-30(b)所示。

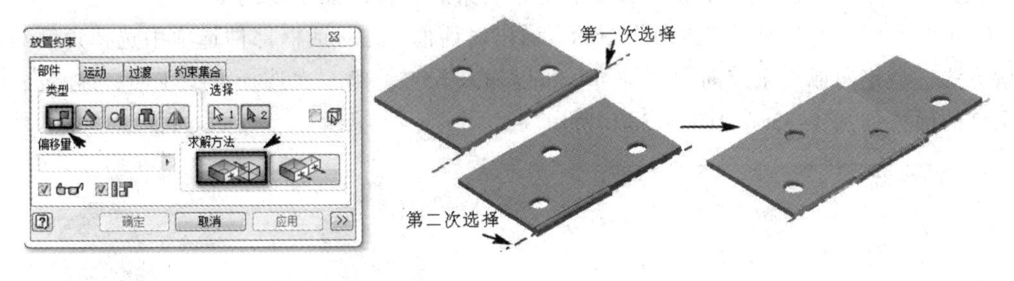

（a）轴线配合选择　　（b）配合约束结果

图4-30 轴线配合约束

（3）添加平面配合约束。鼠标指针放到合页2上，按住鼠标左键并拖动鼠标，平移和转动合页2，改变合页2的位置如图4-31所示。单击部件工具面板中“约束”图标，选择部件中配合约束，求解方法选择“配合”，第一次选择合页1的端面、第二次选择合页2的端面，单击确定按钮，完成端面与端面的配合约束，如图4-31 (a)、图4-31(b)所示。合页2保留一个绕合页1轴线旋转的自由度，鼠标指针放到合页2上，按住鼠标左键并拖动鼠标实现旋转运动。

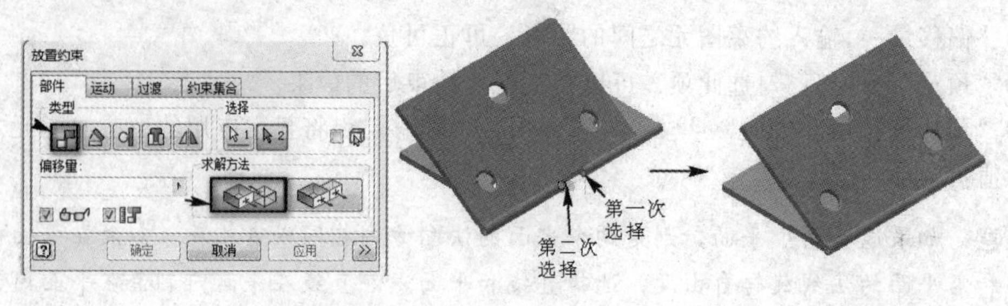

（a）端面配合选择　　（b）配合约束结果

图 4-31　端面配合约束

注意：对于零部件位置约束，一般需要至少 1 或者 2 个以上约束，才能使零部件的位置配合准确。

2. 角度约束

角度约束用于控制直线或者平面之间的角度，单击部件中“角度约束”图标，弹出如图 4-32 所示的对话框。

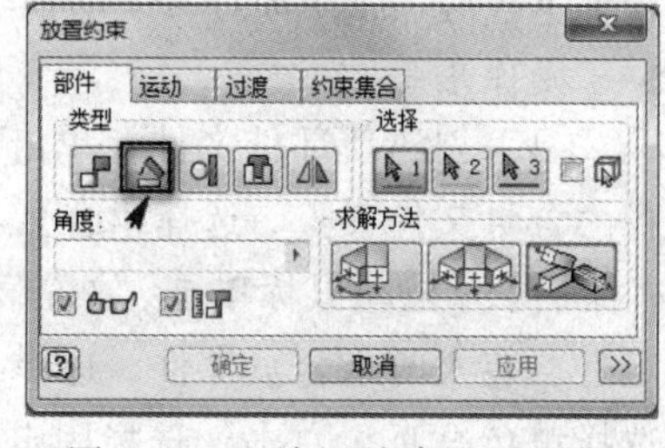

图 4-32　“放置约束”对话框

对话框中求解方法如下。

①“定向角度”：约束的角度有方向性。

②“未定向角度”：约束的角度没有方向性，只限制角度大小。

③“明显参考矢量”：通过添加第三次选择，定义旋转轴矢量方向，从而确定角度方向。

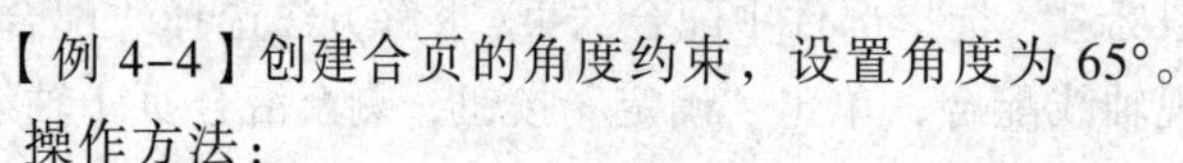

【例 4-4】创建合页的角度约束，设置角度为 65°。

操作方法：

在例 4-3 中，添加合页 1 和合页 2 的配合约束后，再添加角度约束。

（1）单击部件工具面板“约束”图标，弹出对话框，在对话框部件选项中选择角度约束，求解方法选择定向或者未定向角度均可，角度输入 65° ，第一次选择合页 1 面，第二次选择合页 2 的面，如图 4-33(a)、图 4-33(b)所示。

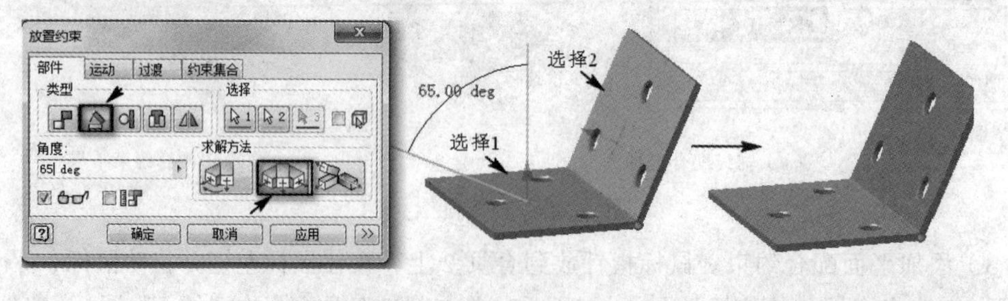

（a）角度约束选择　　（b）角度约束结果

图 4-33　角度约束操作

（2）在浏览器 “合页 2” 中，选择角度约束，右击，在快捷菜单中选择“驱动”，如图 4-34(a)所示；弹出对话框，输入结束角度 180° ，单击实现合页 2 旋转运动，如图 4-34(b)所示。

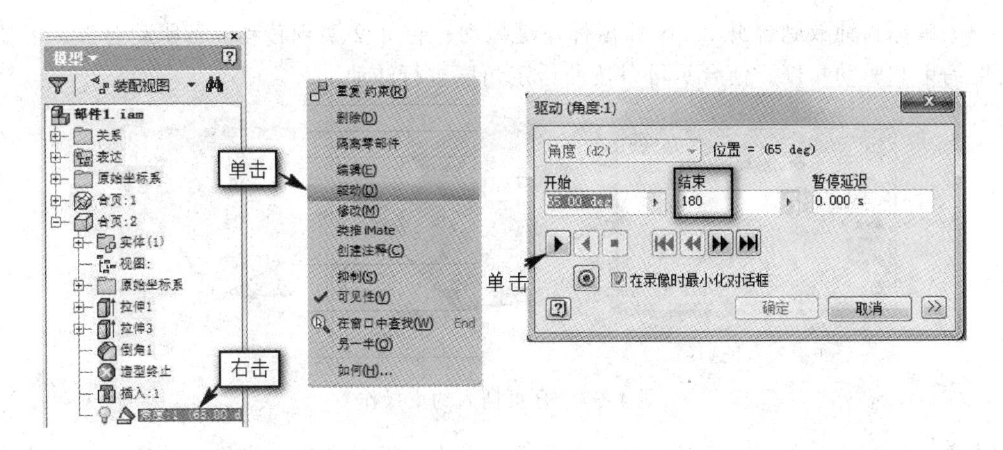

（a）浏览器选择　　　　（b）驱动对话框

图 4-34　驱动角度约束

3．相切约束

相切“约束”用于确定平面、柱面、球面、锥面和规则样条曲线之间的相切关系。单击工具面板中“约束”图标，在弹出对话框中选择部件，类型选择“相切”，如图 4-35 所示。

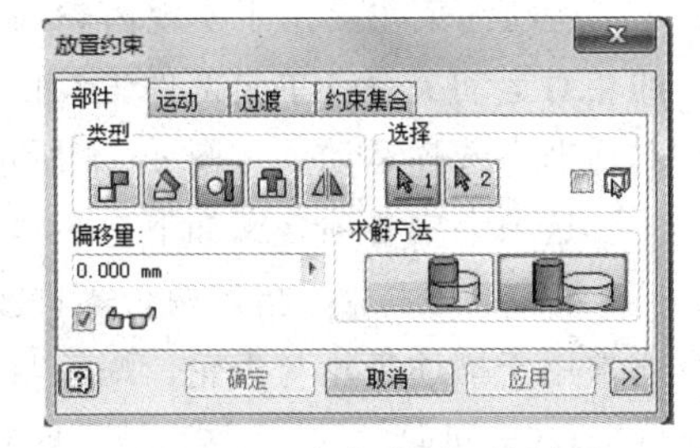

图 4-35　相切约束对话框

求解方法如下。

①“内边框”：实质是内切约束。

②“外边框”：实质是外切约束。

相切约束比较容易理解，操作比较简单，在此不再赘述。

4．插入约束

插入约束主要用于具有旋转特征的零件之间的位置关系，采用轴线重合和表面配合的约束，只保留一个旋转自由度，相当于联接中的旋转。

单击工具面板中“约束”图标，在弹出对话框中选择部件，类型选择“插入约束”，如图 4-36 所示。

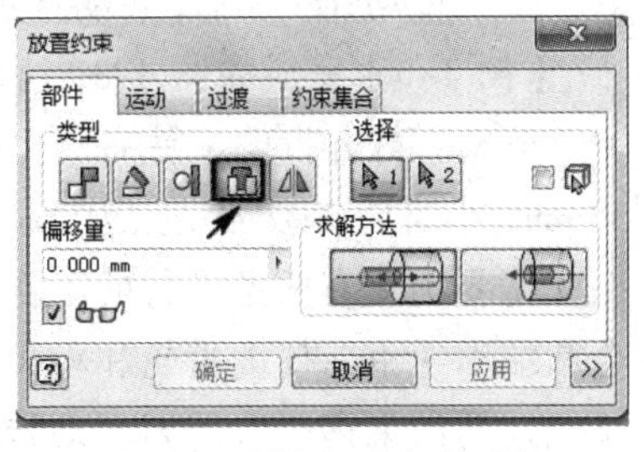

图 4-36　插入约束对话框

求解方法如下。

①“反向”：两个旋转体的轴线重合，表面法线方向相反。

②“对齐”：两个旋转体的轴线重合，表面法线方向相同。

【例 4-5】利用插入约束完成合页的装配。

操作步骤：

（1）与【例 4-3】中步骤（1）相同。

（2）单击部件工具面板中“约束”图标，在“部件”选项卡中选择“插入约束”，求解方法选择“反向”，选择合页 1 和 2 圆柱端面，单击“应用”按钮，完成插入约束，如图 4-37(a)、图 4-37(b)所示。

（3）鼠标指针放到合页 2，按住鼠标左键拖动，合页 2 实现转动。若驱动合页，需要添加角度约束和驱动角度，使合页可以按照给定角度进行转动。

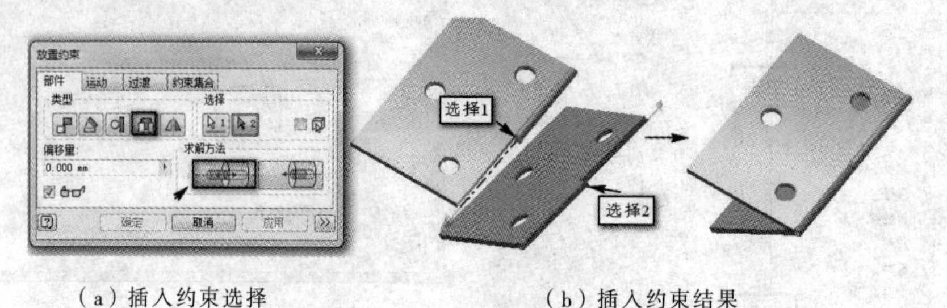

（a）插入约束选择　　　　（b）插入约束结果

图 4-37　合页插入约束操作

注意：插入约束要驱动运动，需要添加角度约束，驱动角度以实现旋转运动。另外，只有旋转运动的零部件采用旋转联接更简便，直接驱动即可。

5. 运动约束

运动约束主要用于实现齿轮与齿轮、齿轮与齿条之间的相对运动关系。单击部件工具面板中“约束”图标，在对话框中选择运动，如图 4-38 所示。

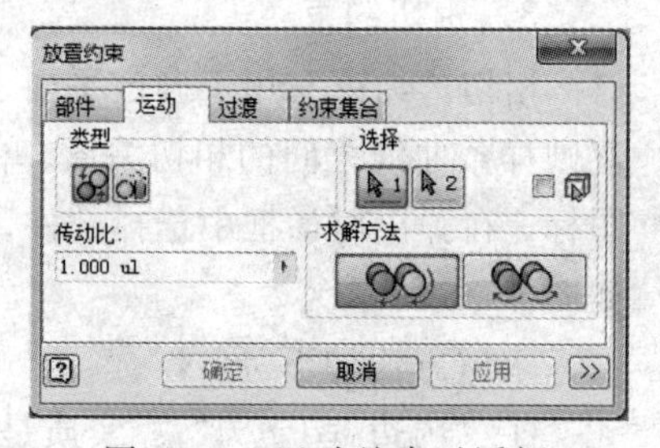

图 4-38　运动约束对话框

选项卡中各项含义如下。

①“转动”：指定两个零件按照一定的传动比转动，通常用于描述齿轮与齿轮、蜗轮与蜗杆等之间的转动。其中是同向转动，是反向转动。

②“转动-平动”：指定两个零件之间，其中一个转动、另一个平动的运动关系，通常用于描述齿轮与齿条的运动关系。其中是同向，是反向。

③“传动比”：对于转动选项输入传动比；对于转动-平动选项输入平动距离。

【例 4-6】完成如图 4-39 所示的齿轮转动运动关系定义。

分析：打开齿轮文件夹中“齿轮装配.iam”文件。大齿轮模数为 4 mm，齿数为 50，齿宽 35mm，小齿轮参数为模数为 4mm，齿数为 25，齿宽 20mm。其传动比为 2，中心距为 150mm。

需要创建有两条平行的工作轴的参考件，其工作轴间距等于中心距 150 mm，采用轴线配合和端面约束，使大齿轮和小齿轮与参考件配合，只保留两个齿轮绕工作轴转动的自由度，添加运动约束即可。若要驱动转动，需要添加角度约束实现转动控制。

操作步骤：

（1）新建部件文件。单击部件工具面板中“放置”图标，查找齿轮文件夹，按住【Ctrl】键选择参考件、齿轮 1 和齿轮 2，单击“打开”，在绘图区内单击，同时把这三个零件装入部件环境，单击鼠标，在弹出快捷菜单中选择“确定”，完成放置操作。

在浏览器或者绘图区内选择参考件，右击，在弹出快捷菜单中选择“固定”。

利用“部件”选项卡中“自由移动”和“自由旋转”功能，调整大、小齿轮位置，结果如图 4-40 所示。

图 4-39 齿轮运动关系

图 4-40 装入齿轮

（2）添加小齿轮配合约束。添加小齿轮与参考件轴线配合约束。单击部件工具面板中“约束”图标，选择部件选项中的配合，选择参考件的工作轴 1 和小齿轮轴线，轴线重合，操作方法如图 4-41(a)所示，单击“应用”按钮，完成轴线配合操作，如图 4-41(b)所示。

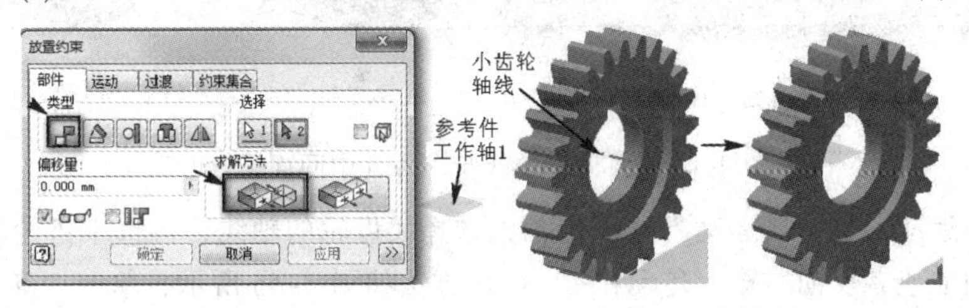

（a）选择轴线　　（b）配合结果

图 4-41 小齿轮轴线配合

添加小齿轮的齿宽中间面与参考件的 *YZ* 面配合约束。约束类型为配合，选择小齿轮中间面和参考件坐标面 *YZ*，求解方法为“配合”，操作方法如图 4-42 所示，单击“应用”按钮，完成其配合操作。

小齿轮只保留旋转自由度。

（3）添加大齿轮的配合。添加轴线配合约束，操作方法与小齿轮方法相同。选择参考件工作轴 2 与大齿轮轴线，单击“应用”按钮，完成轴线配合操作，如图 4-43 所示。

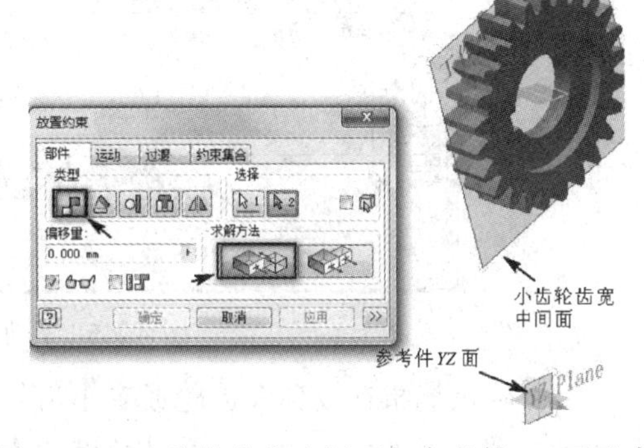

图 4-42 小齿轮齿宽中间面与参考件 *YZ* 面配合

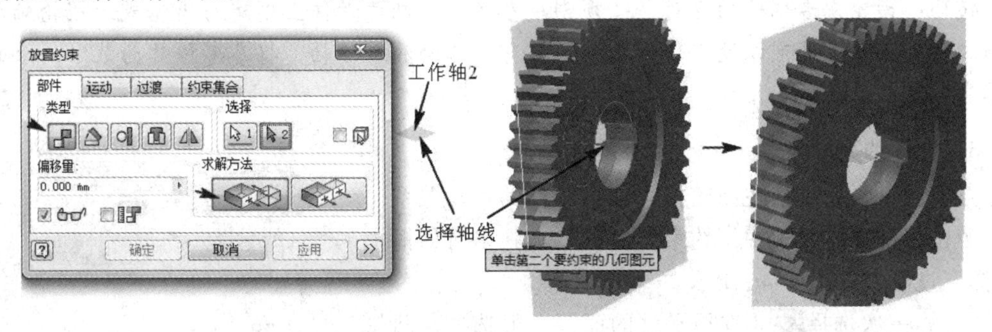

（a）选择参考件轴线与大齿轮轴线　　（b）配合结果

图 4-43 大齿轮轴线与参考件轴线配合

添加大齿轮中间工作面与小齿轮的齿宽中间面的配合约束。选择约束类型为配合，选择大齿轮中间工作面，选择小齿轮的齿宽中间面，单击“应用”按钮，完成配合操作，操作方法如图 4-44 所示。选择大齿轮中间工作面，右击，在快捷菜单中选择“可见性”，使工作面不可见，使图形显示更清晰。

（a）选择参考件轴线与大齿轮中间面　　（b）配合结果

图 4-44　大齿轮轴线与参考件中间面配合

（4）添加运动。单击“运动”选项卡，先选择大齿轮的轴线，再选小齿轮轴线，在求解方法中选择同向或者反向，输入传动比 2，操作方法如图 4-45 所示，单击“确定”按钮，完成运动创建。

图 4-45　添加大小齿轮运动约束

（5）将鼠标指针放到大齿轮或者小齿轮上，按住左键并拖动即可实现齿轮运动。若要驱动转动，需要添加角度约束，驱动角度约束可实现齿轮运动。

技巧：齿轮或者蜗轮的运动，必须创建参考件，在参考件上创建与齿轮或者蜗轮轴线配合的工作轴。参考件可以没有任何特征，只有工作面和工作轴，将参考件作为装配约束的位置参考。

6. 过渡约束

过渡约束可用于描述凸轮机构或槽中杆的运动关系。

单击部件工具面板中“约束”图标，在弹出对话框中“选择”过渡，如图 4-46 所示。

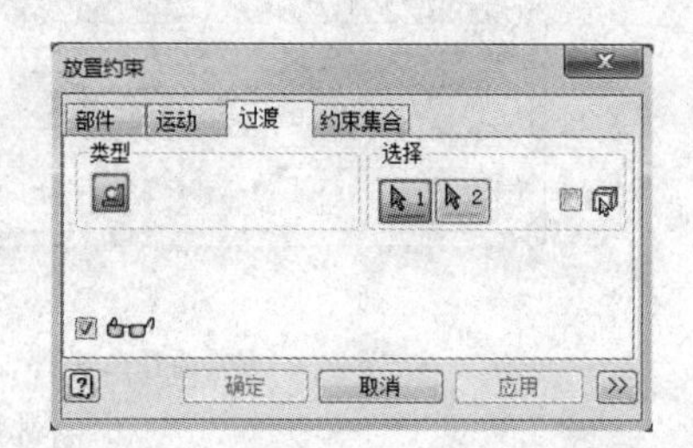

图 4-46　“放置约束”对话框

① 第一次选择：选择平移的面，一般选择与凸轮接触件的面或杆面。

② 等二次选择：选择过渡面，选择凸轮或与杆接

触的面。

【例 4-7】完成如图 4-47 所示的槽中杆的平移运动。

（1）新建部件文件。单击部件工具面板中“放置”图标，查找槽中杆平移运动文件夹，按住【Ctrl】键，选择槽和杆。在绘图区内单击，放置槽和杆，右击选择确定，装入槽和杆。选择槽，右击，选择“固定”，使槽固定。更改杆颜色，选择杆，在快捷菜单中选择“外观”，选择黄色，如图 4-48 所示。

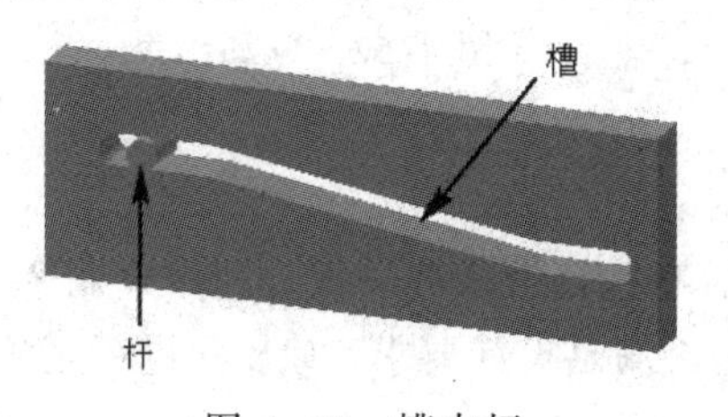

图 4-47　槽中杆

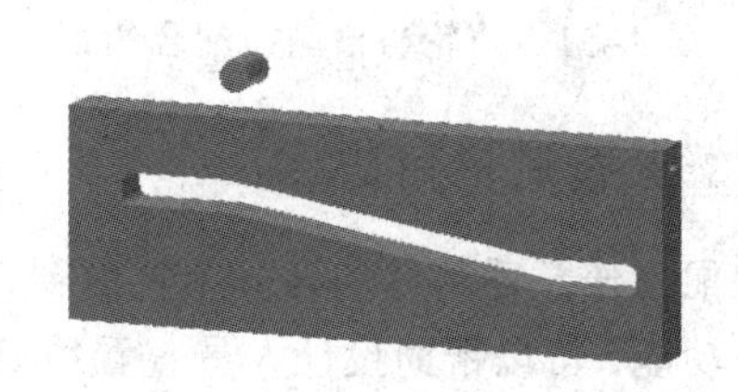

图 4-48　装入槽中凸轮

（2）添加过渡约束。选择部件工具面板中“约束”图标，选择“过渡”，第一次选择杆圆柱面，第二次选择槽内表面，则圆柱面与槽内表面接触，如图 4-49 所示。

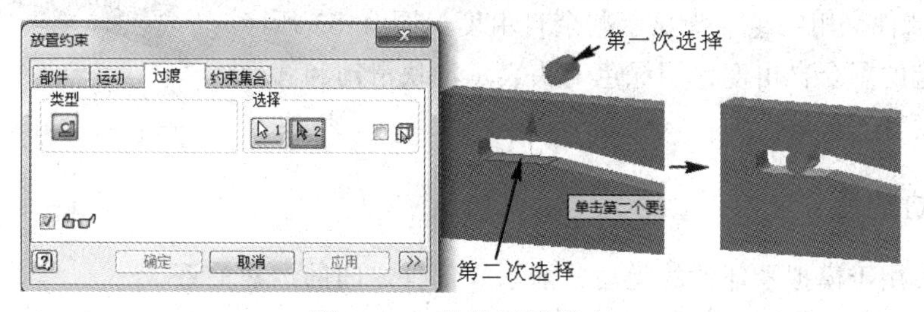

图 4-49　凸轮过渡约束

（3）添加杆圆柱顶面与槽件表面对齐约束。选择部件工具面板中“约束”图标，选择部件中“配合约束”，在求解方法中选择中“表面平齐”，选择杆圆柱顶面和槽表面，如图 4-50 所示，单击“确定”，完成操作，关闭对话框。

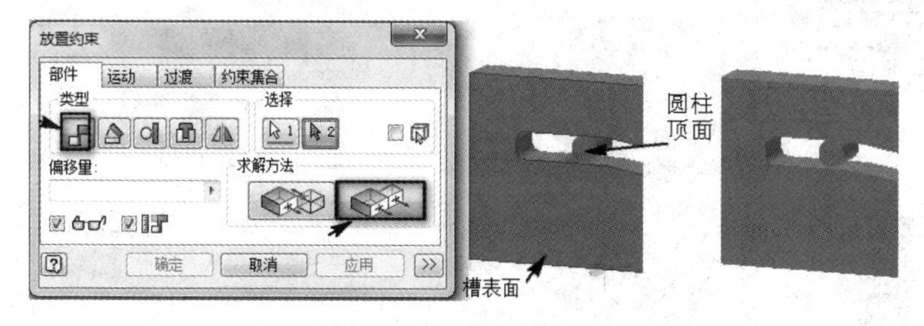

图 4-50　凸轮配合约束

（4）鼠标指针放到杆上，按住鼠标左键拖动即可使杆沿槽移动。若要驱动杆平移，则应添加杆轴线与槽件侧面配合约束。选择部件工具面板中“约束”图标，选择部件中配合约束，在求解方法中选择“中配合”，选择杆轴线和槽件侧面，输入间距-8mm，如图 4-51 所示。

（5）在浏览器中，单击杆前“+”，选择轴线配合约束，右击，在快捷菜单在选择“驱动”，输入结束位置-55mm，如图 4-52 所示，单击▶或者◀即可实现杆沿槽平移运动。

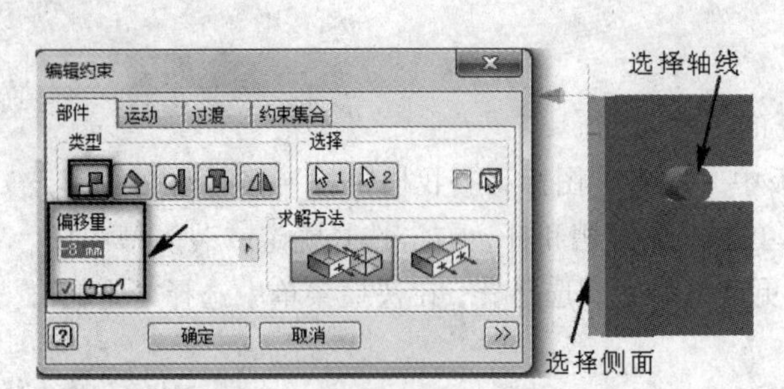

图 4-51　凸轮与槽侧面配合约束

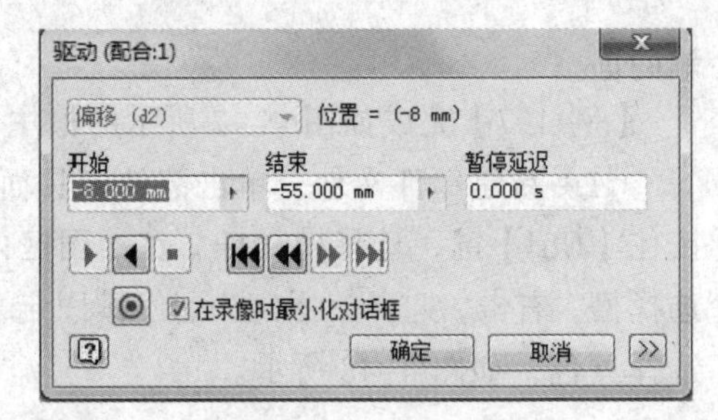

图 4-52　驱动约束

4.3.4　查看剩余自由度

装配前任意零部件均有 6 个自由度，进行装配后有些自由度被限制，利用“剩余自由度显示”功能，可以帮助设计人员查看约束后自由度是否满足设计要求，对装配进行正确判断。

在部件环境，打开装配件，选择菜单栏“视图”，单击工具面板中“自由度”图标 自由度，即可查看部件的剩余自由度。

在绘图区中，红、绿、蓝箭头的坐标轴分别代表 *X*、*Y* 和 *Z* 轴，零部件会用绿色箭头显示剩余自由度。图 4-53 所示为滑块圆盘的剩余自由度，用绿色箭头表示滑块滑动和圆盘旋转自由度。

图 4-53　剩余自由度显示

4.3.5　驱动约束

驱动约束用于模拟零部件的运动，演示零部件之间的运动关系。

每一个装配约束创建后，均可以进行驱动。以滑块圆盘为例说明驱动约束。在浏览器中，找到圆盘旋转约束，单击右键选择“驱动”，如图 4-54 所示，弹出图 4-55 所示的“驱动”对话框，输入开始角度 0、终止角度 360°，单击▶或者◀进行正向或者反向驱动。

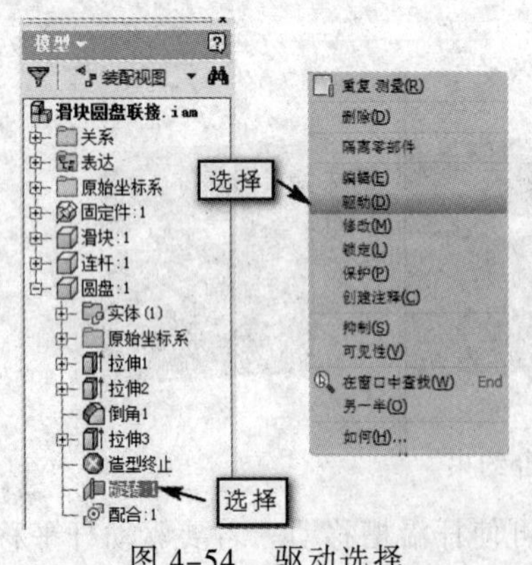

图 4-54　驱动选择

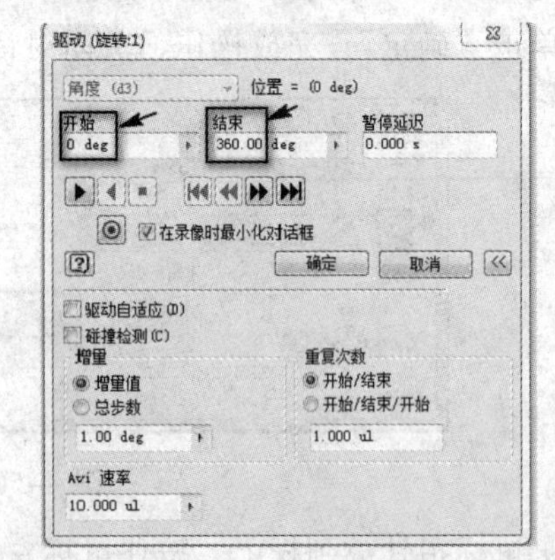

图 4-55　驱动对话框

对话框中“Avi 速率”选项是影响录制视频文件的参数。

4.3.6　接触集合的定义

接触集合主要用于创建间歇运动。

下面以图 4-56 所示的槽轮运动为例，说明槽轮与拨杆之间的间歇运动，拨杆每旋转一周，槽轮转动 60°。

图 4-56　槽轮间歇运动

操作步骤：

（1）新建部件文件。

（2）在菜单栏工具中选择文档设置，在弹出的“文档设置”对话框选择“造型”选项卡，在交互接触选项中选择“仅接触集合”，如图 4-57 所示。

（3）单击部件工具面板中“放置”图标，查找接触集合文件夹，按住【Ctrl】键选择定位零件、槽轮和拨杆，在绘图区内单击，放置零件。再右击，在弹出的快捷菜单中选择确定，完成装入零件。选择定位零件，右击，选择“固定”，如图 4-58 所示。

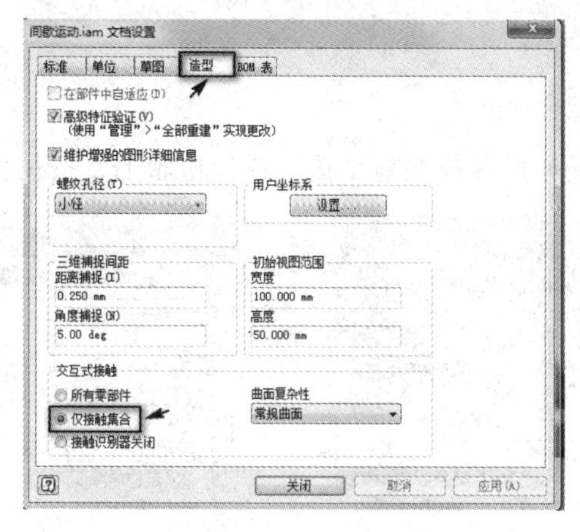

图 4-57　文档设置对话框

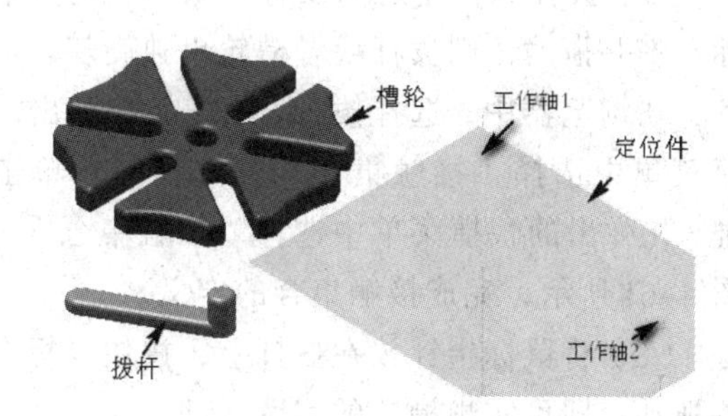

图 4-58　装入零件

（4）添加槽轮的轴线和上表面与定位零件的工作轴 1 和工作面 *XY* 的配合约束，使槽轮只保留绕定位件工作轴 1 的旋转运动，操作方法如图 4-59 所示。

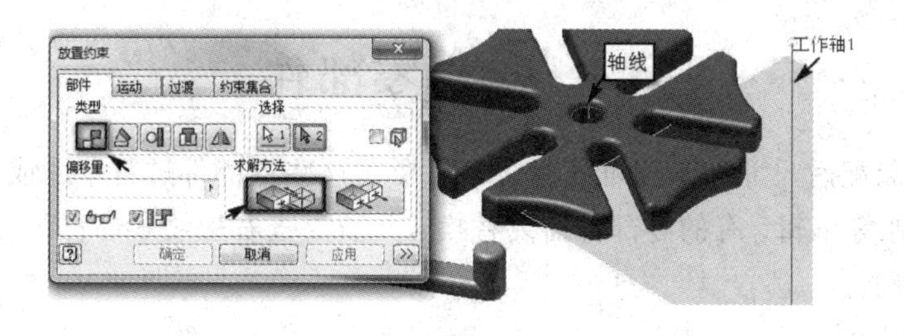

（a）轴线配合

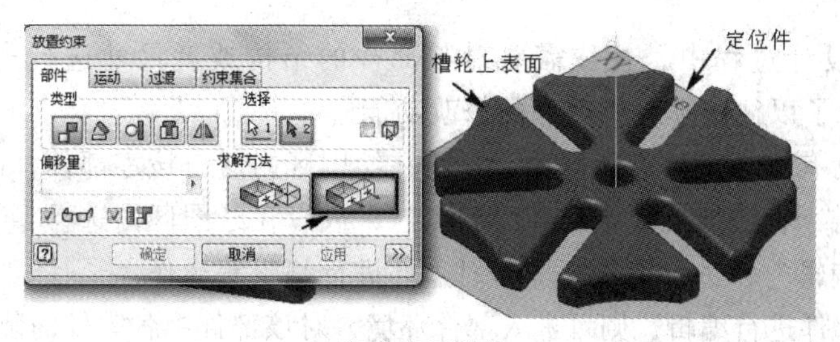

（b）表面平齐

图 4-59　槽轮配合约束

（5）在浏览器中或者绘图区内选择定位件，右击，在快捷菜单中选择“可见性”使工作面不可见，以便于操作。

（6）添加拨杆轴线与定位零件配合约束，如图 4-60(a)所示。添加拨杆与槽轮表面平齐约束，如图 4-60 (b)所示。

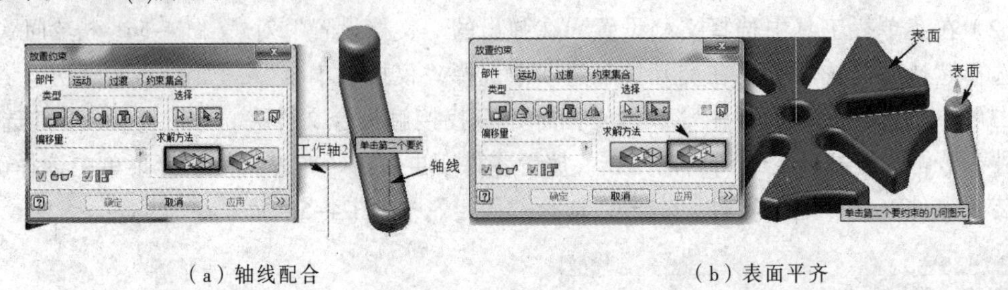

（a）轴线配合　　（b）表面平齐

图 4-60　拨杆配合约束

（7）拨杆和槽轮之间没有关联的驱动关系，鼠标指针放在拖动拨杆或者槽轮上，按住鼠标左键并拖动，则拨杆或者槽轮单独旋转。

在浏览器中，选择拨杆，右击，在弹出的快捷菜单中选择“接触集合”；选择槽轮单击右键，在弹出的快捷菜单中选择“接触集合”，如图 4-61 所示，完成接触集合的定义。

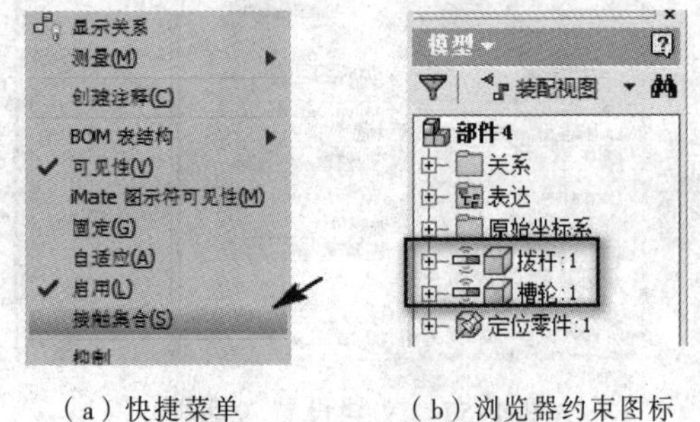

（a）快捷菜单　　（b）浏览器约束图标

图 4-61　快捷菜单及浏览器

（8）将鼠标指针放在拨杆上，按住鼠标左键并拖动，即可实现槽轮的间歇运动。

（9）添加拨杆与定位件的定向或者非定向角度约束。驱动角度，即可实现在拨杆的驱动下，槽轮的间歇运动。

4.4　编辑零部件

有些零部件装配后尺寸和结构可能有误，需要对这些零部件进行草图或者特征修改，有的需要阵列、镜像等编辑，有的零部件需要替换；并需要查看螺纹零部件装配后是否有干涉，保证装配关系准确。

4.4.1　修改零部件

在零部件的设计过程中，往往需要对零部件的结构或者尺寸进行多次修改等操作。Inventor 2015 继承了以往版本对零部件的修改功能。

如果需要对已有的零部件进行修改，只需在绘图区内双击该零部件，或者在浏览器中选择该零部件，右击，在快捷菜单中选择“编辑”，或者在绘图区内选择零部件，右击，在快捷菜单中选择“编辑”，进入零件环境，对零件进行编辑等操作。

如果需要对部件进行编辑，则可进入部件环境，对该部件中各零件的装配约束进行修改。如果在部件中选择是零件，则进入零件环境，对零件结构及尺寸进行修改，如图 4-62 所示。

右击，选择“完成编辑”或者单击菜单栏中“返回”图标，回到装配环境，修改完成。

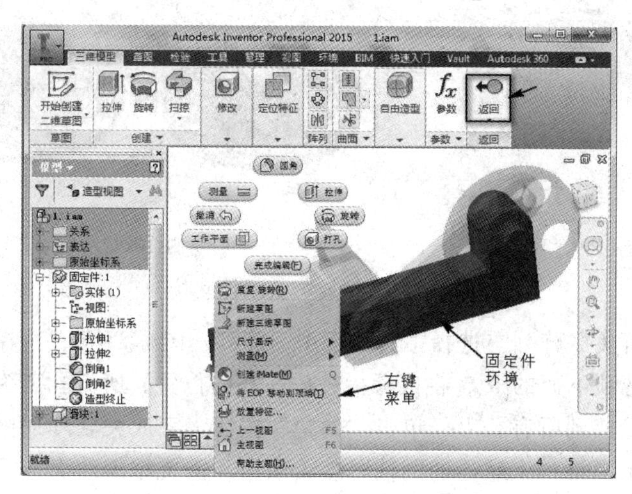

图 4-62　修改零件

4.4.2　阵列零部件

部件装配设计过程中，有些零部件多且有一定的分布规律，可以采用“阵列”进行编辑，减少零部件的重复性装配工作，提高设计效率。

装配环境下，阵列有关联阵列、矩形阵列和环形阵列三种方式。

1. 关联阵列

关联阵列是以已有零部件中阵列特征为参照进行阵列。

单击部件工具面板“阵列”图标，弹出如图 4-63 所示对话框。

① 零部件：选择需要阵列的零部件，可以选择一个或者多个。

② 特征阵列选择：选择已有阵列特征的参照。

【例 4-8】完成如图 4-64 所示的装配。

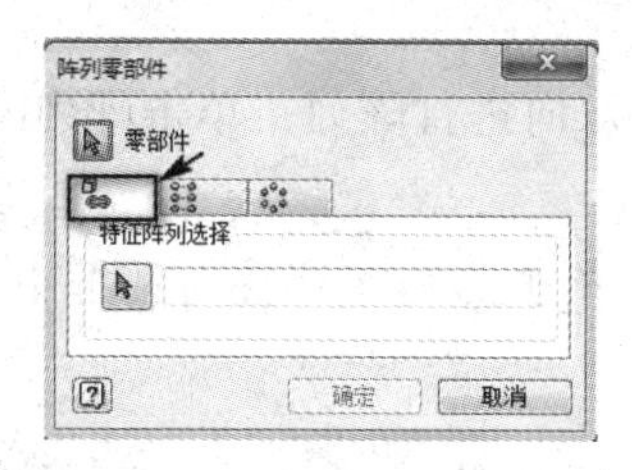

图 4-63　“阵列零部件”对话框

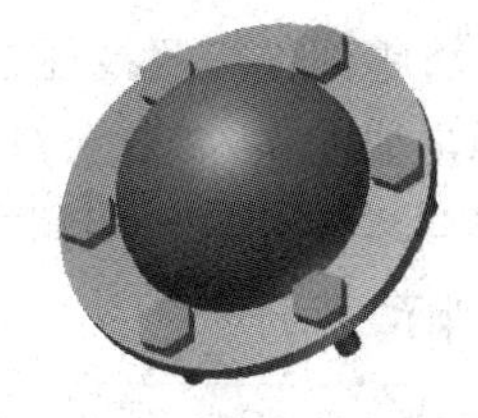

图 4-64　关联阵列

操作步骤：

（1）新建部件文件。

（2）单击部件工具面板中“放置”图标，查找盖和螺栓文件，按住【Ctrl】键选择盖和螺栓零件，在绘图区单击左键，放置零件，再右击选择“确定”，完成零件装入。在绘图区内选择盖，右击，选择固定。

（3）添加螺栓与盖刚性联接。单击部件工具面板中“联接”图标，选择螺栓中心点为第一个原点，选择孔中心点为第二个原点，间隙为 0，操作步骤及操作结果，如图 4-65 所示。

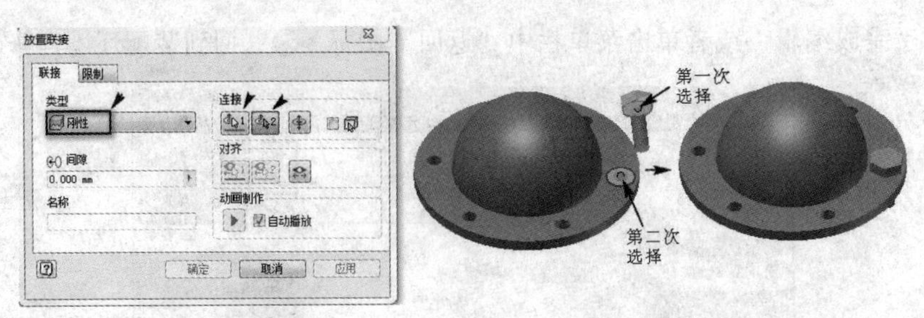

（a）刚性联接选择　　（b）刚性联接结果

图 4-65　螺栓与盖刚性联接

（4）对螺栓进行关联阵列。选择工具面板中“阵列”图标，选择关联阵列，选择螺栓，单击特征阵列选项下面的，将鼠标指针放在孔的位置，所有孔变为红色，说明已经感应到孔，单击将螺栓放到所有孔上，单击“确定”按钮，完成关联阵列操作，如图 4-66 所示。阵列的螺栓继承了第一个螺栓的刚性联接关系，不需要添加约束。

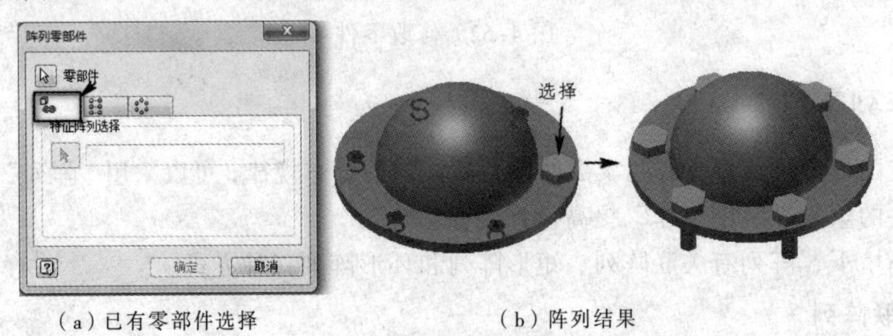

（a）已有零部件选择　　（b）阵列结果

图 4-66　螺栓与盖关联阵列

注意： 关联阵列参照必须是用环形或者矩形阵列创建的已有的特征，否则关联阵列不可用。

2．矩形阵列和环形阵列

零部件的矩形阵列和和环形阵列的操作方法与零件环境下创建特征的矩形阵列和环形阵列的操作方法相同。

矩形阵列是将零部件按照线性方式，单向或者双向进行阵列，单击阵列零部件对话框中“矩形阵列”，弹出如图 4-67 所示对话框。

环形阵列是将零部件按照圆周方式进行阵列，单击阵列零部件对话框中“环形阵列”，弹出如图 4-68 所示对话框。

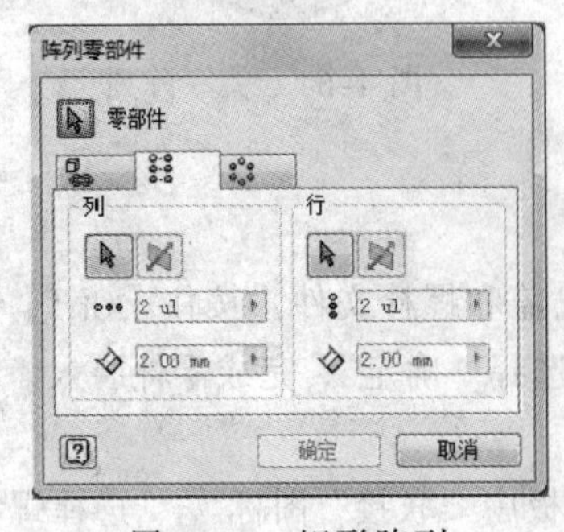

图 4-67　矩形阵列

图 4-68　环形阵列

阵列后的零部件与源零部件具有关联性，若源零件被编辑修改，则阵列零件随之修改。

若需要对阵列后的零部件中断与源零部件的关联性，则在浏览器中选择代表该零部件的“元素”，右击，在弹出快捷菜单中选择“独立”，如图 4-69 所示，则该零件与源零件失去关联性变为独立。独立后的零部件副本出现在浏览器装配底层，原来阵列位置的零部件不显示，浏览器状态如图 4-70 所示。

若想恢复其关联性，则选择浏览器中独立的元素，右击，在快捷菜单中选择“独立”，取消独立前“√”，阵列零部件显示在阵列的图标里，与源零件又建立了关联性。

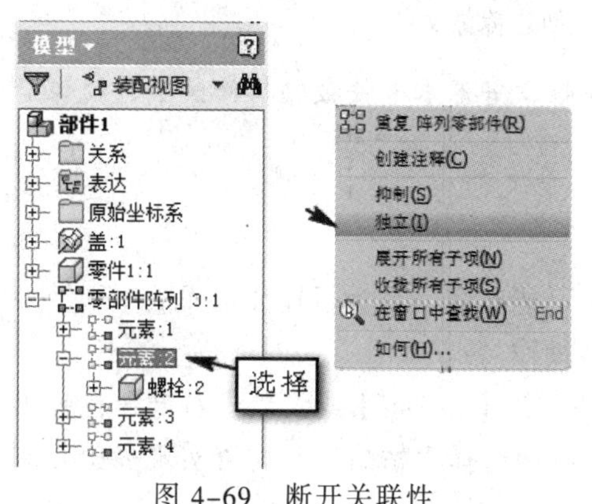

图 4-69　断开关联性

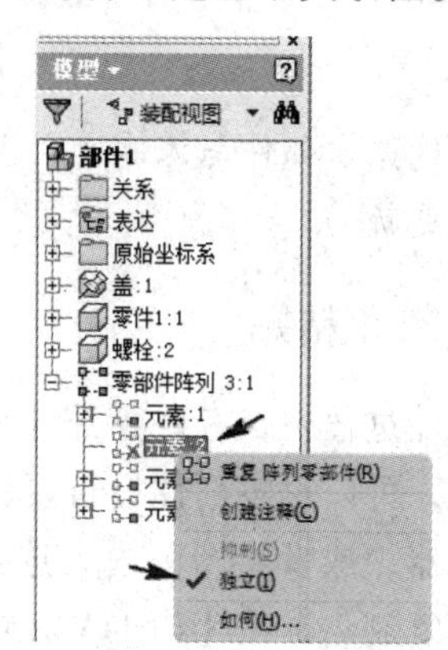

图 4-70　恢复关联性

注意：阵列零部件与源零部件具有关联性，并继承了源零部件的约束关系，如果对零部件中任意一个进行修改，则其所有的零部件均进行修改。

4.4.3　镜像

装配中，对于装配完成的零部件，在其对称位置上装配相同的零部件，则可通过镜像进行装配，以提高设计效率。

单击部件工具面板中“镜像”图标 镜像，弹出如图 4-71 所示的对话框。

在浏览器中或者绘图区内选择零部件，在图 4-71 所示窗口中显示已选择的零部件，如图 4-72 所示。单击图 4-72 对话框中图标，可在（镜像选定的对象）、（重选）、（排除选择）之间进行切换，实现选择镜像对象、重选或者取消选择。

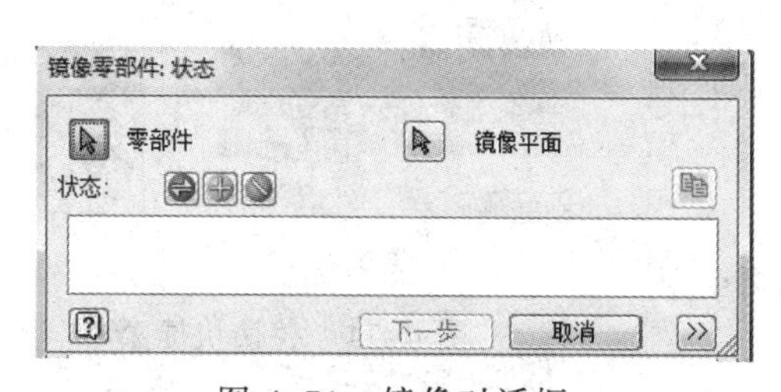

图 4-71　镜像对话框

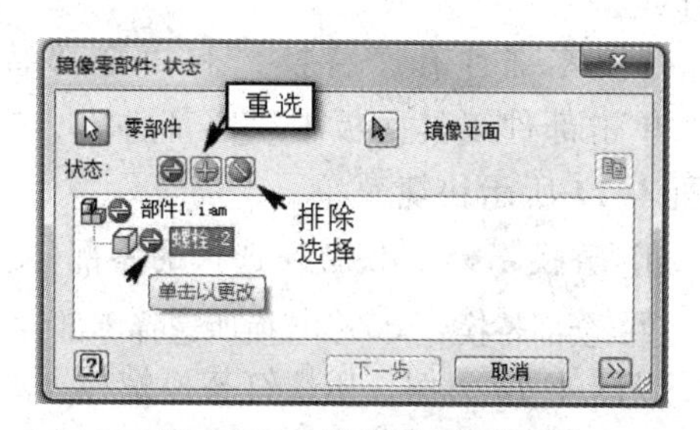

图 4-72　选择状态更改

在图 4-72 中，单击镜像平面选项，在绘图区选择镜像平面，单击“下一步”，弹出如图 4-73 所示对话框，单击“确定”按钮，即可完成镜像操作，镜像后的零部件被保存。

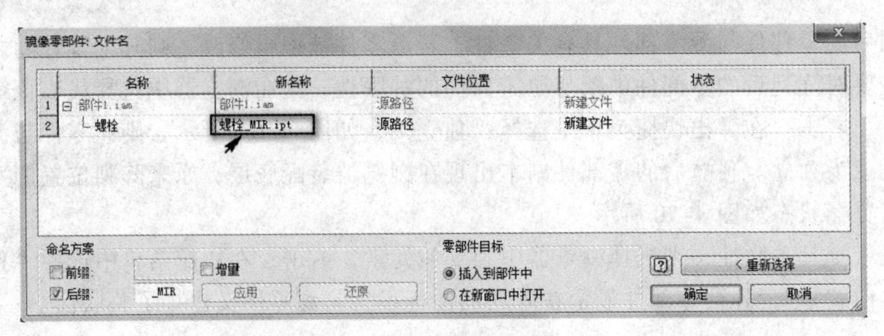

图 4-73　创建镜像文件

注意：镜像零部件与源零部件具有关联性，若源零部件被编辑修改了，镜像后的零部件也随之自动更新。

4.4.4　复制和粘贴

装配设计过程中，有些零部件在部件中可能有多个，为了提高工作效率，减少放置零部件的工作量，可以对零部件进行复制和粘贴操作。

在浏览器中或者绘图区内，选择零部件，按【Ctrl+C】或者单击右键，在弹出的快捷菜单中选择“复制”，按【Ctrl+V】或者单击右键选择“粘贴”，均可实现多份复制，操作方法与 word 中的复制粘贴操作方法相同。

4.4.5　零部件的拉伸、旋转、扫掠、打孔和倒角

在部件环境下，对零部件可进行拉伸、旋转、扫掠、打孔和倒角等特征的创建，这些特征适用于配作加工，如零部件中有孔装配等操作。创建这些特征的操作方法与在零件环境下的操作方法相同，在此不再赘述。

注意：这种操作只有差运算。

4.4.6　替换零部件

在部件装配过程中，由于设计的更改，要用其他零部件代替已经装配到部件环境下的零部件。

替换零部件有“替换”和“全部替换”两种方法。单击部件工具面板中“零部件”，单击替换，弹出图 4-74 所示快捷菜单。

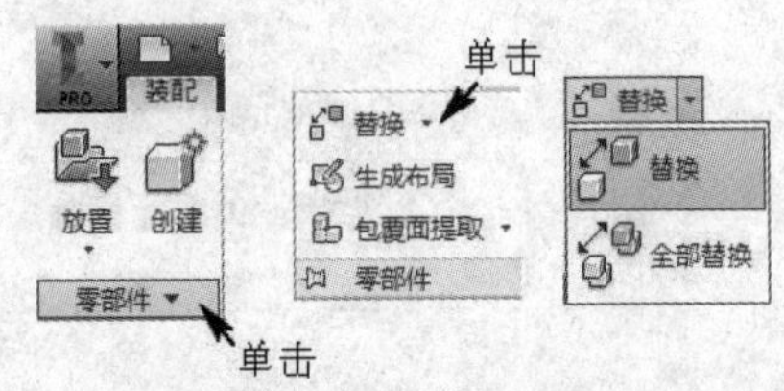

图 4-74　替换快捷菜单

① 替换：仅替换选择的零部件。

② 全部替换：替换所选择零部件及其所有引用。

以图 4-74 为例，用螺钉替换螺栓。

（1）替换操作。单击部件工具面板中“零部件”，单击“替换”，在绘图区选择螺栓，打开查找替换零件的文件夹，找到需要替换的螺钉，单击“打开”，将阵列的所有螺栓替换为螺钉。但是此时，刚性联接失效了，如图 4-75 所示。浏览器中螺钉的刚性显示，如图 4-76 所示。螺钉与盖的刚性联接没有继承，需要进行编辑。

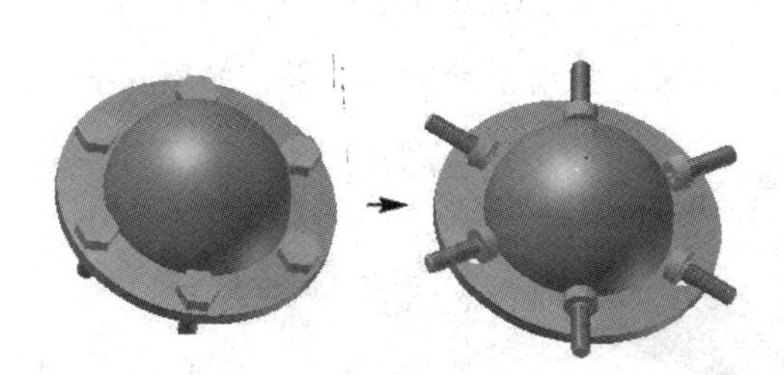

图 4-75 替换操作

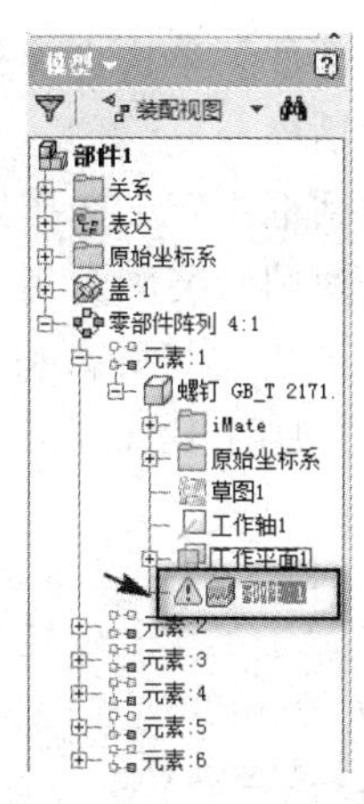

图 4-76 浏览器刚性联接

（2）编辑螺钉的刚性联接。选择浏览器中“元素：1”中的螺钉，选择刚性联接，右击，在快捷菜单中选择“编辑”，弹出联接对话框。选择螺钉中心点为第一个原点，选择盖的孔中心点为第二个原点，单击连接中“翻转零部件”图标，操作步骤如图 4-77(a)、图 4-77(b)、图 4-77(c)所示。单击“确定”按钮，完成刚性联接编辑的操作，如图 4-78 所示。

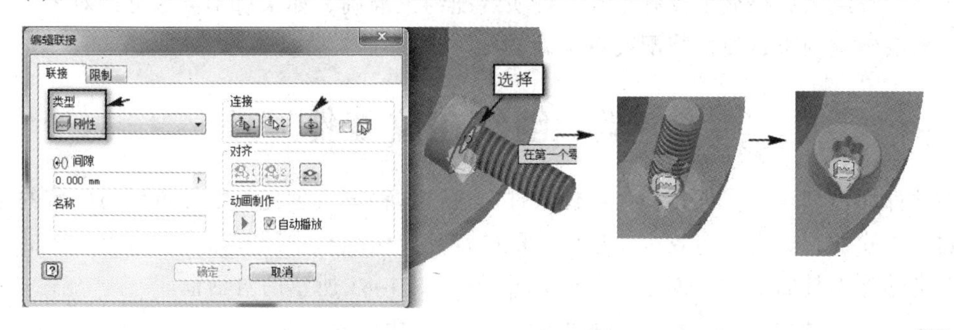

（a）选择螺钉中心点 （b）联接 （c）单击联接图标

图 4-77 刚性联接编辑操作

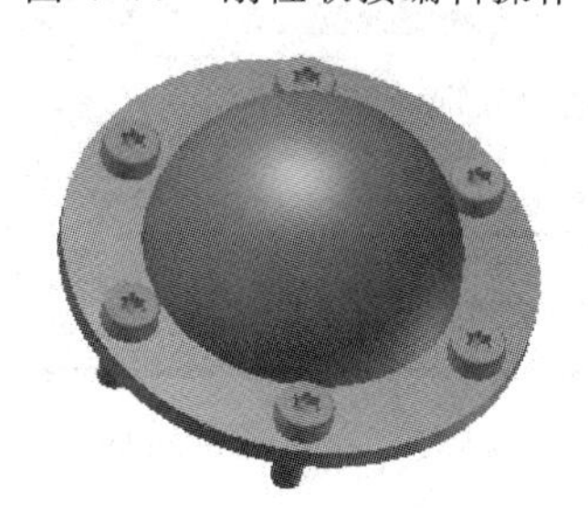

图 4-78 刚性联接编辑结果

4.4.7 检查干涉

干涉检查是用于检查零部件之间的装配是否存在干涉。对于螺纹联接和齿轮联接，干涉是存在的，对于其他的装配关系如果存在干涉，说明装配关系不准确，需要对装配约束进行编辑修改。

单击部件菜单栏“校验”中干涉检查图标，弹出如图 4-79 所示的对话框。

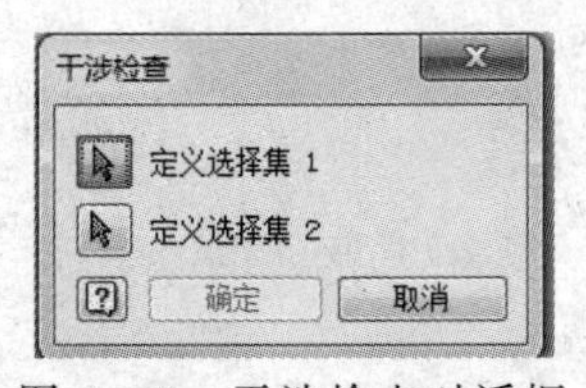

图 4-79　干涉检查对话框

在对话框中定义选择集 1 和 2，选择要检查干涉的零部件。

以滑块圆盘装配为例，单击部件菜单栏“校验”中“干涉检查”图标，选择圆盘和连杆为选择集 1，选择滑块和固定件为选择集 2，如图 4-80(a)所示，单击“确定”按钮，弹出干涉检查结果，如图 4-80(b)所示。

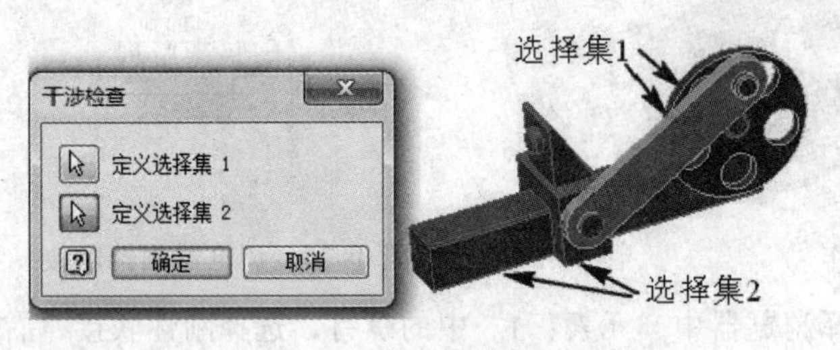

（a）选择零部件

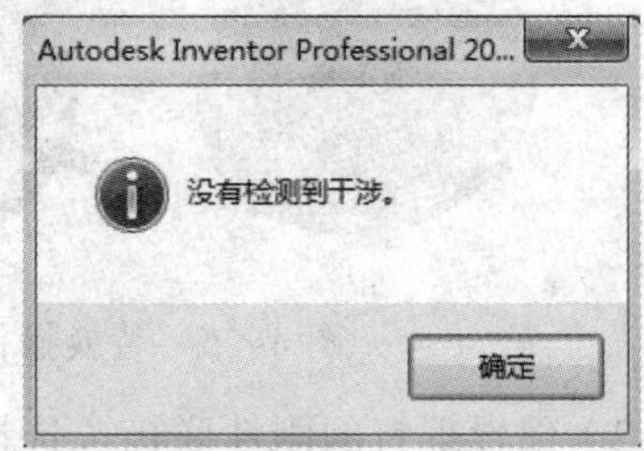

（b）干涉检查结果

图 4-80　选择零部件及检查结果

干涉检查结果如果显示没有干涉，说明装配约束准确，如果有干涉，可以对干涉的零部件进行修改装配约束，使得装配关系准确。

4.5　创建在位零件

在部件环境创建的零件，称为在位零件。通过这种方式创建的零件可以与已有的零部件之间建立关联性，提高工作效率。这种装配的设计方法是从中间开始或者自上而下的方法。

单击部件工具面板中“创建”图标，弹出图 4-81 所示的对话框。

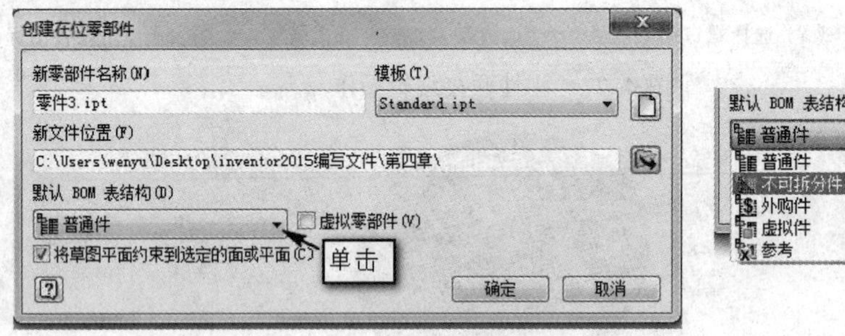

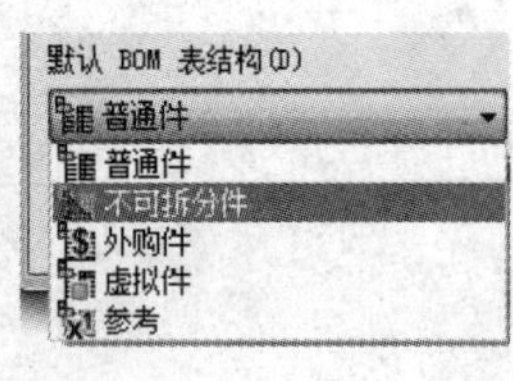

图 4-81　在位零件对话框

对话框默认 BOM 表结构中列出了在位零件的类型，如图 4-81 所示，选择需要创建的在位零件的类型。

创建在位零件的一般步骤：

（1）在部件环境，单击工具面板中“创建”图标，弹出如图 4-81 所示的对话框。

（2）在对话框中，设置零件名称、模板类型、保存路径及在位零件类型等，单击“确定”按钮，在绘图区内选择系统默认工作面或者将已有零部件的表面作为草图平面，进入零件环境。

（3）选择草图平面创建草图轮廓，再利用拉伸、旋转等命令创建零件特征。

（4）零件特征创建完成后，单击“返回”图标，或者在绘图区单击右键，选择“完成编辑”，零件创建完成，返回到部件环境。

注意： 对于有关联关系的零部件，采用在位零件的方法创建。该零件始终与另一零部件保持关联性，修改编辑源零件则其随之更新，这样可减少编辑工作量，提高设计效率。

4.6　表达零部件

零部件通过改变外观颜色和剖切等表达方式，使零部件的装配显示更清晰，从而使内部结构呈现出来，便于查看内部结构的准确性。

4.6.1　零部件外观颜色

装配设计过程中，通过改变零部件的外观颜色，可达到区分各零部件，同时增强其美观性的目的。

改变零部件的外观颜色的方法：在绘图区内选择要改变颜色的零部件，单击部件菜单栏中“外观”图标旁的箭头，弹出下拉菜单，在下拉菜单中选择需要的颜色，如图 4-82 所示，部件环境中的零部件外观颜色也随之更新。

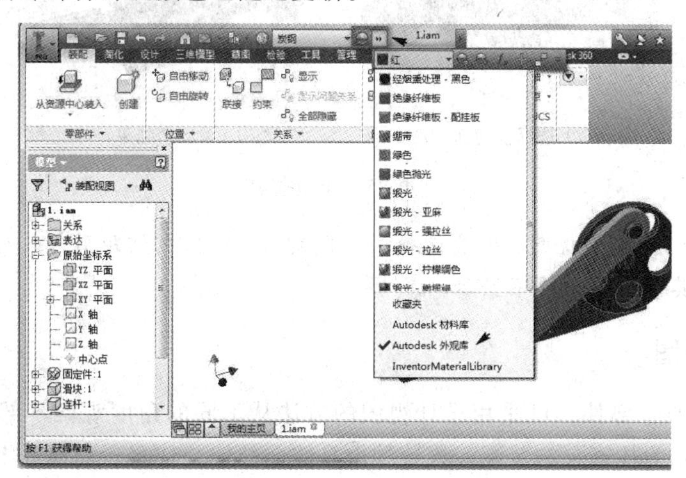

图 4-82　工具栏颜色下拉菜单

4.6.2　零部件剖切

零部件剖切是辅助设计人员查看内部结构或者被其他零部件挡住视线的部分，是了解零部件内部结构的比较好的方法，如图 4-83 所示为柱塞泵半剖的结果。

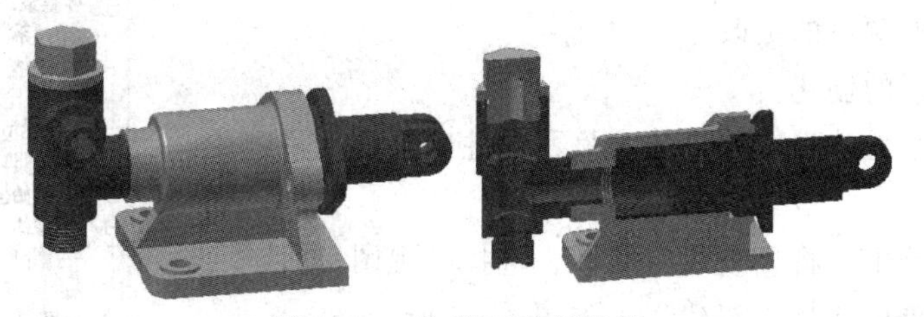

图 4-83　柱塞泵半剖结果

单击部件菜单栏视图中“1/4 剖视图”图标 1/4 剖视图 旁黑色箭头，弹出下拉菜单，如图 4-84 所示。剖切的方法如下。

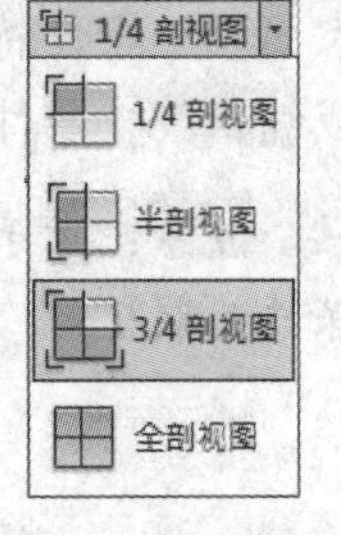

图 4-84　剖切方法

① 1/4 剖视图：显示零部件的 1/4，切除 3/4 显示装配内部结构。

② 半剖视图：显示零部件的 1/2，切除 1/2 显示装配内部结构。

③ 3/4 剖视图：显示零部件的 3/4，切除 1/4 显示装配内部结构。

④ 全剖视图：全部显示，不剖切，显示外部结构状态。

以柱塞泵为例说明零部件半剖的操作步骤：

（1）打开柱塞泵部件的文件，单击菜单栏“视图”中“半剖视图”图标。

（2）选择剖切平面。该平面可以是系统默认工作面、零部件中的工作面或者零部件的表面。

选择泵体的 *YZ* 面，鼠标指针放到箭头上按住左键拖动确定剖切距离，如图 4-85(a)所示，或者在绘图区内文本框中，输入剖切距离，预览剖切的效果。

（3）右击，选择“确定”或者单击“√”，完成剖切，如图 4-85(b)所示。

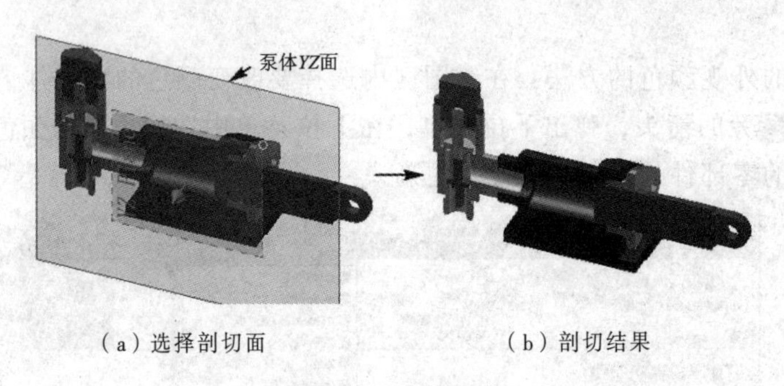

（a）选择剖切面　　（b）剖切结果

图 4-85　半剖操作

注意：1/4 和 3/4 剖切视图，需要选择两个剖切面，给出剖切距离，这两个剖切面箭头所围的区域显示，其余部分切掉不显示。

4.6.3　设计视图

对于装配后的零部件，可采用设计视图的方法从不同的角度观察零部件全部特征的信息。图 4-83 所示为柱塞泵的装配，该装配由泵体、阀体、柱塞、套筒等组成，可从不同方向和视角观察柱塞泵，能够清晰表达结构。

设计视图可以创建和保存不同的视图，并在不同视图之间进行切换，显示不同视角的装配结构。设计视图功能包括：

（1）零部件可见性的显示。

（2）零部件的草图和定位特征的可见性显示。

（3）零部件的颜色的更改。

（4）观察视图的创建。

下面以柱塞泵设计视图的创建为例，对柱塞泵给出清晰的表达。

（1）在浏览器中，将“表达”展开，选择“视图-默认”，右击，在快捷菜单中选择“新建”，如图 4-86 所示。

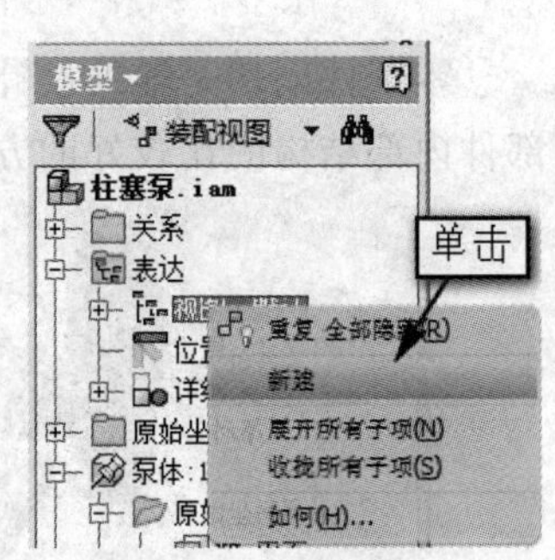

图 4-86　新建视图

（2）调整柱塞泵的位置，比例缩放到合适大小，将“视图-视图 1”展开，选择视图 1，右击，在弹出快捷菜单中选择“锁定”，将此位置的设计视图保存，如图 4-87 所示。在浏览器中，增加“视图-视图 1”新项目。

图 4-87 锁定设计视图

（3）为了查看方便，展开“视图-视图 1”，单击“视图 1”把名称更改为“外观”。

（4）在浏览器中，双击“默认”切换到默认视图状态，再次双击“外观”切换到外观的视图。

（5）再创建视图，观看内部结构。操作步骤与（1）相同，把泵体的外观选择为玻璃，阀体和阀盖更改为清晰透明，调整零部件的位置为正视，调整合适的比例，把视图 2 名称改为“内部结构”，右击选择“锁定”，如图 4-88 所示。

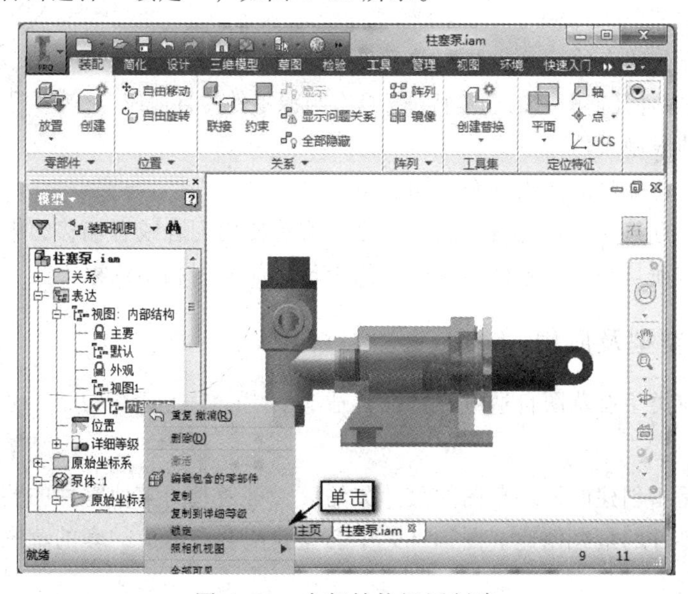

图 4-88 内部结构视图创建

在浏览器中可见已创建的视图内部结构，可通过双击实现不同视图的切换，以便更好地观察装配的各个位置结构。

4.7 自适应设计

4.7.1 自适应概念

自适应是 Inventor 软件独具的功能，可帮助设计人员根据装配关系确定另一零件欠约束的尺寸，使得零件之间相互配合的部分自动配合，确定其尺寸，使其随着配合零件的尺寸变化而变化。在装配中创建的零件的某些尺寸可以不确定，通过装配关系完成尺寸的确定。

（a）自适应前

（b）自适应后

图 4-89 套与孔直径自适应

图 4-89(a)为套与孔轴线配合，套的外径与孔有间隙，不满足设计要求。为使套与孔配合，在不定义套直径的情况下，可采用自适应，利用相切约束使得套的外径与孔内径相同，配合在一起，从而满足设计要求，如图 4-89(b)所示。

4.7.2 自适应准则

自适应为设计人员的设计工作提供了很大方便，但是自适应的功能需要具备以下条件：

（1）零件中的草图几何图元是欠约束，即需要用配合约束确定的尺寸不标注，而是由装配关系确定其欠约束的尺寸。图 4-89 所示套的草图，只需要标注壁厚尺寸，直径不标注，草图是欠约束的，如图 4-90 所示。

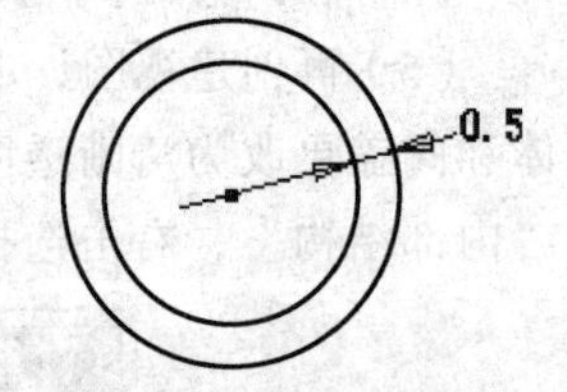

图 4-90 套草图

（2）零件特征欠约束的尺寸由装配关系确定。

（3）参考其他零件几何图元的创建特征，具有与源零件的自适应。

使用自适应的限制条件：

（1）每个旋转特征只能使用一个相切约束。

（2）在两点、点与面、点与线、线与面之间避免使用配合或者偏移约束。

（3）避免在球面与平面、球面与锥面、两个球之间使用相切约束。

4.7.3 自适应类型及应用

零件的自适应类型有草图自适应和特征自适应。

1. 草图自适应

草图自适应是指创建的零件草图的尺寸欠约束，可通过与其他零件的装配关系确定草图中的尺寸，完成零件的最终创建。图 4-89 中套与孔配合自适应，套的草图是欠约束的，是草图自适应的应用。

2. 特征自适应

特征自适应是指在创建特征时，拉伸或者旋转等深度尺寸是默认数值，不输入深度尺寸，由另一零件的装配位置确定特征尺寸，这种自适应是特征自适应。

【例 4-9】通过草图和特征自适应，创建如图 4-91 所示的轴与支架的装配。

（1）新建零件文件，绘制圆，直径不标注，退出草图。

（2）以（1）所绘草图创建圆柱，单击零件工具面板中拉伸图标，用拖动的方式给出任意拉伸距离，如图 4-92 所示。单击“确定”按钮，完成轴创建。

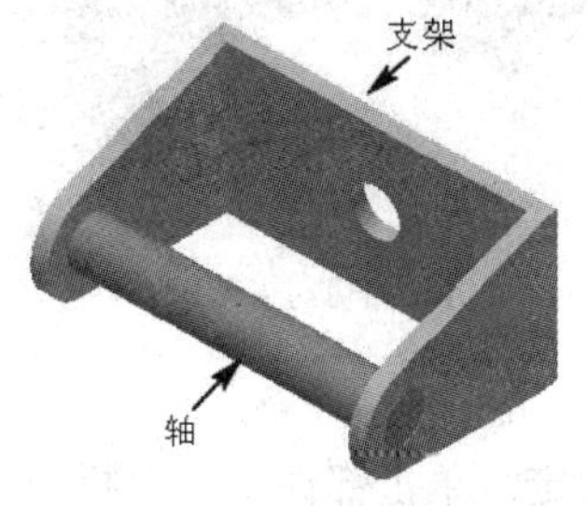

图 4-91　支架与轴自适应装配结果

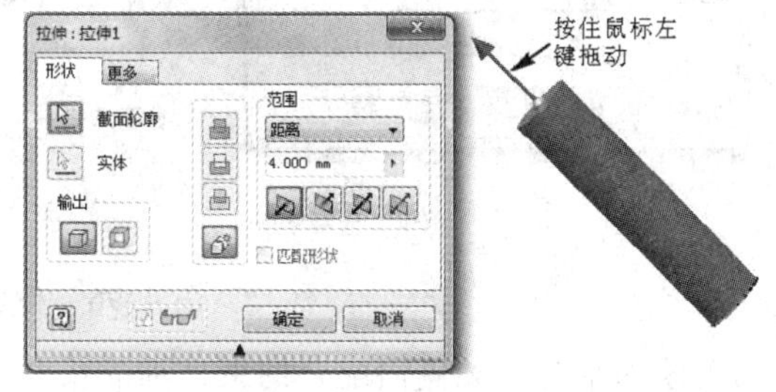

图 4-92　轴创建

（3）在浏览器中，选择“拉伸”图标右击，在弹出的快捷菜单中选择“自适应”，浏览器中“拉伸特征”和“草图”前出现图标，草图和特征均为自适应，如图 4-93 所示。

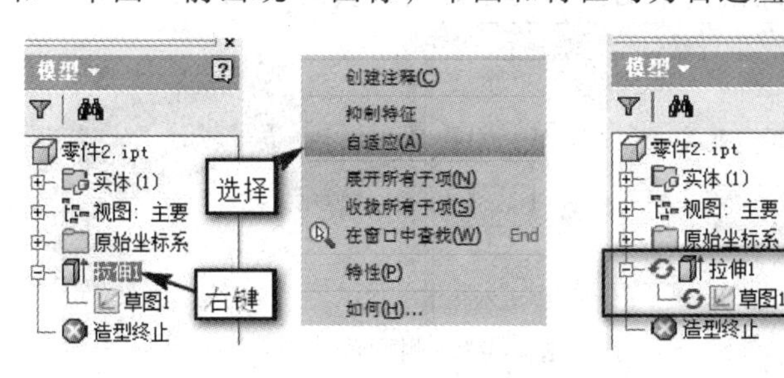

（a）选择自适应　　（b）浏览器中图标

图 4-93　轴自适应设置

（4）创建部件文件。单击部件工具面板中“放置”图标，查找需要装入的支架和轴零件，在绘图区内单击，放置零件，再右击，在弹出快捷菜单中选择“确定”，完成装入操作。利用自由旋转调整零件的位置，选择支架，右击选择“固定”，如图 4-94 所示。同时，在浏览器中，选择轴右击，选择“自适应”。

（5）添加轴与支架的轴线配合约束。选择轴的轴线与支架孔轴线，如图 4-95 所示，单击应用完成轴线配合约束。

图 4-94　装入零件

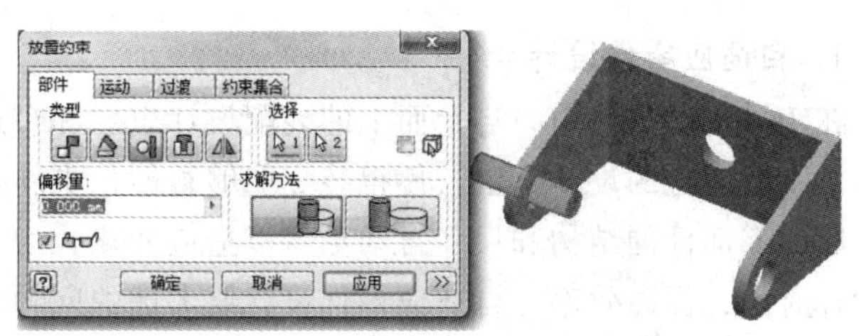

图 4-95　轴线配合约束

（6）添加相切约束，轴的直径尺寸由支架的孔大小确定。单击部件工具面板“约束”图标，在弹出的对话框中，打开“部件”选项卡并选择相切约束，求解方法选择内切。选择轴圆柱外表面和孔内表面，如图 4-96 所示，单击“确定”按钮，完成相切约束操作。轴的直径大小由孔的直径大小确定，实现草图自适应。

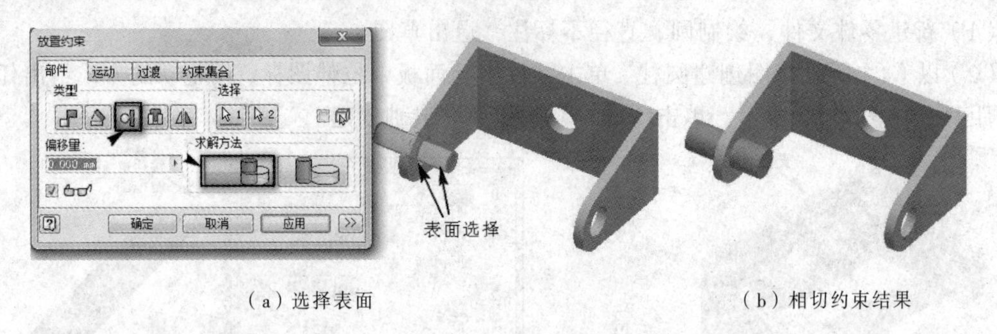

（a）选择表面　　（b）相切约束结果

图 4-96　相切约束

（7）添加轴与支架侧面配合约束，轴的长度由侧面间距确定。单击部件工具面板中“约束”图标，在部件选项中选择配合，求解方法选择表面平齐，偏移量为 0，如图 4-97 所示，单击“应用”，完成一侧配合约束。再次选择另一侧轴端面与支架侧面，配合约束，如图 4-98 所示。轴的长度尺寸已经由支架的侧面间距确定，实现特征自适应。

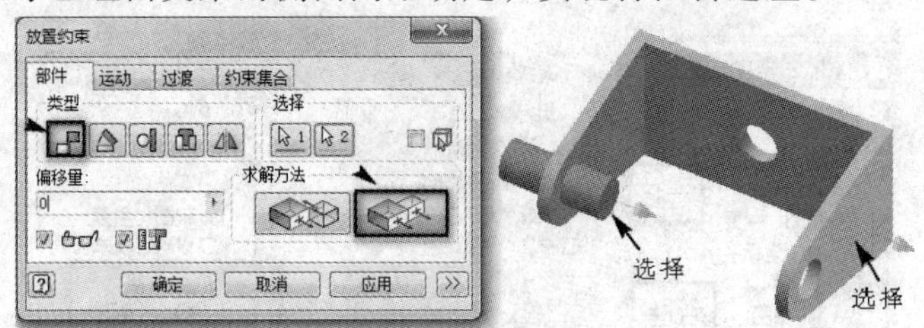

图 4-97　侧面配合

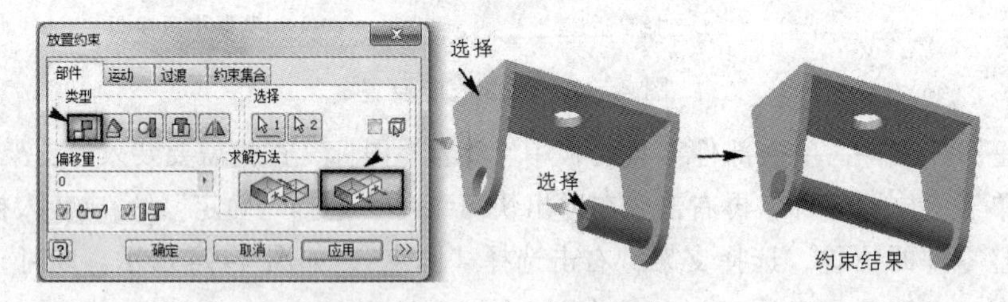

图 4-98　另一侧面配合

4.7.4　基于自适应的零件设计

1. 自适应零件设计

在 Inventor 软件中，自上而下的装配设计思想和自适应的设计方法结合起来，为装配设计提供了智能化的设计方法，使得装配能够智能化更新。当装配设计发生变化，与某一零件相关联的零部件的结构和尺寸自动更新以适应变化，避免了单独修改零部件的工作，从而节省设计时间，提高效率。自适应零件设计要考虑的问题如下：

（1）在部件环境创建的在位零件，其草图轮廓是利用已有零部件的表面轮廓时，该在位零件自动变为自适应。

（2）零部件之间几何图元的关联性是产生自适应的基础。

（3）在位零件的自适应可在应用程序选项中进行设置。选择部件环境中菜单栏工具→应用程序选项→部件→在位特征，选择“自适应特征”，另外勾选“在位造型时启用关联的边或者回路几何图元投影”，则投影的几何图元是关联的，源零件改变，自适应零件也会相应改变。

2．自适应零件设计过程

创建如图 4-91 所示轴的自适应零件。

（1）创建新部件文件。

（2）放置支架。单击部件工具面板中“放置”图标，查找支架零件文件，在绘图区内单击放置零件，右击，在快捷菜单中选择“确定”，完成装入支架。选择支架，右击，选择固定，如图 4-99 所示。

图 4-99　支架

（3）创建在位轴。在部件工具面板中单击“创建”图标，输入零件名称为轴，零件模板类型为“Standard.ipt”，选择存储路径，选择普通件，单击“确定”按钮。在绘图区内，选择支架侧面，则支架侧面变为默认 *XY* 工作面，如图 4-100 所示，进入零件环境。

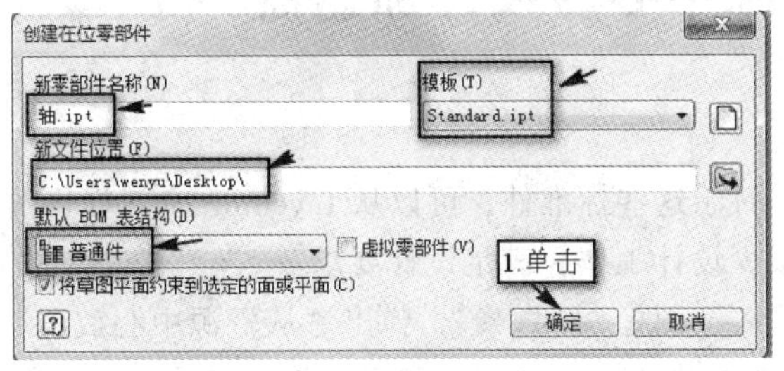

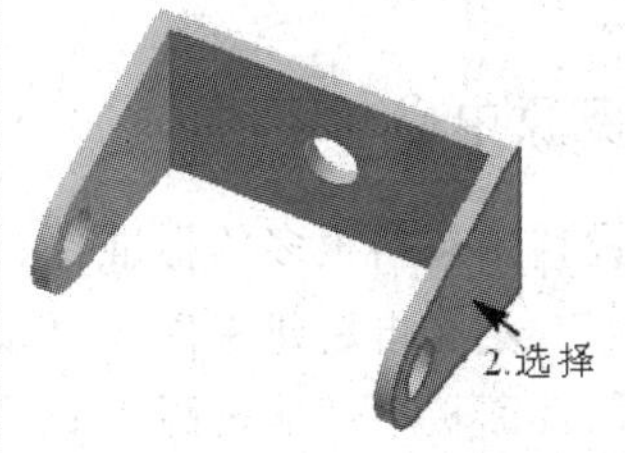

图 4-100　创建在位零件

（4）创建草图。单击工具面板中“创建二维草图”图标，选择 *XY* 面为草图面，进入草图环境，如图 4-101(a)所示。选择草图工具面板中“投影几何图元”图标，选择支架孔，如图 4-101(b)所示。右击，选择完成二维草图，退出草图环境，回到零件环境。

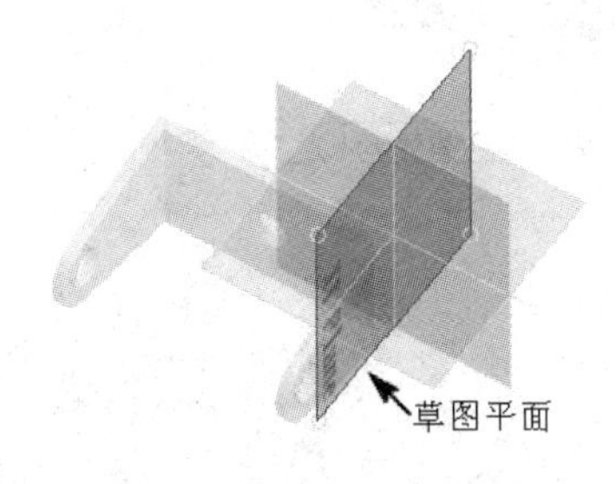

（a）选择草图平面

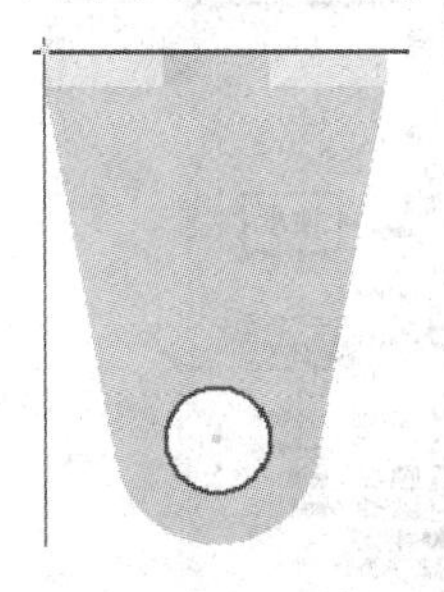

（b）投影支架孔圆

图 4-101　创建草图

（5）单击零件工具面板中“拉伸”图标，选择范围为“到”，选择支架另一侧面，如

图 4-102(a)所示，单击“确定”按钮，完成轴创建。浏览器中拉伸图标自动变为自适应，如图 4-102(b)所示。

（6）单击装配工具面板中“返回”图标，回到装配环境，完成在位零件创建。

（7）当支架的孔及侧面结构尺寸改变时，自适应零件轴的直径和长度相应地自动更新。

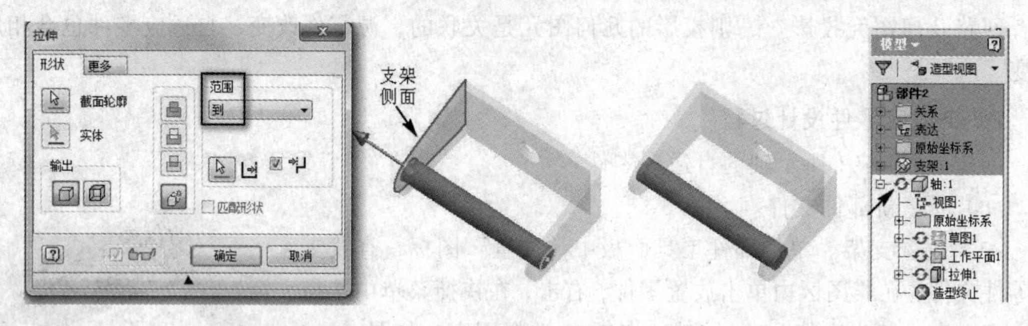

（a）拉伸选项　　（b）轴的创建及浏览器显示

图 4-102　自适应零件轴

注意：使用基于在位零件的自适应更适合于设计者的思想，满足设计要求。从上述轴与支架的自适应可以看出，采用在位零件的方式创建自适应操作步骤更简便实用。

4.8　资源中心与设计加速器

4.8.1　资源中心

装配设计中包括很多的标准件，对于这些标准件，可以从 Inventor 2015 提供的资源中心中直接调用，不必再新建零件，以减少设计工作，满足设计要求。

单击部件面板中“从资源中心装入”图标，弹出“从资源中心放置”对话框，首先选择 GB 标准，再选择需要调用的标准件类型、型号和规格等，如图 4-103 所示。

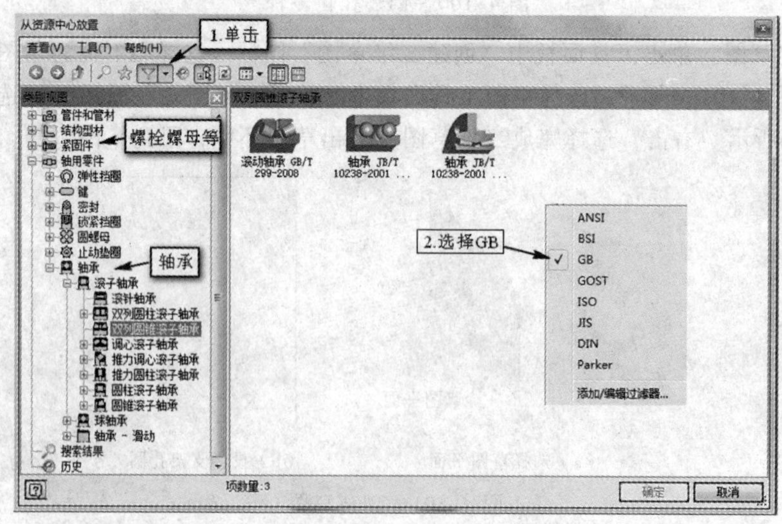

图 4-103　资源中心对话框

螺栓、螺母、垫圈等调用，应尽量采用设计加速器中螺栓联接，根据已有孔的大小或者选择螺栓大小一次性调用上述标准件。轴承的调用可根据已有的轴直径大小，自动判断轴承的大小，选择轴承类型即可调用。

下面以轴承调用为例说明资源中心的使用方法。

（1）新建部件文件。装入轴零件，如图 4-104 所示。

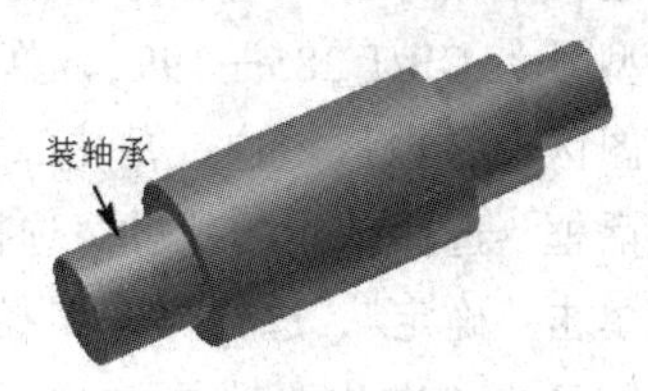

图 4-104　轴

（2）单击部件面板中“从资源中心装入”图标，在对话框中选择轴用零件中的轴承，选择双列圆柱滚子轴承，型号为 GB/T 285—1994，如图 4-105(a)所示，单击“确定”按钮，回到绘图区，在光标处出现所选择的轴承，如图 4-105(b)所示。

（a）资源中心选择

（b）单击确定后

图 4-105　资源中心选择

（3）鼠标指针放到轴的圆柱表面，单击确定轴承大小，如图 4-106(a)所示。选择圆柱端面确定轴承的位置，如图 4-106(b)所示。单击“√”，完成当前轴承调入，进入下一个轴承调入，如图 4-106(c)所示；同时光标处出现轴承，右击，在弹出快捷菜单中选择“完毕”或者按【Esc】键，退出操作。

（a）选择圆柱面

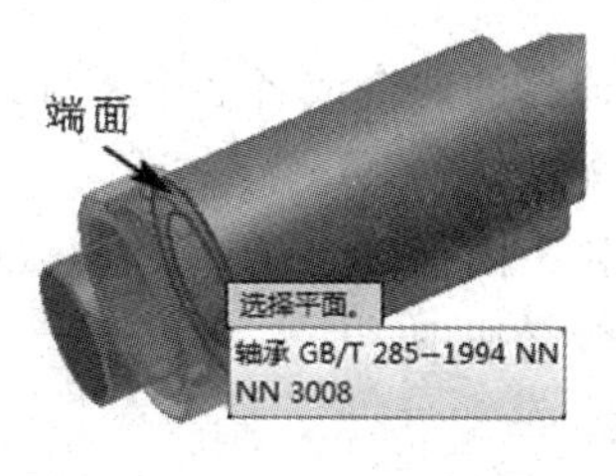

（b）选择圆柱端面

AutoDrop
选择平面。
完成当前操作，进入下一个调入

（c）单击可进入下一个调用

图 4-106　轴承调用

（4）如果调用自定义大小的轴承，单击部件面板中“从资源中心装入”图标，在弹出的对话框中选择轴用零件中的轴承，选择双列圆柱滚子轴承，型号为 GB/T 285—1994，单击“确定”按钮。在绘图区的空白区域内，单击，弹出图 4-107 所示的对话框。选择轴承的尺寸，选择“作为自定义”选项，单击“确定”，选择保存路径，保存轴承零件，在绘图区内单击放置轴承，右击，在快捷菜单中选择“确定”，完成自定义轴承的调用。

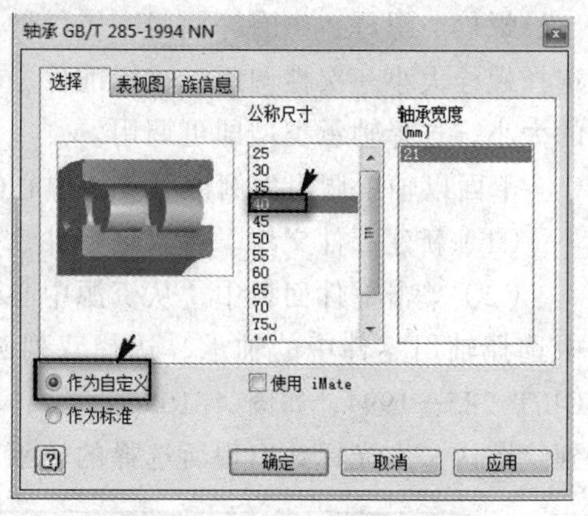

图 4-107　自定义轴承调用

技巧：对于自定义轴承或者其他标准件，均可以对其进行尺寸修改编辑。直接编辑草图或者特征，或者对菜单栏管理中参数进行修改，完成自定义标准件的编辑。

4.8.2　设计加速器

设计加速器对于设计人员是非常实用的功能，它能够充分挖掘设计者的能力，更好的满足装配设计要求，从而减少工作量，提高装配效率。

有些零件，其结构形状固定，但是尺寸不同，如轴、齿轮、花键等，采用普通的建模方法即繁琐又浪费时间，增加很多不必要的工作量，降低了工作效率。

Inventor 2015 部件环境下，提供设计加速器功能，避免了重复性的工作，对于结构相同，尺寸不同的零件提供了采用参数变化快速生成模型的方法。

单击部件菜单栏中“设计”选项卡，出现设计工具栏，如图 4-108 所示。设计工具栏包括“紧固”、“结构件”、“动力传动”（如齿轮、蜗轮等）及“弹簧”设计等。

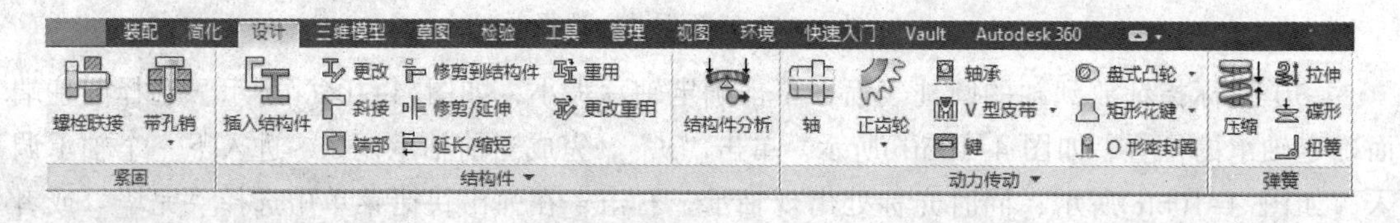

图 4-108　设计工具栏

1. 螺栓联接

螺栓联接是适用于通孔或者非通孔的两个或者多个零件之间的联接装配，可调用螺栓、螺母、垫圈等标准件等实现智能装配联接。

单击设计工具面板中“螺栓联接”图标，弹出图 4-109 所示的对话框。

对话框“设计”选项卡中各项含义如下。

（1）类型

① 贯通：适用于两个以上零件的通孔联接（机械设计中称螺栓连接），或者至少是一个零件的通孔螺栓联接（称双头螺柱联接）。

② 盲孔：适用于非通孔的联接（称螺钉联接）。

（2）放置

用于确定孔定位方式，有随孔、线性、同心和参考点。其中线性、同心和参考点的定位方法与零件中打孔的方法相同。而随孔是根据零件中已有孔的位置和大小添加螺栓联接。

图 4-109　螺栓联接零部件生成器对话框

（3）螺纹

选择螺纹的标准，输入螺纹公称“直径”大小。

“计算”选项卡主要用于螺栓联接的强度计算，给出螺栓轴向力、预紧系数、切力等进行螺栓校核，如图 4-110 所示为“计算”选项卡。

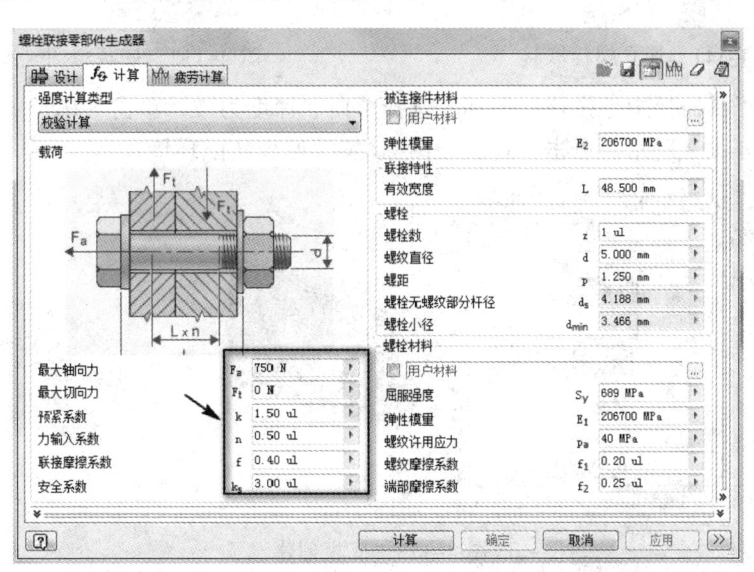

图 4-110　“计算”选项卡

【例 4-10】创建如图 4-111 所示螺栓联接。

操作步骤：

（1）创建新部件文件。

（2）放置定位件。在部件工具面板单击“放置”图标，在弹出的对话框中查找定位零件，选择定位零件，单击“打开”按钮，在绘图区内单击放置零件，右击，在快捷菜单中选择“确定”，完成装入操作。在浏览器中或者绘图区内选择定位件，右击，选择固定。

（3）创建在位底板零件。单击部件工具面板中“创建”图标，弹出创建在位零件对话框，输入零件名称为底板，选择模板类型为“Standard.ipt”，选择普通件等，单击“确定”按钮，保存底板零件。

在绘图区内选择定位件底面，进入零件环境。单击零件工具面板“新建二维草图”图标，选择定位件底面，进入草图环境，单击工具面板中“投影几何图元”图标，选择定位件底面的轮廓及孔，得到如图 4-112 所示的草图。单击“完成草图”图标，退出草图，回到零件环境。

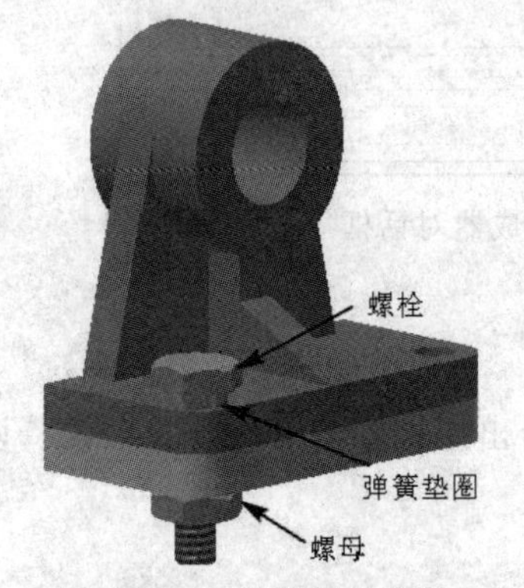

图 4-111　通孔螺栓联接

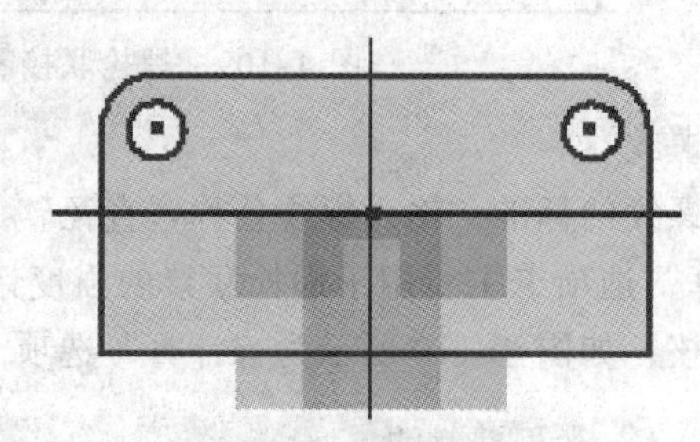

图 4-112　底板草图

单击零件工具面板中“拉伸”图标，选择单向、深度为 2，单击“确定”按钮，完成底板创建，如图 4-113 所示。单击“返回”图标，回到装配环境。

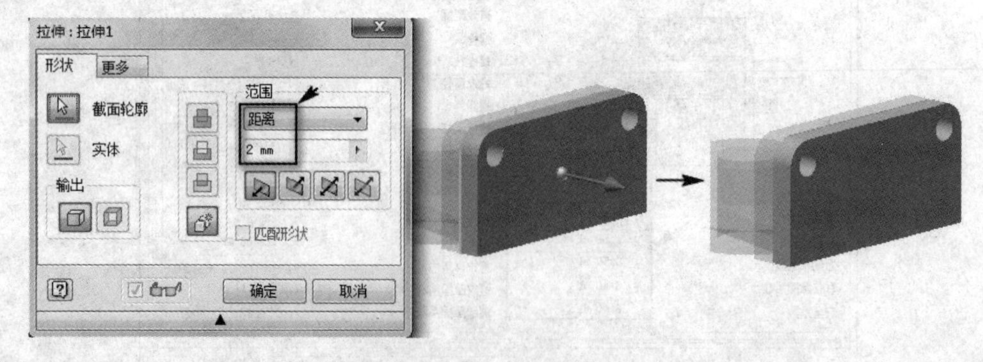

图 4-113　底板创建

（4）单击部件菜单栏设计，选择螺栓联接。在弹出的对话框中，类型选择“通孔”，放置选项选择“随孔”、螺纹选项选择“GB Metric profile”，直径大小自动给出；依次选择螺栓联接的起始面、孔、终止面，操作步骤如图 4-114 所示。

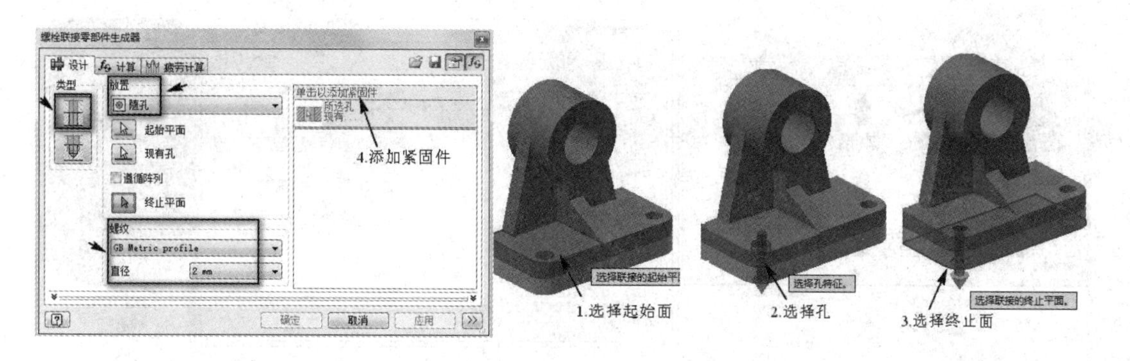

图 4-114　螺栓选择步骤

（5）添加螺栓。在图 4-114 的对话框中右侧窗口，选择“单击以添加紧固件”，在弹出的对话框类型选项中选择螺栓，在弹出的对话框中选择螺栓为 GB/T 5783—2000，如图 4-115 所示。

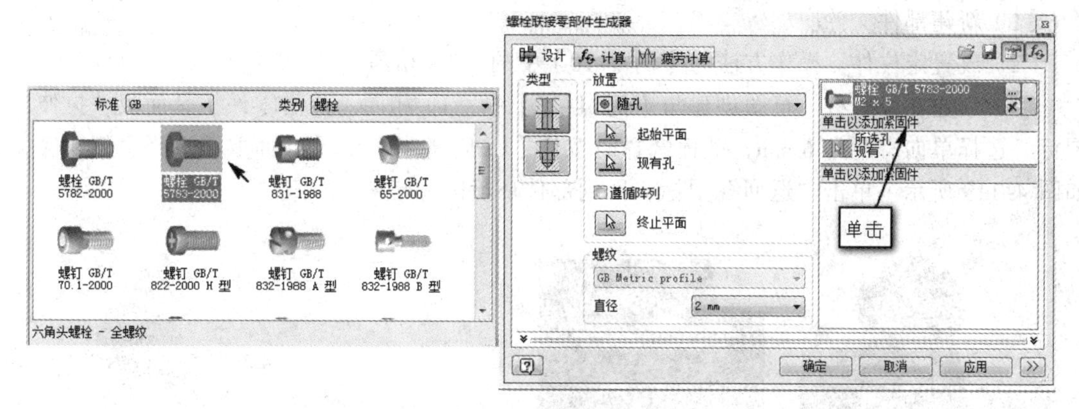

图 4-115　添加螺栓

（6）添加弹簧垫圈。在图 4-115 所示的对话框中右侧窗口，再次选择“单击以添加紧固件”，在弹出的对话框类型选项中选择垫圈，选择 GB/T 93—1987，如图 4-116 所示。

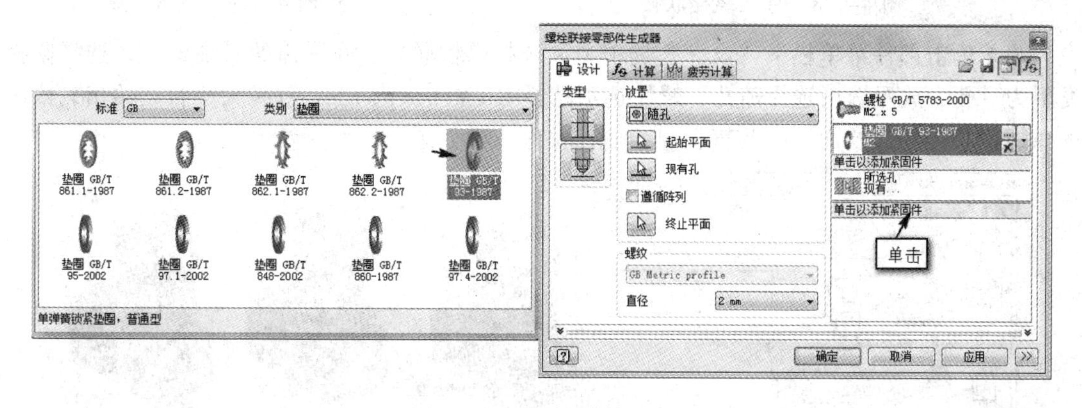

图 4-116　添加弹簧垫圈

（7）添加螺母。在图 4-116 所示的对话框中右侧窗口，再次选择“单击以添加紧固件”，在弹出的对话框类型选项中选择螺母，选择 GB 6172—2000，如图 4-117 所示。

图 4-117　添加螺母

（8）在图 4-117 所示的对话框中，单击“确定”按钮，完成螺栓联接操作，如图 4-111 所示。

【例 4-11】创建如图 4-118 所示的盲孔的螺栓联接（螺钉联接）。

操作步骤：

（1）新建部件文件。

（2）放置定位件。操作方法与【例 4-10】中的（2）相同。

（3）创建在位底板。草图创建与【例 4-10】中（3）相同。单击零件工具面板“拉伸”图标，选择单向、距离 6 mm，截面选择时按住【Ctrl】选择孔，孔截面取消选择，创建底板如图 4-119 所示。单击“返回”图标，回到部件环境。

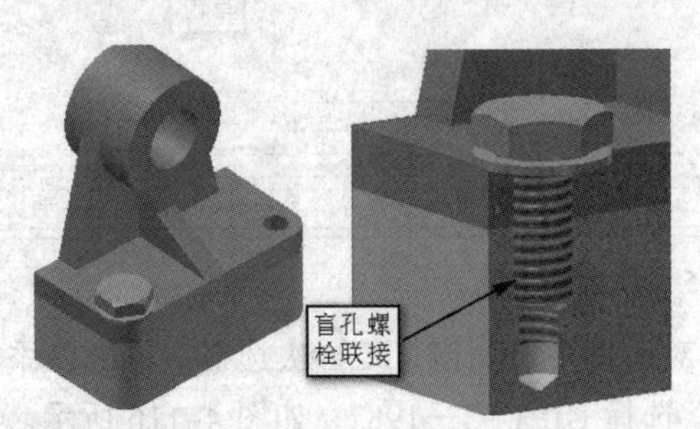

图 4-118　盲孔螺栓联接

图 4-119　底板

（4）单击部件菜单栏中“设计”选项卡，选择螺栓联接，在弹出的对话框中，选择联接类型为盲孔，放置选项选择随孔，螺纹选项选择 GB Metric profile，直径大小自动给出；依次选择螺栓联接的起始面、孔及盲孔起始面，操作步骤如图 4-120 所示。

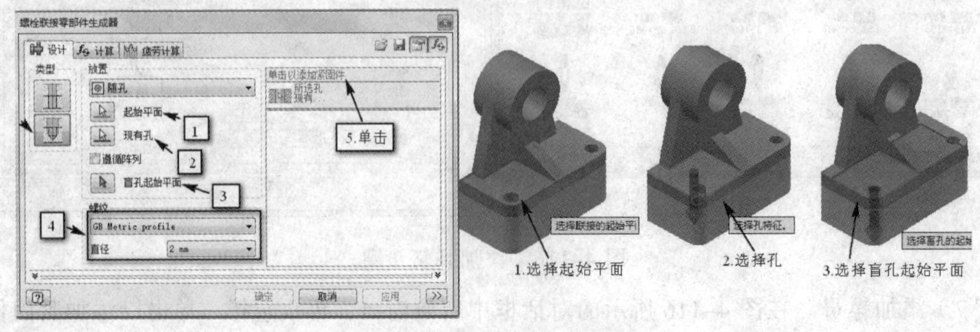

图 4-120　盲孔螺栓联接选择

（5）添加螺栓。在图 4-120 所示右侧窗口中，选择“单击以添加紧固件”，在弹出的对话框类型选项中选择螺栓，选择 GB/T 5783—2000，如图 4-121 所示，添加螺栓。

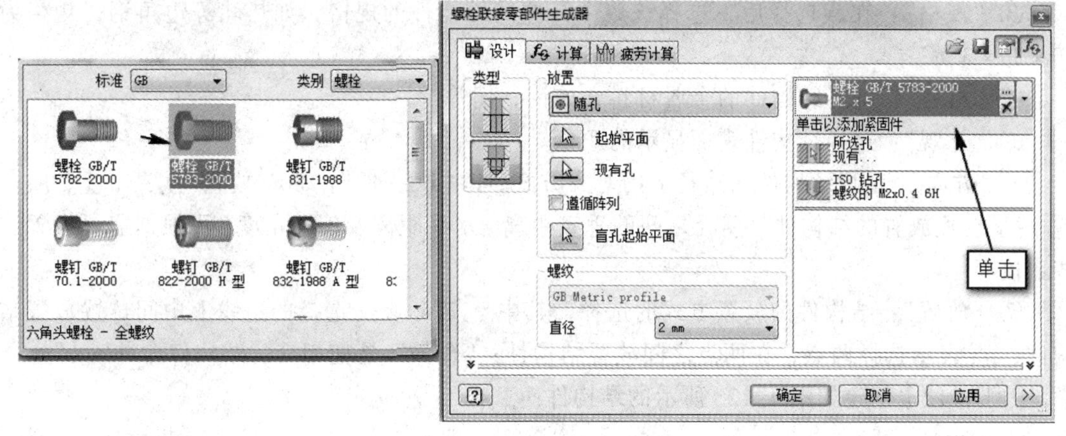

图 4-121　盲孔螺栓选择

（6）添加平垫圈。在图 4-121 所示对话框右侧窗口中，再单击添加紧固件，在弹出的对话框类型选项中选择垫圈，选择 GB/T 860—1987，如图 4-122 所示。

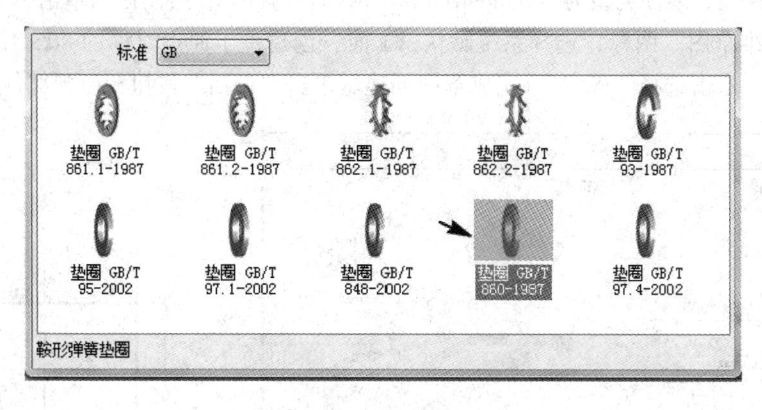

图 4-122　盲孔垫圈选择

（7）在图 4-121 所示的对话框中，单击“确定”按钮，完成螺钉联接的创建，结果如图 4-118 所示。

注意：对于螺栓联接的放置选项中线性、同心和参考点，其孔的定位方法与零件环境下创建孔的方法相同。

2. 结构件

结构件的设计是把标准系列的角钢、槽钢等按照指定路径生成结构件，对结构件的联接方式进行编辑，如修剪、延伸、斜接等，如图 4-123 所示为合并和斜接结果的等边角钢结构件。

选择部件菜单栏设计，单击“插入结构件”图标，弹出如图 4-124 所示的对话框。

对话框中各项含义如下。

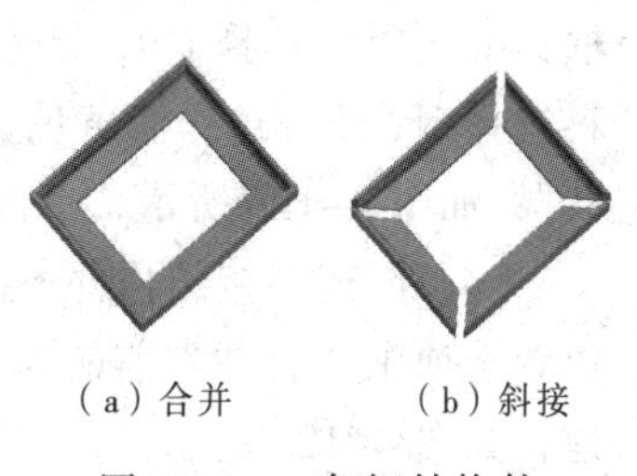

（a）合并　　（b）斜接

图 4-123　角钢结构件

①“标准”：选择结构件的标准，有 GB、ISO、ANSI 等，一般选择 GB 标准。

②“族”：选择结构件的类型，如热轧等边角钢 9787–1988 等。

③“规格”：在族选择后，选择该族中具体的结构件的规格，如热轧等边角钢，规格为 30×30×3 等。

④“材料”：选择结构件的金属材料，如钢、铜等。

⑤“外观”：选择结构件表面显示的颜色。

⑥“方向”：是指结构件在路径上的对齐方式，其中为反向 180° 放置。另外，、、用于设置放置的结构件与路径之间的垂直距离、水平距离及旋转角度，可根据需要设置这些数值。

⑦“放置”：结构件的放置方式的选择，其中表示在所选择的边线上中间位置放置结构件；表示选择两点，在两点之间放置结构件；“合并”是把相交的结构件合并一起。

【例 4–12】创建如图 4–123 所示的结构件。

操作步骤：

（1）新建部件文件。

（2）创建在位参考件。单击部件工具面板中“创建”图标，设置零件名称为“参考件”，选择保存零件路径，零件类型为“Standard.ipt”，选择普通件，在绘图区内单击，进入零件环境。单击“新建二维草图”图标，选择系统默认 *XY* 面，创建关于原点对称的 80×100 的矩形，如图 4–125 所示，右击选择“确定”，完成草图创建。单击“返回”按钮，回到部件环境。

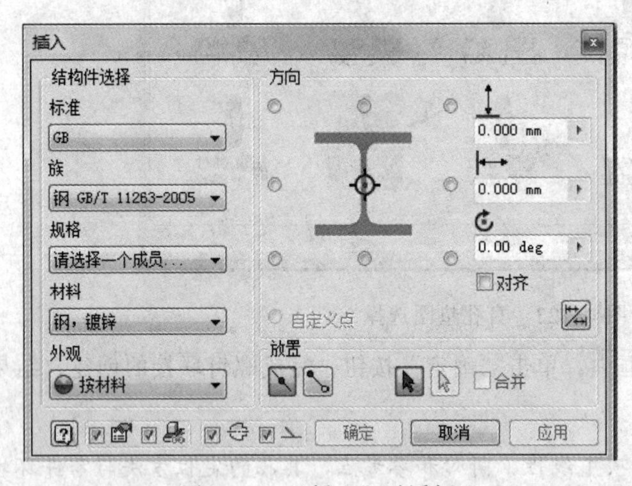

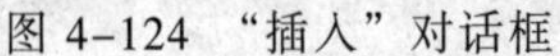
图 4–124 “插入”对话框

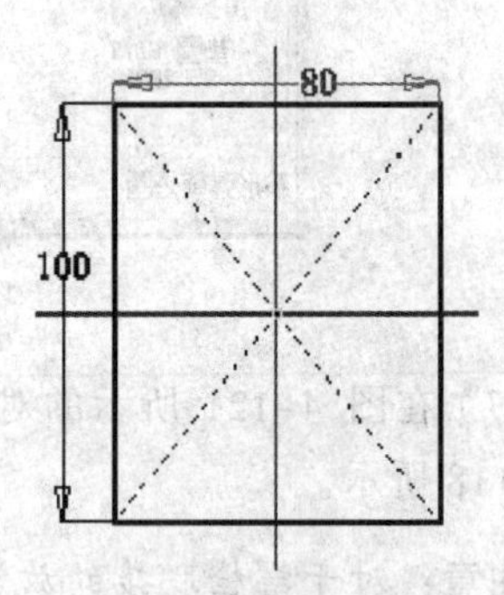

图 4–125 参考件

（3）创建合并结构件。选择部件菜单栏设计，单击“插入结构件”图标，在弹出的对话框标准选项中选择 GB，族选项中选择 GB9787–1988 热轧等边角钢，规格选择 20×20×3、材料选择钢，外观选择淡黄色，然后依次在绘图区内选择参考件的边线，在放置选项中勾选“合并”，如图 4–126 所示，单击“确定”按钮，完成合并结构件创建。

（4）创建斜接结构件。操作步骤与上述（1）和（2）相同，与（3）基本相同，只是取消放置选项中“合并”前的勾选，外观改为“清晰–黄色”，单击“确定”按钮，完成结构件创建，如图 4–127 所示。

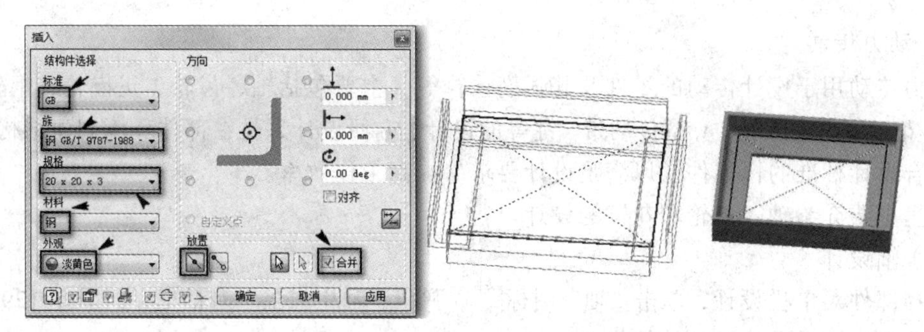

（a）“插入”对话框及路径选择　　（b）创建合并结果

图 4-126　合并结构件操作步骤

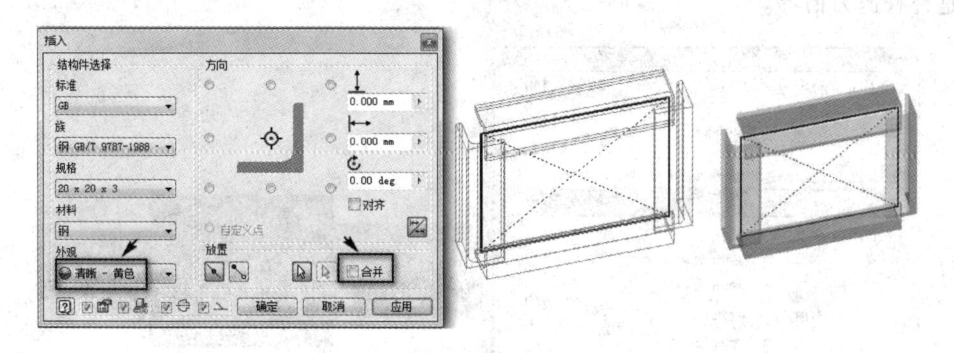

图 4-127　斜接结构件操作步骤

（5）单击工具面板中“斜接”图标，弹出如图 4-128 所示的对话框。选择相邻的结构件，创建间距为对称 5 mm 的斜接，单击“应用”。再次选择相邻结构件，直到所有创建完成，单击“确定”按钮，完成斜接创建。

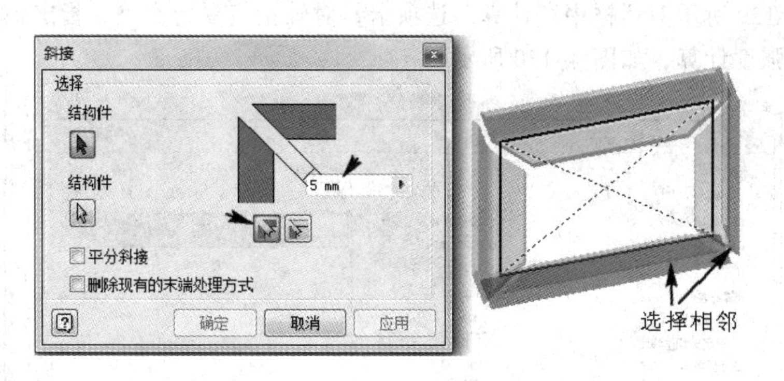

（a）斜接对话框　　（b）创建斜接结果

图 4-128　“斜接”对话框及创建步骤

结构件创建后，若要用其他结构件替换或者更改其规格时，可在浏览器中选择结构件，右击，在快捷菜单中选择“使用结构件生成器进行编辑”，可以将其更改为其他类型的结构件或者对其进行重新选择规格等操作。

注意：对于结构件的创建必须有参考件，此参考件只有草图，此草图用于确定放置结构件的路径。

3. 动力传动

动力传动用于设计传动的零件及其强度计算等，主要包括轴、齿轮（正齿轮、蜗轮、锥齿轮）、花键、盘式凸轮、V 型传动带、键等的设计，方便设计人员在部件环境创建结构相同、尺寸符合设计标准的标准件，以满足设计要求，提高工作效率。

这里主要介绍轴、齿轮和花键的设计。

（1）轴设计

选择部件菜单栏设计，单击“轴”图标，弹出“轴生成器”对话框，如图 4-129 所示，同时在绘图区出现默认轴的结构预览。

在图 4-129 所示对话框中，截面选项用于确定各段轴的截面形状、直径、长度、是否倒角、是否有退刀槽等。

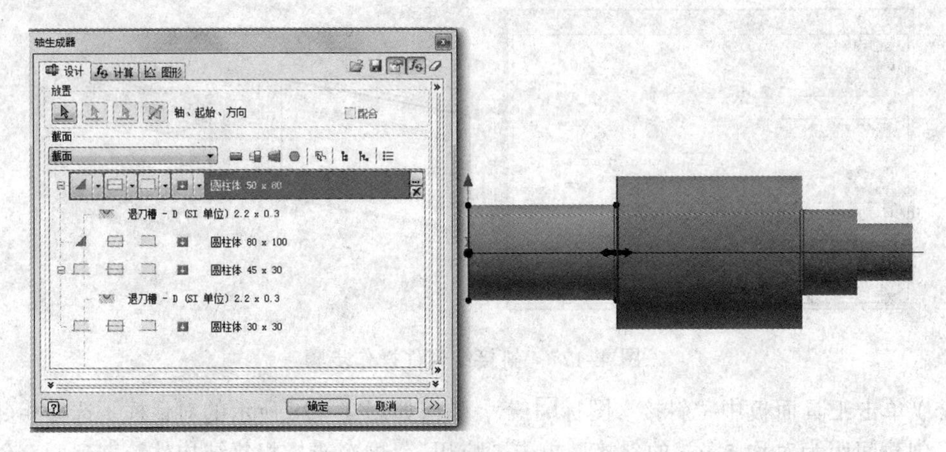

图 4-129 “轴生成器”对话框

单击图 4-129 所示对话框中“计算”选项卡，对轴指定受力类型，指定轴材料物理参数等，对轴进行强度计算，如图 4-130 所示。

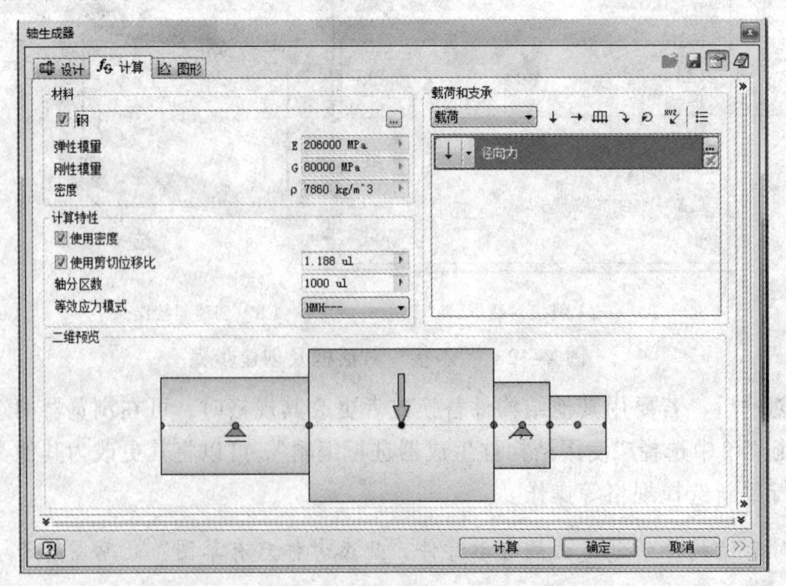

图 4-130 “计算”选项卡

单击图 4-130 所示对话框中图形，弹出如图 4-131 所示的对话框，显示切力、弯矩等的计算结果，并用图形显示出切力、弯矩的大小。

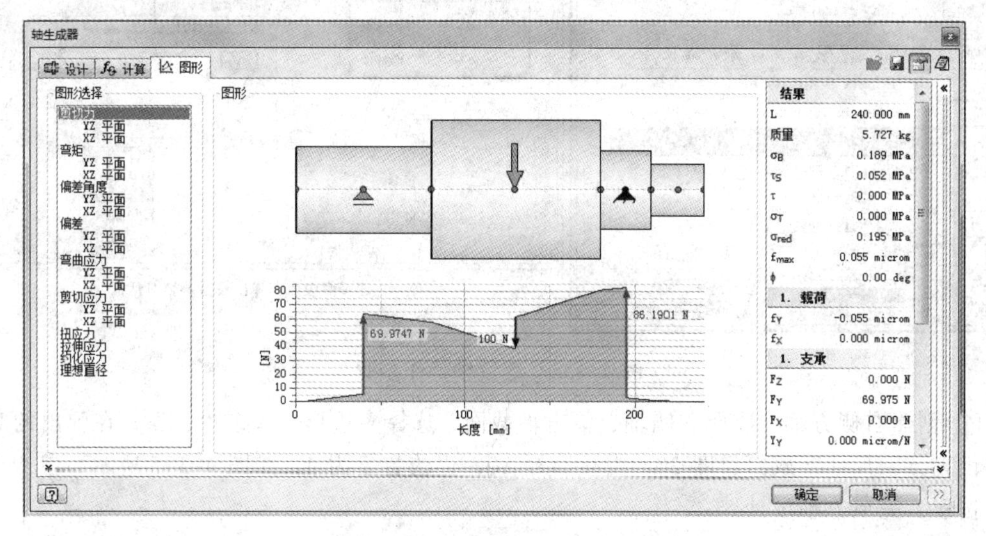

图 4-131　“图形”选项卡

【例 4-13】创建如图 4-132 所示的轴。

分析：图 4-132 所示轴由三段组成，左侧是直径 10mm 的圆柱、中间为螺纹、右侧是 10×10 的方轴。

操作步骤：

① 新建部件文件，保存部件文件为“轴.iam.”

② 创建左侧轴。在菜单栏单击“轴”图标，弹出轴生成器对话框，单击“...”设置轴直径 10，轴长 95，如图 4-133 所示。单击“确定”按钮，完成左侧轴创建。

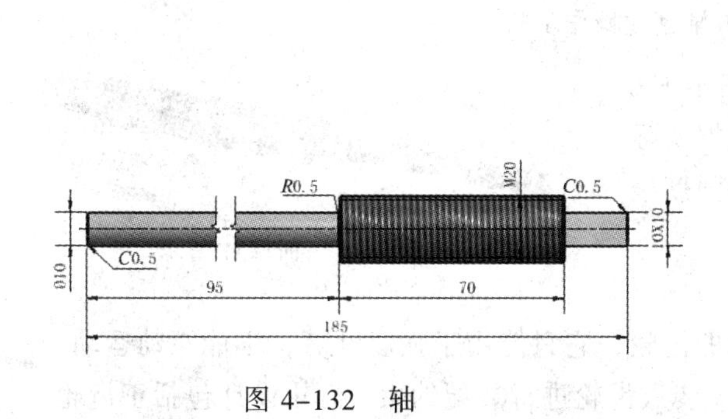

图 4-132　轴

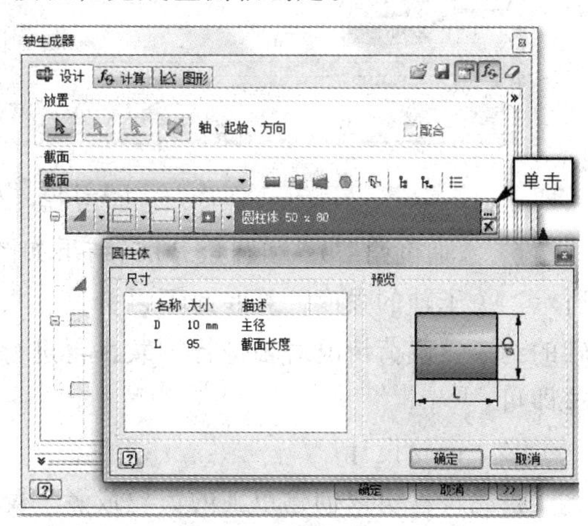

图 4-133　左侧轴设置

③ 创建中间螺纹轴。在第二段轴中设置轴的类型，选择螺纹，在弹出的螺纹对话框中设置螺纹参数直径 20、截面长度 95，螺纹长度 95，倒角 0.5，螺纹类型选择 GB Metric profile，选择螺纹大小和规格，图 4-134 所示为操作步骤。单击“确定”按钮，完成螺纹轴设计。

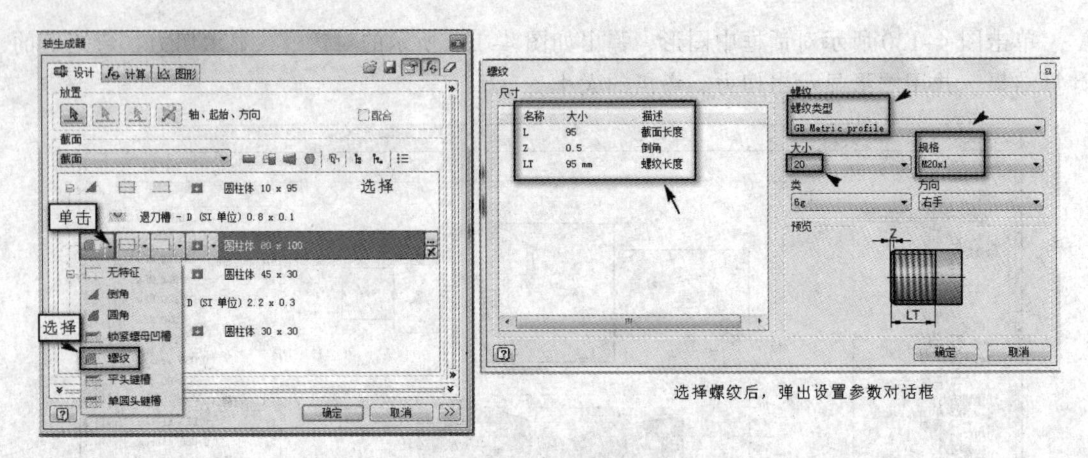

图 4-134　螺纹轴操作步骤

④ 创建右侧方轴。选择右侧轴，单击轴截面，选择多边形，单击“...”，在弹出的对话框中设置方轴尺寸，截面长度 20，内接直径 10，边的数量为 4，如图 4-135 所示，单击“确定”按钮，完成方轴设计。

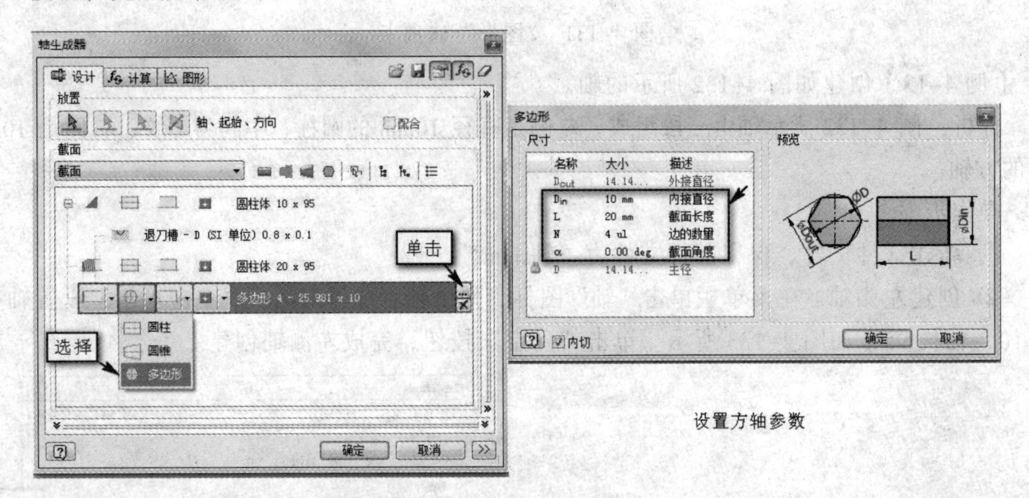

图 4-135　方轴创建操作步骤

⑤ 添加倒角 $C0.5$ 和圆角 $R0.5$，结果如图 4-136 所示。关于轴的强度计算在此不再赘述，根据实际轴的约束、载荷情况对轴进行加载，再进行强度校核即可。

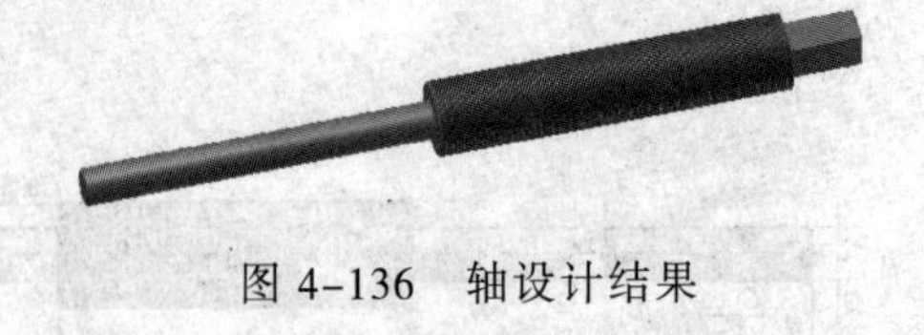

图 4-136　轴设计结果

（2）齿轮设计

齿轮设计可以创建单独的齿轮或者装配的齿轮，它只能用于强度计算，不能驱动运动。如果要驱动运行，则需要重新创建部件文件，装入齿轮进行装配约束。齿轮设计包括正齿轮、蜗轮蜗杆和锥齿轮设计。

下面以正齿轮为例说明其创建过程。

选择部件菜单栏设计，单击“齿轮设计”图标，弹出如图 4-137 所示的对话框。

对话框中设计中各选项卡含义如下。

①“设计向导”：齿轮有以下几种创建方式，如图 4–138 所示。

②“模数”：根据除模数之外的其他参数，计算模数。

③“模数和齿数”：根据除模数和齿数之外的其他参数，计算模数和齿数。

④“齿数”：根据除齿数之外的其他参数，计算齿数。

⑤“中心距”：根据除中心距之外的其他参数，计算中心距。

⑥“总变位系数”：根据除总变位系数之外的其他参数，计算总变位系数。

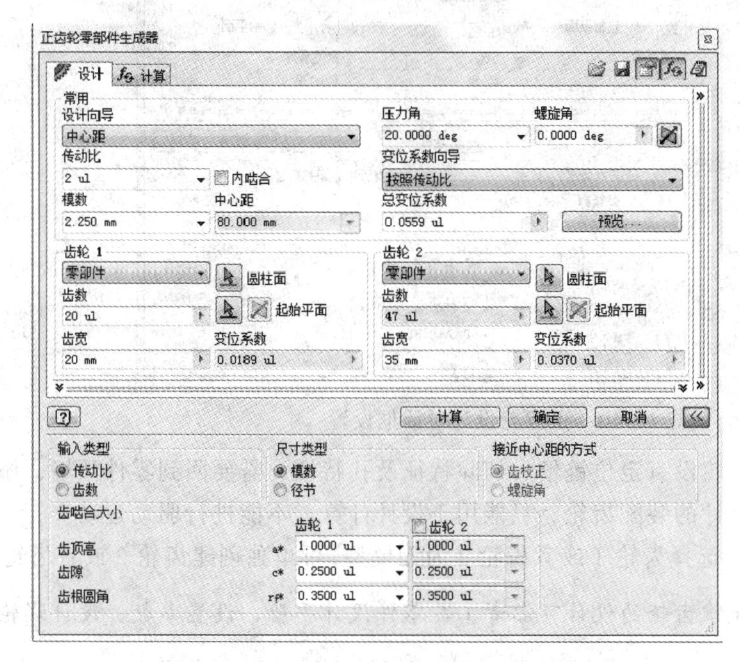

图 4–137　“正齿轮零部件生成器”对话框

图 4–138　设计向导

提示：总变位系数受其他输入参数的影响，建议选择该选项用于最终设计校正。

⑦ 齿轮 1 和齿轮 2：指定齿轮类型（零部件、特征、无模型）和齿轮放置方式。其中无模型只是用于设计计算。

其他选项与零件设计中齿轮的设置相同。

【例 4–14】创建如图 4–139 所示的齿轮。

操作步骤：

① 创建新部件文件。

② 单击部件菜单栏“设计”，单击“正齿轮”图标，在弹出的对话框中，设计向导选项选择中心距，设置模数 2mm，齿轮 1 齿数为 25、齿宽为 20，齿轮 2 齿数为 45、齿宽为 35，总变位系数为 0，如图 4–140 所示。

图 4–139　正齿轮

③ 在图 4–140 所示对话框中，单击“确定”按钮，在绘图区内单击左键，放置齿轮，完成正齿轮设计，结果如图 4–139 所示。

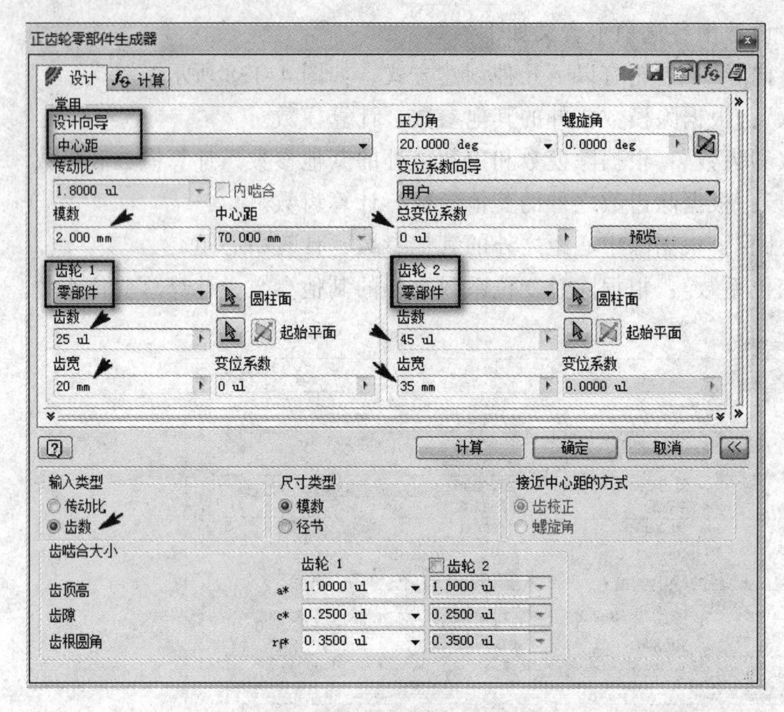

图 4-140　正齿轮设计对话框设置

④ 图 4-139 所示的齿轮没有定位键槽、切除特征及孔特征，需要回到零件环境，添加上述特征。另外此种方法设计的装配齿轮，只能用于设计计算，不能进行驱动运动。

⑤ 如果设计单个齿轮，选择齿轮 1 或者齿轮 2 为无模型，可单独创建齿轮 2 或者齿轮 1。

注意：对于蜗轮蜗杆和锥齿轮的设计可参考工具零件设计手册，设置参数，设计蜗轮蜗杆和锥齿轮，在此不再赘述。

（3）花键设计

花键的设计是在圆柱表面创建轮毂花键和轴槽花键，花键的类型有矩形和渐开线两种，标准有 ISO、ANSI 等。一般根据实际花键的设计要求，选择花键标准。

在部件菜单栏的设计选项中，单击“矩形花键”图标矩形花键，弹出如图 4-141 所示的对话框。

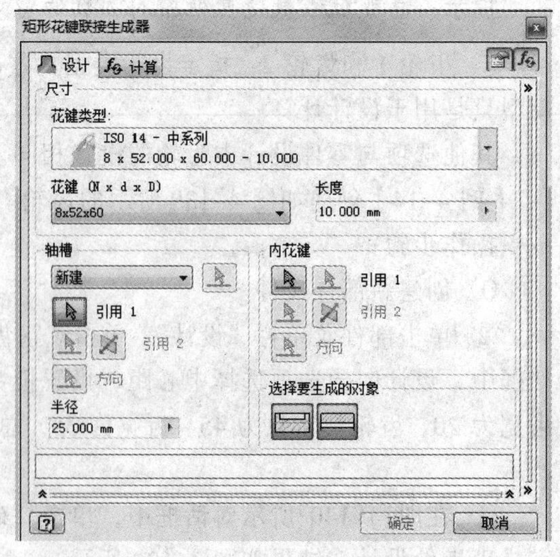

图 4-141　“矩形花键联接生成器”对话框

对话框中各项含义如下。

①“花键类型”：选择花键的标准系列，单击花键类型下面窗口即可选择类型。

②“花键”：选择具体花键的规格，$N\times d\times D$ 分别代表花键的齿数、内径和外径。

③“长度”：指定花键的长度，不包括花键尾部长度。

④“轴槽”：在圆柱外表面创建花键，注意圆柱直径等于花键规格中的直径 D。

引用 1：选择放置花键的圆柱表面。

引用 2：选择平面或者工作面作为花键的起始位置的参考。

方向：选择工作面方向平面即在圆柱面上放置槽（Inventor 软件将自动选择方向平面，如果定义方向平面时出现问题，则选择该平面）。

⑤“内花键”：在圆柱的内孔表面创建花键。创建的方法与创建轴槽的花键类似。

引用 1：是选择平面或者工作面作为花键起始参考，是选择平面或者工作面作为花键终止参考。

引用 2：选择圆柱内孔的圆边或者点作为花键的参考，是花键生成的方向控制，可以反转方向。

方向：与轴槽的中含义相同，由系统默认给出。

⑥ 选择要生成的对象。

“轴槽花键”：在圆柱外表面创建花键。

“内花键”：在圆柱孔内表面创建花键。

注意：渐开线花键的创建与矩形花键创建的方法和步骤基本相同，在此不再赘述。

【例 4-15】创建如图 4-142 所示的轴槽矩形花键。

操作步骤：

① 新建部件文件，保存部件文件。

② 创建轴。

单击部件菜单栏“设计”，单击“轴”图标，设计三段圆柱阶梯轴。

图 4-142　矩形花键创建结果

第一段轴尺寸为 $\phi 62\times 50$，单击第一段轴中“...”，在弹出的对话框中，输入主径为 62，截面长度为 50，在特征中选择退刀槽-B（SI 单位）选项，操作步骤如图 4-143(a)所示。

第二段轴尺寸为 $\phi 80\times 25$，单击第二段轴中“...”，在弹出的对话框中，输入主径为 80，截面长度为 25。第三段轴尺寸为 $\phi 55\times 25$，单击第三段轴中“...”，在弹出的对话框中，输入主径为 55，截面长度为 25。单击“确定”按钮，完成轴的设计，结果如图 4-143(b)所示。

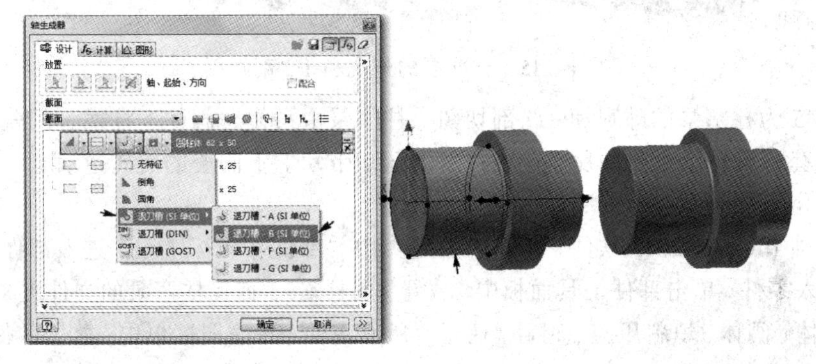

（a）第一段轴设计　　（b）轴的设计结果

图 4-143　第一段轴设计

③ 轴的矩形花键创建。

在部件菜单栏中选择“设计”，单击“矩形花键”图标，在弹出的对话框中，选择花键标准为 ISO14-轻系列，花键选项选择 8×56×62，长度为 20，选择“轴槽花键”图标，选择圆柱面为创建花键的面，选择圆柱端面为花键起始参考，方向系统默认给出，按照给定长度 20 创建花键，操作步骤如图 4-144 所示，单击“确定”按钮，完成操作，如图 4-142 所示。

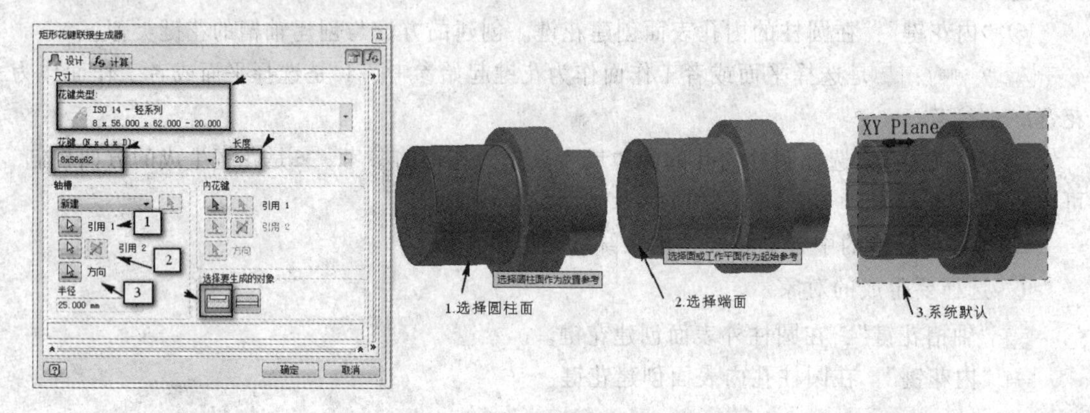

图 4-144　轴花键的操作步骤

注意：创建的轴花键，轴直径必须等于花键的直径 *D*；创建内花键，孔的直径必须等于花键直径 *d*。

4.9　装配实例

创建如图 4-145 所示柱塞泵的装配。

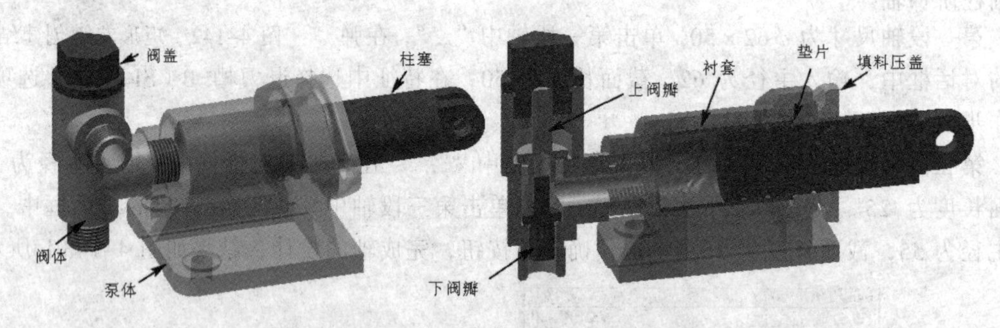

图 4-145　柱塞泵的外观和 1/2 剖切图

图 4-145 为柱塞泵的外观和 1/2 剖切图。柱塞泵由泵体、阀体、柱塞、阀盖、下阀瓣、上阀瓣、衬套、填料压盖和垫片组成，柱塞的运动带动上下阀瓣的旋转运动。

装配操作步骤：

（1）启动 Inventor 2015 软件，单击“新建”中“部件”图标，进入部件环境。

（2）装入零件。单击部件工具面板中“放置”图标，查找柱塞泵的文件夹，按住【Ctrl】键，选择泵体、阀体、填料压盖、阀盖、柱塞等所有零件，在绘图区单击，放置零件，按【Esc】键完成操作。

单击部件工具面板中“自由移动”和“自由旋转”图标调整各零件的位置，单击菜单栏中外观改变各零件的颜色。选择泵体，右击选择固定，结果如图 4-146 所示。

图 4-146 装入柱塞泵零件

（3）添加泵体与阀体的刚性联接。单击部件工具面板中“联接”图标，选择类型为刚性，选择阀体原点、泵体原点，操作步骤和结果如图 4-147 所示。

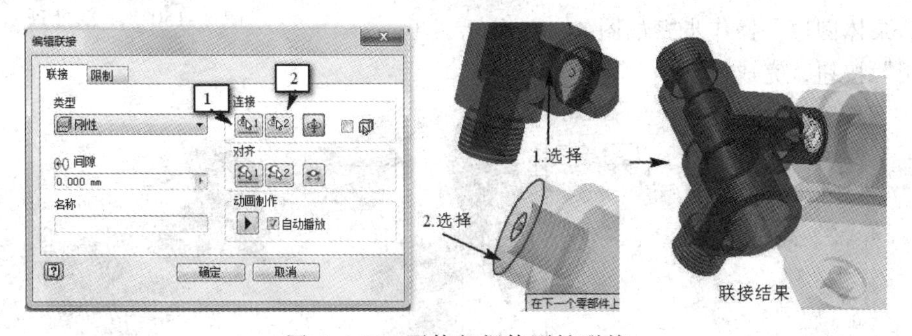

图 4-147 泵体与阀体刚性联接

将阀体刚性联接后，装配位置不是最终的位置，需要用对齐操作改变装配位置。在图 4-147 所示对话框中，选择对齐选项，选择阀体圆边、泵体倒圆角边，操作步骤和联接结果如图 4-148 所示。单击“应用”，完成刚性联接操作。

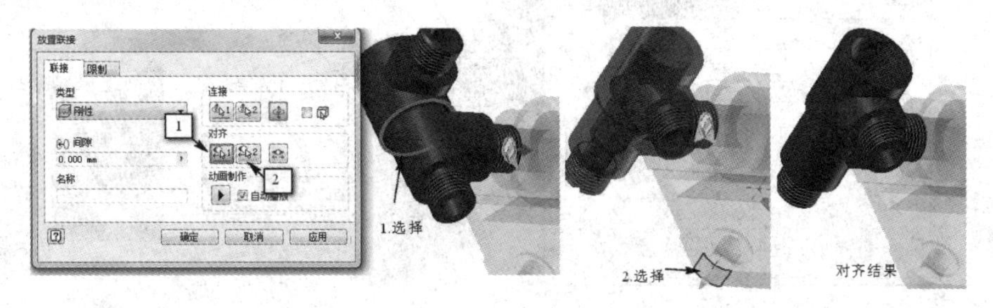

图 4-148 泵体与阀体刚性联接对齐操作

（4）添加阀盖与阀体的刚性操作。在图 4-148 所示对话框中，联接类型选择为刚性，选择阀盖圆边、阀体圆边，则阀盖与阀体刚性联接在一起，操作方法如图 4-149 所示。单击“确定”按钮，完成操作，关闭对话框。

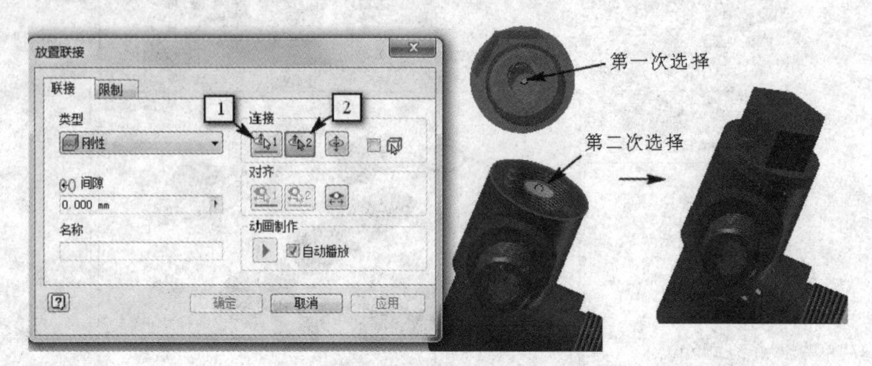

图 4-149　阀盖与阀体刚性联接对齐操作

（5）把泵体、阀体和阀盖做半剖处理，便于衬套、垫片、上下阀瓣的装配。选择部件菜单栏视图，单击“半剖” 半剖视图，选择泵体 *YZ* 工作面，距离为 0，如图 4-150 所示，单击√，进行半剖处理。

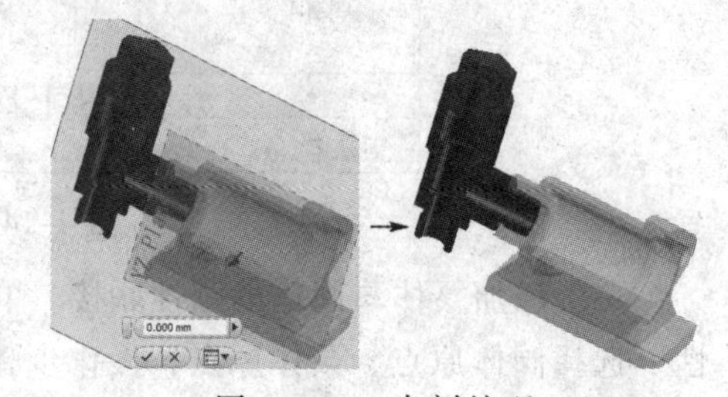

图 4-150　半剖处理

（6）添加泵体与衬套的刚性联接。单击部件工具面板中“联接”图标，类型选择“刚性”，选择衬套圆边、泵体圆边，操作步骤如图 4-151 所示，单击“应用”按钮，完成操作。

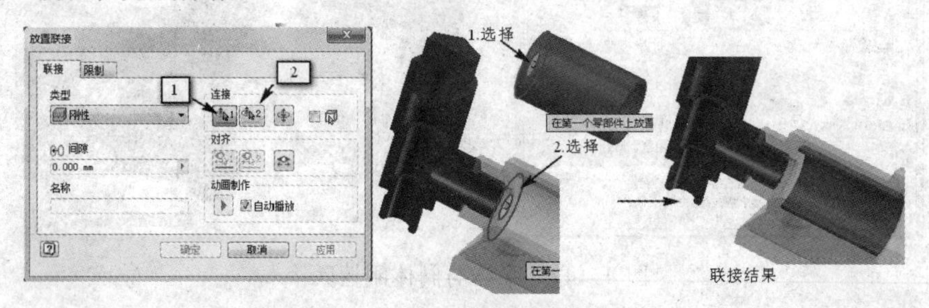

图 4-151　衬套与泵体刚性联接

（7）添加垫圈与泵体的刚性联接，操作步骤与步骤（6）相同，如图 4-152 所示。

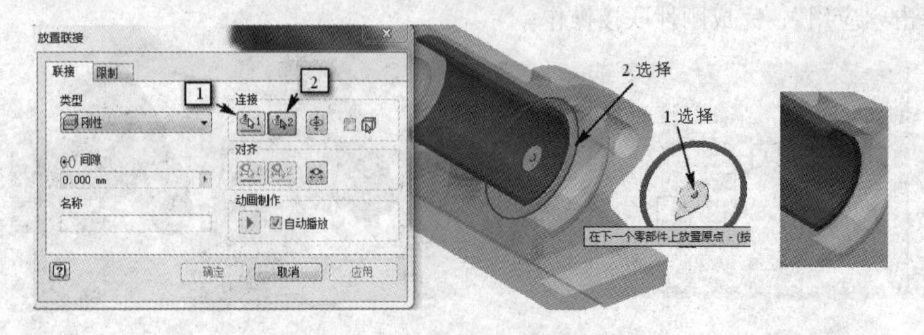

图 4-152　垫圈与泵体刚性联接

（8）添加填料压盖与垫圈的刚性联接，操作步骤与步骤（6）相同，如图 4-153 所示。

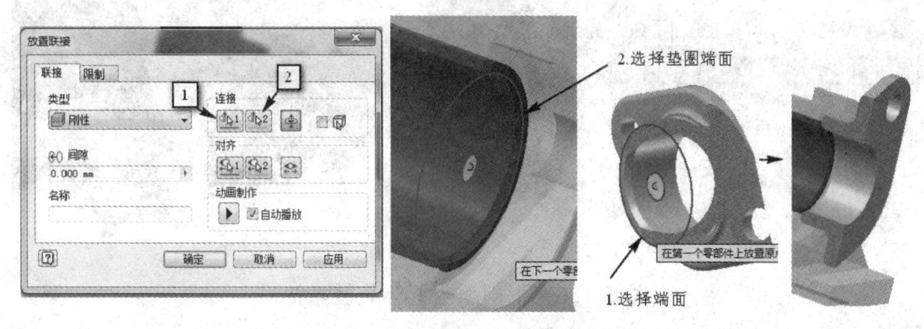

图 4-153　垫圈与填料压盖刚性联接

填料压盖孔与泵体孔不对齐，采用“对齐”调整填料压盖的位置。在对话框中，选择“对齐”选项，选择填料压盖孔圆边和泵体孔圆边，单击“应用”，完成刚性联接，如图 4-154 所示。

图 4-154　填料压盖孔与泵体孔对齐联接

（9）添加上阀瓣与阀体的旋转联接。单击部件工具面板中“联接”图标，类型选择“旋转”，选择上阀瓣的圆柱端面，则其中心点为第一个原点，选择阀体上圆面，则其中心点为第二个原点，操作步骤和结果如图 4-155 所示。

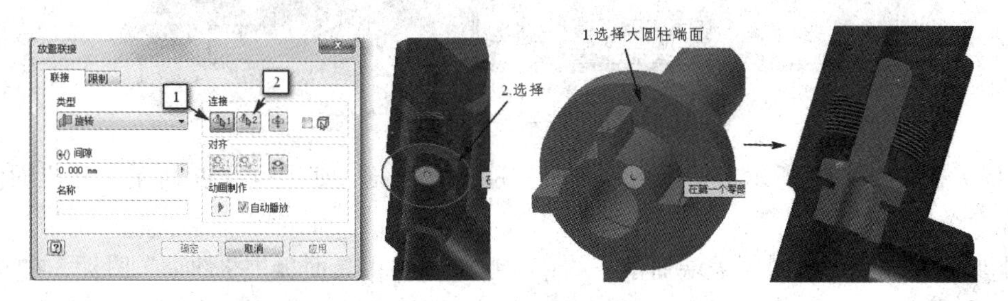

图 4-155　上阀瓣与阀体旋转联接

（10）添加下阀瓣与阀体的旋转联接。操作操作与步骤（9）类似，选择下阀瓣的圆柱端面则其中心点为第一个原点，选择阀体上圆面则其中心点为第二个原点，操作步骤和结果如图 4-156 所示。

（11）添加柱塞与衬套的轴线配合约束。单击部件工具面板中“约束”图标，类型为“配合”，选择柱塞的轴线与衬套轴线，如图 4-157 所示。单击部件菜单栏视图中“全剖视图”，回到外观状态如图 4-158 所示。

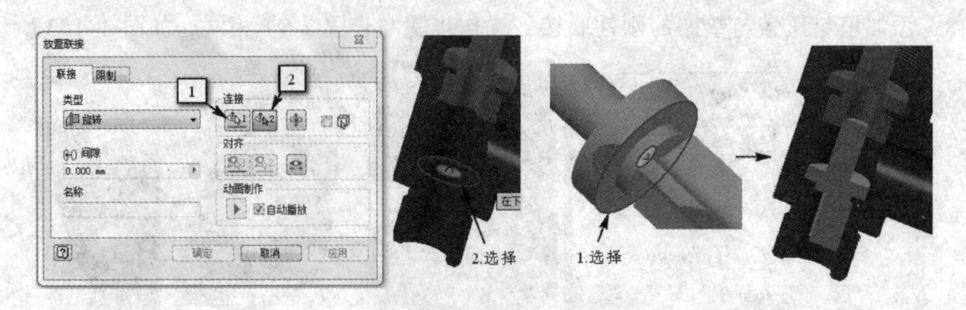

图 4-156　下阀瓣与阀体旋转联接

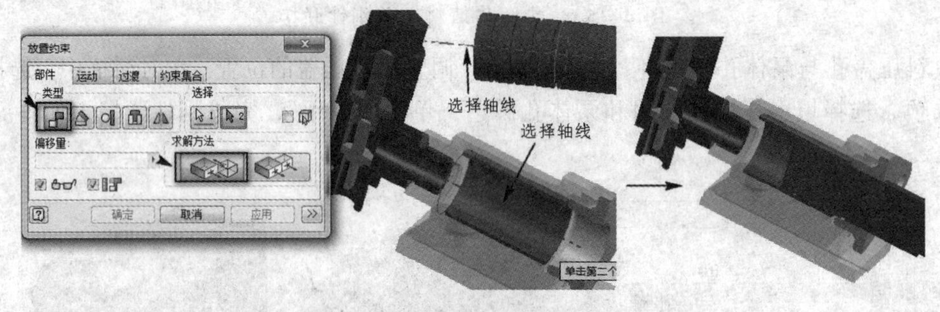

图 4-157　柱塞与衬套配合约束操作及结果

（12）柱塞还有旋转自由度，需要添加与泵体面配合约束，选择柱塞 *XZ* 面与泵体 *YZ* 面，间隙为 0，操作步骤如图 4-158 所示。单击“确定”按钮，完成面配合约束操作，如图 4-159 所示。

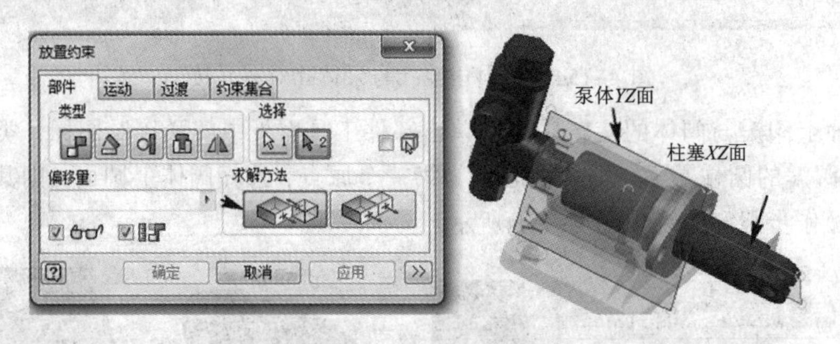

图 4-158　柱塞与泵体面配合约束

（13）在图 4-158 所示对话框中，单击“确定”按钮，如图 4-159 所示，完成面配合约束操作，关闭对话框。

添加柱塞端面与填料阀盖端面平齐约束。单击部件工具面板中“约束”图标，在“部件”选项卡中选择“配合”，求解方法选择“表面平齐”，偏移量为-30，选择填料阀盖端面、柱塞端面，操作方法如图 4-160 所示。

（14）驱动约束。选择部件菜单栏管理，单击“参数”图标 f_x，弹出“参数设置”对话框，柱塞与填料阀盖的端面平齐约束代号为 d12，把上、下阀瓣的旋转角度代号 d6、d8 的表达式均更改为“d12/10mm*50deg”，即柱塞平移 10mm 其转动 50deg，如图 4-161 所示。单击“完毕”，完成设置完成，关闭对话框。

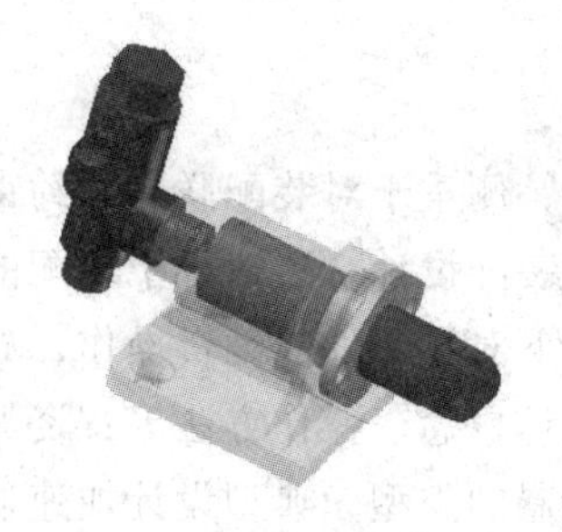

图 4-159　装配结果

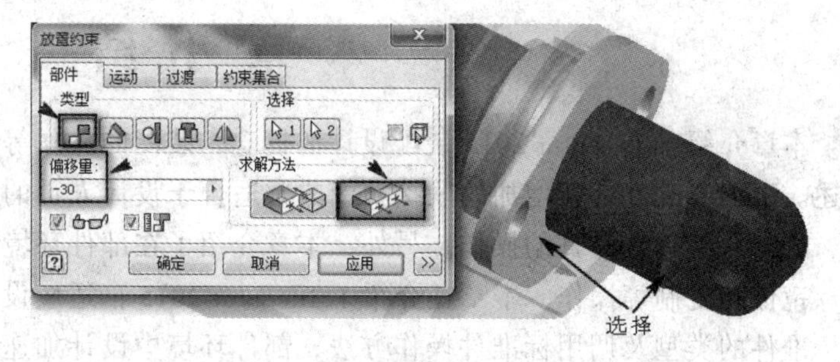

图 4-160　柱塞与填料阀盖表面平齐约束操作

参数

参数名称	单位/类型	表达式	公称值	公差	模型数值	关键	导	注释
模型参数								
d0	mm	0.000 mm	0.000000	○	0.000000	□	□	
d1	mm	0.000 mm	0.000000	○	0.000000	□	□	
d2	mm	0.000 mm	0.000000	○	0.000000	□	□	
d3	mm	0.000 mm	0.000000	○	0.000000	□	□	
d4	mm	0.000 mm	0.000000	○	0.000000	□	□	
d5	mm	0.000 mm	0.000000	○	0.000000	□	□	
d6	deg	-d12 / 10 mm * 50 deg	150.000000	○	150.000000	□	□	
d7	mm	0.000 mm	0.000000	○	0.000000	□	□	
d8	deg	-d12 / 10 mm * 50 deg	150.000000	○	150.000000	□	□	
d10	mm	0.000 mm	0.000000	○	0.000000	□	□	
d11	mm	0.000 mm	0.000000	○	0.000000	□	□	
d12	mm	-30 mm	-30.000000	○	-30.000000	□	□	
用户参数								

添加数字　更新　清除未使用项　重设公差　<< 更少
链接　立即更新　完毕

图 4-161　管理参数设置对话框

（15）选择部件菜单栏视图，单击“半剖”，选择泵体 *YZ* 面，半剖柱塞泵的装配，观察上下阀瓣与柱塞的运动。然后，在浏览器中，单击柱塞前“+”号，选择“表面平齐”约束，单击右键，在弹出的快捷菜单中选择“驱动”，输入结束-15，单击▶，柱塞进行平移，同时上下阀瓣旋转运动，如图 4-162 所示。

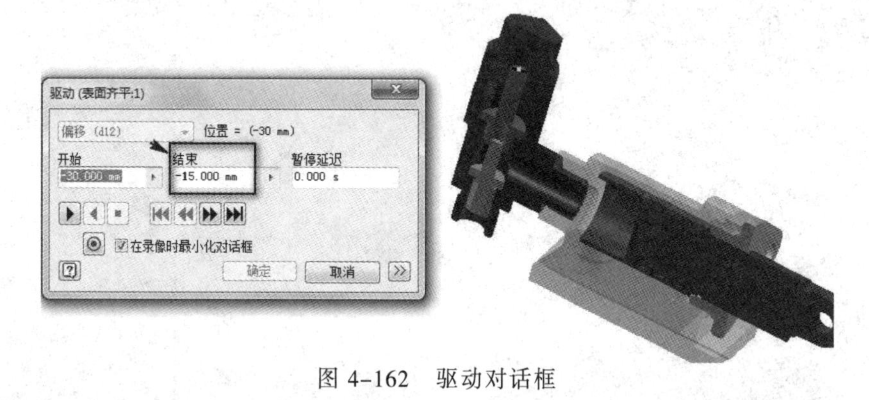

图 4-162　驱动对话框

（16）单击图 4-162 所示对话框中图标◉，可以进行多媒体文件的录制。多媒体文件的录制选项设置，在此不再赘述。

技巧： 由于不同零件之间有驱动运动关联性，需要在管理的参数中，设置它们之间的关系表达式，驱动原零件使与之关联运动的零部件随之运动。

本 章 小 结

本章介绍了 Inventor 2015 装配设计的概念、装配的操作等，侧重于对装配联接及约束的阐述。Inventor 2015 新增加的联接功能非常适合于设计人员的装配设计，更适合于装配的操作，符合后续运动仿真的操作。另外，本章介绍了在部件环境下对零部件的编辑操作，如阵列、镜像和复制等操作。本章还介绍了 Inventor 2015 自适应设计概念、操作方法等；资源中心标准件的类型及调用标准件操作方法；部件环境中设计加速器的类型，典型设计加速器的操作方法及注意事项。通过实例介绍 Inventor 2015 的装配流程，以展示该软件的强大装配功能及操作简便性。

复习思考题

1. Inventor 2015 部件界面的菜单栏、工具栏、工具面板和浏览器的位置及各项中包括的功能有哪些？
2. 装配设计的方法有几种？
3. 自适应的概念、准则是什么？如何创建自适应零件？
4. 部件的联接类型有哪些？每种联接方式适合于哪种运动？
5. 部件约束类型有哪些？
6. 从资源中心如何调用标准件并修改为自定义零件？
7. 练习柱塞泵的部件装配。

第 5 章 表达视图与 Inventor Studio

本章导读

表达视图与 Inventor Studio 是对零部件的装配结果采用静态或者动态表达，以便更清晰地演示零部件装拆过程及在虚拟环境下模拟逼真的运动状态。本章主要介绍 Inventor 2015 软件表达视图与动画、Inventor Studio。表达视图与动画将零部件的装拆过程以动态的形式表达出来，能够清晰观察零部件的装拆过程及零部件之间的装配关系；Inventor Studio 提供了图像渲染和动画渲染等功能，通过约束动画、位置动画等使零部件演示运动状态。

教学目标

通过对本章内容的学习，学生应做到：

- 了解零部件表达视图与动画的操作方法。
- 掌握零部件表达视图的操作方法、Inventor Studio 动画渲染的操作方法等。
- 能够完成零部件表达视图的操作，并能够对零部件的动画渲染熟练操作。

5.1 表达视图与动画

5.1.1 表达视图概述

Inventor 2015 提供的表达视图与动画功能，使得零部件的结构表达及拆装过程实现动画演示，更直观及清晰地显示了零部件之间的装配关系。

图 5-1 所示为千斤顶的装配分解视图，千斤顶由底座、起重螺杆、旋转杆、顶盖及螺钉组成，其中起重螺杆、旋转杆、顶盖及螺钉进行拆装时既旋转又上升，这样使得千斤顶的拆装分解更能够符合实际的装配过程。

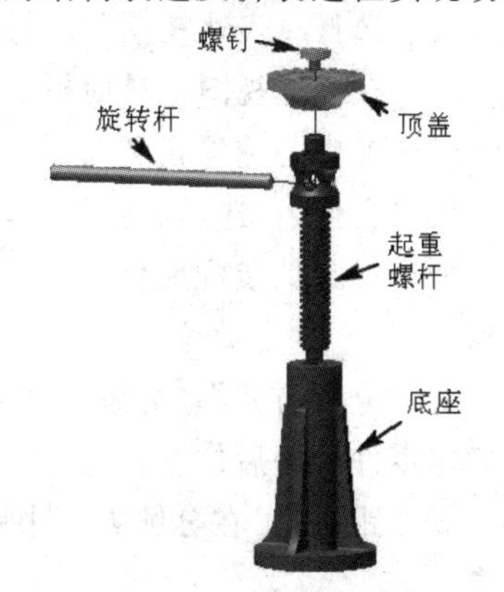

图 5-1 千斤顶的装拆分解视图

表达视图主要具有以下功能：

（1）通过动画演示零部件拆装过程，能够更真实地表达零部件之间的装配关系，更逼真地显示装拆的真实过程。

（2）调整观察角度，可以观察部分或者全部被遮挡的零部件。

5.1.2 创建表达视图

启动 Inventor 2015，单击“新建”旁边的箭头，选择“表达视图”图标，或者单击“新建”，在弹出的对话框中，双击“Standard.ipn”图标，进入表达视图环境，如图 5-2 所示。

表达视图的工具面板包括四项，即创建视图、调整零部件位置、精确旋转视图及动画制作。在创建视图之前，只有创建视图图标激活，其余三个图标处于未激活状态。

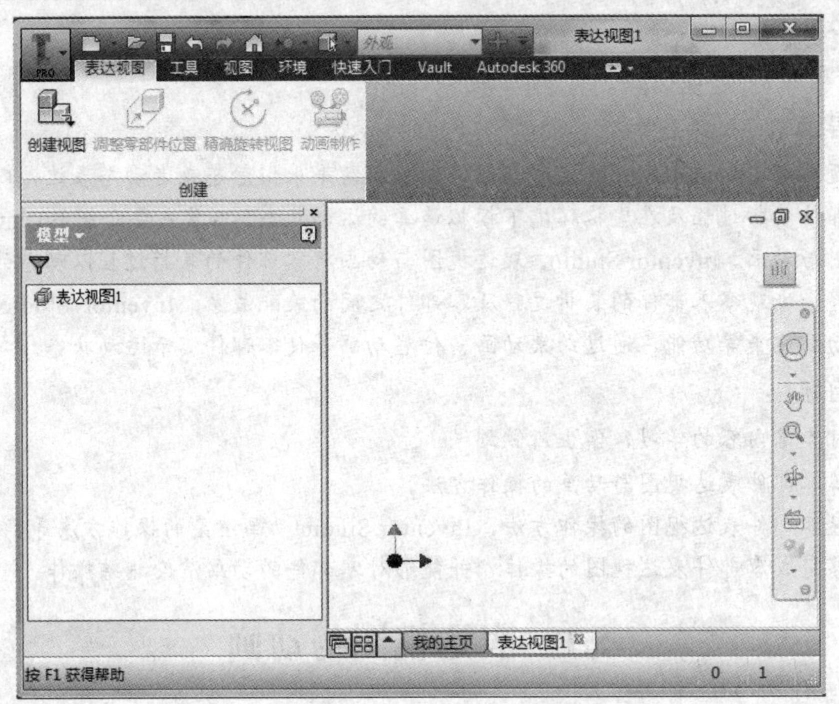

图 5-2 表达视图环境

创建表达视图的一般步骤：

（1）选择“表达视图”图标，进入表达视图环境，如图 5-2 所示。

（2）在表达视图工具面板，单击“创建视图”图标，弹出如图 5-3 所示的对话框。

对话框中各选项含义如下。

①“文件”：选择需要创建表达视图的部件文件。单击，查找创建表达视图的部件文件，如千斤顶的装配文件“千斤顶.iam”。单击“确定”按钮，创建千斤顶视图，如图 5-4 所示。

②“分解方式”：分解方式包括手动和自动两种。一般采用手动方式创建表达视图，手动确定零件分解后位置。

③“距离”：在分解方式中自动选项下，此选项被激活，确定部件分解时各零件之间的距离。

④“创建轨迹”：在分解方式中选择自动选项后，此选项被激活，保留分解时各零件的移动轨迹。

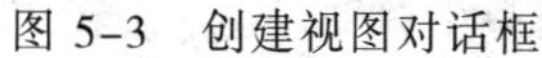
图 5-3　创建视图对话框

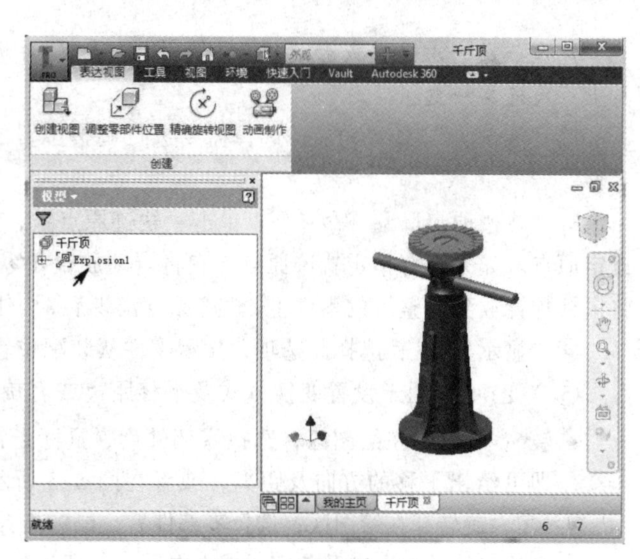

图 5-4　千斤顶

5.1.3　调整零部件位置

对于部件装配的分解，需要确定零件的位置来清晰表达零件之间的装配关系。表达视图创建后，设计人员根据零件之间的装配及位置关系合理的确定各零件之间的分解位置。

通过“调整零部件位置”使得零件沿指定的路径进行平移，或者沿指定旋转轴旋转一定角度，显示或者不显示从装配位置到调整后位置的运动轨迹，以便更好地观察零部件的装拆过程。

1. 操作步骤

（1）在零部件创建视图后，“调整零部件位置”选项被激活。单击表达视图工具面板“调整零部件位置”图标，弹出如图 5-5 所示对话框。

对话框中各选项含义如下。

①“方向” 方向(D)：单击此按钮，将鼠标指针放到图形区中零件的表面或者边上，零部件的表面自动出现如图 5-6 所示的坐标系。通过选择这个坐标系中的某个坐标轴定义零件平移或者旋转运动的旋转轴。平移运动是沿所选择的坐标轴按照给定距离作直线运动，旋转时是绕所选择的坐标轴旋转指定角度。

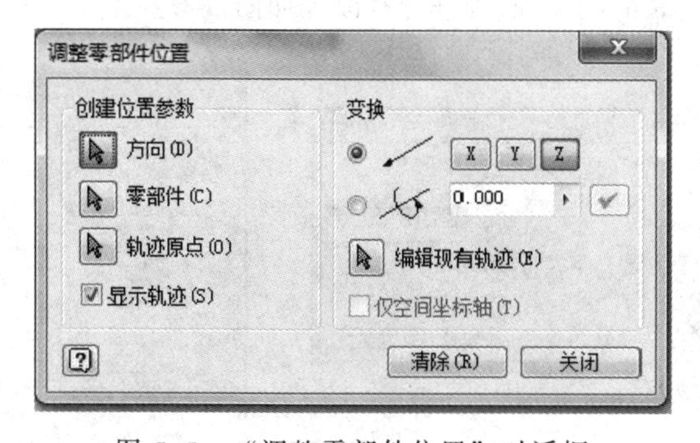

图 5-5　“调整零部件位置”对话框

图 5-6　方向确定

注意：每一次平移或者旋转后，单击“清除”，再进行下一次操作，否则会使下一次操作与上一次连在一起。

②“零部件” 零部件(C)：选择需要进行调整位置的零部件，单击即可选择一个或者多个零件。

③“轨迹原点” 轨迹原点(O)：单击“轨迹原点”，然后在图形窗口中单击在所选的零件上设定原点。如果没有指定轨迹原点，它将自动放置在零件的质心处。一般轨迹原点不用设置。将鼠标指针放到调整后的零件上，轨迹原点出现后，按住鼠标左键拖动即可改变零件分解位置。

④“显示轨迹”：选择此选项，显示零件从装配位置到调整位置的运动轨迹，否则不显示。

⑤“变换”：用于设置变换方式及平移距离或者旋转的角度。

- ：平移，在绘图区，选择零部件后，鼠标指针放到某坐标轴上，按住鼠标左键拖动即可给出平移的方向及距离，或者在图 5-5 所示的对话框中选择坐标轴并输入距离。
- ：旋转，在绘图区，选择零部件后，鼠标指针放到某坐标轴上，按住鼠标左键拖动即可给出旋转的方向及角度；或者在图 5-5 所示的对话框中选择坐标轴并输入旋转角度。
- “仅空间坐标轴”选项：不旋转所选零部件，只旋转空间坐标轴。在旋转激活后，此选项被激活。选择此选项，输入旋转角度或者拖动鼠标即可旋转空间坐标轴，然后再用它来定义位置参数。此选项一般不用。

⑥“清除”相当于“应用”，清除对话框的内容以便进行下一次的零件位置调整操作。

（2）根据需要选择零部件，确定分解的方式与运动的方向，并指定平移的距离或者旋转的角度。

（3）参数设置完成后，单击“清除”，完成零部件位置调整。

（4）重复以上步骤，完成部件中所有零件的位置调整。

2. 位置参数和轨迹的编辑

如果对已经进行部件位置调整操作后的位置参数和轨迹进行修改，可采用以下方法：

（1）在绘图区中进行编辑。在绘图区内找到要编辑的零件轨迹，将光标放到轨迹上变色或者单击，右击，在弹出的快捷菜单中选择“编辑...”，在弹出的对话框中输入距离或者角度即可对位置参数进行修改，如图 5-7 所示。在上述弹出的快捷菜单中选择“隐藏轨迹”，则轨迹线不可见。

（2）在浏览器中进行编辑。在浏览器中，单击需要修改的某一零件的位置参数，出现文本框，在文本框中输入距离或者角度，按【Enter】键即可进行修改，如图 5-8 所示。

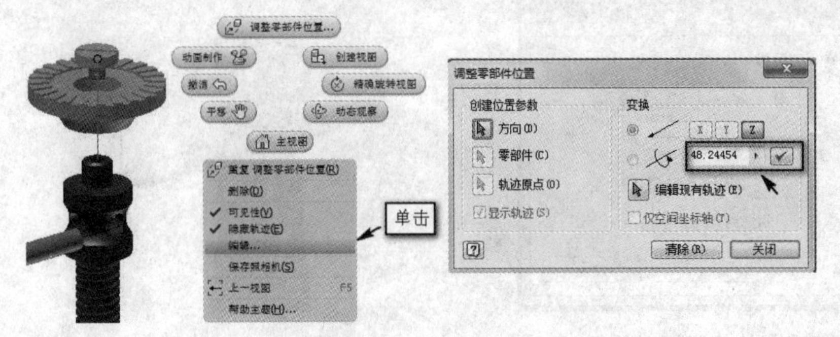

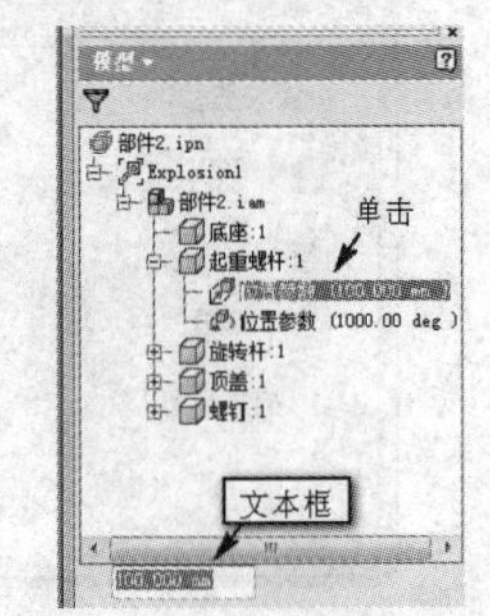

图 5-7　位置参数编辑　　　　图 5-8　浏览器修改参数

（3）直接拖动编辑。在绘图区，将光标放到某零件的轨迹上，单击轨迹，光标出现✕，按住鼠标左键拖动即可改变零件的位置，再次单击，操作完成。

5.1.4　精确旋转视图

部件的表达视图是模拟零件装拆的过程，常采用从不同的视角对零部件的装拆过程进行观察，因而需要对零件的装拆视角进行调整，Inventor 2015 利用精确旋转视图来定义装拆的不同观察视角。

单击表达视图工具面板“精确旋转视图”图标，弹出如图 5-9 所示的对话框。

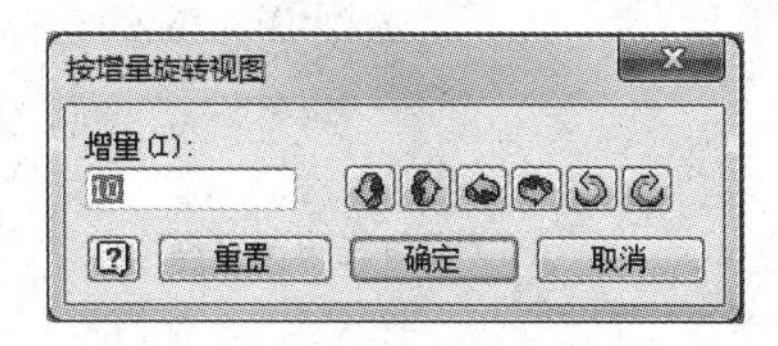

图 5-9　“按增量旋转视图”对话框

对话框中各项含义如下

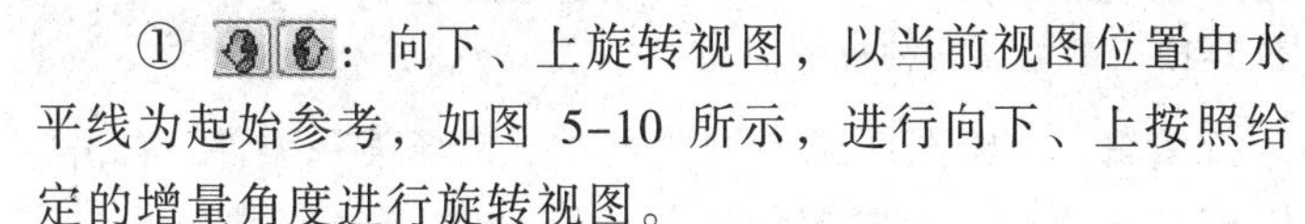

① ：向下、上旋转视图，以当前视图位置中水平线为起始参考，如图 5-10 所示，进行向下、上按照给定的增量角度进行旋转视图。

② ：向左、右旋转视图，以当前视图位置中竖直线为起始参考，如图 5-10 所示，向左、右按照给定的增量角度进行旋转视图。

③ ：逆、顺时针旋转，以当前视图位置的中心点为中心，如图 5-10 所示，向逆、顺时针方向按照给定的增量角度进行旋转视图。

④“重置”：取消本次旋转视图的定义操作，重新调整视图观察方向。

设置完成后，在绘图区内或者浏览器中单击右键，在弹出的快捷菜单中选择“保存照相机”，记录当前观察方向。如果后续观察方向改变而又想恢复定义的照相机位置，则单击右键，选择“恢复照相机”。

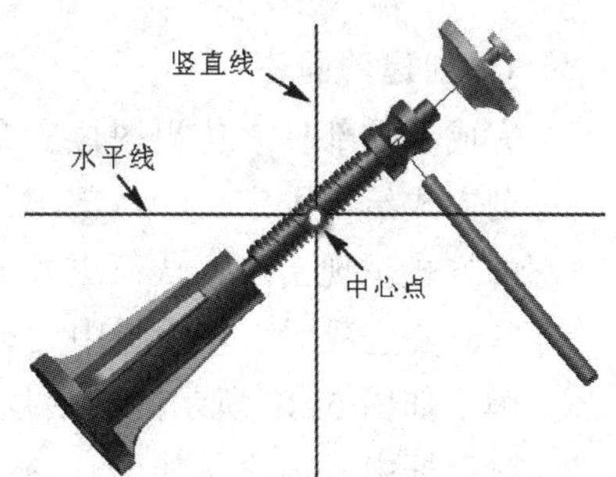

图 5-10　精确调整选择参考

5.1.5　使用浏览器过滤器

表达视图在浏览器中提供了不同的视图浏览类型。

单击浏览器顶部“浏览器过滤”按钮，弹出图 5-11 所示选项，有分解视图、顺序视图和装配视图设置三种类型。

① 分解视图：是把位置调整的参数单独显示在浏览器上端，如图 5-12(a)所示。在浏览器中与装配图标分开，单击参数即可对位置参数进行修改。

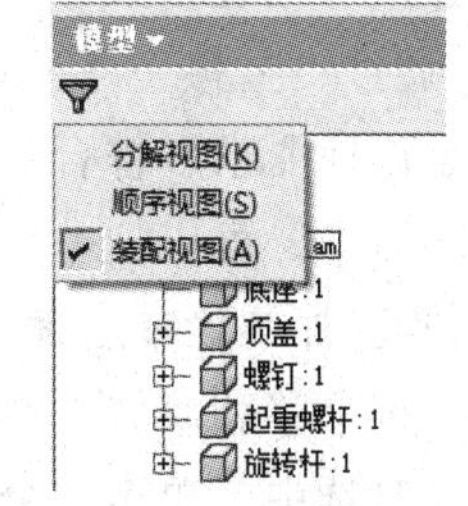

图 5-11　浏览器视图类型

② 顺序视图：是按照把位置按照顺序调整显示在浏览器上端，如图 5-12(b)所示。单击“位置参数”对参数进行修改，选择某一序列，拖动到合适的更改位置，以调整视图顺序。

③ 装配视图：按照在部件中装配顺序显示，如图 5-12(c)所示。每一零件包含位置调整的参数，单击参数即可对位置参数进行修改。

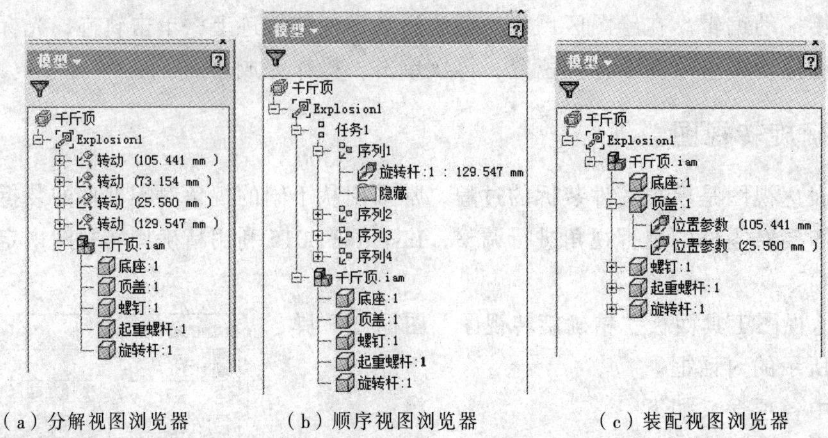

（a）分解视图浏览器　（b）顺序视图浏览器　（c）装配视图浏览器

图 5-12　浏览器三种视图

对表达视图中零部件的可见性进行编辑。在绘图区或者浏览器中，选择某一零件，右击，在弹出的快捷菜单中选择可见性，即可显示或者隐藏零部件。

5.1.6　动画制作

1. 创建动画

完成了零部件表达视图位置参数设置后，即对装拆过程中零部件的起始位置、终止位置及运动方式给出了定义，对零部件装拆的过程通过动画的方式进行模拟，使得装拆的过程以动态的方式呈现出来，从而更好地展现零部件的装配关系及装拆过程。

单击表达视图工具面板中“动画制作”图标，弹出如图 5-13 所示的对话框。

对话框中各项含义如下。

①“动画顺序”：创建动画时，动画模拟的顺序应符合零部件真实的装拆的顺序，对动画顺序需要进行调整。调整时，单击“重置”按钮，选择某一位置参数即可激活“上移”“下移”按钮，通过“上移”“下移”进行动画顺序的更改，满足设计要求，符合零部件真实的装拆过程。

另外，可以把一个零件的几个位置参数组合在一起，如螺栓或者螺母需要既旋转又平移运动，可以把平移和旋转这两个位置参数，按住【Ctrl】键同时选中，单击“分组”按钮即实现这两个位置参数同时运动。如果对组合后的位置参数进行修改，则选择组合中的任意位置参数，单击“取消分组”按钮，即可把组合的参数分开，进行参数修改，修改后再进行组合。

图 5-13　“动画”对话框

②“间隔”：用于定义设置位置参数的动画间隔次数。需要输入所需的间隔次数或者用上下箭头选择次数。

③ "重复次数"：设置重复播放的次数。输入所需的重复次数或者用上下箭头选择次数。

④ ⏭⏮：将动画前进到动画末尾、后退到动画的开始。

⑤ ▶◀：正向、反向播放动画。

⑥ ▶◀：按指定重复次数播放动画。每次播放从开始到结束，然后自动反向播放。

2．录制多媒体文件

完成动画创建之后，通过"录像"功能，把零部件装拆的过程制作成多媒体文件，用视频记录零部件的装拆过程并演示零部件装配关系。

单击图 5-13 中"录像"按钮，弹出如图 5-14 所示的对话框，选择文件存储路径，输入文件名，选择视频文件类型（.avi 或者.wmv）。

在图 5-14 所示对话框中，单击"保存"，弹出如图 5-15 所示对话框，用于设置视频压缩，不同压缩选项影响视频文件的清晰程度。

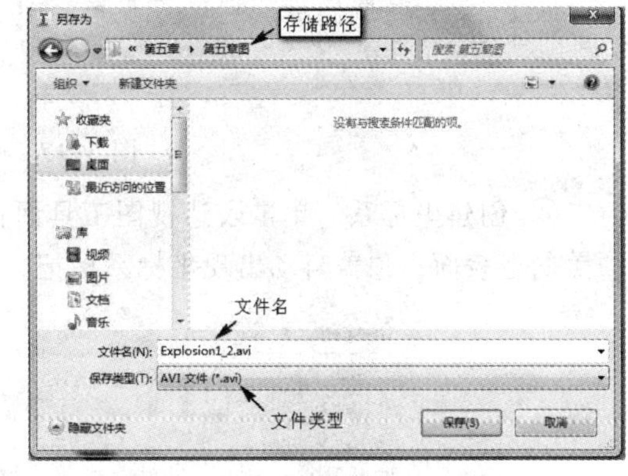

图 5-14 "另存为"对话框

单击图 5-15 中所示"确定"按钮，关闭对话框，即可进行动画录制。

单击图 5-13 中所示动画播放按钮，动画演示完成后，单击，完成录制。零部件的装拆多媒体文件制作完成。用 Media Player 或者其他视频播放软件均可播放该文件，来演示零部件装拆的过程。

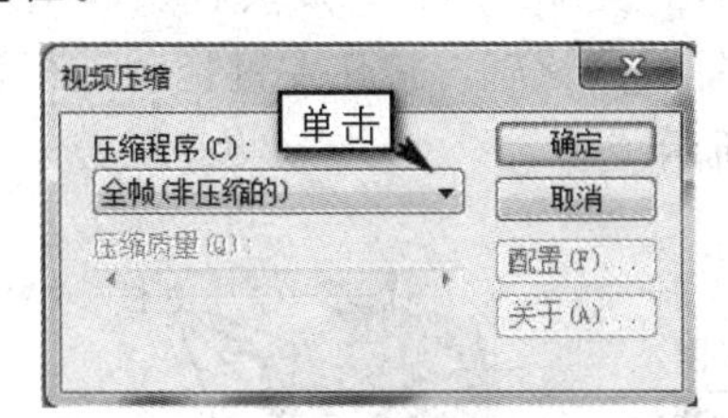

图 5-15 文件压缩类型等设置对话框

【例 5-1】完成千斤顶表达视图与动画制作。

分析：千斤顶是由底座、起重螺杆、旋转杆、顶盖及螺钉组成。底座固定不用拆，而起重螺杆、旋转杆、顶盖及螺钉需要既旋转又平移来装拆，然后再拆装顶盖、螺钉及旋转杆，所以需要对起重螺杆、旋转杆、顶盖及螺钉的位置参数进行组合。

拆装步骤：

① 启动 Inventor 2015，单击新建中图标表达视图或者双击新建文件中"Standard.ipn"图标，进入表达视图环境。

② 放置部件。单击表达视图工具面板"创建视图"图标，在弹出的对话框中找到千斤顶的部件文件，分解方式为手动，如图 5-16 所示。单击"确定"按钮，在绘图区放置千斤顶的部件。

图 5-16 "选择部件"对话框

③ 旋转视图。单击表达视图工具面板"精确旋转视图"图标，把千斤顶的装配视图向

下旋转 30°，如图 5-17 所示，单击“确定”按钮。在绘图区单击右键，在弹出的快捷菜单中选择“保存照相机”。

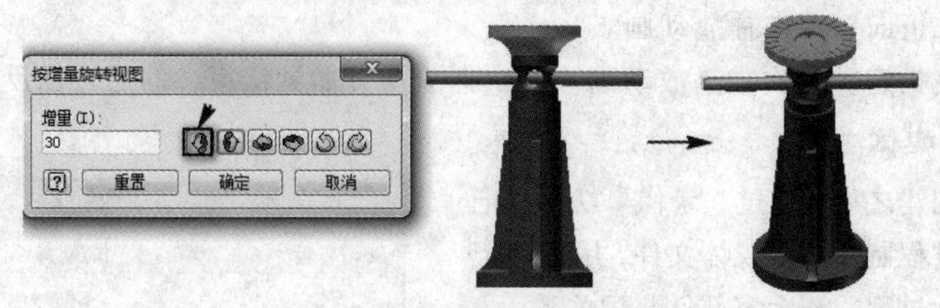

图 5-17　精确旋转千斤顶

④ 创建坐标系。单击表达视图工具面板中“调整零部件位置”图标，鼠标指针放到顶盖的上表面，顶盖自动出现坐标系标记，单击即建立了坐标系，如图 5-18 所示。

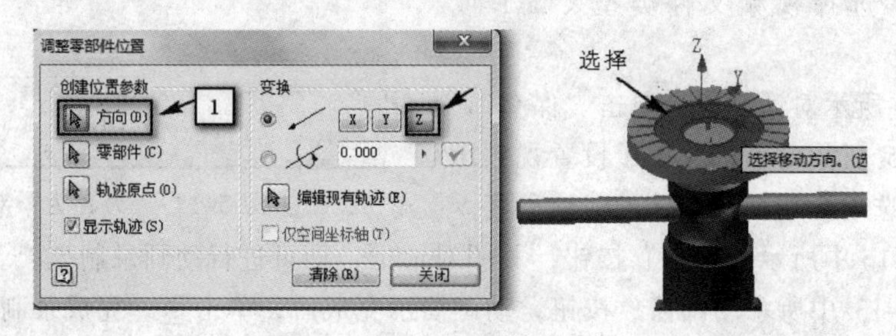

图 5-18　平移坐标系建立

⑤ 选择起重螺杆等进行平移操作。依次单击顶盖、螺钉、旋转杆及起重螺杆，变换方法为线性，默认 Z 轴作为平移参考，将鼠标指针放到 Z 轴，按住左键拖动进行移动，或者输入 120，单击[✓]，完成平移操作，如图 5-19 所示。

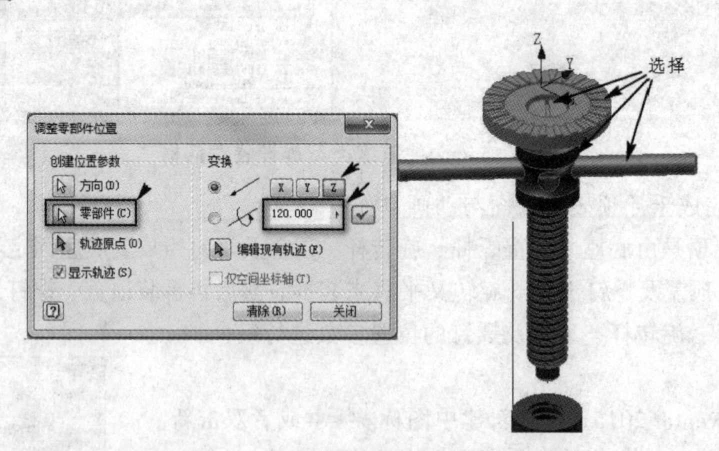

图 5-19　零部件选择集平移参数设置

⑥ 选择起重螺杆等进行旋转操作。单击图 5-19 所示“清除”按钮，将鼠标指针放到顶盖的圆边上，自动出现坐标系，单击即建立了该坐标系，如图 5-20 所示。

依次单击顶盖、螺钉、旋转杆及起重螺杆，选择变换方法为“旋转”，默认 Z 轴作为参考旋转轴，将鼠标指针放到 Z 轴上，按住鼠标左键拖动进行旋转，或者输入 1080，单击[✓]，完成旋转操作，如图 5-21 所示。

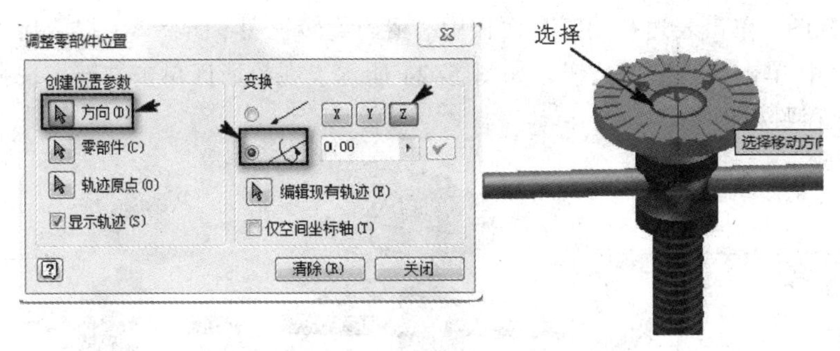

图 5-20　旋转坐标系建立

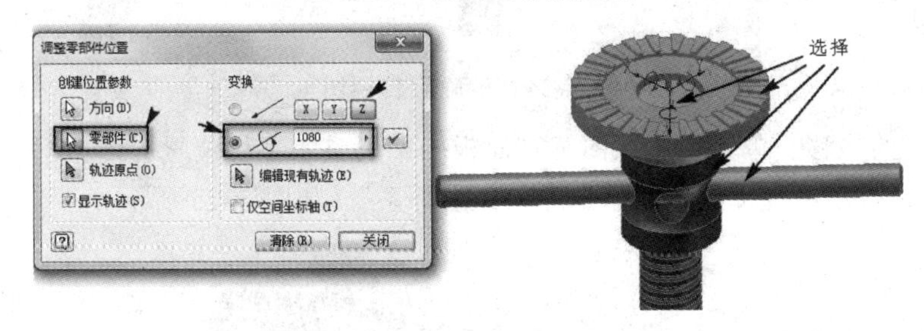

图 5-21　旋转零部件选择及参数设置

⑦ 螺钉的平移。单击图 5-21 所示“清除”按钮，将鼠标指针放到顶盖的上表面，顶盖自动出现坐标系标记，单击即建立坐标系，如图 5-18 所示。

选择螺钉，变换方法为线性，平移参考为 *Z* 轴，拖动鼠标或者输入 50，单击☑，完成螺钉平移操作，如图 5-22 所示。

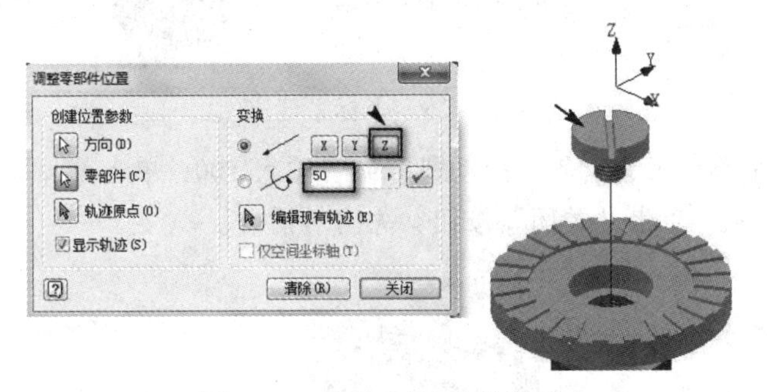

图 5-22　螺钉平移参数设置

⑧ 同样对顶盖进行平移，平移距离为 25，操作方法如图 5-23 所示。单击“关闭”按钮，关闭对话框。

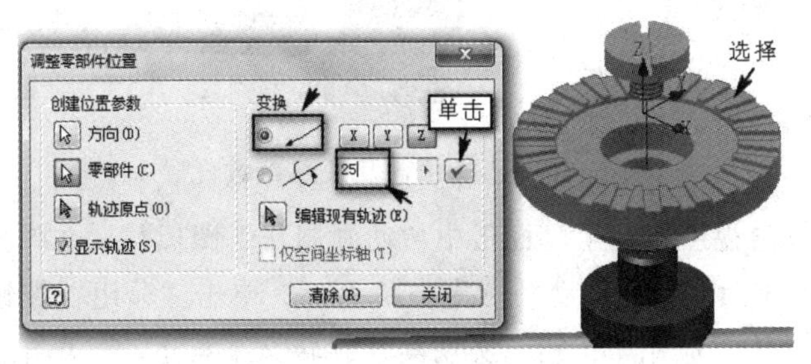

图 5-23　顶盖平移参数设置

⑨ 旋转视图。单击表达视图工具面板中“精确旋转视图”图标，把千斤顶的装配视图向左旋转 35°，单击“确定”按钮，如图 5-24 所示。在绘图区单击右键，在弹出的快捷菜单中选择“保存照相机”。

图 5-24　精确旋转视图

⑩ 旋转杆的平移。单击表达视图工具面板中“调整零部件位置”图标，鼠标指针放在旋转杆端面，自动出现坐标系，单击“创建坐标系”，如图 5-25 所示。

图 5-25　坐标系建立

选择旋转杆，平移参考为 Z 轴，拖动鼠标或者输入 100，单击，完成对旋转杆平移的操作，如图 5-26 所示。单击“关闭”按钮，关闭对话框。

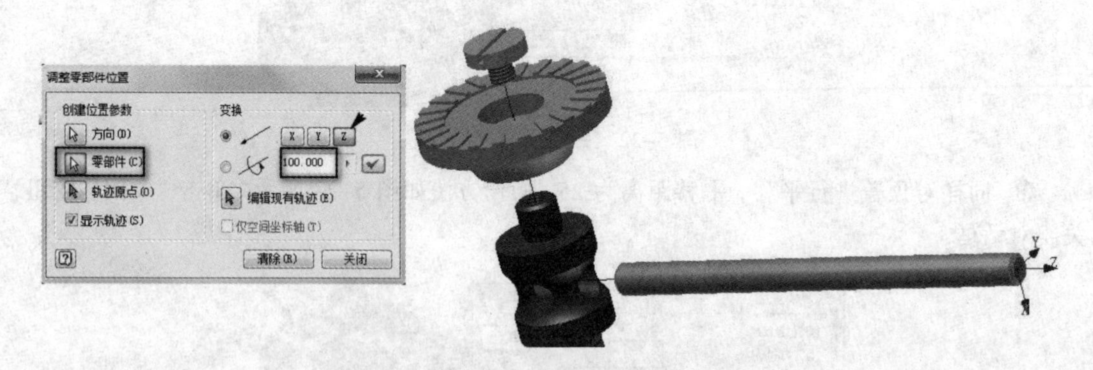

图 5-26　选择顶盖及平移参数设置

⑪ 动画制作。单击视图表达工具面板中“动画制作”图标，在弹出的对话框中，单击“重置”按钮，按住【Ctrl】键选择动画顺序中 4 和 5，单击“分组”按钮，完成分组操作，如图 5-27 所示。再单击“应用”按钮，实现其既旋转又平移运动。单击或者，进行正向或者反向动画播放，即演示装配过程或拆卸过程。

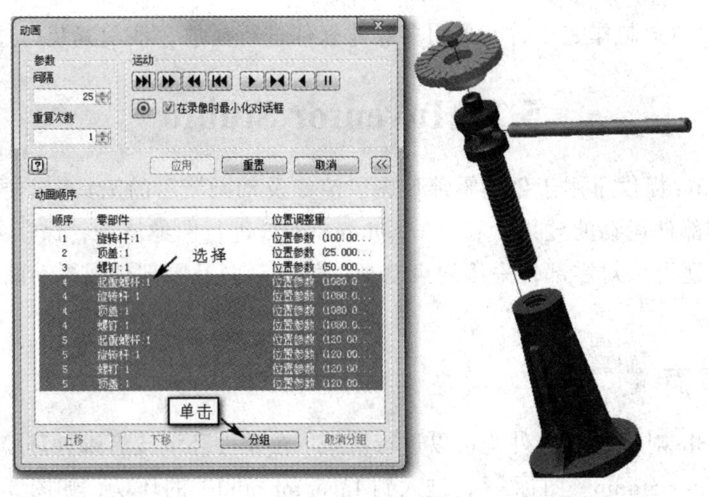

图 5-27　分组设置

单击◉，制作多媒体文件。在弹出的对话框中设置文件存储路径，输入文件名并选择文件类型，如图 5-28 所示。单击“保存”按钮，弹出如图 5-29 所示的对话框，设置文件配置参数。在图 5-29 中单击“确定”，单击图 5-27 中▶或者◀进行动画演示，演示结束，单击◉，完成录制操作。

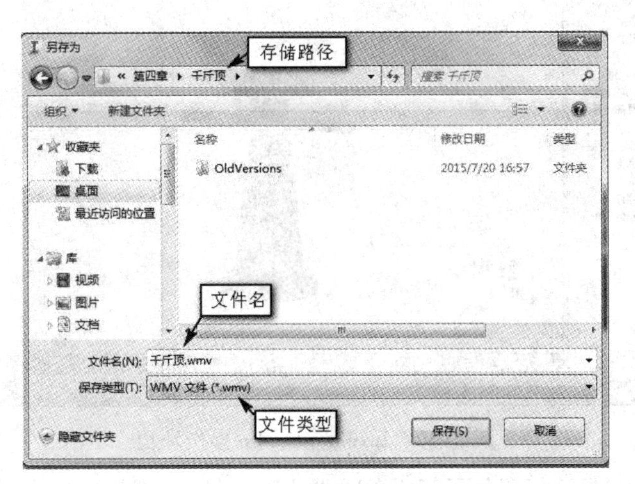

图 5-28　“另存为”对话框

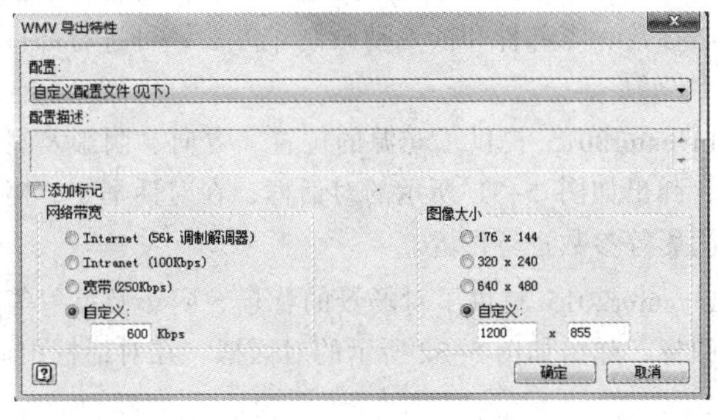

图 5-29　文件配置设置

⑫ 千斤顶的动画制作完成后，采用多媒体软件进行播放，演示其装拆过程。

5.2 Inventor Studio

Inventor Studio 提供了用于创建零部件图像渲染及动画演示的工具，以便更加美观地表达零部件结构及零部件运动的效果。利用 Inventor Studio 进行图像渲染，保存为 bmp、jpg 等格式的图片文件，还可以对零部件采用约束动画、位置动画及零部件装拆动画等将连续运动录制为多媒体文件。

5.2.1 操作界面

Inventor Studio 对部件和零件均可以进行渲染。在零件环境或者部件环境，选择菜单栏环境，单击“Inventor Studio”图标，进入到 Inventor Studio 的环境，如图 5-30 所示。

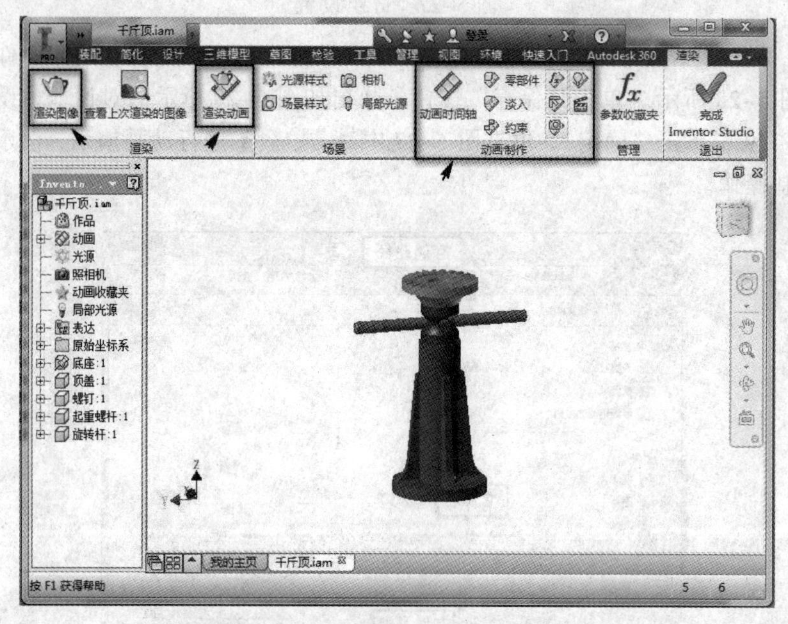

图 5-30 Inventor Studio 操作环境

Inventor Studio 工具面板提供了场景的设置方式，包括光源样式、场景样式、相机及局部光源设置，另外提供了渲染图像和渲染动画功能，可对部件进行图像渲染，还提供了动画制作的功能，包括约束、参数、零部件和淡入动画制作方法，可进行部件装拆动画、运动动画的演示。

① 光源样式：Inventor2015 提供了光源的位置、方向、阴影及亮度设置。单击工具面板“光源样式”图标，弹出如图 5-31 所示的对话框，在对话框中，对某光源选项通过调整光源的位置、亮度、阴影等参数进行设置。

② 场景样式：Inventor2015 提供了对场景的背景、阴影及反射等参数的设置。单击工具面板“场景样式”图标，弹出如图 5-32 所示的对话框，在对话框中通过调整场景的背景、环境等参数进行设置。

图 5-31　光源样式设置

图 5-32　场景样式设置

③ 相机：通过定义相机位置、正视或者透视模式等创建相机。单击工具面板“相机”图标，在绘图区单击确定目标，拖动鼠标单击确定相机位置，即将光标放在绘图区位置上单击，操作步骤如图 5-33 所示。在位置上出现如图 5-34 所示的坐标系，将鼠标指针放到坐标轴的箭头上，出现↗并按住鼠标左键且拖动沿此坐标轴进行平移，鼠标指针放到坐标轴上出现旋转符号，按住鼠标左键且拖动即绕该轴旋转。单击“确定”按钮，完成相机创建。

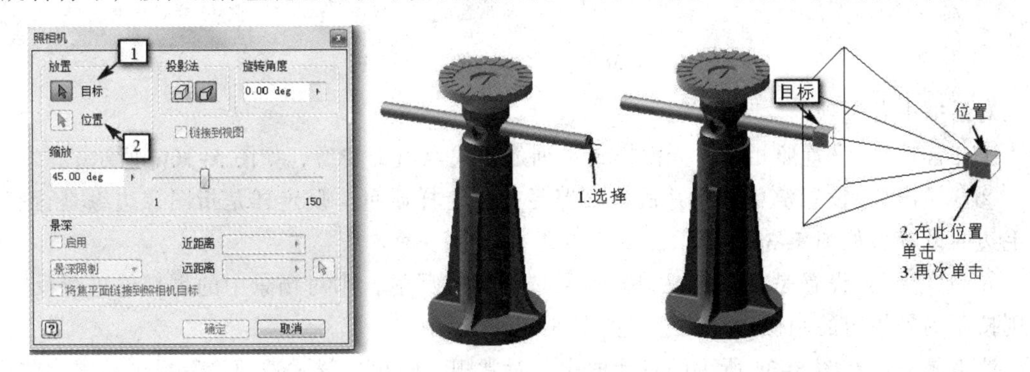

图 5-33　相机目标与位置选择

④ 局部光源：用于定义点光和聚光灯的放置、照明、阴影等。单击“局部光源”图标，弹出如图 5-35 所示的对话框，在对话框中对光源类型、放置及照明强度等进行设置。

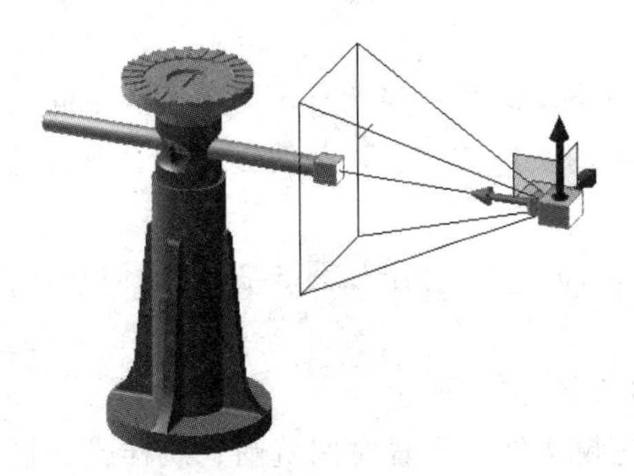

图 5-34　相机坐标系

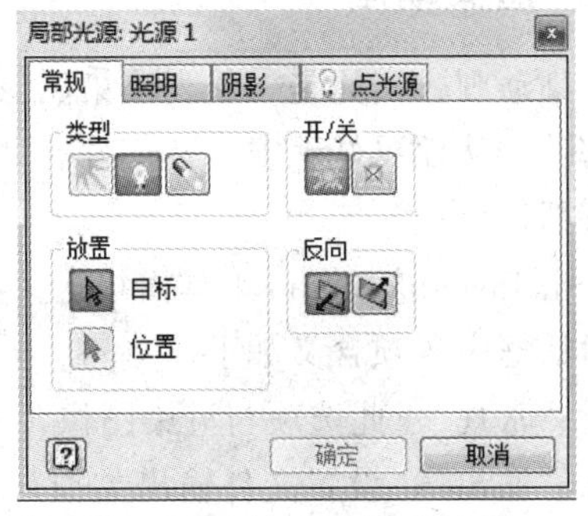

图 5-35　局部光源对话框

5.2.2 图像渲染

图像渲染是对零部件利用相机、光源等设置，添加一定的场景等效果，使零部件在渲染状态下更美观，并以图片的形式保存。

在图像渲染之前，需要对 Inventor Studio 工具面板上的光源样式、场景、相机等进行设置，使创建的图像渲染更具有真实感。

单击 Inventor Studio 工具面板上“渲染图像”图标，弹出如图 5-36 所示的对话框。

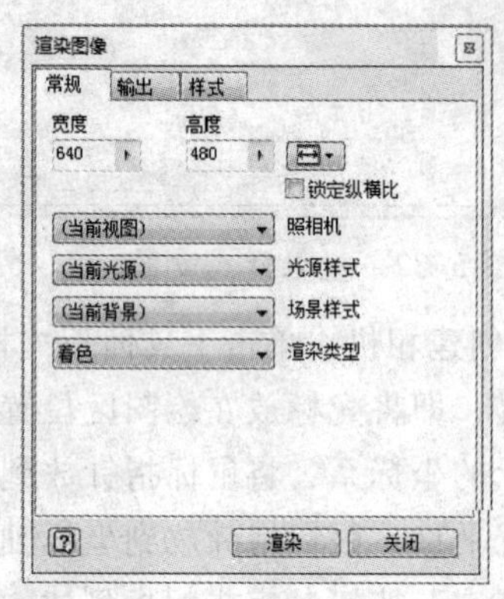

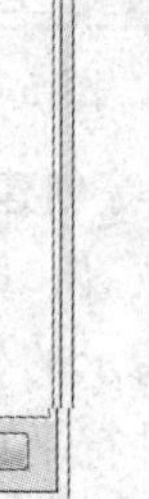

（a）常规选项

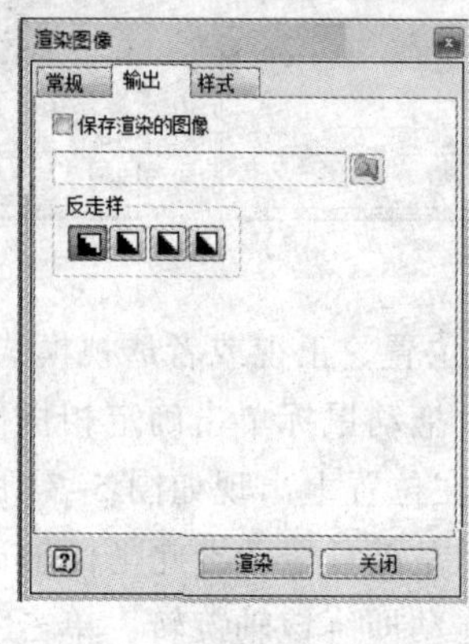

（b）输出选项

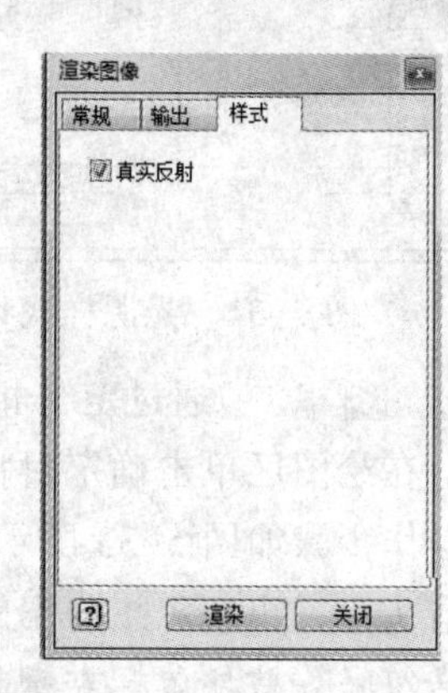

（c）样式选项

图 5-36 “渲染图像”对话框

对话框中各选项卡含义如下。

①“常规”：设置照相机、光源样式、创建样式及渲染类型，如图 5-36(a)所示。

②“输出”：设置渲染后图片的保存路径及反走样质量。反走样是指图像边缘是否有锯齿毛边的设置，如图 5-36(b)所示。

③“样式”：设置是否真实反射。如果选择真实反射，则对场景中的零部件进行反射，否则按照场景指定的图像进行映射，如图 5-36(c)所示。

渲染操作：在图 5-36 所示的对话框中，对常规、输出、样式选项设置后，单击“渲染”按钮，可对当前的零部件进行渲染，弹出渲染输出的图片，单击“保存”按钮，即可以.jpg 等格式保存图片。单击“关闭”按钮，完成图像渲染，关闭对话框。

5.2.3 渲染动画

渲染动画，实际是一系列渲染图像的组合。渲染动画可以连续从不同角度、不同位置展现零部件，从而更好地演示零部件。渲染动画输出的文件类型可以是视频文件，或者是一系列静态图像。

单击 Inventor Studio 工具面板上“渲染动画”图标，弹出如图 5-37 所示的对话框。

对话框中各项含义如下。

①“常规”：此选项与渲染图像含义相同，如图 5-37(a)所示。

②“输出”：设置文件输出类型是图片还是视频文件、设置时间范围、反样式、投影格式（正视或者透视）及帧频。如果是图片，则按照帧频输出图片，如图 5-37(b)所示。

③“样式”：此选项与渲染图像含义相同，如图 5-37(c)所示。

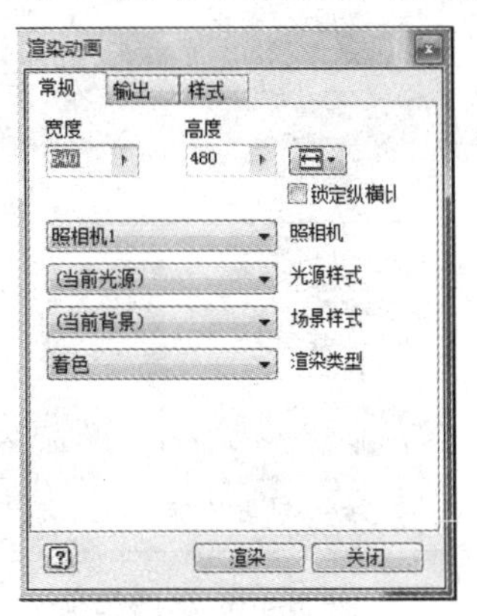

（a）常规选项

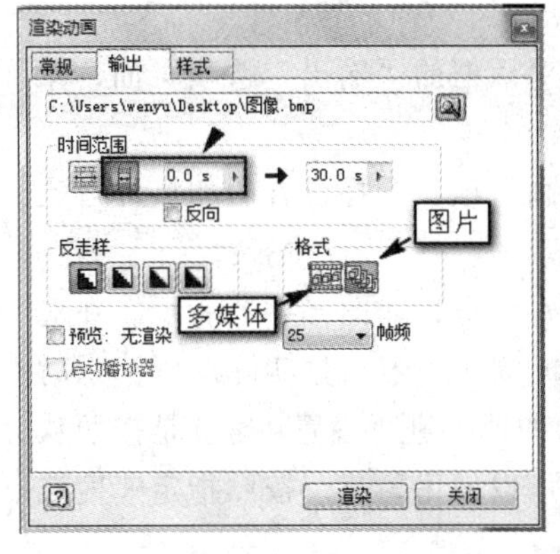

（b）输出选项

（c）样式选项

图 5-37　“渲染动画”对话框

渲染动画操作：在图 5-37 所示的对话框中，对常规、输出（在格式选项中选择输出时多媒体文件还是图片）、样式选项设置后，单击“渲染”按钮，对当前的零部件进行渲染动画，弹出多媒体文件或图片文件保存对话框，单击“保存”按钮，即可按照指定的文件格式保存文件。单击“关闭”按钮，完成渲染动画制作，关闭对话框。

5.2.4　动画制作

Inventor Studio 的动画制作工具栏，如图 5-38 所示，包括动画时间轴、零部件、淡入、约束、参数、位置表达、相机及视频制作器，另外包括参数收藏夹选项。

图 5-38　动画制作的工具栏

1. 动画时间轴

单击动画制作工具面板“动画时间轴”图标，弹出图 5-39 所示的对话框。

对话框中各选项含义如下。

⏮ ⏭：单击返回到动画的起始时间点，或者在动画时间轴上设置的时间为终止点。

◀ ▶：反向或者正向播放动画，在播放时间内变为暂停播放符号■时，单击可以暂停播放。

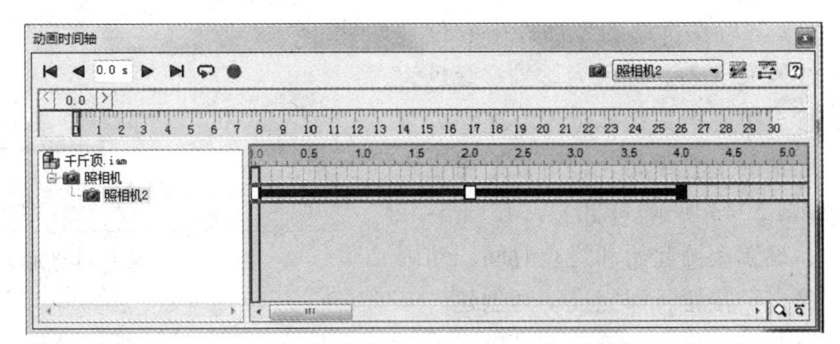

图 5-39　“动画时间轴”对话框

：单击此按钮后，单击“播放”，即实现连续循环重复上一个播放。

：打开“渲染动画”对话框的“输出”选项页面，录制多媒体文件的动画。

照相机2：照相机动画选项，选择设置的相机即可实现相机动画的制作。

：打开“动画选项”对话框，如图 5-40 所示。在对话框中，设置动画时间轴总时间（一般根据实际动画演示时间进行设置），并对动画演示的速度进行设置。速度是按照从起点到终点的百分比变化，可以使用匀速、按照指定速度或者默认速度。

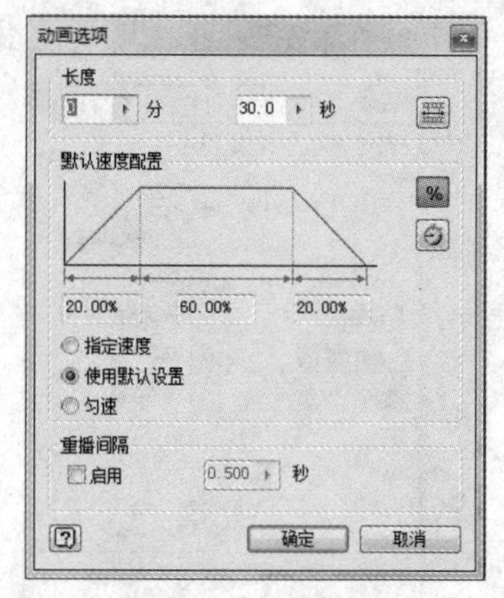

图 5-40　动画选项

：显示和隐藏用于动画的“操作编辑器”和浏览器，如图 5-41 所示。

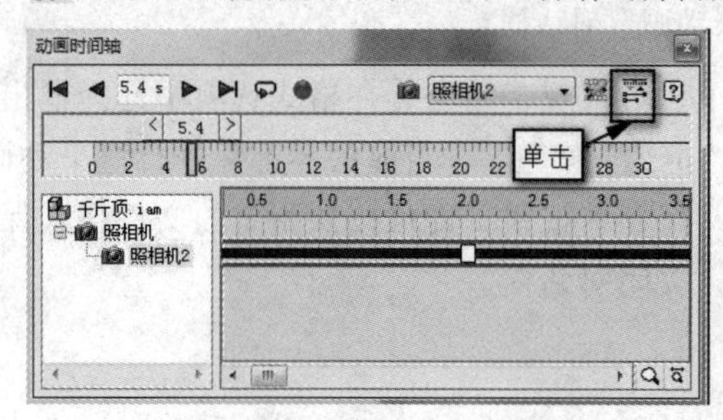

（a）显示浏览器和动画编辑器

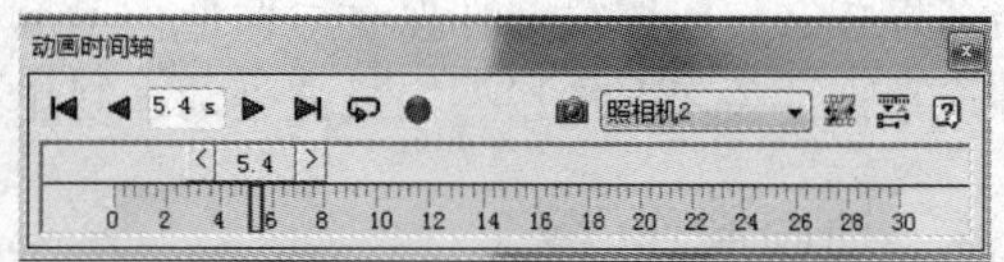

（b）隐藏浏览器和动画编辑器

图 5-41　浏览器和动画编辑器

注意：只有创建动画后，动画时间轴才被激活。

2. 零部件动画

零部件的动画是零部件装拆过程的模拟过程。

在创建零部件动画之前，在装配环境下，需要对零部件中所有的约束或者联接进行抑制，否则零部件动画在创建后，所有零部件都是固定的，不能运行装拆过程的演示。

单击动画制作工具面板“零部件”图标 零部件，弹出图 5-42 所示的对话框。各选项含义如下。

① 零部件：选择分解动画的零部件。

② 位置：单击后在所选的零部件中心位置出现坐标系，红色为 X 轴、蓝色为 Z 轴、绿色为 Y 轴。将光标移至中心点，光标位置出现，分别输入 3 个坐标轴的平移距离，即可按照指定距离进行平移，如图 5-43 所示。单击，在图 5-42 所示对话框中，设置动画起始和终止时间、动画速度，单击“确定”按钮，即完成动画创建。

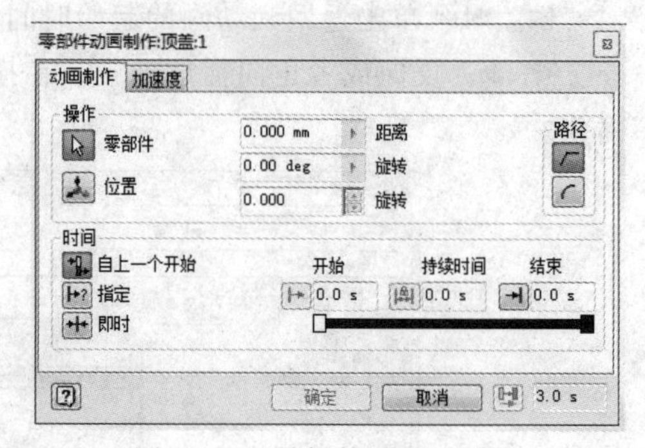

图 5-42　零部件动画对话框

将光标移至某一坐标轴的箭头上，出现，表示沿所选定的轴线进行平移，操作时可拖动光标或者在文本框输入距离，如图 5-44 所示。单击，在图 5-42 所示对话框中，设置动画起始和终止时间、动画速度，单击“确定”按钮，即完成动画创建。

图 5-43　沿 3 个轴平移

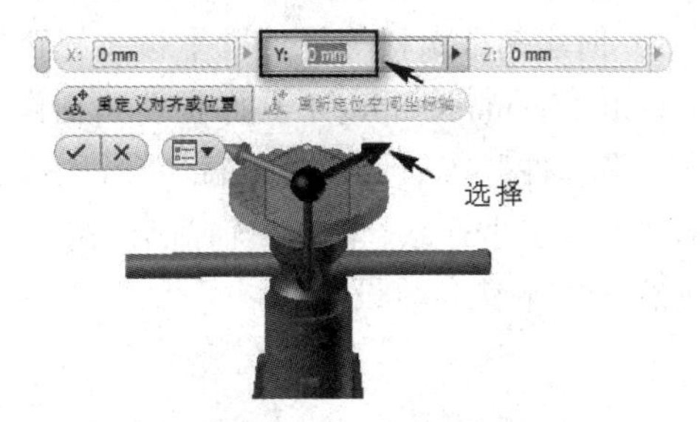

图 5-44　沿某个轴平移

将光标移至某一坐标轴上，出现，表示绕所选定的轴线进行旋转，在文本框输入旋转角度，如图 5-45 所示。单击✓，在图 5-45 所示对话框中，设置动画起始和终止时间、动画速度，单击“确定”按钮，即完成动画创建。

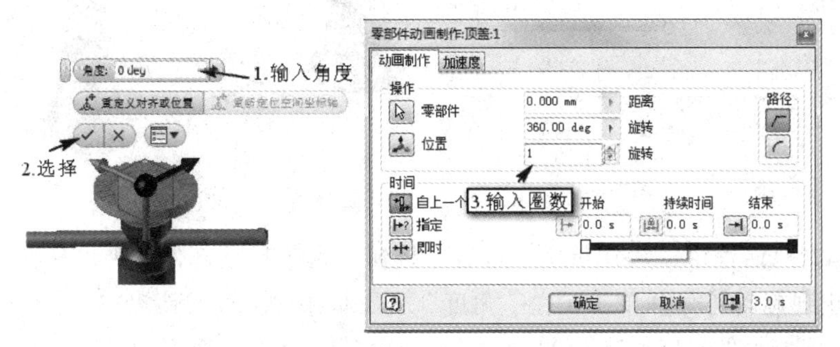

图 5-45　绕某个轴旋转

【例 5-2】千斤顶的零部件动画创建。

操作步骤：

① 打开千斤顶的部件。

② 对所有约束或者联接进行抑制。在浏览器中，展开“关系”，则所有的约束及联接均会显示，选择所有约束或联接，右击，在弹出的快捷菜单中选择“抑制”，如图 5-46 所示。

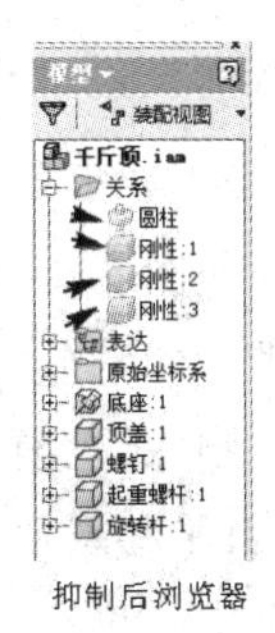

图 5-46　约束或者联接抑制操作

③ 选择部件菜单栏环境，单击图标，进入渲染环境。

④ 创建起重螺杆等零件既平移又旋转的动画。

单击 Inventor Studio 工具面板动画制作中的“零部件”图标 零部件，在弹出的对话框中，单击“零部件”按钮，选择顶盖、螺钉、旋转杆和起重螺杆，再单击“位置”按钮，在千斤顶部件上弹出坐标系，单击 X 轴箭头，在 X 文本框中输入距离-120，如图 5-47 所示，单击✓，完成沿 X 轴平移参数设置。

图 5-47 平移动画设置

在图 5-47 对话框中，再次单击“位置”按钮，在千斤顶部件上弹出坐标系，将光标移至 X 轴上，出现旋转符号并单击，在“角度”文本框中输入角度参数 35，单击✓，在对话框中设置 1.5 圈，角度自动变为 540deg，设置结束时间为 3s，速度为匀速，如图 5-48 所示。单击“确定”按钮，完成第一个动画创建，关闭对话框。

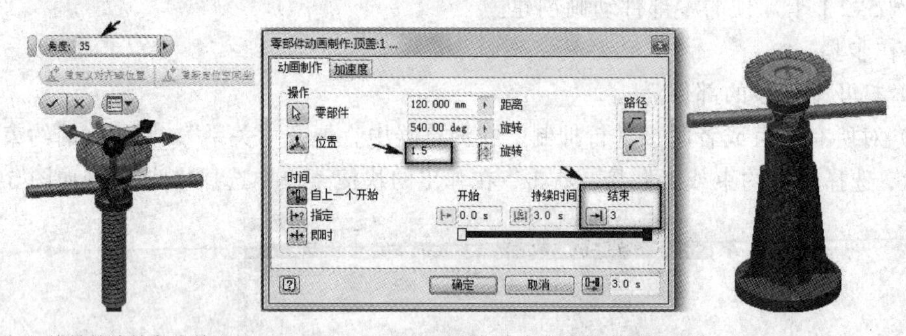

（a）旋转轴旋转角度输入　　（b）对话框中角度及结束时间设置

图 5-48 旋转动画设置

动画时间轴如图 5-49 所示，单击◀或者▶即可实现对上述四个零件的既旋转又平移的运动。对每一个零件的动画时间均可以进行编辑操作，选择某零件时间轴，右击，在弹出的快捷菜单中选择“删除”“复制”等命令，即可对其进行删除、复制等操作。

⑤ 创建螺钉平移动画。单击 Inventor Studio 工具面板动画制作中“零部件”图标 零部件，在弹出的对话框中，单击“零部件”按钮，选择螺钉，单击“位置”按钮，在千斤顶部件上弹出坐标系，选择 X 轴箭头，在 X 轴文本框中输入-50，在绘图区内单击✓；设置开始时间 3 s，结束时间 5 s，角度按照默认即可，速度为匀速，如图 5-50 所示。单击“确定”按钮，

完成螺钉平移的动画创建，关闭对话框。

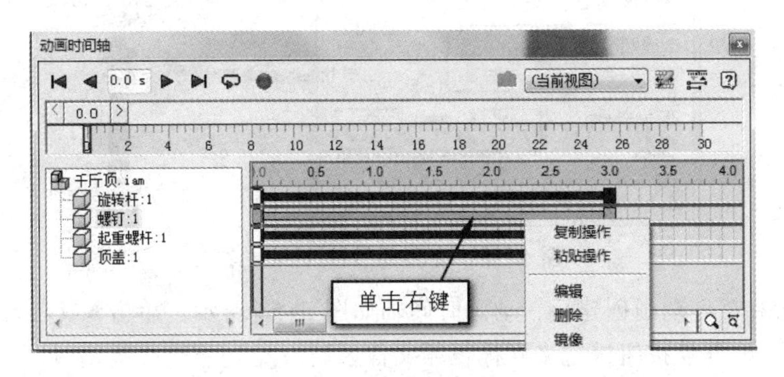

图 5-49　动画时间轴

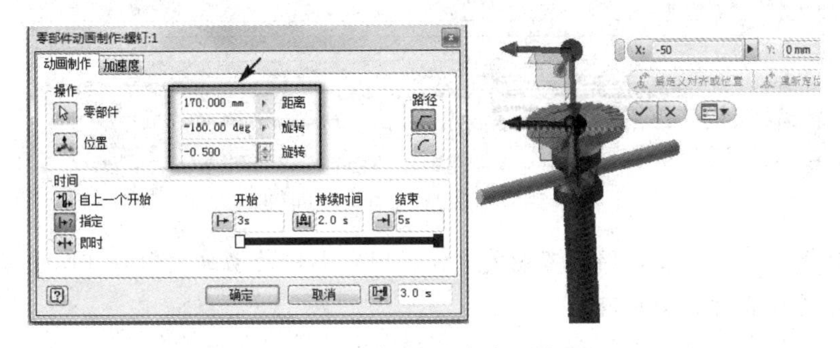

图 5-50　螺钉平移动画设置

⑥ 与步骤⑤相同，创建顶盖的平移动画。单击动画制作中“零部件”图标，选择顶盖，再单击“位置”按钮，选择 *X* 轴箭头，在 *X* 轴文本框中输入-25，单击✔，角度按照默认设置，设置开始时间 5 s，结束时间为 7 s，如图 5-51 所示。单击“确定”按钮，完成顶盖的平移动画创建，关闭对话框。

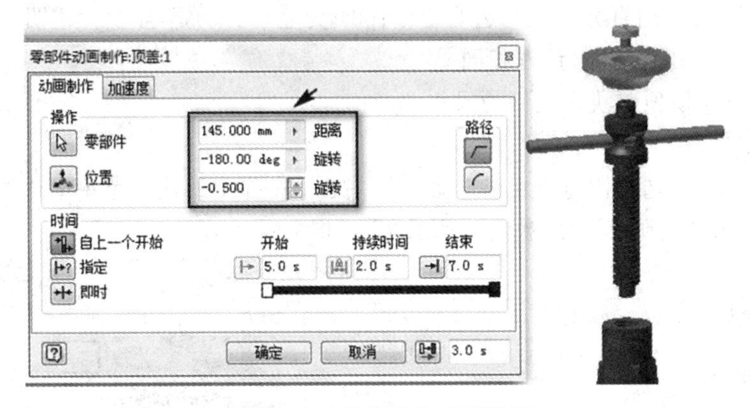

图 5-51　顶盖平移动画设置

⑦ 与步骤⑤相同，创建旋转杆的平移动画。单击动画制作中“零部件”图标，选择顶盖，再单击“位置”按钮，选择 *Z* 轴箭头，输入-120，单击✔，角度按照默认设置，开始时间 7 s，结束时间为 9 s，速度为匀速，如图 5-52 所示。单击“确定”按钮，完成旋转杆的平移动画创建，关闭对话框。

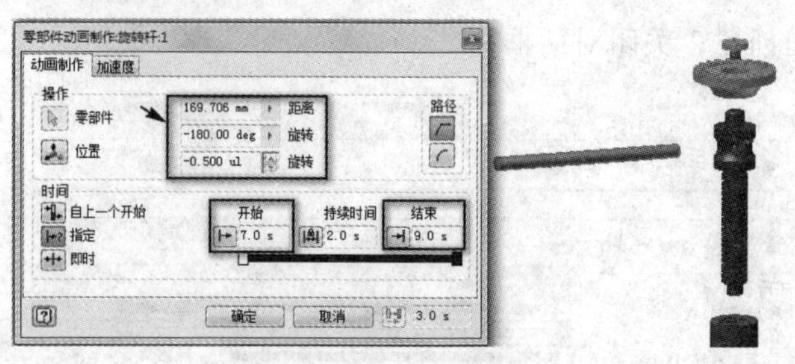

图 5-52　旋转杆平移动画设置

⑧ 完成所有零件动画创建后，动画时间轴如图 5-53 所示。单击◀或者▶按钮即播放千斤顶装拆过程，单击●按钮进行多媒体视频文件录制。

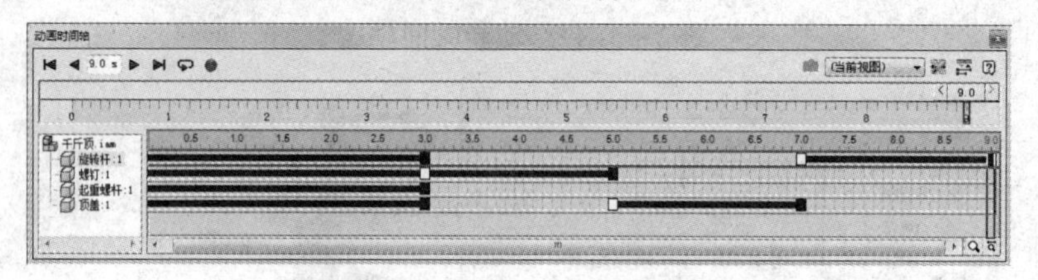

图 5-53　完成的动画时间轴

注意：对于同一零部件时间轴不能重叠，不同零部件的动画时间轴可以重叠，即可同时对不同零部件进行装拆的动画演示。

3．淡入动画

淡入动画是对零部件在指定的时间内演示其透明度变化的动画制作。

单击动画制作中“淡入”图标 淡入，弹出如图 5-54 所示的“淡显动画制作”对话框。

各选项含义如下。

① 零部件：选择要淡显的零部件，可以选一个或者多个零部件。

② 开始和结束：用百分比控制透明度，100%为显示，0%不显示为透明。

其他选项含义与零部件对话框相同。

【例 5-3】千斤顶顶盖淡入动画的操作。

操作步骤：

① 在例 5-2 中，选择浏览器中的“动画”，右击，在弹出的快捷菜单中选择“新建动画”，建立动画 2。双击“动画 2”，以激活“动画 2”，如图 5-55 所示。

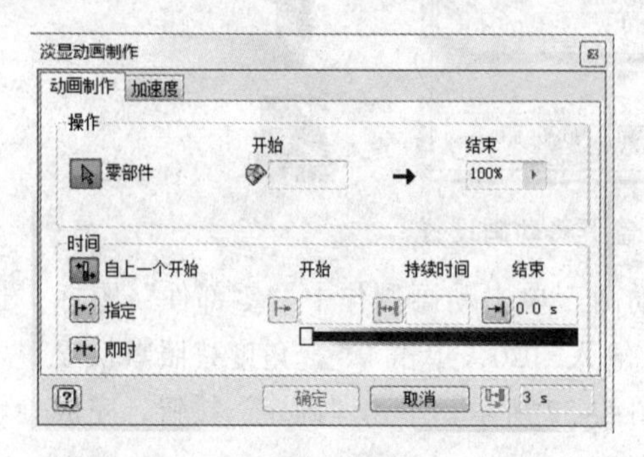

图 5-54　“淡显动画制作”对话框

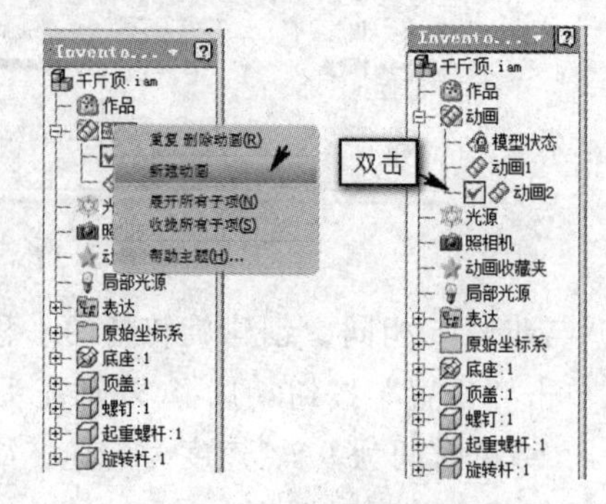

图 5-55　创建并激活新动画

② 单击动画制作中淡入图标，弹出如图 5-54 所示的对话框。选择千斤顶的顶盖，设置开始 100%，结束为 0%，结束时间为 3 s，速度为匀速，如图 5-56 所示。单击“确定”按钮，完成顶盖淡显动画制作。

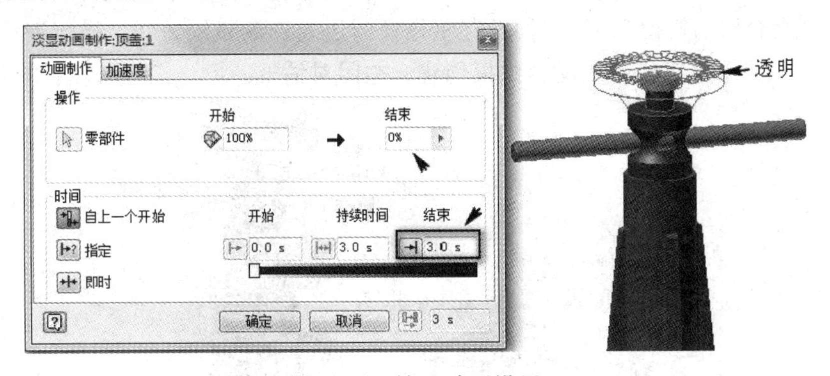

图 5-56　淡入动画设置

③ 单击◀或者▶按钮即实现顶盖在 3 s 时间内由显示到透明的过程，单击●按钮进行多媒体视频文件录制。

技巧：不同类型的动画制作可以进行组合，时间轴可以重叠，如把淡出动画加到零部件动画中，更能够清晰表达内部结构。

4. 约束动画

对零部件中的约束设置动画，只要有约束即可进行约束动画制作。零部件的约束在装配环境下不能抑制，抑制后，所有约束不可用，不能制作约束动画。

注意：联接中的圆柱、旋转等不作为约束动画的约束。如果制作约束动画，需要创建角度和配合的约束，驱动角度或者配合约束实现旋转或者平移运动，利用角度约束和配合约束制作平移及旋转的动画。另外，在装配中，添加约束不影响联接的效果，但是不能进行联接驱动。

单击 Inventor Studio 动画制作中的“约束”图标 约束，弹出如图 5-57 所示的对话框。

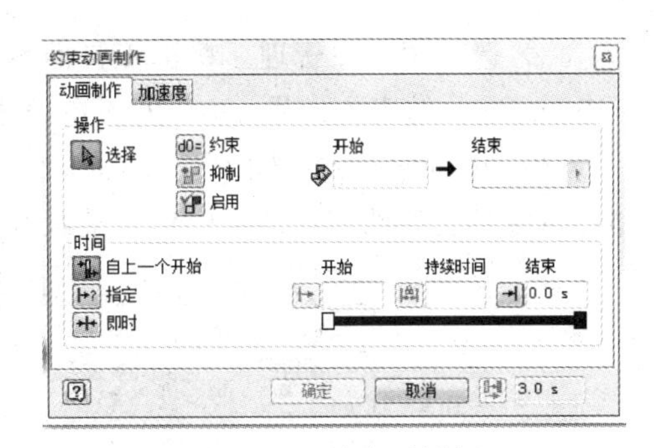

图 5-57　约束对话框

对话框中各选项含义如下。

①“约束”：在浏览器中，选择制作动画的约束。

②“抑制”：选择已经抑制的约束，一般不用。

③“启用”：已经抑制的约束不能制作动画，需要启用，激活约束。单击“启用”，在浏览器中选择被抑制的约束，即可激活该约束，单击“确定”。再次单击“约束”，即可对被激活的约束制作动画。

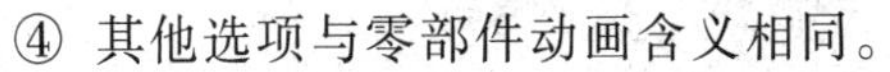

④ 其他选项与零部件动画含义相同。

【例 5-4】千斤顶约束动画的制作。

分析：千斤顶采用联接的方式进行装配，圆柱联接不作为约束，需要添加起重螺杆与底座的角度及配合约束，利用参数建立旋转与平移的关联性。

① 打开千斤顶的部件文件。单击工具面板“约束”图标，在“部件”选项卡中选择角度，选择起重螺杆 *XZ* 与底座 *YZ* 面、求解方法为“定向角”，角度为 0，如图 5-58 所示。单击“应用”，完成角度约束创建。继续添加底座面与起重螺杆边线的“配合”约束，选择部件选项卡中的“配合”，选择底座上表面及起重螺杆圆边线，偏移量为 0，操作方法如图 5-59 所示。单击“确定”按钮，完成配合约束创建，关闭对话框。

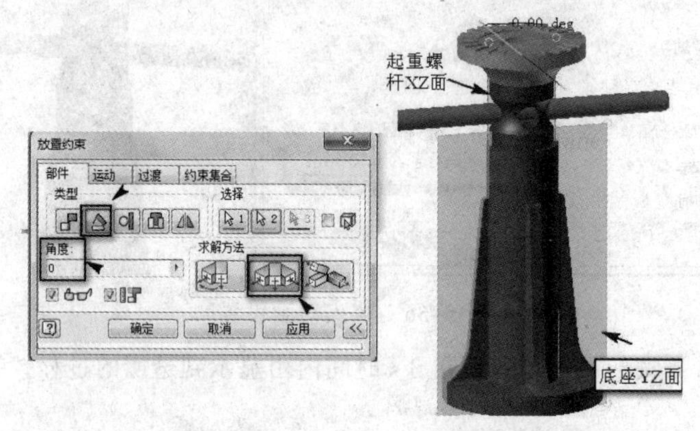

图 5-58　角度约束设置

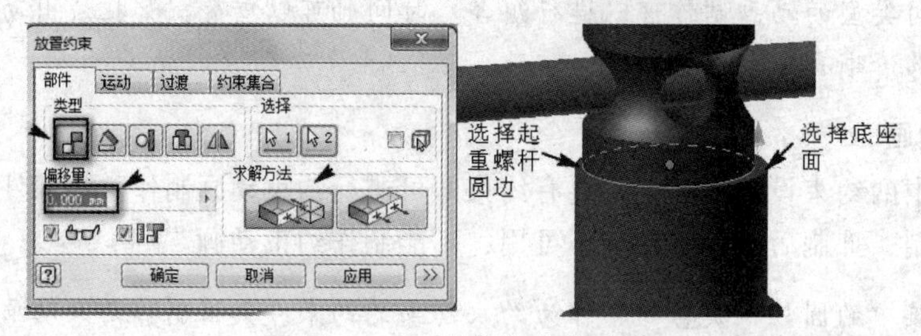

图 5-59　配合约束设置

技巧：如果角度约束是非定向角，约束动画是反复摆动，不能按照给定的角度进行连续旋转。

② 选择菜单栏管理。单击工具面板“参数”图标 f_x，添加起重螺杆的角度约束（代号 d19）与配合约束（代号 d20）的关系表达式。

在 d20 的表达式中输入：d19/360deg*10 mm，如图 5-60 所示。即 d20 与 d19 建立了关联性，d19 的角度约束在渲染中作为动画制作的约束使用。

参数

参数名称	单位/类	表达式	公称值	公差	模型数值	关键	导	注释
模型参数								
d0	deg	0.00 deg	0.000000		0.000000			
d1	mm	-d0 / 360 deg * 10 mm	-0.000000		-0.000000			
d14	mm	0.000 mm	0.000000		0.000000			
d15	mm	0.000 mm	0.000000		0.000000			
d18	mm	0.000 mm	0.000000		0.000000			
d19	deg	0 deg	0.000000		0.000000			
d20	mm	d19 / 360 deg * 10 mm	0.000000		0.000000			
用户参数								

添加数字　更新　清除未使用项　重设公差　<< 更少
链接　立即更新　完毕

图 5-60　参数设置

③ 单击部件菜单栏“环境”选项卡，单击 Inventor Studio 图标，进入渲染环境。

④ 单击工具面板“约束”图标，在弹出的对话框中单击“确定”，新建动画，然后弹出如图 5-57 所示的对话框。在浏览器中选择起重螺杆的角度约束，给出开始为 0，结束为 720° ，速度为匀速；时间选项开始为 0，结束为 3 s，如图 5-61 所示。

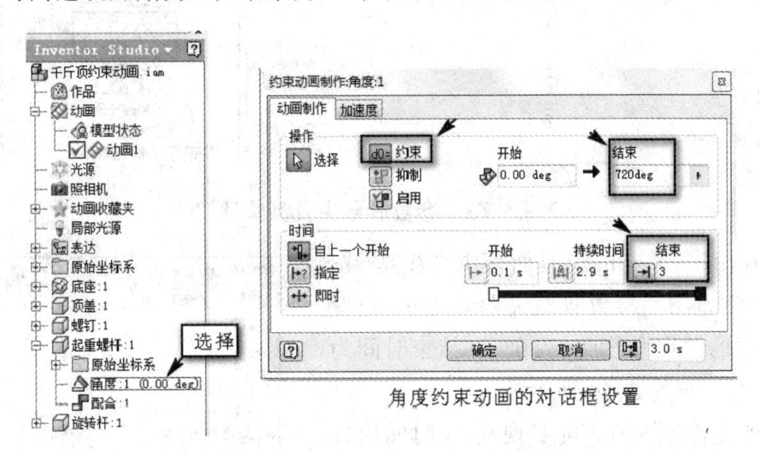

图 5-61　角度约束动画设置

⑤ 单击◀或者▶按钮即实现在 3 s 时间内即旋转又平移旋转的动画演示，单击●按钮进行多媒体视频文件录制。

5．参数动画

参数动画是对已有的参数进行驱动制作动画，参数可以是角度或者线性尺寸。参数动画可以是单个零件中的某一参数，或者是部件中的装配约束参数。

参数动画操作步骤：

（1）在制作参数动画必须处在零件环境或者部件环境，选择菜单栏中管理，单击“参数”图标 f_x，弹出参数对话框，以千斤顶为例，选择角度约束 d19、配合约束 d20 在导出参数列中打上√，如图 5-62 所示。单击“完毕”，设置完成。

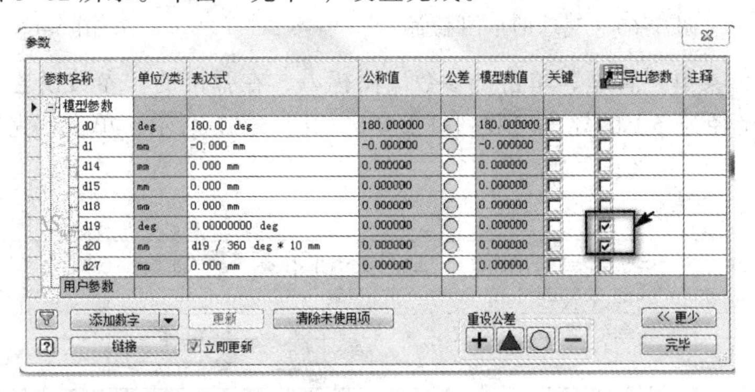

图 5-62　参数导出设置

（2）选择菜单栏环境，单击工具面板“Inventor Studio”图标，进入 Inventor Studio 环境。单击工具面板“参数收藏夹”图标 f_x，弹出如图 5-63 所示对话框。对话框中，在 d19、d20 后面的收藏夹列打上√，则浏览器“动画收藏夹”中出现 d19 及 d20 的参数，如图 5-63 所示。

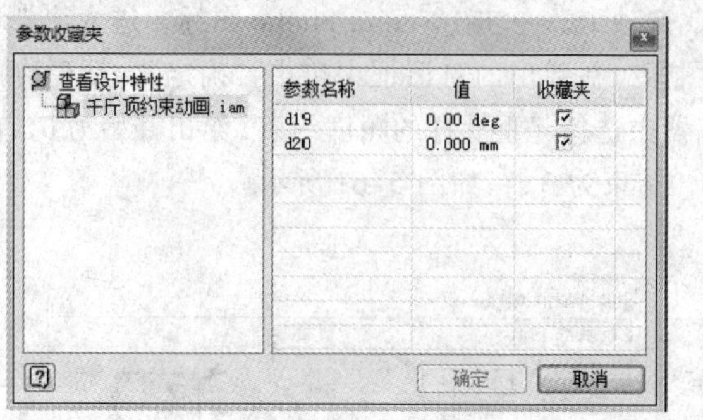

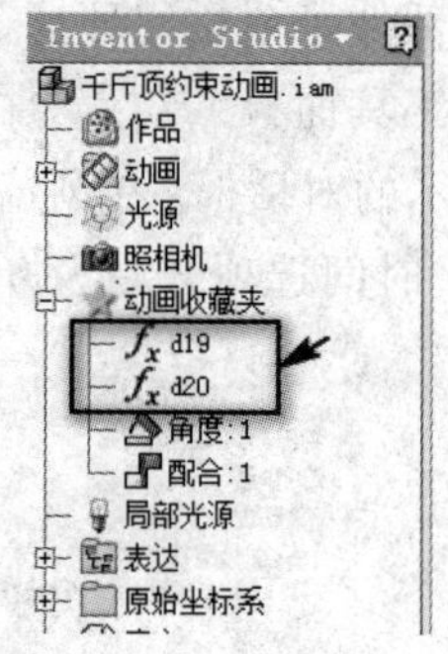

图 5-63　参数收藏夹及浏览器

（3）单击 Inventor Studio 工具面板中“参数”图标 参数，选择浏览器“参数收藏夹”中 d19，设置参数动画对话框的结束角度为 720°，结束时间为 3 s，速度为匀速，如图 5-64 所示。

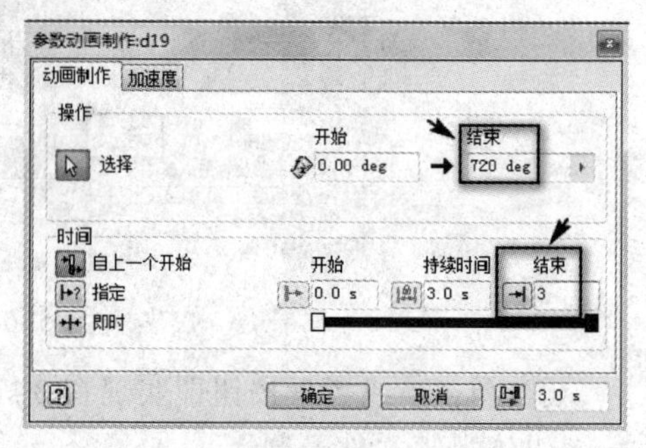

图 5-64　参数动画对话框设置

（4）单击◀或者▶按钮，可实现在 3s 时间内即旋转又平移旋转的动画演示，单击●按钮进行多媒体视频文件录制。

【例 5-5】创建气球参数动画。

操作步骤：

① 创建气球零件。在 *XY* 面创建草图，如图 5-65 所示，利用旋转得到气球三维模型。单击“外观”，在弹出的下拉菜单中选择实心玻璃，则气球变为透明，如图 5-66 所示。

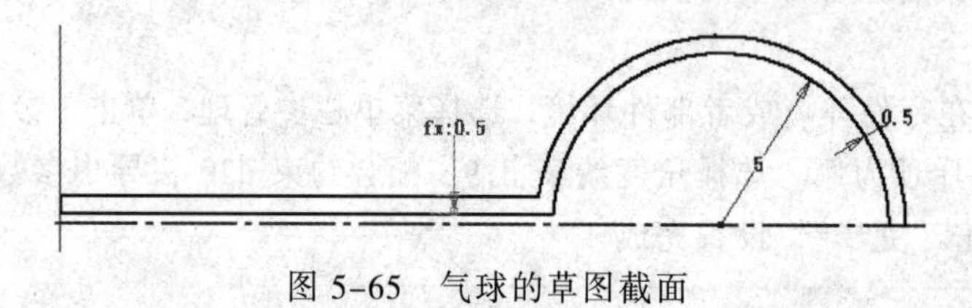

图 5-65　气球的草图截面

图 5-66　气球模型

② 选择零件菜单栏管理，单击“参数”图标 f_x，在弹出的“参数设置”对话框中，在代号为 d1（即半径为 5）的导出参数列打上√，如图 5-67 所示，单击“完毕”完成参数输出设置。

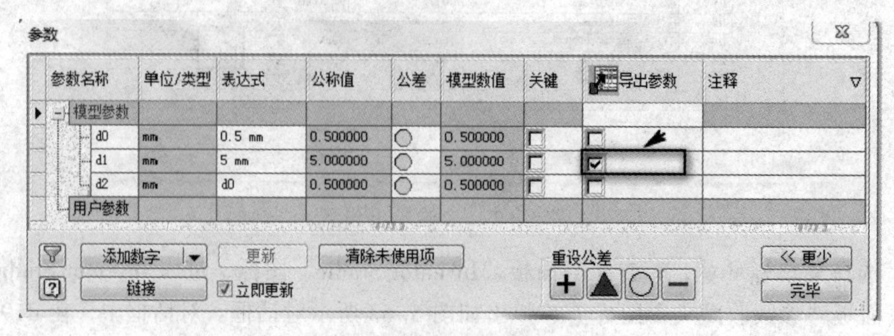

图 5-67　气球参数输出

③ 选择菜单栏环境，单击 Inventor Studio 图标，进入 Inventor Studio 环境。单击工具面板“参数收藏夹”图标，把 d1 参数收藏夹列打上√，如图 5-68 所示。单击“确定”按钮，完成参数收藏夹设置。在浏览器中，参数收藏夹中出现 d1 参数。

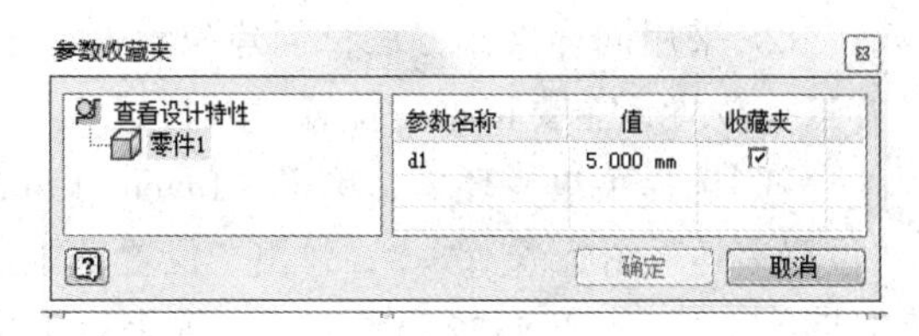

图 5-68　参数收藏夹设置

④ 单击动画制作中参数图标，弹出如图 5-64 所示对话框。首先在浏览器参数收藏夹中选择 d1，设置结束半径为 15mm、结束时间为 3 s，速度为匀速，如图 5-69 所示。单击“确定”按钮，完成参数动画制作。

⑤ 单击◀或者▶，即实现在 3 s 时间内气球半径由 5 mm 到 15 mm 的动画演示，单击●可进行多媒体视频文件录制。气球的起始状态和结束状态如图 5-70 所示。

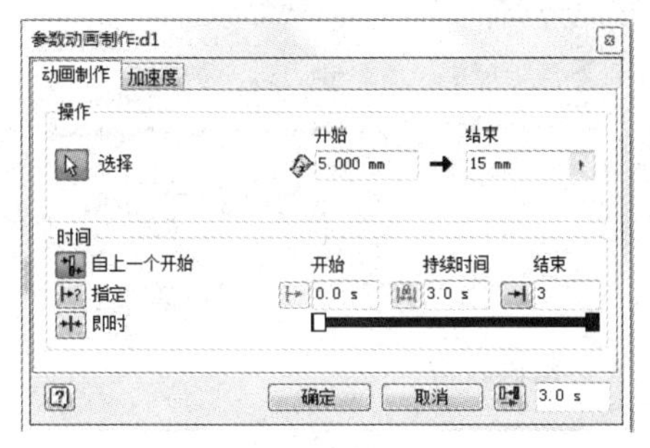

图 5-69　参数动画设置

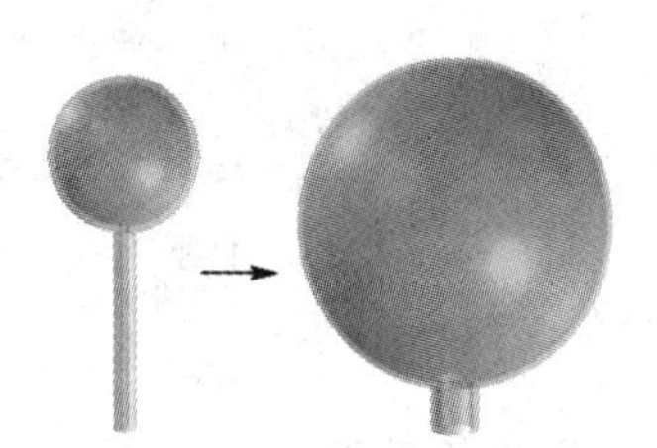

图 5-70　参数动画设置

6. 位置表达动画

位置表达动画是创建部件不同位置之间运动的动画，适用于气缸或者活塞等不同位置连续运动的动画制作。

位置表达的动画，首先在部件环境下，对部件约束创建不同位置，然后在 Inventor Studio 环境下利用已经创建的位置创建位置动画。

【例 5-6】千斤顶位置动画的创建。

① 打开千斤顶部件。第一步：在浏览器中，选择位置单击右键，在弹出的快捷菜单中选择“新建”；第二步：在浏览器中选择“起重螺杆角度约束”，单击右键，在弹出的快捷菜单中选择“替代”，弹出“替代对象”对话框；第三步： 在“替代对象”对话框中，输入新角度值为 180° ，单击“确定”按钮，完成位置 1 的设置，如图 5-71 所示。

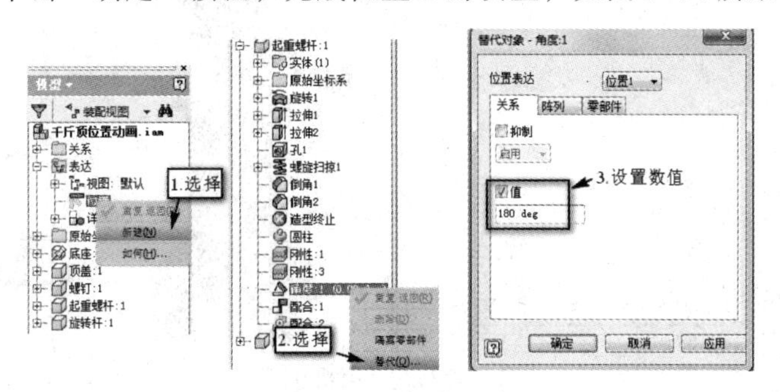

图 5-71　位置创建

② 采用同样操作方法，创建位置 2，角度替换为 360°。这样创建了两个位置后，总共有三个位置，主要位置、位置 1 及位置 2。

③ 选择菜单栏环境，单击“Inventor Studio”图标，进入 Inventor Studio 环境。单击其中“位置表达”图标 位置表达，弹出“位置动画制作”对话框，设置表达由“主要”到“位置 1”，时间为 3 s，如图 5-72(a)所示；设置表达由位置 1 到位置 2，时间由 3 s 到 6 s，如图 5-72(b)所示。

④ 单击◀或者▶，可实现在 6 s 时间内千斤顶即旋转又平移的动画演示，单击●可进行多媒体视频文件录制。

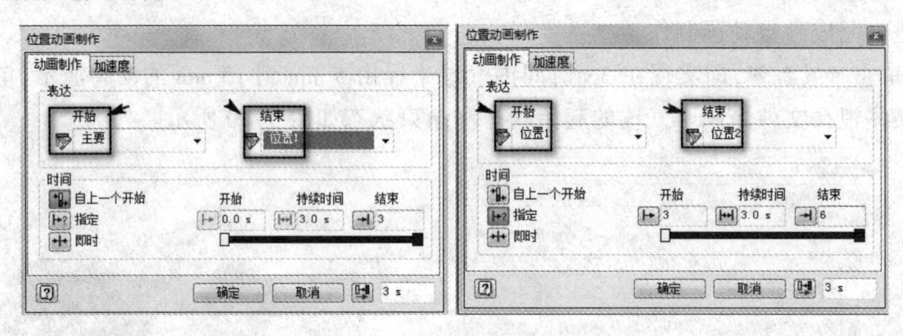

（a）由“主要”到“位置 1”　　（b）由“位置 1”到“位置 2”

图 5-72　位置表达动画设置

7. 照相机动画

照相机动画是利用已创建的照相机，通过调整照相机的位置来创建动画。

首先在 Inventor Studio 场景中创建照相机，然后创建照相机动画。

【例 5-7】千斤顶照相机动画的创建。

① 打开千斤顶部件，选择菜单栏环境，单击“Inventor Studio”图标，进入 Inventor Studio 环境。

② 创建照相机。单击工具面板场景选项中的“照相机”，弹出“照相机”对话框，选择目标，拖动光标单击确定位置，如图 5-73 所示，其他按照默认选项设置即可。单击“确定”按钮，完成照相机创建。

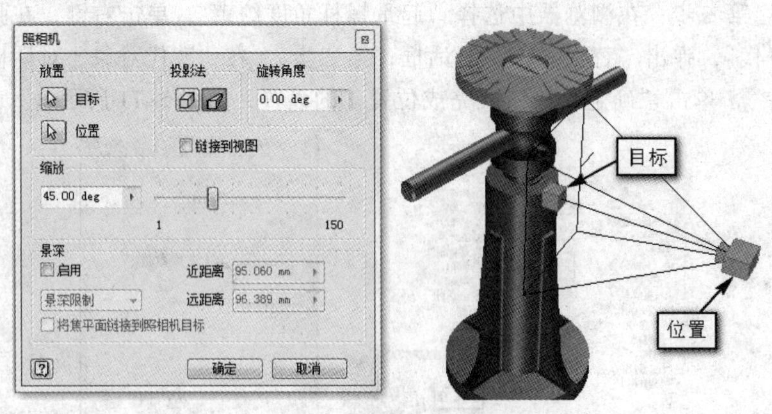

图 5-73　照相机创建

③ 照相机动画制作。选择“照相机”，在弹出的对话框中，单击“定义”按钮，弹出“照相机动画制作”对话框，在绘图区内单击照相机位置，操作步骤如图 5-74 所示。

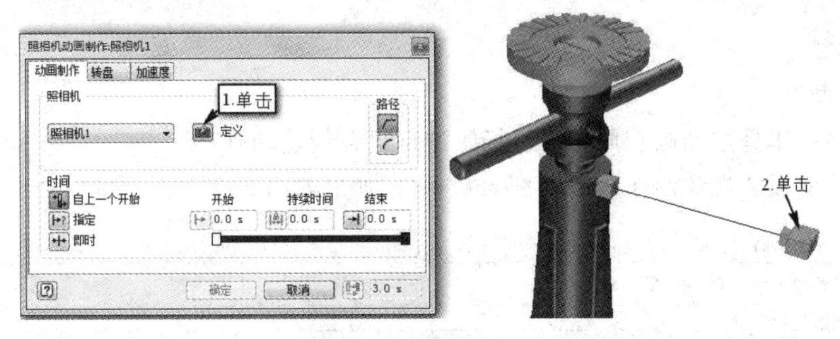

图 5-74 照相机创建

在照相机位置弹出坐标系，将光标放在 *X* 轴（红色）上，出现旋转符号，单击，在弹出的文本框中，输入 50，单击✔，即完成相机绕 *X* 轴旋转 50° 的设置，如图 5-75(a)所示。

在绘图区内再单击照相机位置，弹出坐标系，将光标放在 *Y* 轴（绿色）箭头上，出现平移符号单击，在弹出的文本框中输入 25，单击✔，即完成相机沿 *Y* 轴平移的设置，如图 5-75(b)所示。

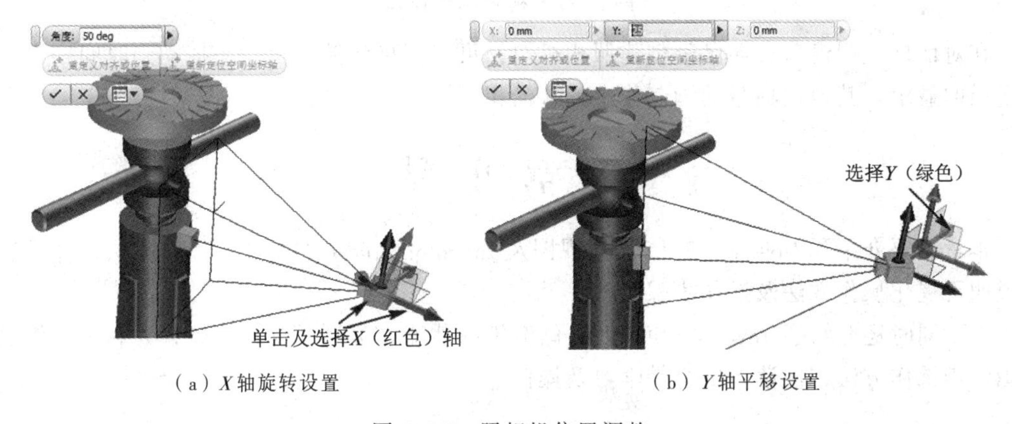

（a）*X* 轴旋转设置　　（b）*Y* 轴平移设置

图 5-75 照相机位置调整

④ 单击“确定”按钮，回到图 5-74 所示对话框，设置结束时间为 3 s，速度为匀速，单击“确定”按钮，完成照相机动画的创建。在动画时间轴中添加照相机的动画，如图 5-76 所示。

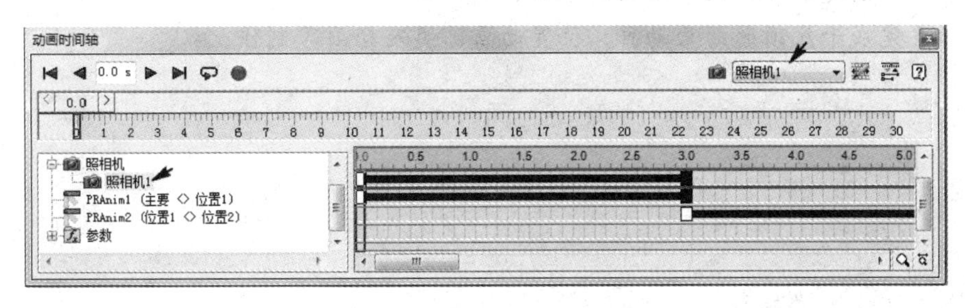

图 5-76 照相机动画时间轴

⑤ 单击◀或者▶按钮即实现在给定的时间内千斤顶既有位置动画又有照相机动画的演

示，单击●按钮可进行多媒体视频文件录制。

注意：可以单独创建照相机的动画，并把照相机动画添加到不同动画上，以更好地演示零部件的运动。

8. 视频制作

水平视频制作是把动画、照相机、场景进行组合创建动画。

单击工具面板“视频制作”图标 视频制作器，弹出如图 5-77 所示窗口。

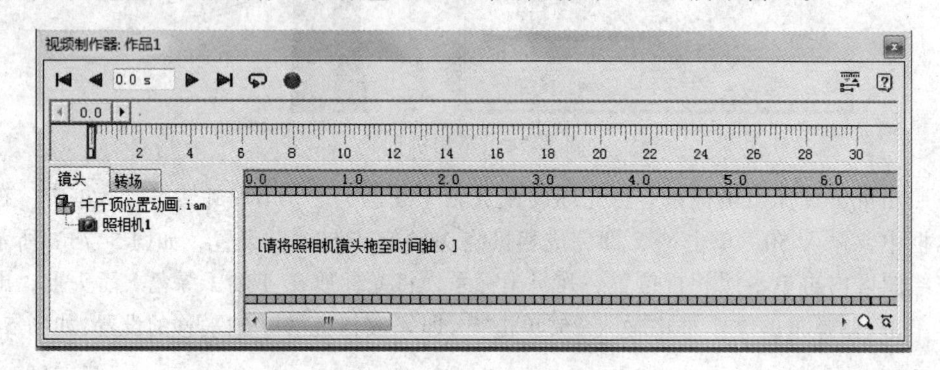

图 5-77 视频制作窗口

在对话框左侧窗口，如已经创建照相机 1，可以直接将照相机镜头拖动到时间轴里。添加场景的显示。其他选项与动画制作中的含义相同。

本 章 小 结

本章主要介绍了 Inventor 2015 表达视图及 Inventor Studio 的功能、操作方法，并通过实例说明可视化操作方法及操作步骤。

本章同时还介绍了 Inventor Studio 动画渲染的功能、类型及操作步骤，并利用实例说明动画渲染操作方法，使读者更容易学习及操作。

复习思考题

1. 表达视图创建的步骤是什么？
2. 有几种创建零部件装拆动画的方法？
3. 独立完成千斤顶的约束动画、位置动画、淡入动画等制作。

第6章 运动仿真及应力分析

本章导读

运动仿真及应力分析是在虚拟环境下模拟逼真的运动状态或者零件，然后通过添加边界条件及载荷，对零部件运动过程中的受力状态进行应力分析，从而对结构薄弱部分进行优化。本章主要介绍 Inventor 2015 软件的运动仿真及应力分析的操作方法。运动仿真是模拟零部件真实的装配关系和运动关系，通过添加载荷对零部件进行运动模拟及应力分析。应力分析是对零件进行有限元分析，通过分析结果判定零件的强度或者安全系数是否满足要求，从而进行结构优化等。

教学目标

通过对本章内容的学习，学生应做到：

- 了解运动仿真及应力分析的功能、原理及操作方法。
- 掌握运动仿真及对零件进行应力的操作方法等。
- 能够利用运动仿真实现零部件的虚拟运动，并应用运动仿真对零部件进行应力分析。通过应力分析对零件结构进行改进，满足设计要求。

6.1 运动仿真

运动仿真是设计过程中对零部件进行设计优化的手段，主要作用是建立装配设计中机构模型的运动规律。Inventor 2015 提供了多种载荷情况下的零部件的运动方式，如螺旋运动、蜗轮蜗杆、齿轮内外啮合等。应用运动仿真，通过给定边界条件、添加载荷等分析零部件运动过程中的受力状态、零部件的应力及应变等，同时可分析安全系数是否满足要求，并进一步对零部件结构进行优化。

6.1.1 运动仿真的基本过程

运动仿真的步骤：

（1）进入运动仿真环境。

（2）添加机构类型。

（3）定义驱动及边界条件、加载载荷。

（4）进行运动仿真驱动。

（5）对装配中的零件进行应力分析。

（6）输出分析结果。

6.1.2 运动仿真环境

Inventor 2015 运动仿真必须在装配环境下创建。选择部件菜单栏环境，单击“运动仿真”图标，进入运动仿真的环境，如图 6-1 所示。

在图 6-1 所示的浏览器中，可以看到底座是固定的，移动组包括螺钉、顶盖、旋转杆及起重螺杆，在标准类型中可以看到所有零件的运动或者刚性联接的关系。

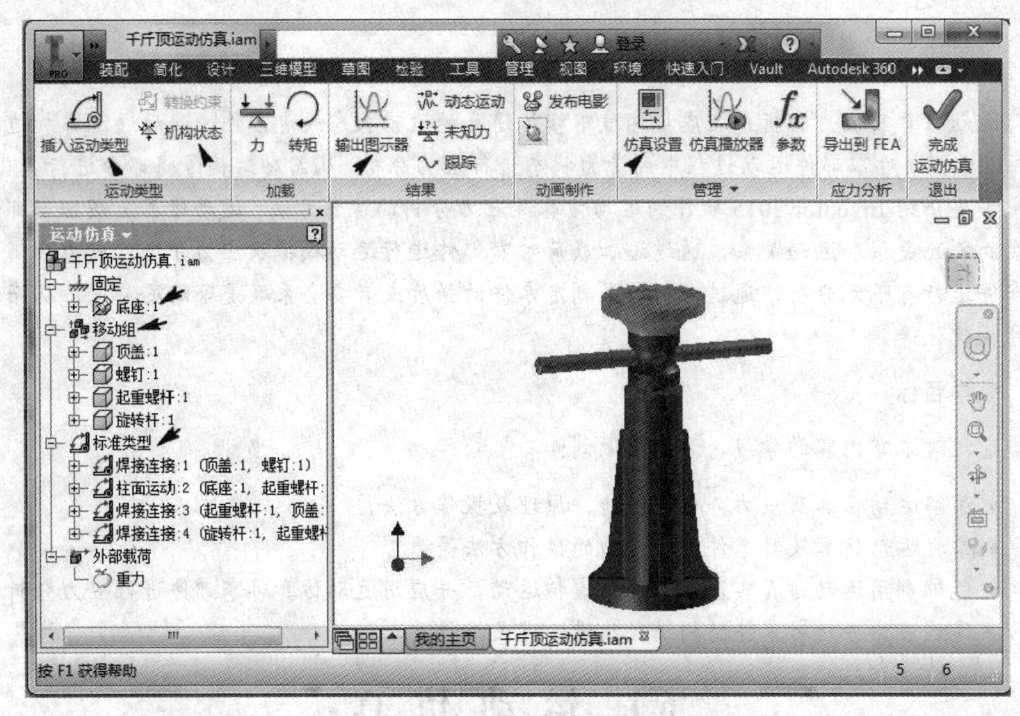

图 6-1　运动仿真环境

1. 查看机构状态

Inventor 2015 在装配环境下的联接或者约束自动继承关联，查看机构的状态时，可单击工具面板中“机构状态”图标，弹出如图 6-2 所示的对话框，可见千斤顶有 2 个自由度，既可以平移又可以旋转。单击“确定”按钮，退出查看机构状态。

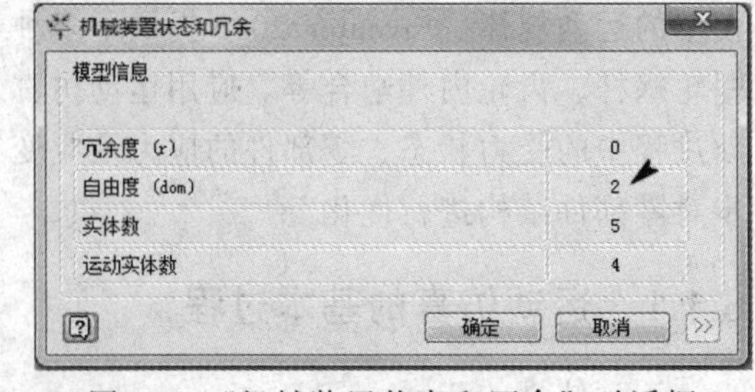

图 6-2 “机械装置状态和冗余”对话框

在绘图区，鼠标指针放到顶盖、旋转杆或者起重螺杆中任意零件上，按住鼠标左键拖动即可实现其平移或者旋转运动。

提示：在图 6-2 所示对话框中，如果冗余度不为零，说明有多余约束，需要修改约束；如果自由度多于 1 个，则通过插入运动类型，使得自由度最后为 1，来满足设计要求。

2. 插入运动类型

部件装配后进入运动仿真环境，装配环境下创建的约束中的运动失效，需要添加运动类型，满足运动仿真的要求。

（1）调用插入运动类型工具

单击工具面板中“插入运动类型图标”，弹出如图 6-3 所示的对话框。

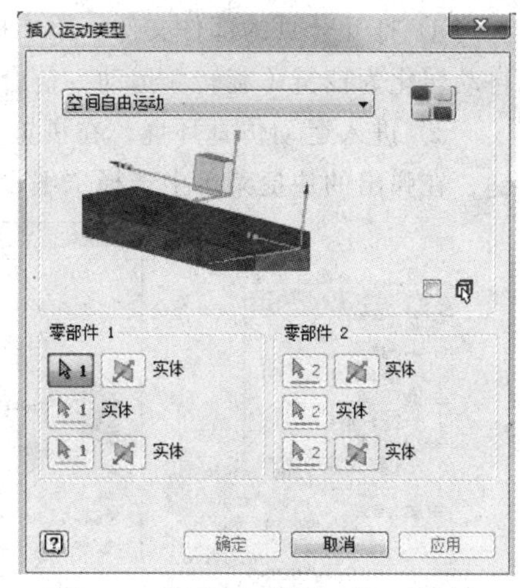

图 6-3　“插入运动类型”对话框

（2）运动类型

运动类型包括空间自由运动、传动、滑动、2 维接触、弹簧阻尼、3 维接触等。所有的运动类型可以通过两种方式调用：

① 从下拉菜单中选择，单击图 6-3 所示的空间自由运动右侧的箭头，弹出下拉菜单，如图 6-4(a)所示，选择运动类型。

② 单击图 6-3 中右上角图标，弹出如图 6-4(b)所示的对话框，选择运动类型。

(a)下拉菜单

(b)运动类型对话框

图 6-4　运动类型

（3）在两个零件之间插入运动类型

Inventor 2015 中运动类型的添加是通过两个相对运动的零件定义其运动坐标系来实现的。

运动坐标系如图 6-5 所示，单箭头为 *X* 轴、双箭头为 *Y* 轴、三箭头为 *Z* 轴。

定义运动坐标系是指定义在两个零件坐标系的原点、三个坐标轴。插入不同运动类型，所需要坐标系对应的要素关系不同。

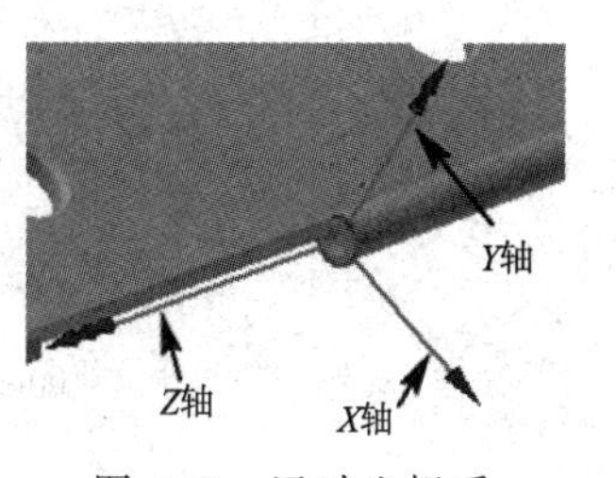

图 6-5　运动坐标系

以空间自由运动为例，说明两个零件运动坐标系的对应情况：

① 打开合页的部件文件，添加插入约束，固定合页。这个插入约束在运动仿真环境下，自动转化为铰链（旋转）运动，使合页只保留旋转运动。

② 进入运动仿真环境。在浏览器“标准运动类型”中选择铰链（旋转）运动，单击右键，在弹出的快捷菜单中选择“编辑”，如图 6-6(a)所示，弹出如图 6-6(b)所示对话框。

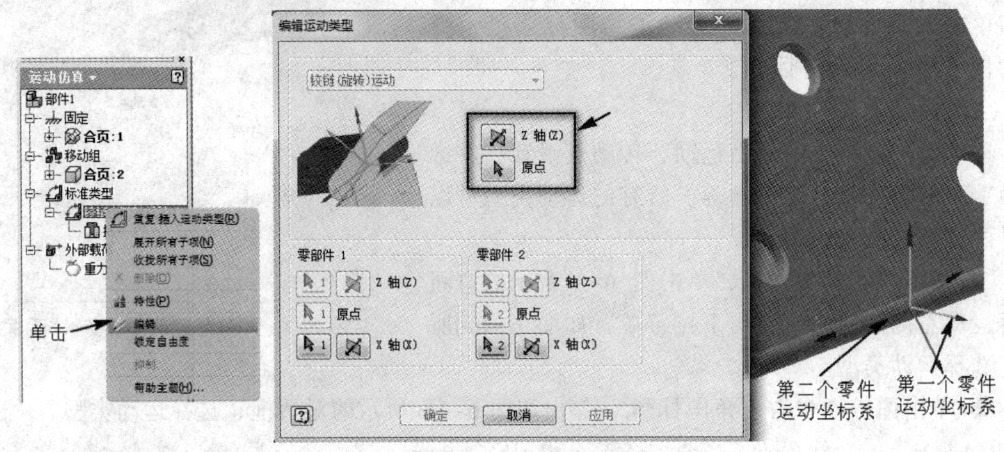

(a)浏览器中选择　　(b)运动坐标系要素

图 6-6　铰链运动

这种铰链运动需要 Z 轴和原点重合，X 轴为辅助轴。

技巧： 对于部件环境下的约束，除了运动约束之外，其他约束自动转化为运动仿真中相应的运动类型，如平动、转动等。

（4）驱动

对于运动仿真，可以采用位置、速度、加速度等方式进行驱动。驱动操作步骤：

① 浏览器中，选择运动类型，单击右键，在弹出的快捷菜单中选择“特性”，如图 6-7(a)所示，弹出如图 6-7(b)所示对话框。

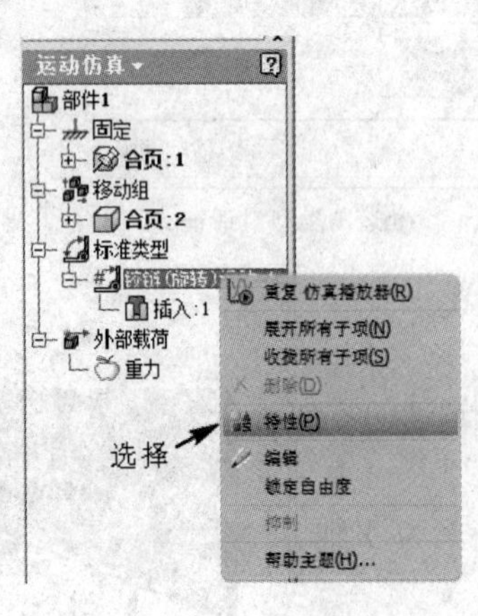

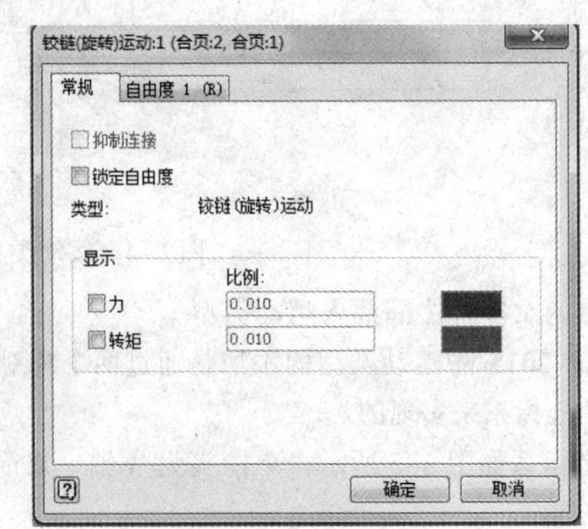

(a)浏览器中选择　　(b)驱动对话框

图 6-7　驱动操作步骤

② 选择图 6-7(b)所示对话框中“自由度”选项卡，有三种类型选项如 6-8 所示。图 6-8(a)所示选项用于设置初始条件，如起始位置等；图 6-8(b)所示选项用于设置内载荷，如添加泵体内载荷等；图 6-8(c)所示选项用于设置驱动，如线性运动速度、旋转运动速度等。

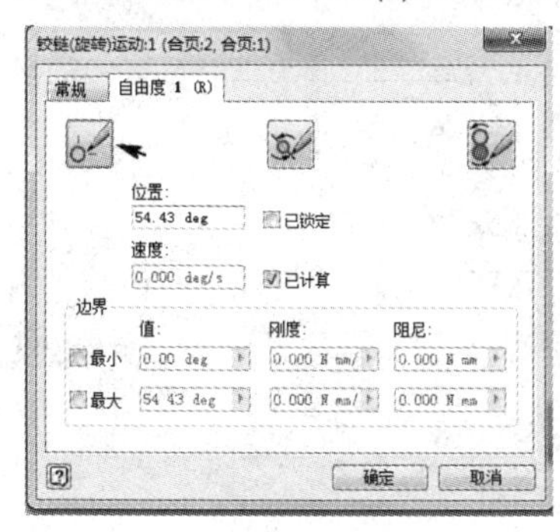

(a)初始条件设置

(b)铰链转矩

(c)驱动条件设置

图 6-8　自由度对话框

启用驱动条件，可以直接输入数值或者采用输入图示器输入函数。

③ 输入图示器操作。输入图示器是多功能的函数编辑器，单击图 6-8(c)所示右侧窗口中▭，弹出如图 6-9(a)所示的对话框，函数的类型如图 6-9(b)所示。

输入图示器操作：

- 添加基准点。在图形区域内双击，即可添加基准点，将鼠标指针放到基准点上，按住鼠标左键并拖动改变基准点的位置和大小。
- 定义范围值。在图 6-9(a)所示对话框中的起始点和结束点输入时间值和函数增量值。
- 定义函数。在图 6-9(a)所示对话框中，激活选定扇区的特性，从其下拉菜单中选择函数即可，如图 6-9(b)所示。

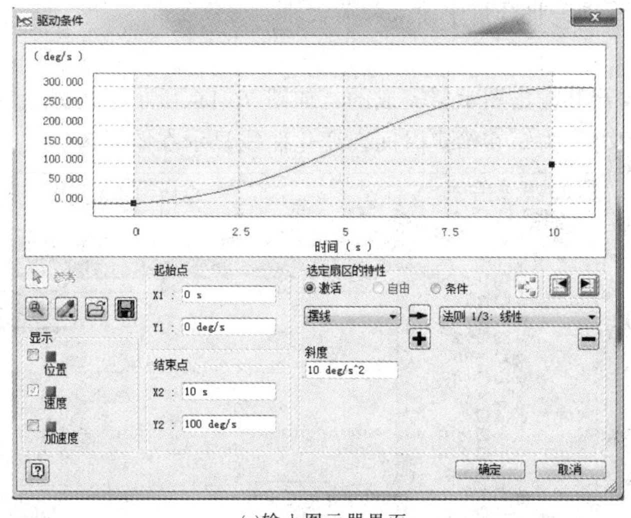

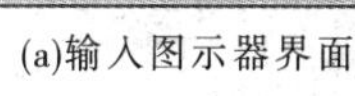
(a)输入图示器界面　　(b)函数类型

图 6-9　输入图示器对话框

（5）加载载荷

载荷类型分为内载荷和外载荷两种。内载荷是通过图 6-8(b)所示对话框中添加，外载荷是通过在运动仿真工具面板中力或者转矩工具加载。

单击“力”图标，弹出图 6-10(a)所示对话框；单击“转矩”图标，弹出如图 6-10(b)所示的对话框。

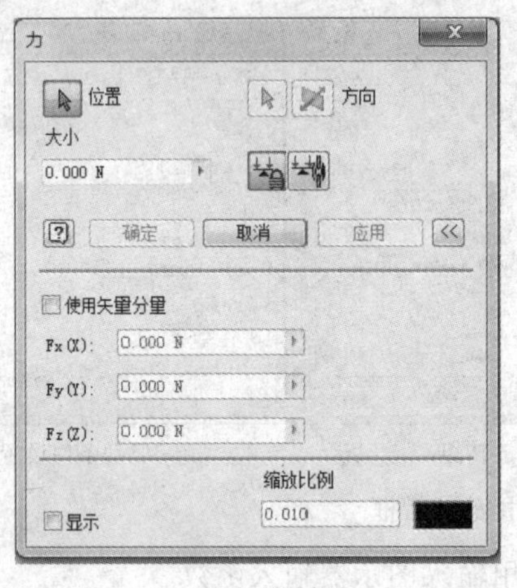

(a)“力”对话框

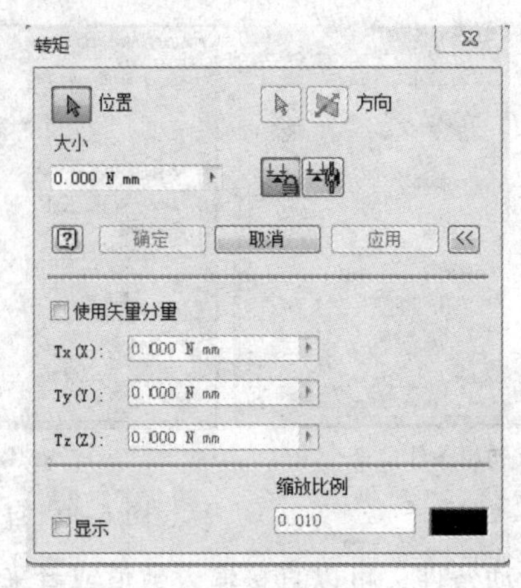

(b)“转矩”对话框

图 6-10 “力”和“转矩”对话框

对话框中各项含义如下。

①“位置”：指定加载载荷的面等。

②“方向”：选择边线或者面，若选择面则面的法向方向为载荷方向。载荷方向有“固定载荷方向”，即载荷方向始终保持不变；关联载荷方向，即载荷与零件的相对方向始终保持不变，随着零件的运动而使载荷方向不断变化。

③“大小”：输入载荷大小。

④“使用矢量分量”：在不同矢量分量中输入载荷大小。

（6）仿真分析

仿真分析是通过仿真播放器和输出图示器完成的，如图 6-11 所示。在浏览器中选择标准联接中力、力矩等，相应的力、力矩在给定时间内变化曲线显示在图形区。

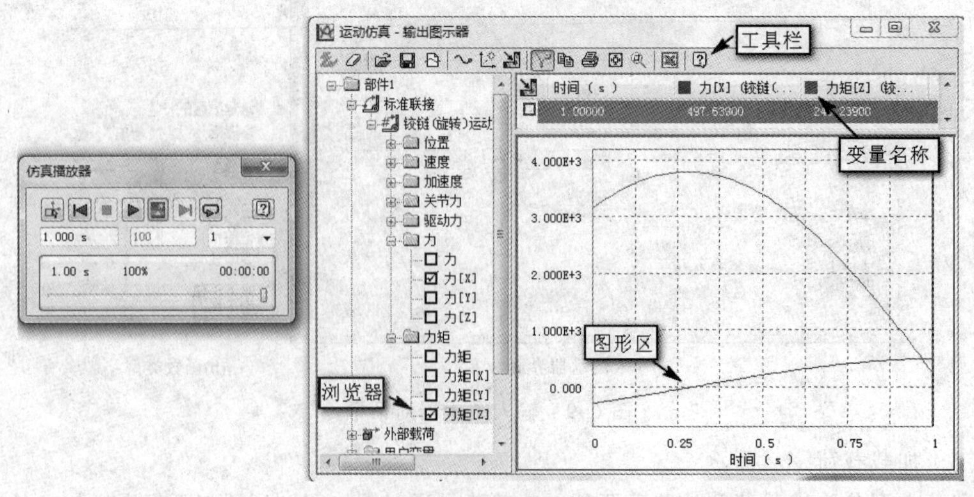

图 6-11 仿真播放器和输出图示器

【例 6-1】创建千斤顶的运动仿真。

操作步骤：

① 打开千斤顶的部件文件。

② 进入运动仿真环境。查看千斤顶机构运动状态，单击工具栏中机构运动状态图标，机构状态如图 6-12 所示。千斤顶有两个自由度，需要添加螺旋运动类型。

图 6-12　机构状态查看

③ 插入螺旋运动类型。单击工具面板中“插入运动类型”图标，选择螺旋运动，选择起重螺杆圆边、底座圆边，使其与 Z 轴重合，在“节距”文本框中输入 10，如图 6-13 所示。单击“确定”按钮，完成插入螺旋运动类型。

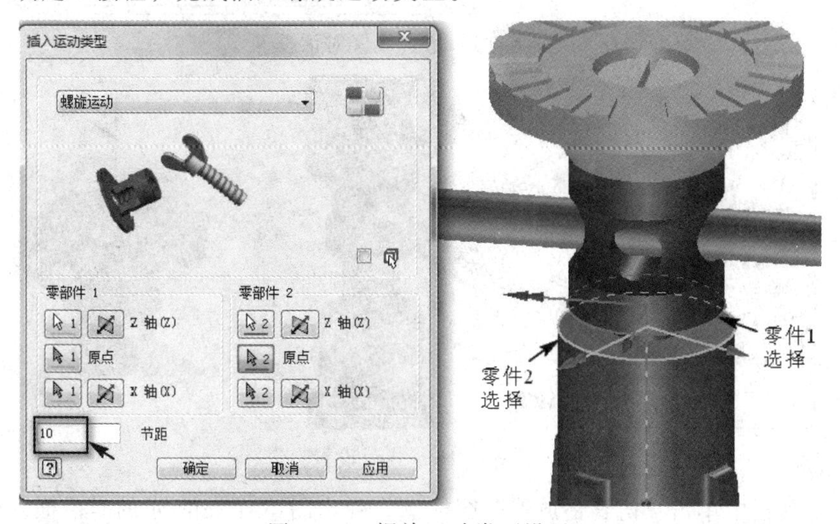

图 6-13　螺旋运动类型设置

④ 在工具面板中单击“仿真设置”图标，弹出仿真设置对话框。在对话框中，单击图标，展开对话框，变为，如图 6-14 所示。将旋转速度的单位为设置为 rpm，否则默认为 deg/s。

在该对话框中，还可以对 Z 轴的显示比例、装配精度、捕捉速度等选项进行设置。

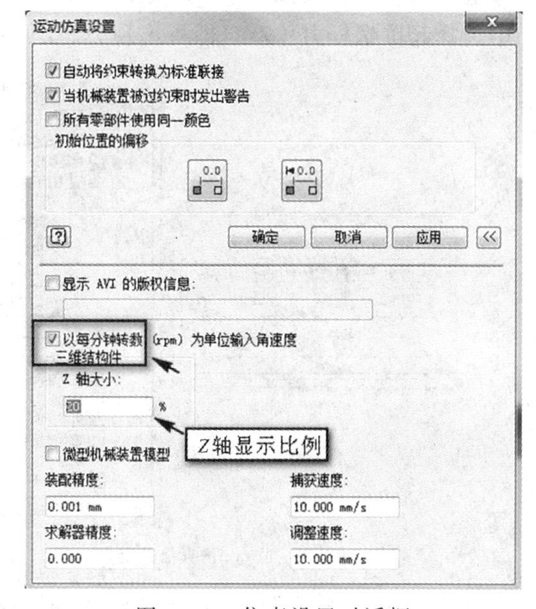

图 6-14　仿真设置对话框

⑤ 在浏览器中选择标准类型中的柱面运动，单击右键，在弹出的快捷菜单中选择“特性”，选择旋转自由度，勾选“启用驱动条件”选项，输入 50 rpm，如图 6-15 所示。单击“确定”按钮，完成驱动设置。

⑥ 加载外载荷。单击工具面板中“力”图标，设置载荷位置，选择顶盖圆边弹出坐标系，勾选使用矢量分量，在 Z 轴文本框中输入 500N，操作步骤如图 6-16 所示。

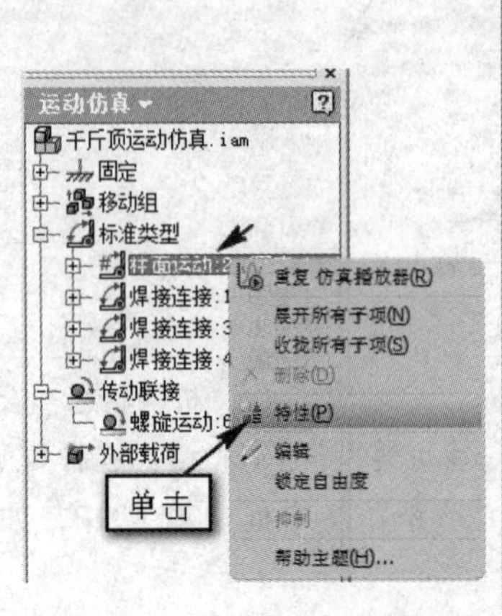

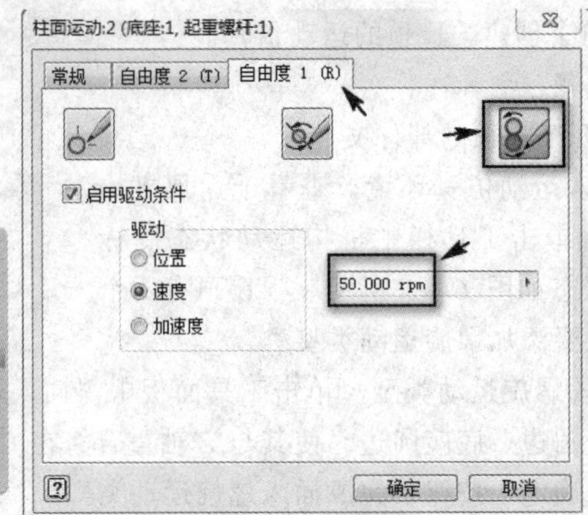

图 6-15　仿真设置对话框

图 6-16　载荷设置

⑦ 在工具栏中单击“仿真播放器”图标，弹出图 6-17(a)所示的对话框，单击▶，即可进行运动仿真模拟。单击“输出图示器”图标，弹出“输出图示器”对话框，在浏览器中选择起重螺杆力（Z），即可出现力（Z）的图示曲线，如图 6-17(b)所示。

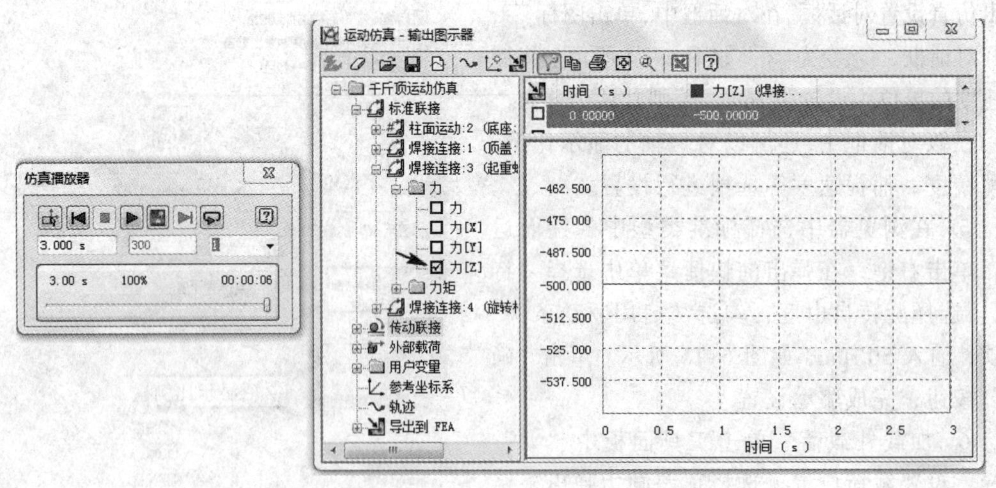

(a)仿真播放器　　　　(b)输出图示器

图 6-17　仿真播放器与输出图示器

【例 6-2】创建滑块圆盘的运动仿真及应力分析。

操作步骤：

① 打开滑块圆盘部件文件。

② 选择部件菜单栏环境，单击工具面板“运动仿真”图标，进入运动仿真环境，如图 6-18 所示。所有的约束自动继承，不用插入任何运动类型。

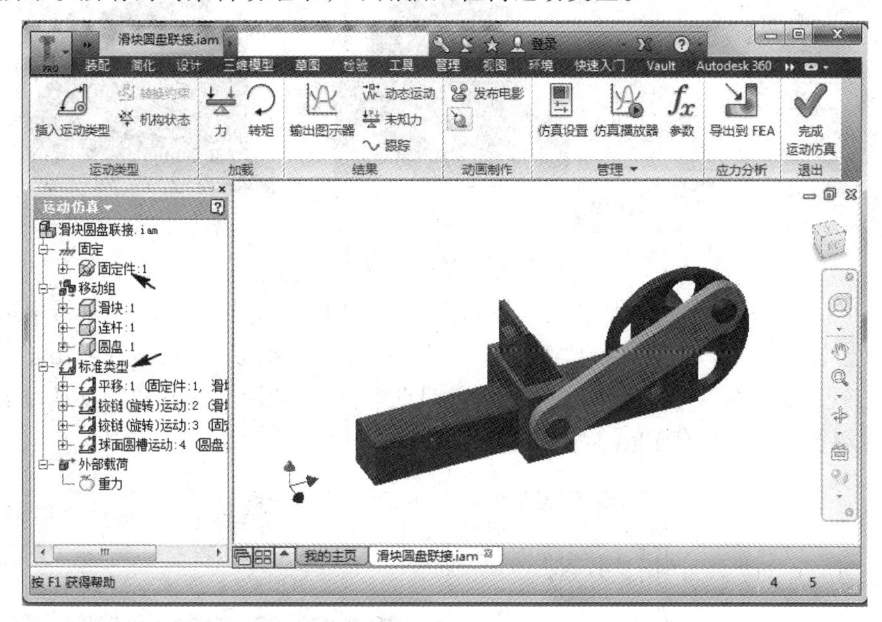

图 6-18　滑块圆盘运动仿真环境

③ 单击运动仿真工具栏中“仿真设置”，弹出图 6-14 所示对话框，勾选“以每分钟转速（rpm）为单位输入角速度”。

④ 添加驱动。在浏览器的标准类型中，选择铰链（旋转运动，用于固定件与圆盘），右击，在快捷菜单中选择“特性”，选择“自由度”，勾选“启用驱动条件”，输入 100，如图 6-19 所示。单击“确定”按钮，完成驱动设置。

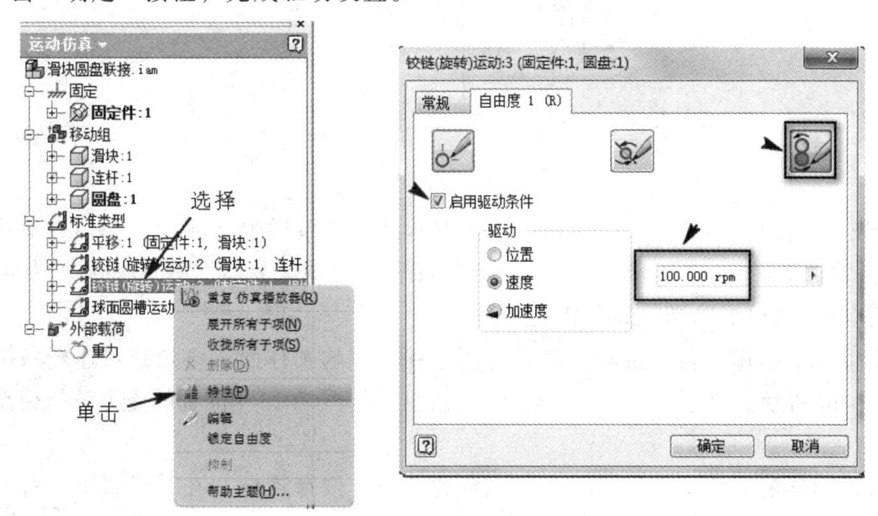

图 6-19　圆盘的驱动设置

⑤ 加载外载荷。单击“力”图标，选择滑块圆边为位置，采用矢量分量给出力的方向为 X 轴及大小为 300 N，如图 6-20 所示。单击“确定”按钮，完成外载荷设置。

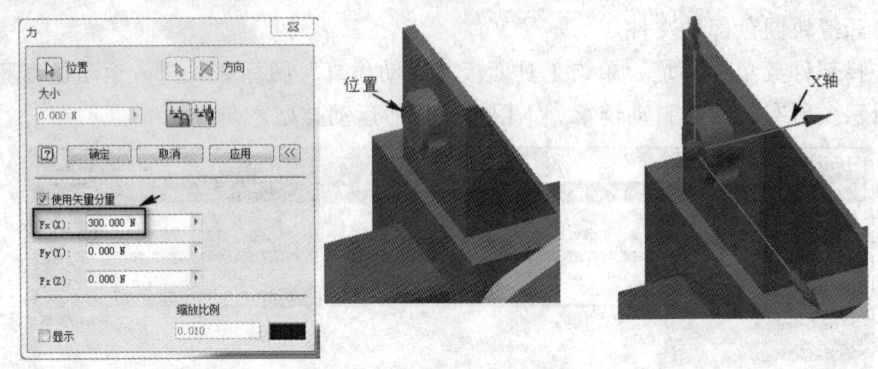

图 6-20 外载荷添加

⑥ 单击工具面板中“仿真播放器”图标及“输出图示器”图标。在浏览器中选择标准联接，展开铰链（旋转）运动菜单，选择力（Y），单击仿真播放器中▶，在输出图示器中力（Y）曲线出现在图形区，在图形区上方所示时间点中，找到时间“t=0.23”点且勾选，该时间点出现在浏览器的导出到 FEA（应力分析）中，如图 6-21 所示。

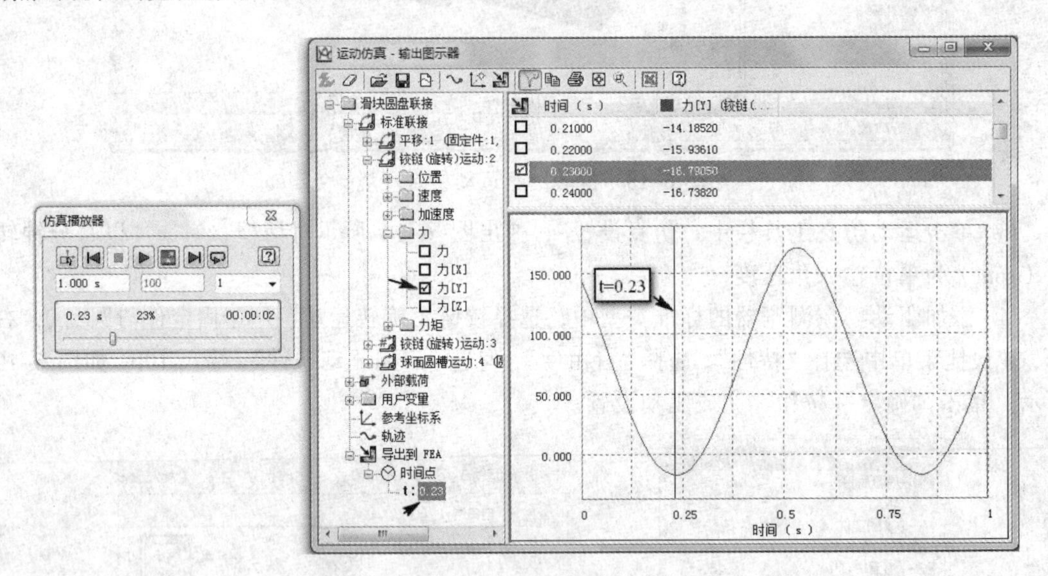

图 6-21 输出图示器

⑦ 导出圆盘的应力分析图。单击“输出图示器”菜单栏中图标，弹出对话框，在绘图区选择圆盘，如图 6-22 所示。单击“确定”按钮，绘图区只显示圆盘，弹出图 6-23 所示的对话框，在对话框中选择与圆盘联接的面。

⑧ 联接面的操作，首先选择圆盘孔与固定件联接的圆柱面，再选择与连杆联接的圆柱面，如图 6-24 所示。单击“确定”按钮，圆盘已经从“t=0.23”位置的受力分析模型导出到应力分析中。

⑨ 采用同样的方法，把连杆导出。在步骤⑦中，选择连杆，在⑧步骤中，首先选择连杆与滑块联接的圆柱面，再选择与圆盘联接的面，操作如图 6-25 所示。

图 6-22　导出有限元零件选择

图 6-23　联接面选择

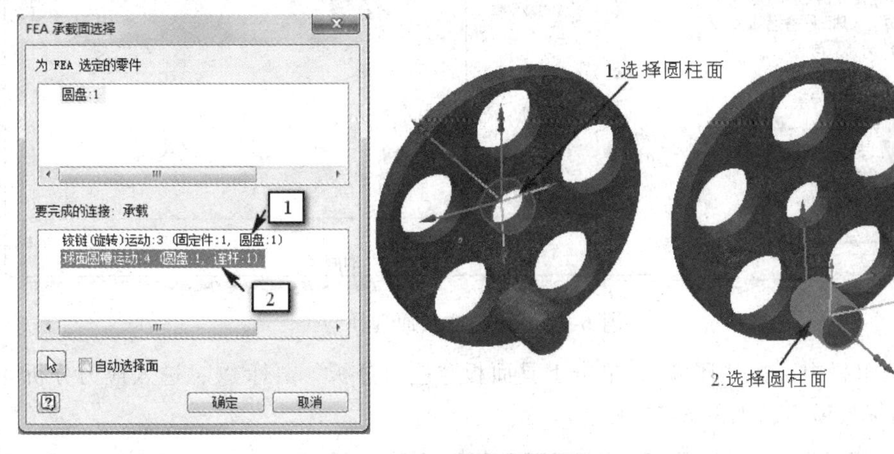

图 6-24　圆盘联接面选择

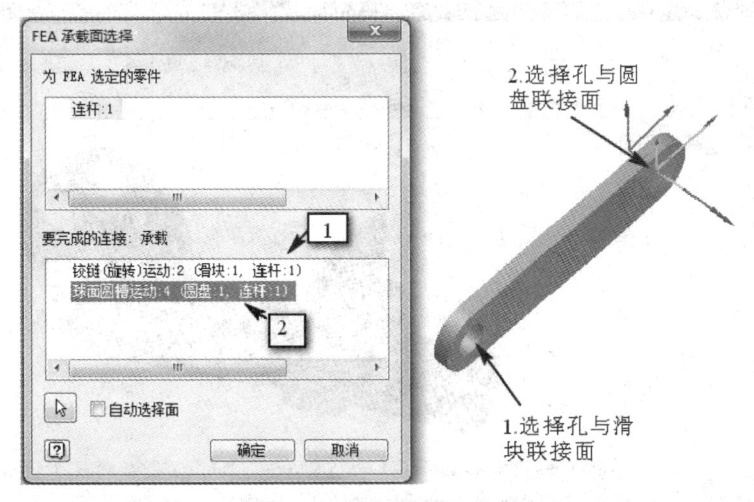

图 6-25　连杆联接面选择

⑩ 单击“确定”按钮，将连杆受力分析模型也导出到应力分析中。返回到“输出图示器”状态，此时在浏览器导出有限元中添加了圆盘及连杆，如图 6-26 所示。单击运动仿真工具栏中“完成运动仿真”图标✔，回到部件环境。

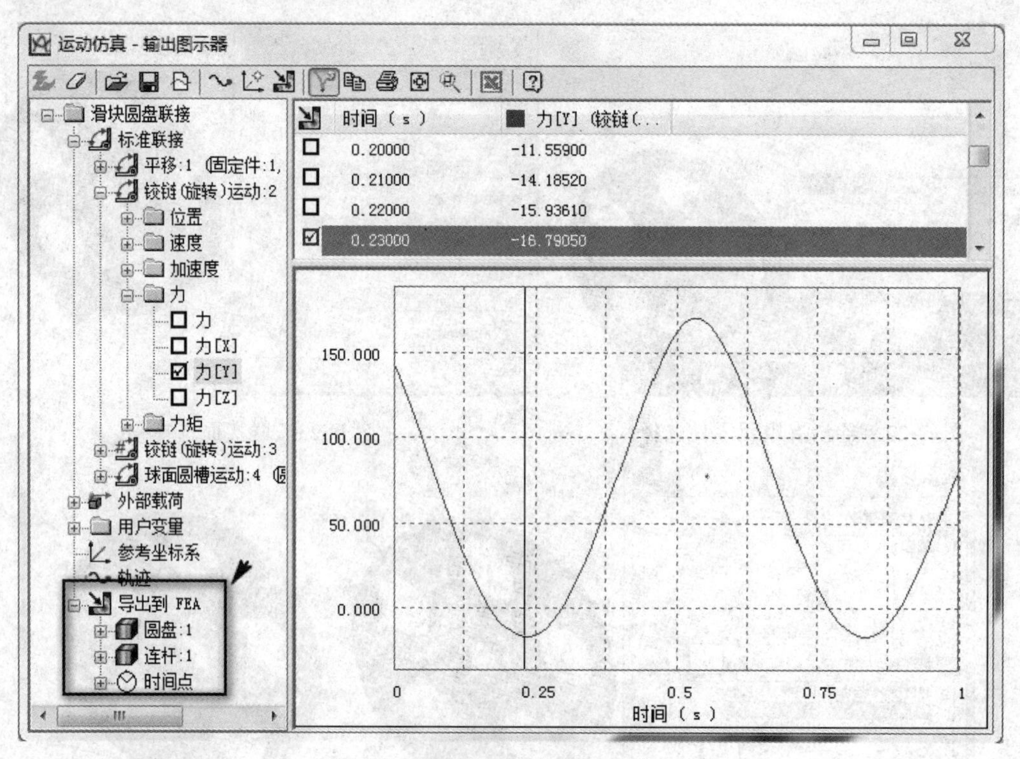

图 6-26　连杆联接面选择

⑪ 在菜单栏中选择“环境”，单击工具面板“应力分析”图标，进入应力分析环境，创建分析图标被激活，如图 6-27 所示。

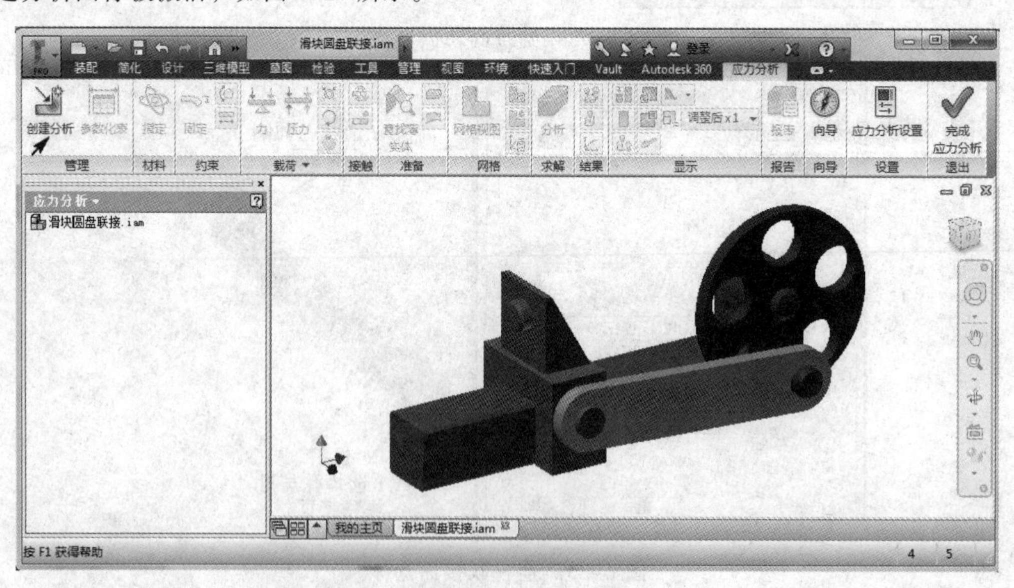

图 6-27　应力分析环境

⑫ 单击“创建分析”图标，弹出如图 6-28 所示对话框，选择“运动载荷分析”，在零件选项中选择圆盘。单击“确定”按钮，将圆盘的受力状态显示在图形区，其他零件透明显示。

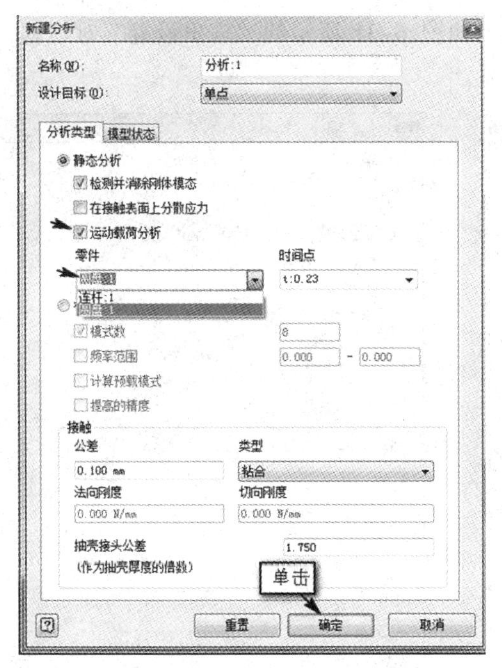

单击确定后，圆盘在运动仿真中的实际受力将加到圆盘上

图 6-28　新建分析

⑬ 应力分析。单击工具面板中“网格视图”图标，查看系统默认划分的网格状态。在工具面板中单击“分析”图标，单击“运行”按钮，即可对圆盘进行应力分析，如图 6-29 所示。

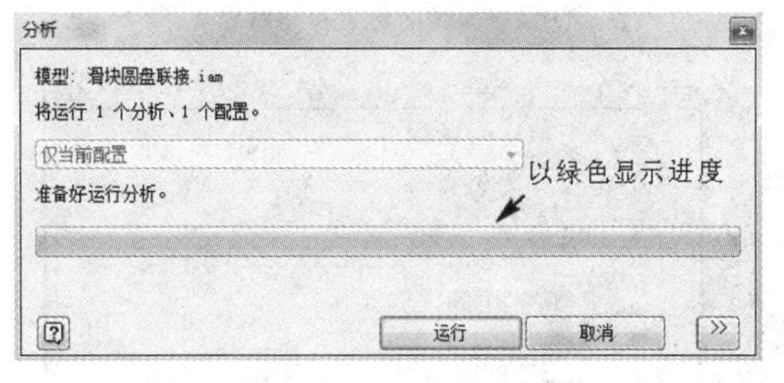

图 6-29　“分析”对话框

⑭ 运行应力分析完成后，应力分析结果在绘图区内显示，如图 6-30 所示。双击浏览器结果中的某一项，在绘图区内即可给出该项的分析结果。

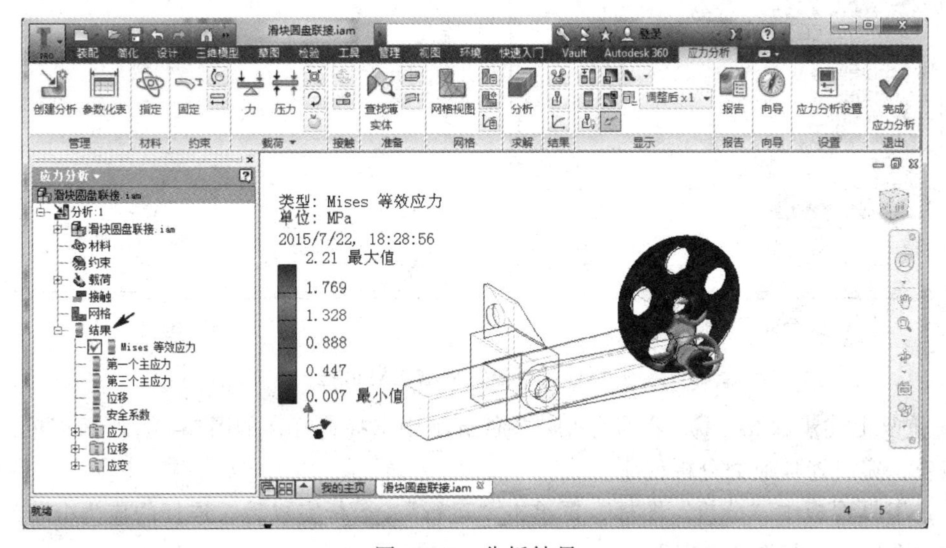

图 6-30　分析结果

⑮ 单击工具栏中“报告”图标，弹出如图 6-31 所示的“输出设置”对话框，把应力分析的过程参数及所有结果以 Web 的格式输出。

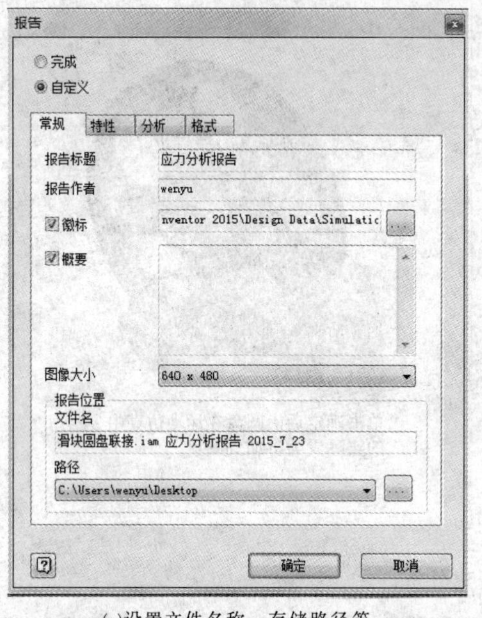

(a)设置文件名称、存储路径等

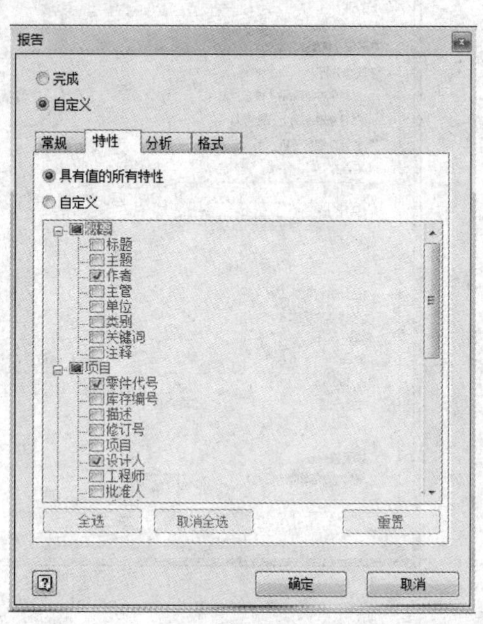

(b)设置分析特性

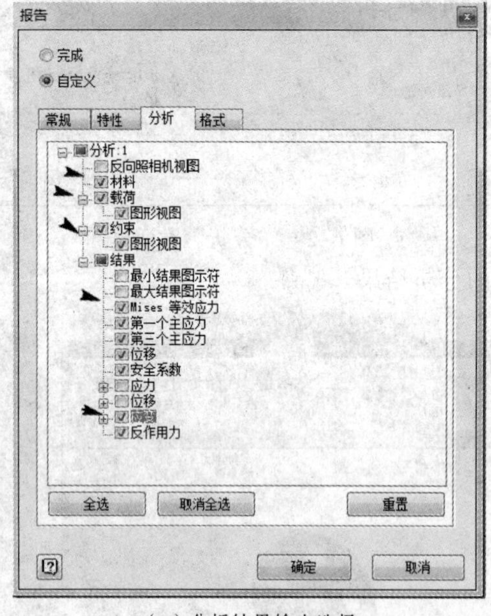

（c）分析结果输出选择

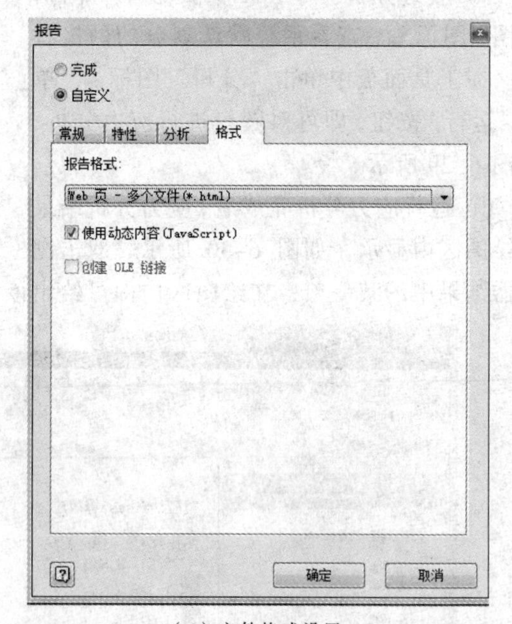

（d）文件格式设置

图 6-31　报告结果输出对话框

⑯ 重复上述步骤⑫、⑬，在步骤⑫的零件选项中选择连杆，如图 6-32 所示。单击“确定”按钮，完成连杆应力分析创建。

单击工具面板中“分析”图标，再单击“运行”，运行完成后，连杆的应力分析结果就出现在绘图区内，如图 6-33 所示。

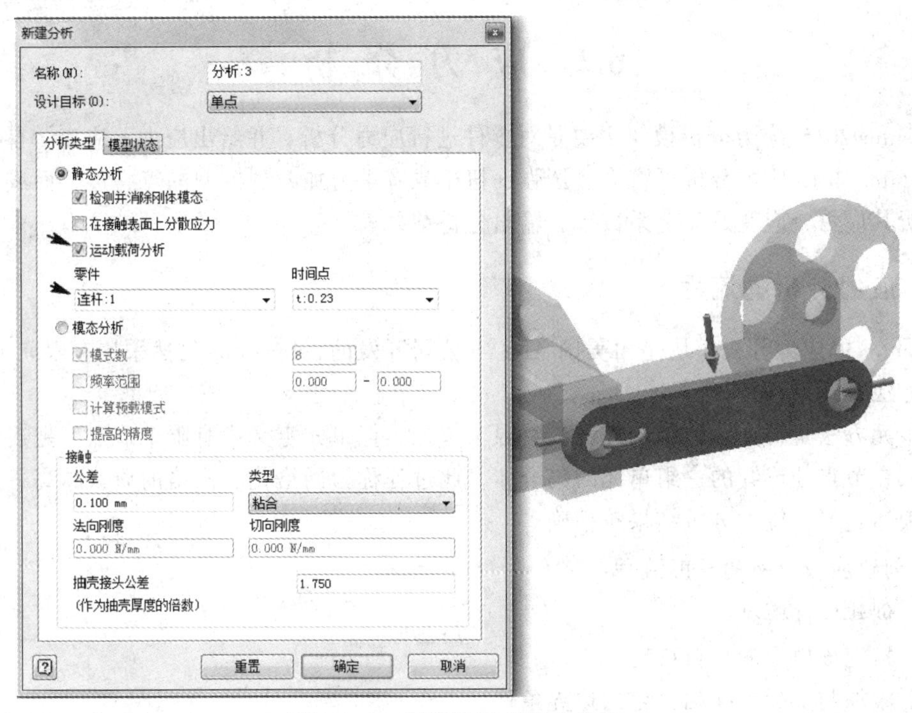

图 6-32　创建连杆有限元分析

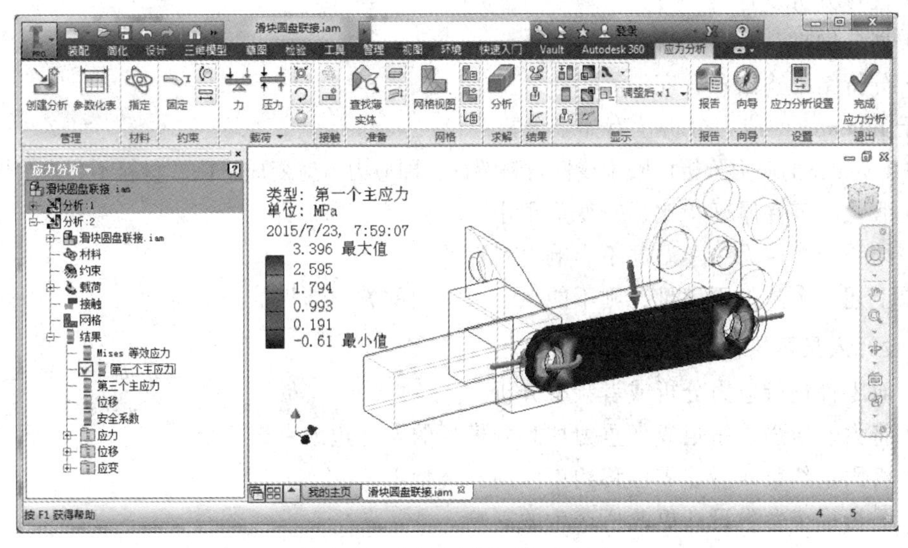

图 6-33　连杆有限元分析结果

双击浏览器结果中的某一项，在绘图区内即可给出连杆该项的分析结果。

⑰ 重复上述步骤⑮，可以把两个应力分析结果以 Web 文件格式输出。在 Web 文件中包含了关于连杆的材料等特性信息，还包括应力、应变等的分析结果图片及数值表。

应力分析之前必须添加材料，可以在零件环境或者应力分析环境中添加。

注意：对零部件进行运动仿真时，传动、滑动等需要插入运动类型，除此之外的其他运动形式，在装配环境的约束下即可自动转化为运动仿真中相应的运动，无须添加运动类型。

6.2 应力分析

Inventor 2015 应力分析模块主要是对零件进行应力分析，并给出应力、应变、自振频率等。Inventor 2015 应力分析可将力、压强、扭矩或者重力加载到模型的点、边、面或者实体上，分析其应力、应变及安全系数等，输出分析结果。

6.2.1 应力分析的流程

Inventor 的应力分析模块是由美国 ANSYS 公司开发的，Inventor 仍然采用有限元（FEA）的基本方法及理论进行分析。

有限元方法是将连续的结构离散成有限个单元，把单元定义为有限个节点，把连续结构看作是只在节点处连续的一组单元的集合体，此过程称为网格化。网格的质量越高，连续体结构的表达越好，应力分析结果越精确。

1. 创建应力分析的一般流程

（1）创建零件模型。

（2）指定该模型的材料特性。

（3）添加与实际工况相符合的边界条件。

（4）进行分析设置。

（5）划分网格，运行分析。

（6）分析结果输出和研究。

对于 Inventor 的应力分析，有如下分析假设：

（1）Inventor 的应力分析仅限于线性材料特性，即应力与应变成正比，材料不会永久性屈服。

（2）假设与零件厚度相比，总变形很小。

（3）结果与温度无关。温度不影响材料特性。

如果上述三个条件不满足，则不能保证所得到的方向结果的准确性。

2. 设计人员可执行以下应力分析

（1）对零件进行应力分析或者频率分析。

（2）将力、压强、扭矩或者重力加载到模型的点、边或者表面上。

（3）将固定约束或者非零位移约束应用到模型上。

（4）分析多个参数设计更改所产生的影响。

（5）对分析结果进行分析和评估，如分析和评估等效应力、应变或者安全系数等。

（6）通过添加特征如圆角或者倒角等，重新评估设计，更新方案。

（7）分析结果生成 Web 文件格式的工程设计报告。

3. 应力分析的目的

产品设计阶段通过应力分析，能够更好地帮助设计人员以更短的时间、设计出更好的产品。应力分析的目的：

（1）确定零件的结构是否合理，能否承受预期的载荷或者振动而不出现断裂或者变形。

（2）对零件结构进行优化，使结构更简单，重量更轻，从而降低成本。

6.2.2　应力分析环境

Inventor 2015 应力分析需要在零件环境中进行。打开零件，选择菜单栏中“环境”，再单击“应力分析”图标，进入应力分析界面，如图 6-34 所示。

图 6-34　应力分析界面

在图 6-34 所示界面中，只有创建分析图标被激活，单击“创建分析”图标，弹出如图 6-35 所示对话框，选择静态分析，单击“确定”按钮，图 6-34 所示工具面板中的所有功能被激活，如图 6-36 所示。

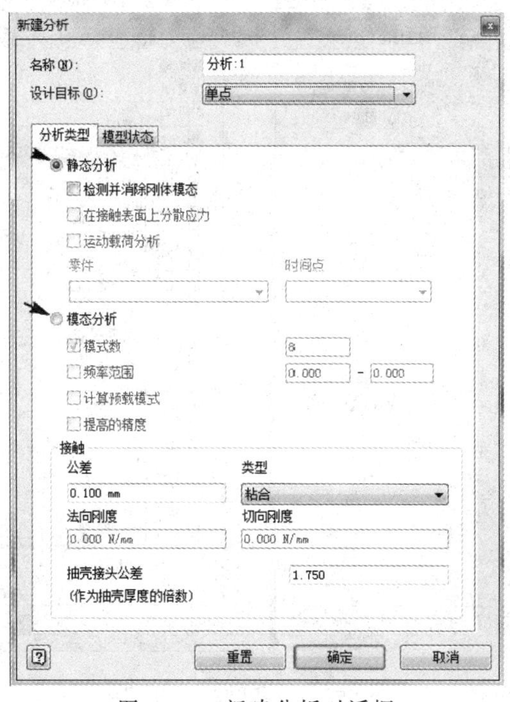

图 6-35　新建分析对话框

图 6-36　应力分析界面

6.2.3　零件材料设置

零件的材料可以在零件环境下设置，选择菜单栏“文件”下拉菜单中“iProperty”选项，在“物理属性”中，选择需要的材料，如图 6-37 所示；或者在应力分析界面，单击工具面板中“指定材料”图标，对零件指定材料，弹出如图 6-38 所示对话框；在该对话框中，选择需要的材料，单击“确定”按钮，完成材料的指定。

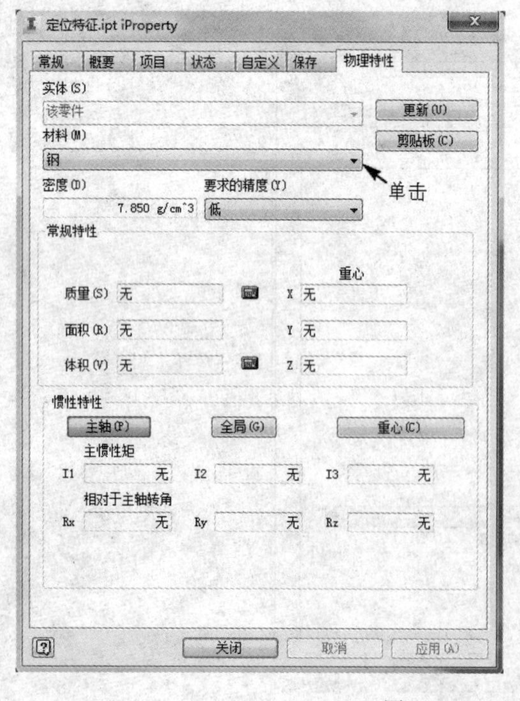

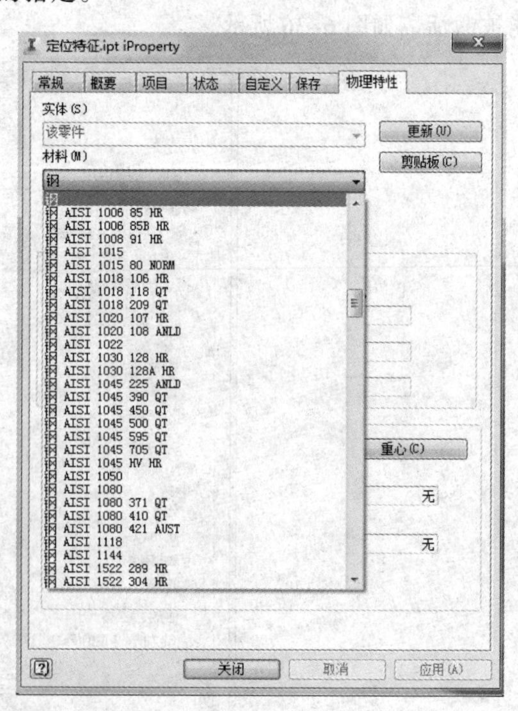

图 6-37　iProperty 对话框

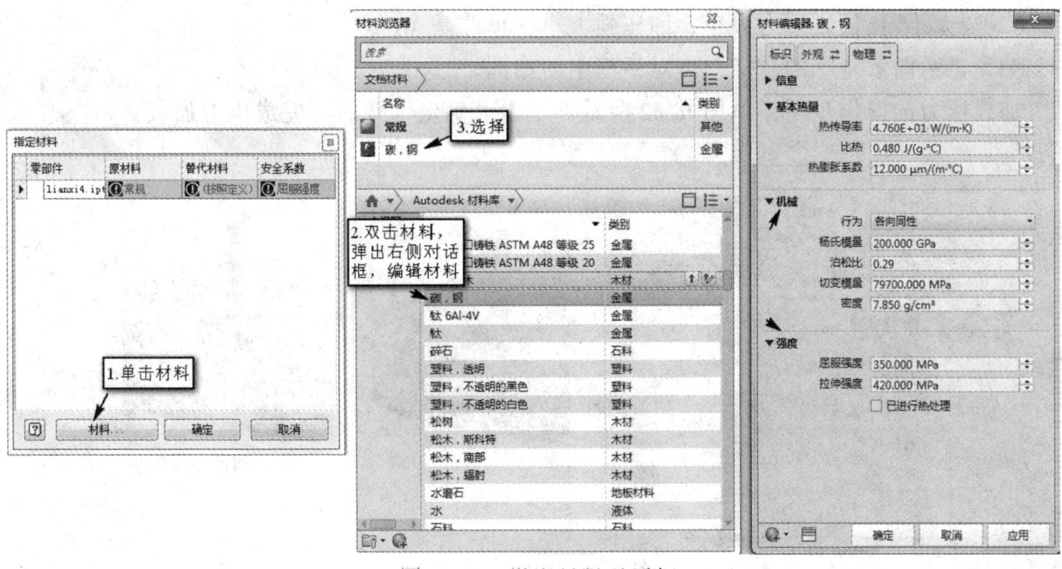

图 6-38　指定材料对话框

6.2.4　加载载荷

应力分析模块中提供了五种载荷，即力、压力、轴承载荷、力矩和重力。

1. 力

力作为集中力加载到指定位置点上，如果选择面，则力的作用点为面中心点，如果选择边，则集中力作用在边上。单击工具面板中“力”图标，弹出“力”对话框，如图 6-39 所示。

图 6-39　力对话框

对话框中各选项含义如下。

（1）“位置”：选择载荷作用的位置，可以是模型的边线、顶点或者面（面的中心作为受力点）。

（2）“方向”：确定力作用的方向，可以选择边线或者面（面的法向方向为力作用的方向）。

（3）“使用矢量分量”：如果使用矢量分量则方向选项不可用。用使用矢量分量则按照系统坐标轴方向施加力，红色为 X 轴、绿色为 Y 轴、蓝色为 Z 轴。

（4）“显示图示符”：力的符号显示比例大小、颜色设置。

力的加载操作方法，如图 6-40 所示。单击“确定”按钮，完成力的加载。

2. 压力

垂直作用于物体单位面积上的压力称为压强。此处“压力”所指即为压强。单击工具面板中“压力”图标，弹出如图 6-41 所示的对话框。

对话框中各项含义如下。

（1）“面”：选择压力所作用的面。

（2）“大小”：输入压力大小，即压强大小，单位是 MPa。

（3）显示图示符号的含义与力对话框中的相同。

加载压力的操作步骤，如图 6-42 所示。单击“确定”按钮，完成压力加载。

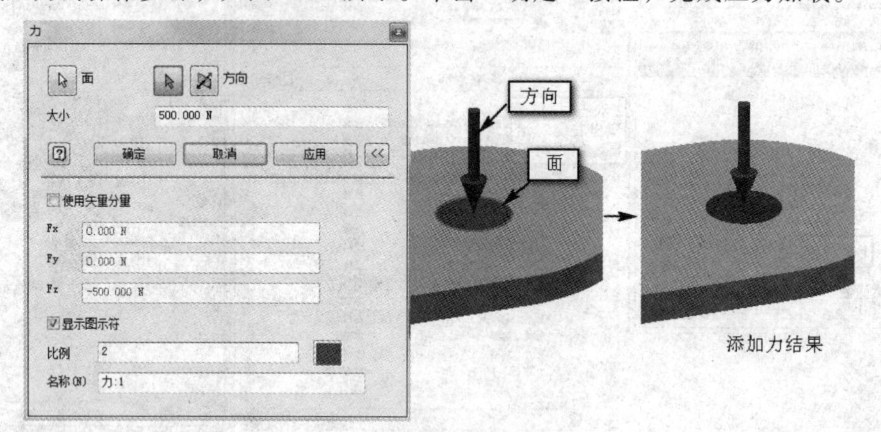

图 6-40 力加载操作

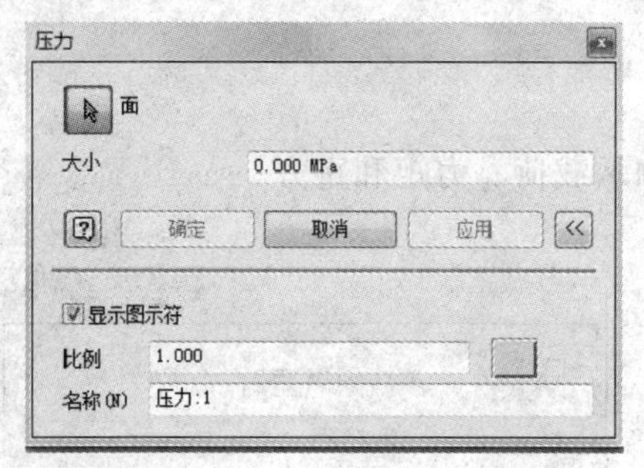

图 6-41 “压力”对话框

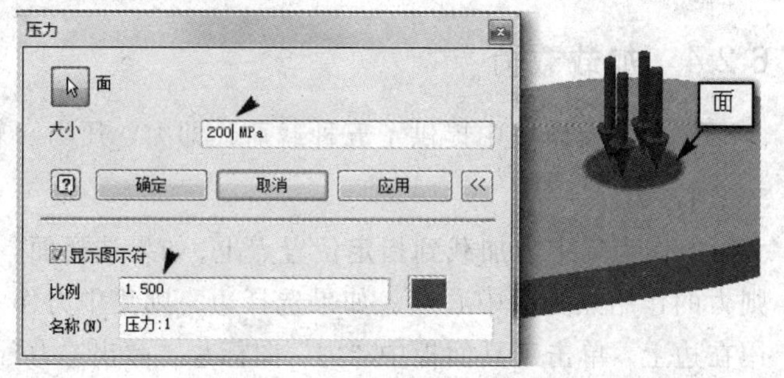

图 6-42 加载压力

3．轴承载荷

轴承载荷是仅可以施加在圆柱表面上的载荷。默认情况下，加载的轴承载荷方向平行于圆柱的轴线。通过方向按钮改变载荷的方向时，可以选择平面（则该平面法线方向为受力方向），或者选择边线则边线的方向为受力方向。

单击工具面板中“轴承”图标 轴承，弹出轴承载荷的对话框，如图 6-43 所示。

对话框中各项含义如下。

（1）“面”：仅能选择圆柱面。

（2）“方向”：默认方向为圆柱面的轴线方向，可通过选择面、边，或者采用矢量分量定义受力方向。根据轴承实际载荷的方向，确定载荷的作用方向。

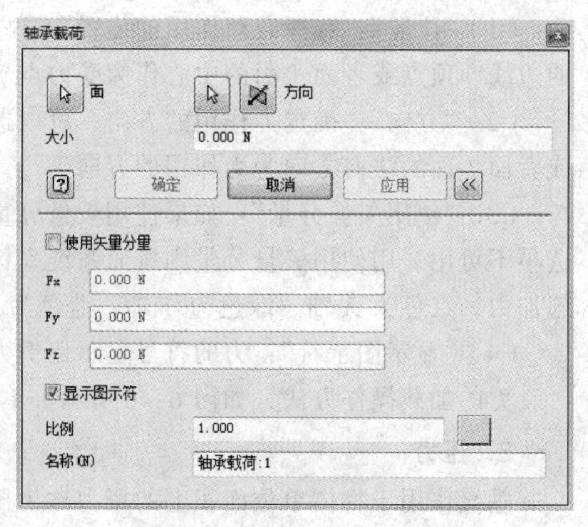

图 6-43 “轴承载荷”对话框

其他选项含义与前述相同。

轴承载荷的加载步骤，如图 6-44 所示。单击“确定”按钮，完成轴承加载。

图 6-44　加载轴承载荷步骤

4．力矩

力矩应用到表面载荷时，施加的实际是扭矩，可选择平面、边线、两个顶点或者轴来确定其方向。

单击工具面板中“力矩”图标，弹出如图 6-45 所示对话框。

对话框中各项含义如下。

（1）“面”：选择力矩作用的表面。

（2）“方向”：选择边线、平面（则平面的法向方向为力矩作用方向）、圆柱面（则圆柱面的轴线为力矩作用方向）、草图直线或者轴定义力矩作用的方向。

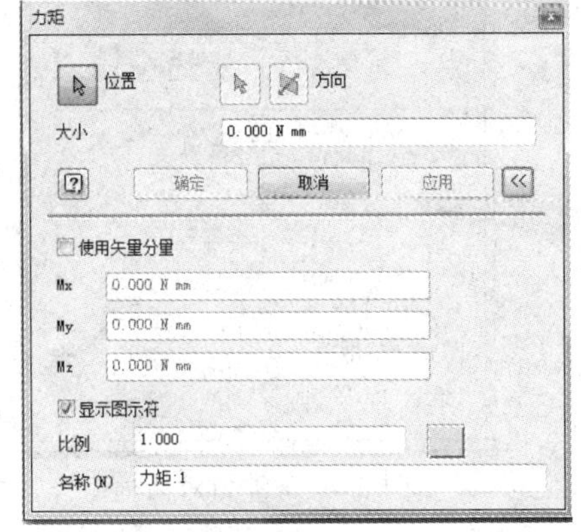

图 6-45　“力矩”对话框

注意：力矩方向是指用右手定则判断力矩方向，即右手四指与力矩旋向相同，则拇指所指的方向为力矩的方向。

其他选项与前述相同。加载力矩的操作方法，如图 6-46 所示。单击“确定”按钮，完成力矩加载。

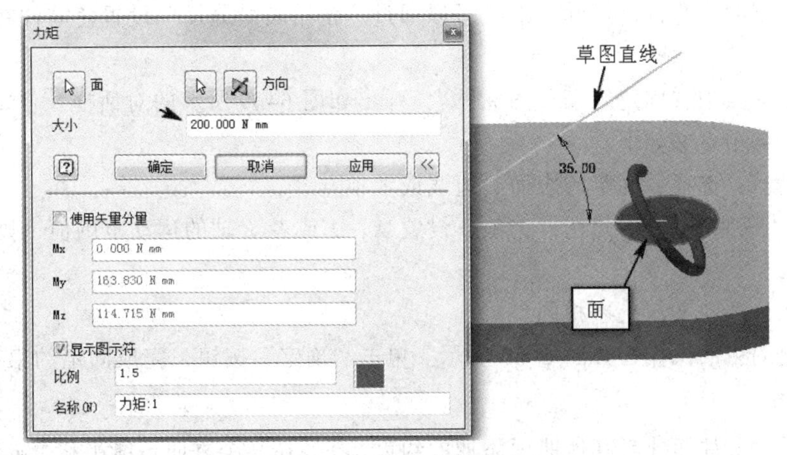

图 6-46　加载力矩方法

5．重力

重力载荷是对零件加载重力作用，作用点在所选的零件表面的中心点以匀加速度的方式作用在零件上。

单击工具面板中“重力”图标，弹出如图 6-47 所示的对话框。

对话框中各项含义如下。

（1）：选择零件的表面，力的图示作用点显示在所选的表面中心点，方向自动给出，单击可以反向。

（2）“大小”：输入重力加速度大小，单位为 mm/s²。

（3）其他选项与前述相同。

加载重力的操作，如图 6-48 所示。单击“确定”按钮，完成重力加载。

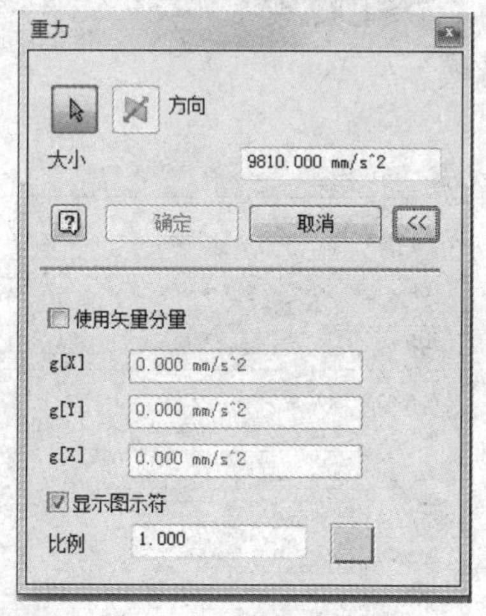

图 6-47　重力对话框

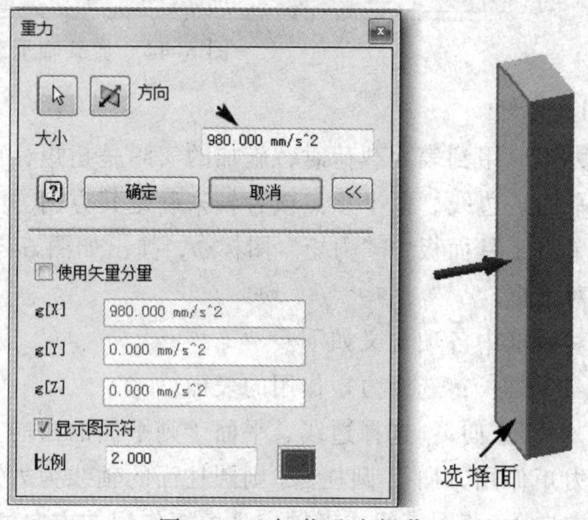

图 6-48　加载重力操作

6.2.5　设置约束

应力分析的约束有固定约束、销约束及无摩擦约束。

1．固定约束

固定约束限制了零件的运动，但是可以通过“使用矢量分量”设置使零件在给定的范围内的运动。

单击工具面板中“固定约束”图标，弹出如图 6-49 所示的对话框。

对话框中各项含义如下。

（1）“位置”：选择欲固定的表面、边线或者顶点等。

（2）“使用矢量分量”：勾选此选项，设置 *X*、*Y* 或者 *Z* 轴的运动范围值，则零件在给定范围内运动。

（3）其他选项含义与上述相同。

添加固定约束的操作，如图 6-50 所示。单击“确定”按钮，完成固定约束设置。

2．销约束

销约束是对圆柱面或者其他曲面添加的约束，零件在某个方向不能平移、转动或者变形。

图 6-49 固定约束对话框

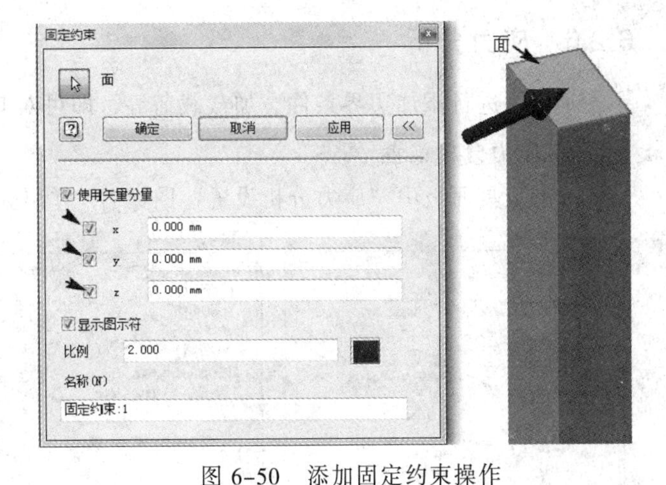

图 6-50 添加固定约束操作

单击工具面板中“孔销联接”图标，弹出如图 6-51 所示对话框。

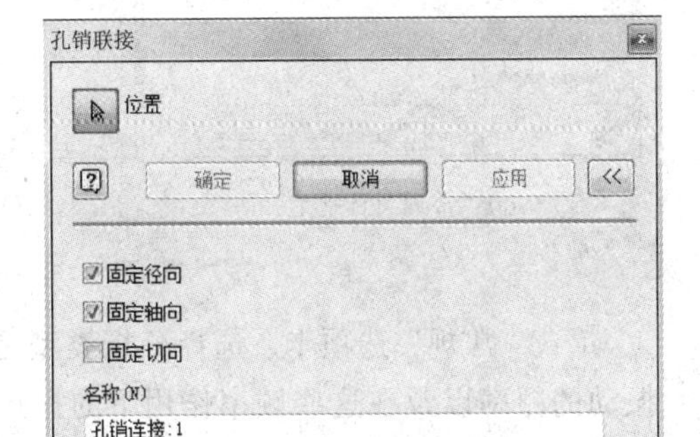

图 6-51 “孔销联接”对话框

对话框中各项含义如下。

（1）“位置”：选择孔表面或者圆弧表面。

（2）“固定选项”：对选择的孔或者圆弧表面不能平移、旋转或者变形。固定径向表示不能旋转，固定轴向表示不能平移，固定切向表示不能变形。

设置销约束的操作，如图 6-52 所示。单击“确定”按钮，完成销约束的操作。

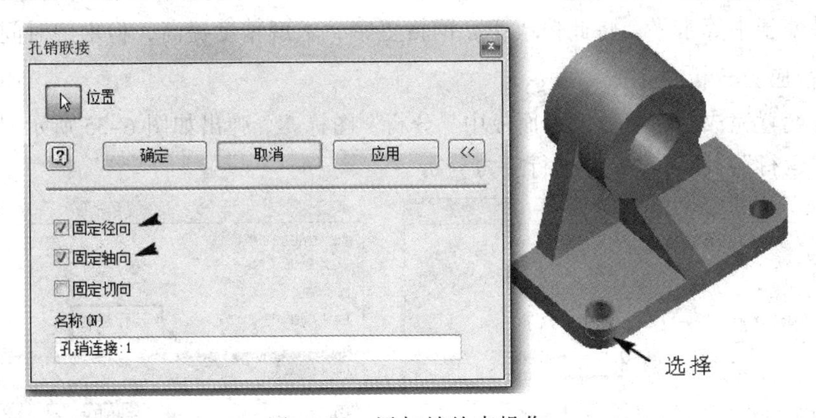

图 6-52 添加销约束操作

3. 无摩擦约束

无摩擦约束是指零件不能在所选的表面的垂直方向运动或者变形，但可以在无摩擦约束的相切方向运动或者变形，这样相当于在某一方向限制了联接的运动或者变形。

单击工具面板中“无摩擦约束”图标，弹出如图 6-53 所示的对话框。

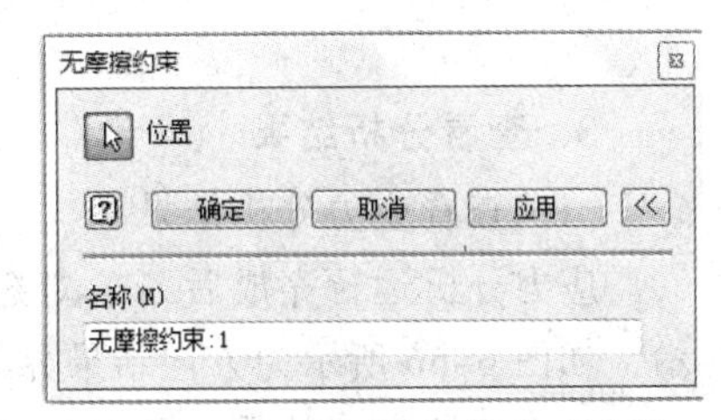

图 6-53 “无摩擦约束”对话框

6.2.6 应力分析

对零件进行添加边界条件、加载载荷等，即可对其进行应力分析。

1. 应力分析设置

单击工具面板中“应力分析设置”图标，弹出如图 6-54 所示的对话框。

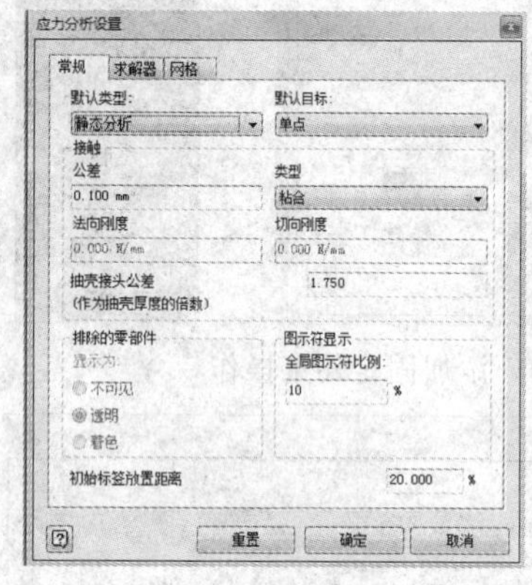

(a)“常规”选项卡

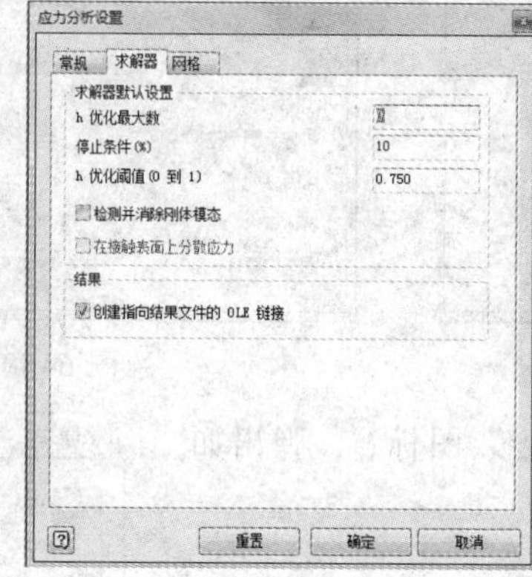

(b)“求解器”选项卡

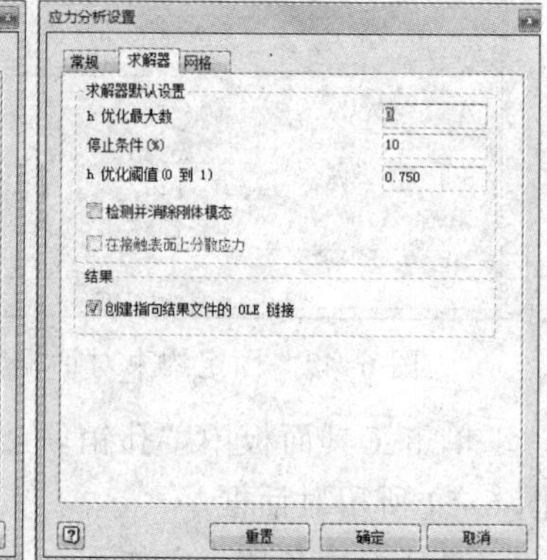

(c)“网格”选项卡

图 6-54　应力分析设置对话框

（1）“常规”选项卡：选择分析类型是静态分析还是模态分析。模态分析主要是查找零件振动的频率以及在这些频率作用下的振形。

（2）“求解器”选项卡：设置求解最优值及停止条件。

（3）“网格”选项卡：设置网格大小。默认平均网格大小为 0.1，这种网格所产生的求解时间与结果处于中等水平。将此值改小，网格更密，求解精度提高，但求解时间长。

2. 运行应力分析

当所有设置完成后，单击工具面板中“分析”图标，弹出如图 6-55 所示对话框。单击对话框中“运行”，即可对零件进行应力分析。

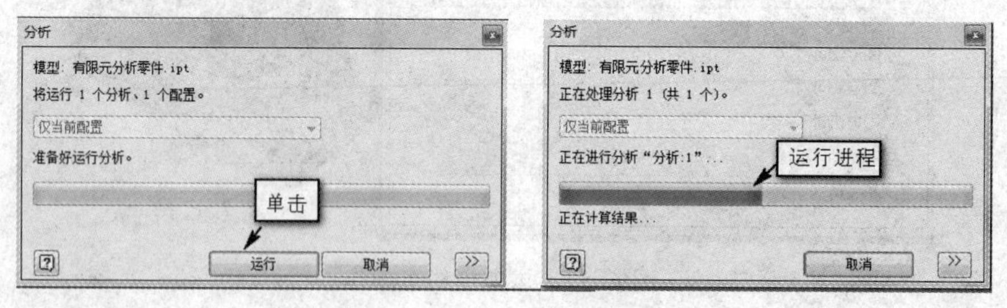

图 6-55　应力分析对话框

3. 查看分析结果

（1）查看应力分析结果

应力分析运行完成后，在浏览器中出现结果，绘图区也出现分析结果图，用不同颜色显示，如图 6-56 所示为方向结果界面。

在浏览器中“结果”里包括 Mises 应力、应力、应变和位移等选项。双击某一项，绘图区显示该项的分析结果。

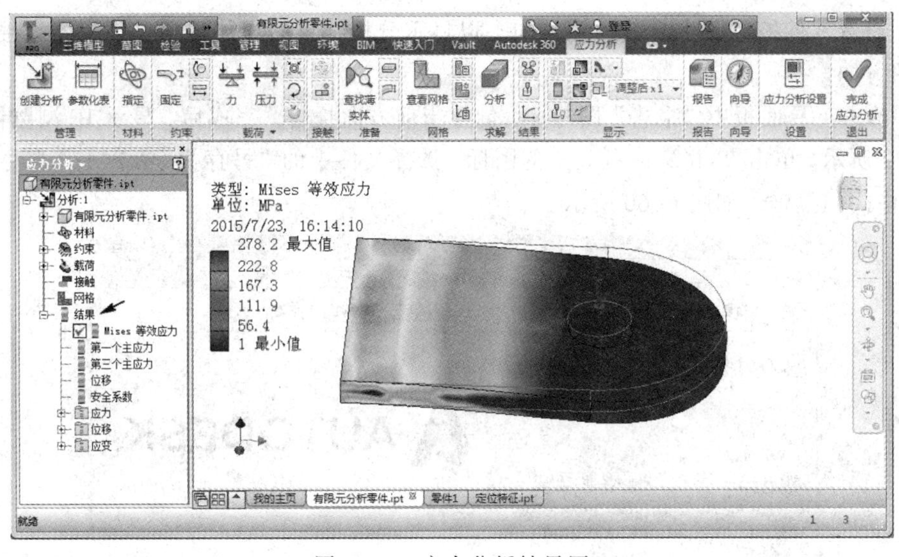

图 6-56　应力分析结果图

（2）结果可视化

对于结果的显示方式进行选择，单击工具面板中“平滑着色”图标 平滑着色，出现三种方式：平滑着色、轮廓着色及无着色，如图 6-57 所示。

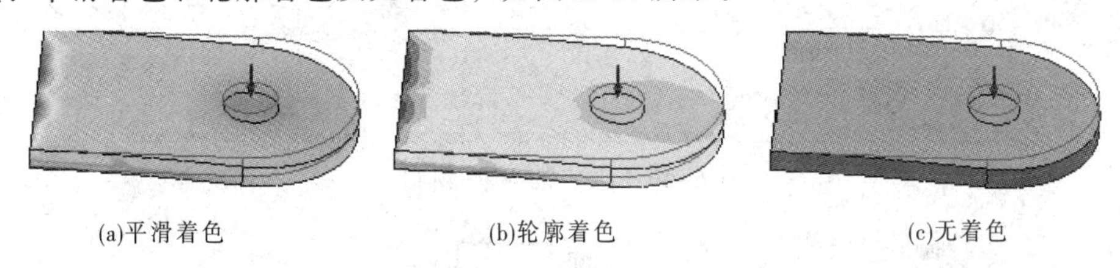

(a)平滑着色　　(b)轮廓着色　　(c)无着色

图 6-57　三种结果显示方式

对于分析结果，工具栏中还有其他选项：

① 单击工具面板中“查看网格”图标，将网格显示出来，再次单击取消网格显示。

② 单击工具面板中“最大结果”，则在零件上显示最大结果的位置及数值。

③ 单击工具面板中“最小结果”，则在零件上显示最小结果的位置及数值。

④ 单击工具面板中“动画制作”图标，弹出如图 6-58 所示的对话框，单击播放分析结果的动画，单击制作分析结果的视频文件。

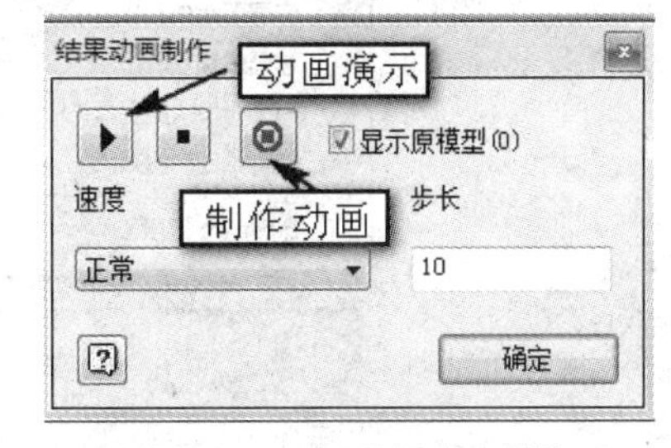

图 6-58　动画演示及制作

4．生成分析报告

对零件的应力分析的结果，生成分析报告。分析报告提供了应力分析的设置、加载、应力、应变等书面的记录。

单击工具中“不同报告”图标，将所有的分析条件和结果保存为 Web 格式，以便查看和存储。生成报告的步骤：

（1）设置并运行零件应力分析。

（2）设置零件缩放和当前的视图方向，以显示分析结果的最佳视角，该视图为报告中使用的视图方向。

（3）单击工具面板中“报告”图标，创建当前方向报告。完成后，显示 IE 浏览器窗口，如图 6-59 所示。单击 Web 窗口右上角的图标，选择文件中的“另存为（A）...，”保存为 html 或者 txt 格式的报告，如图 6-60 所示。

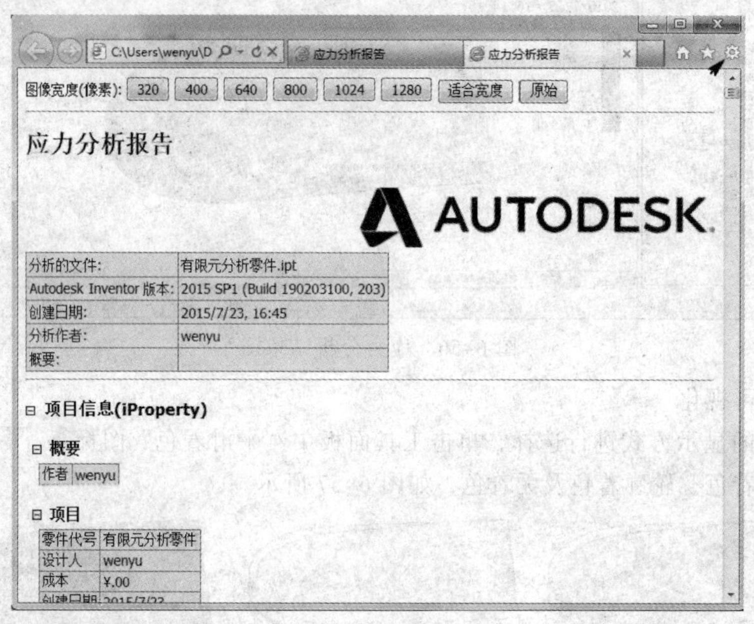

图 6-59　报告的 Web 窗口

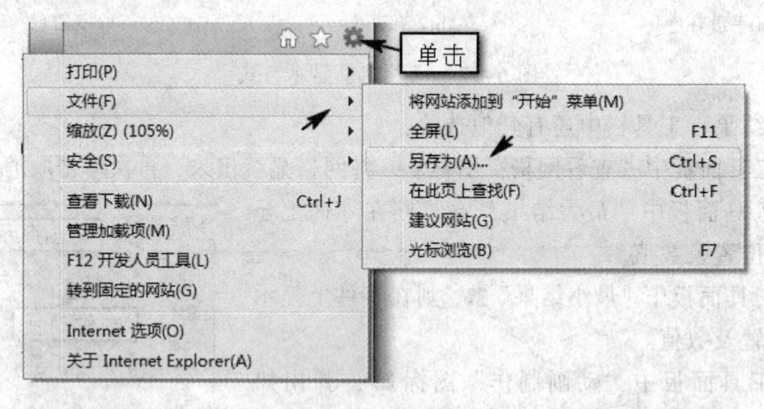

图 6-60　保存报告

6.2.7　应力分析实例

下面以低速滑轮的支架为例说明应力分析的操作方法及步骤。

已知：低速滑支架轮材质为 HT200，受到载荷为 900 N，安全系数要求不小于 3，强度不超过 40 MPa。

1. 创建低速滑轮支架的模型

打开零件“有限元分析.ipt”，其工程图和模型如图 6-61 所示。

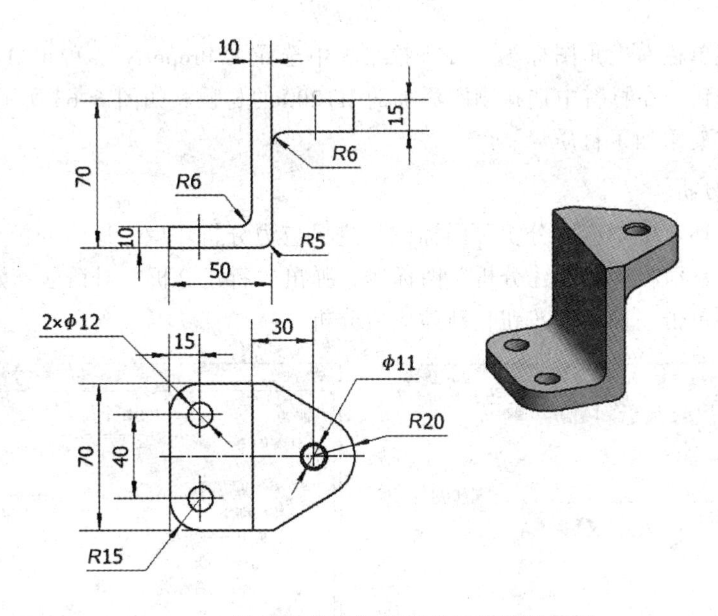

图 6-61　低速滑轮支架的零件工程图及模型

2. 添加物理属性

低速滑轮的材质为 HT200，Inventor 2015 默认中没有这种材料，需要添加材料。创建材质步骤如下：

（1）单击菜单栏中“材料”图标，弹出“材料浏览器”对话框，单击对话框下方“材料”图标，如图 6-62(a)所示，弹出对话框如图 6-62(b)所示，输入材质名称 HT200，单击对话框上方“物理”按钮，弹出如图 6-62(c)所示对话框，修改机械和强度属性，单击“应用”按钮，HT200 材质创建完成。

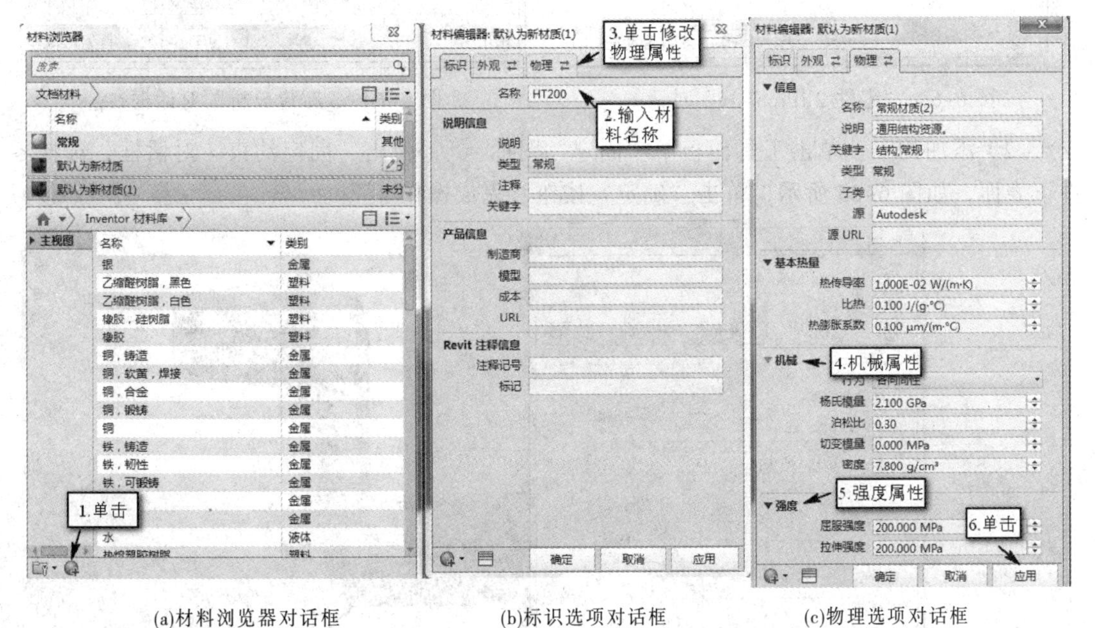

(a)材料浏览器对话框　　(b)标识选项对话框　　(c)物理选项对话框

图 6-62　低速滑轮支架的零件工程图及模型

（2）单击菜单栏左上角图标，在下拉菜单中选择“iProperty”，弹出 iProperty 对话框，单击物理特性按钮，在材料中选择刚刚添加的 HT200 的材质，如图 6-63 所示；单击“应用”按钮，对滑轮支架添加了材质。

3．有限元分析

单击菜单栏环境中“应力分析”图标，进入应力分析环境。应力分析步骤如下：

（1）单击工具面板中“创建分析”图标，弹出“新建分析”对话框，如图 6-64 所示，选择静态分析，单击“确定”按钮，新建应力分析。

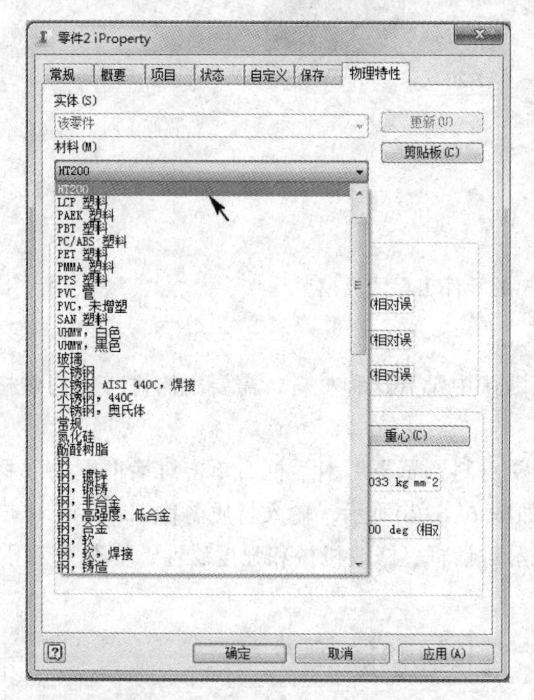

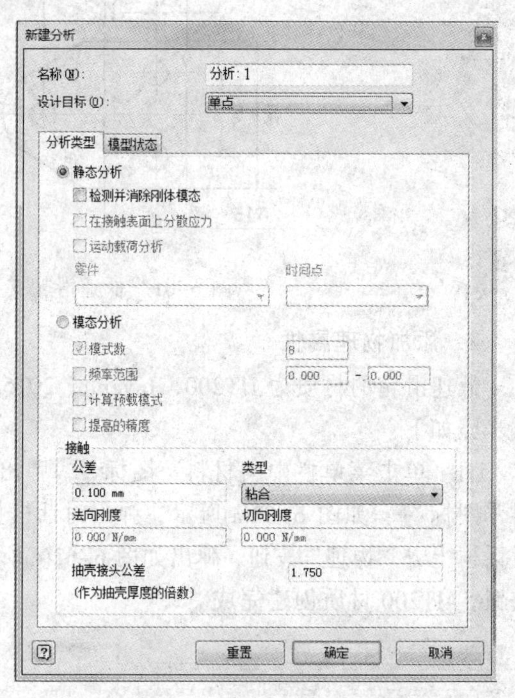

图 6-63 “零件 2 iProperty”对话框　　　　图 6-64 “新建分析”对话框

（2）添加约束。单击工具面板中“固定”图标，弹出“固定约束”对话框，选择零件下表面，如图 6-65 所示，单击“确定”按钮，完成操作。

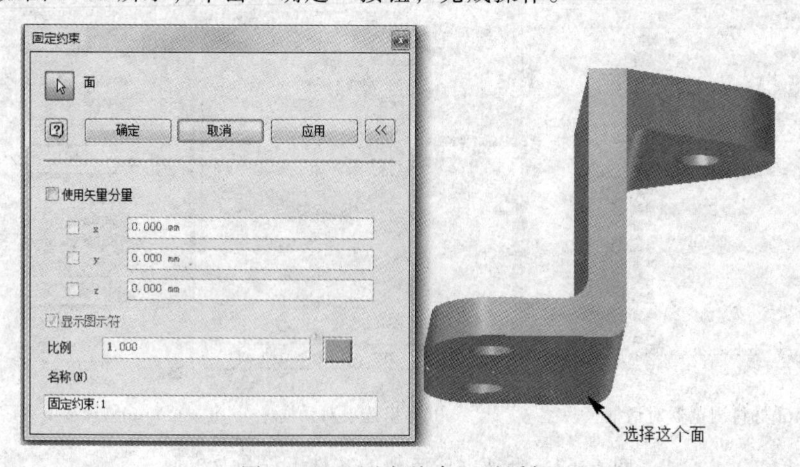

图 6-65 “固定约束”对话框

（3）加载载荷。单击工具面板中“力”图标，弹出“力”对话框，选择圆柱孔为受力面、棱边为力参考方向，输入 900 N，如图 6-66 所示，单击“确定”按钮，完成操作。

（4）查看网格。单击工具面板中“网格”图标，查看 Inventor 默认的外观划分，如图 6-67 所示。

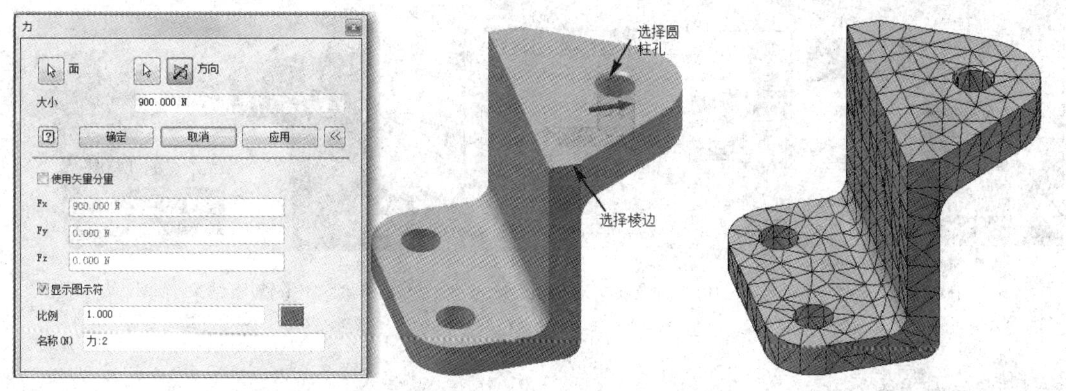

图 6-66　“力”对话框　　　　图 6-67　网格

（5）运行应力分析。单击工具面板中“分析”图标，弹出对话框，再单击“运行”按钮，对低速滑轮支架进行应力分析，分析结果如图 6-68 所示，各种结果图标出现在浏览器中。

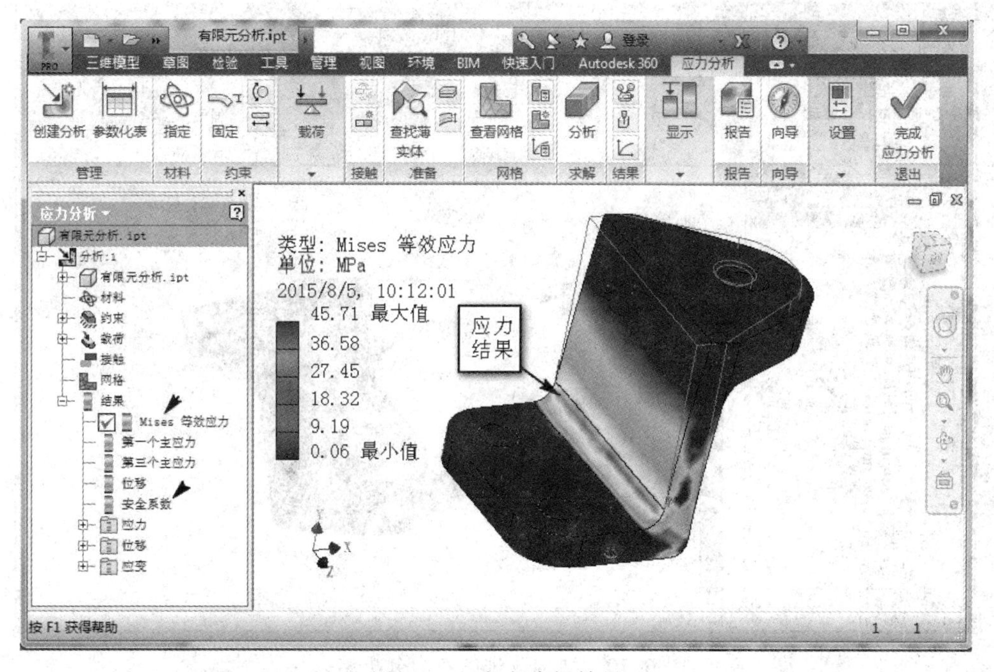

图 6-68　应力分析结果

（6）查看结果。从图 6-68 可知，最大应力在底板转角处，达到 45.71 MPa，超过了要求应力值。为了减少应力值，可在底板上添加筋板。单击工具面板中“完成应力分析”图标，返回到零件环境。

4．添加筋板特征

在系统默认 *XY* 面，新建草图，创建如图 6-69(a)所示的草图。单击工具面板中“完成草图”，完成草图操作。单击工具面板中“筋板”图标，弹出筋板对话框，类型选择平行于草图平面、对称、厚度为 10 mm，如图 6-69(b)所示。单击“确定”按钮，筋板创建完成，如图 6-69(c)所示。

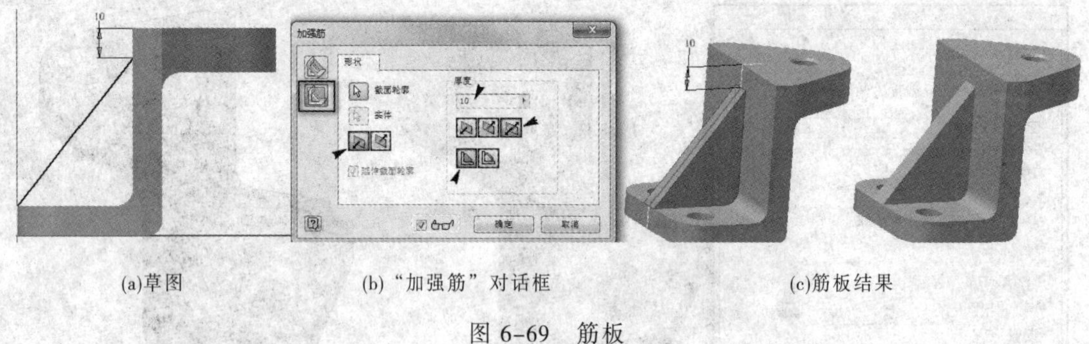

(a)草图　(b)“加强筋”对话框　(c)筋板结果

图 6-69　筋板

5．再次应力分析

（1）单击菜单栏环境中的应力分析图标，进入应力分析环境。

（2）运行应力分析。单击工具面板中“分析”图标，再次对低速滑轮支架进行应力分析，新分析结果如图 6-70 所示，各种结果图标出现在浏览器中。

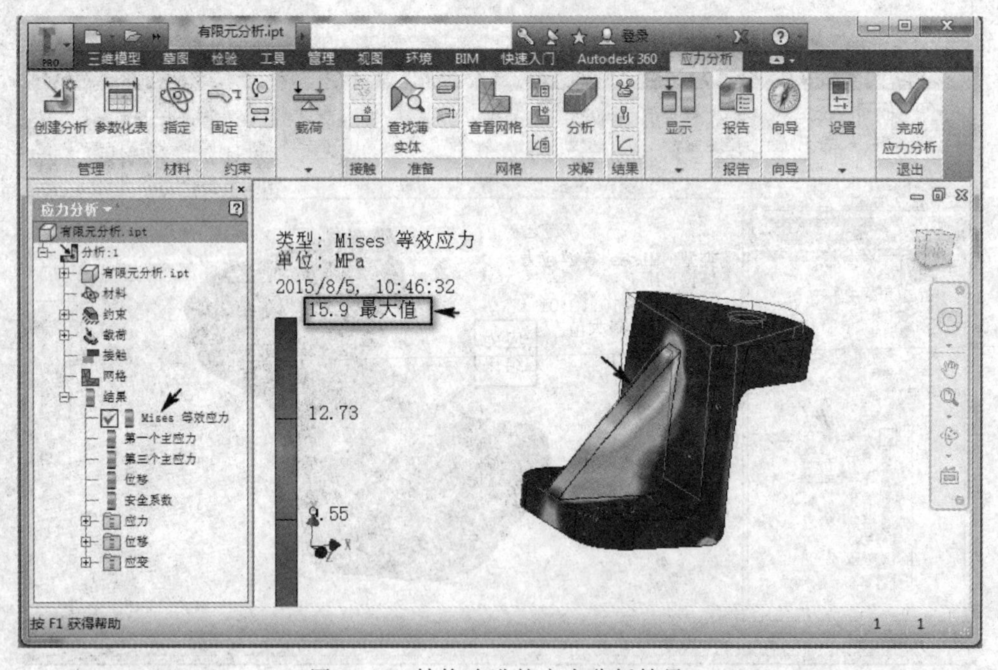

图 6-70　结构改进的应力分析结果

（3）查看结果。由图 6-70 可知，最大应力由 45.71 MPa 变为 15.9 MPa；双击浏览器安全系数，绘图区弹出安全系数的分析结果，如图 6-71 所示，最小值为 12.58，满足设计要求。

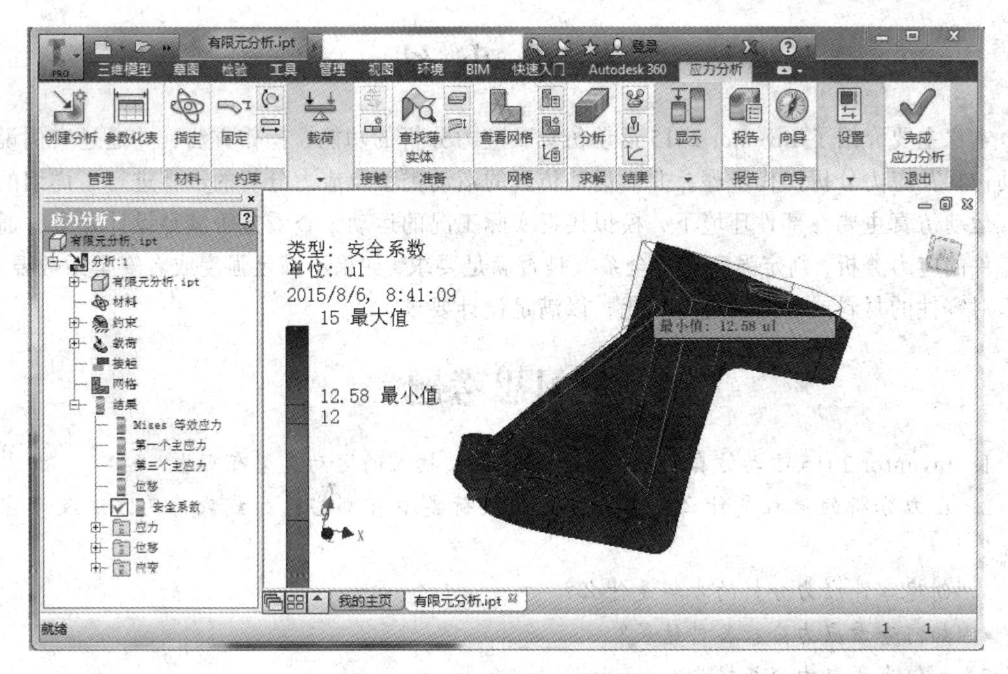

图 6-71　安全系数的分析结果

（4）输出应力分析结果。单击工具面板中“报告”图标，弹出“报告”对话框，按照默认设置，单击“确定”按钮，生成应力分析结果的报告，如图 6-72 所示。

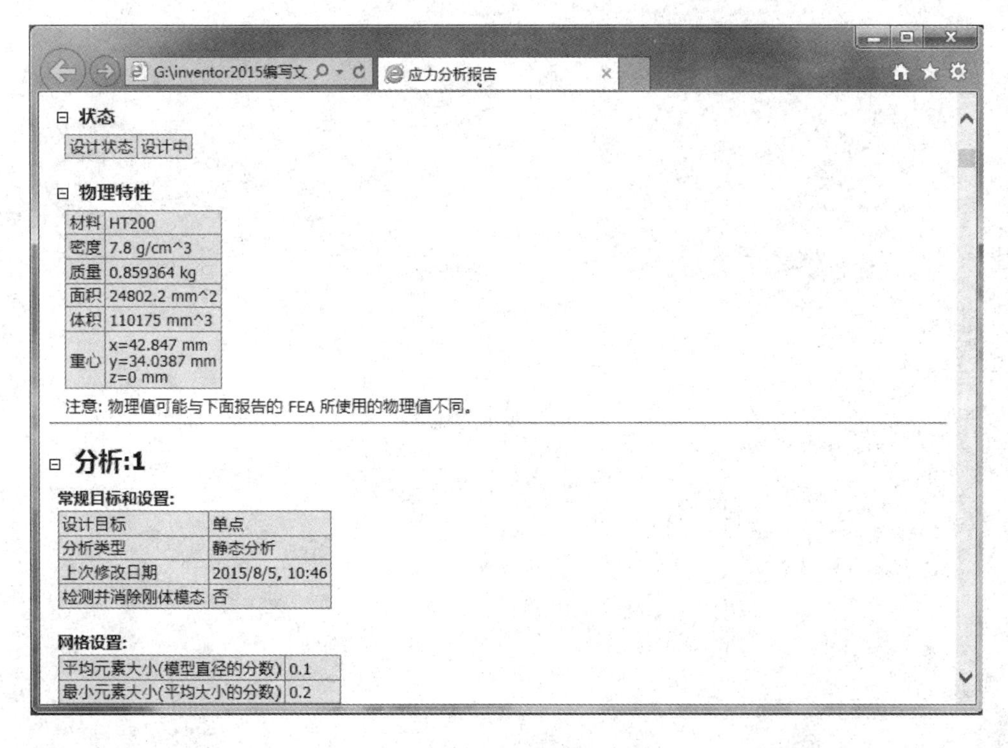
G:\inventor2015编写文
应力分析报告

状态

设计状态	设计中

物理特性

材料	HT200
密度	7.8 g/cm^3
质量	0.859364 kg
面积	24802.2 mm^2
体积	110175 mm^3
重心	x=42.847 mm y=34.0387 mm z=0 mm

注意: 物理值可能与下面报告的 FEA 所使用的物理值不同。

分析:1

常规目标和设置:

设计目标	单点
分析类型	静态分析
上次修改日期	2015/8/5, 10:46
检测并消除刚体模态	否

网格设置:

平均元素大小(模型直径的分数)	0.1
最小元素大小(平均大小的分数)	0.2

图 6-72　分析报告

本 章 小 结

本章主要介绍了 Inventor 2015 运动仿真及应力分析的功能、操作方法，并通过实例说明运动仿真及应力分析操作步骤，并对运动仿真的运动类型及应力分析的步骤进行了详细的讲述。运动仿真主要在部件环境下，模拟接近实际工况的运动，查看是否满足设计要求。通过对零件的应力分析，判定强度和安全系数是否满足要求，如果不满足强度或者安全系数要求，可以对零件的材料或者结构进行优化，以满足设计要求。

复习思考题

1. Inventor 2015 运动仿真的基本过程是什么？插入的运动类型有哪些？
2. 应力分析的流程是什么？应力分析的载荷类型有哪些？加载载荷的方法及步骤是什么？
3. 创建零件应力分析的步骤是什么？
4. 如何查看应力分析各种结果？
5. 如何生成应力分析报告？

第 7 章 工 程 图

本章导读

工程图是表达零件及部件结构的重要工程手段，是设计人员进行设计交流的工具。本章主要介绍工程图模板的创建、工程图环境、零件和部件工程图中各种视图的创建方法及步骤、尺寸标注、注释标注、序号标注、明细栏创建及编辑等操作，并通过实例介绍零件和部件工程图的创建过程。

教学目标

通过对本章内容的学习，学生应做到：

- 了解工程图的类型、视图种类、创建工程图的方法及步骤等。
- 掌握工程图模板创建、各种视图创建及编辑、尺寸的标注、注释的标注、序号标注、明细栏的创建及编辑等，零件及部件工程图的创建及编辑过程。
- 能够利用工程图的功能独立完成零件及部件工程图的创建及编辑操作，使创建的工程图视图及标注等满足工程设计的要求。

7.1 设置工程图

工程图是设计人员进行设计技术信息交流的语言，可通过工程图对零件或者部件信息进行描述，阐明设计者的设计意图，表达设计思想，并指导加工制造。

工程图是通过三维模型创建的，与三维模型具有关联性，若三维模型修改，则工程图自动更新，减少了修改及编辑工程图的工作量。

7.1.1 工程图环境

启动 Inventor 2015 软件，在新建中单击“工程图”图标，或者在新建文件对话框中双击工程图模板“Standard.idw”，进入工程图环境，如图 7-1 所示。

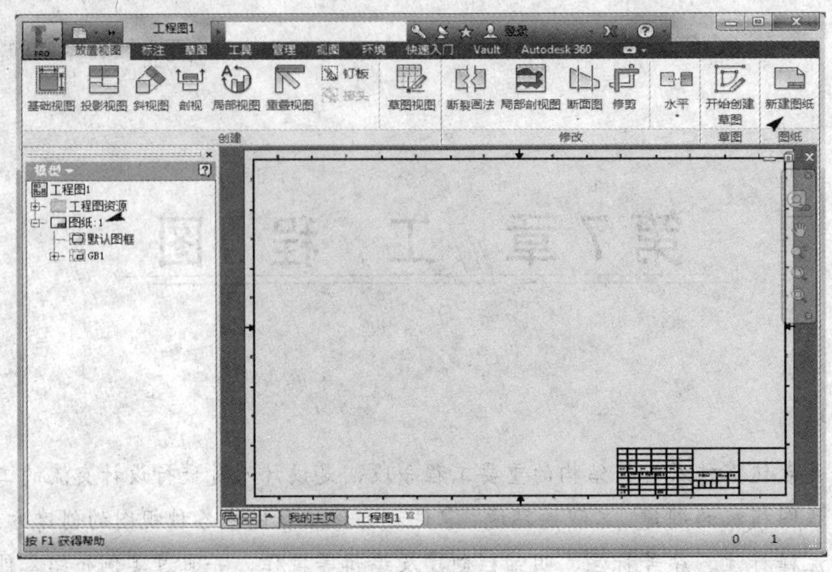

图 7-1　工程图环境

7.1.2　工程图设置

Inventor 2015 软件的工程图模板提供了对工程图的各种设置，包括图幅、标题栏、尺寸样式等设置，通过这些设置，使得工程图的样式满足国标的要求。

1．图幅设置

工程图的图幅有 GB、ISO 等标准。国标为 A0~A4，或者自定义大小，这里选用国标。

在浏览器中，选择“图纸 1”，右击，在弹出的快捷菜单中选择“编辑图纸”，如图 7-2(a)所示，弹出如图 7-2(b)所示的对话框。在对话框中，设置图幅大小、方向和标题栏位置等。

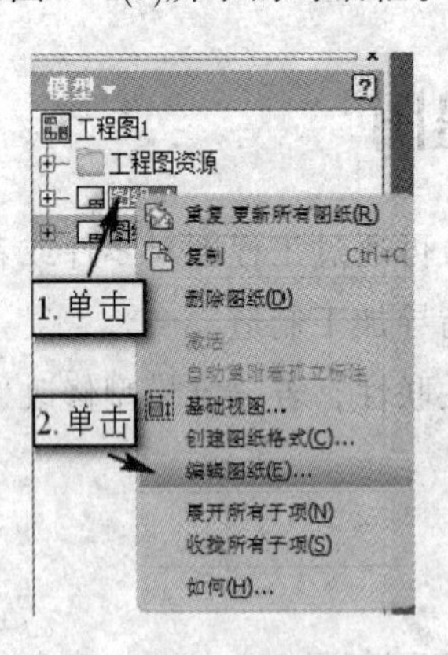

（a）选择

（b）编辑图纸对话框

图 7-2　图幅设置

2．标题栏更换及编辑

（1）标题栏的更换

工程图的标题栏有两种，即零件工程图的标题栏和部件工程图的标题栏。GB1 为部件工程图标题栏，GB2 为零件工程图标题栏，不同的工程图图纸采用不同的标题栏。

① 删除标题栏。在浏览器中，选择图纸 1 中 GB2，右击，在弹出的快捷菜单中选择“删除”，如图 7-3(b)所示，即把 GB2 标题栏删除。

② 插入标题栏。在浏览器中“工程图资源”里，选择标题栏中的 GB1，右击，在弹出的快捷菜单中选择“插入”，如图 7-3(c)所示，即把 GB1 标题栏插入到当前工程图图纸中，实现标题栏的更换。

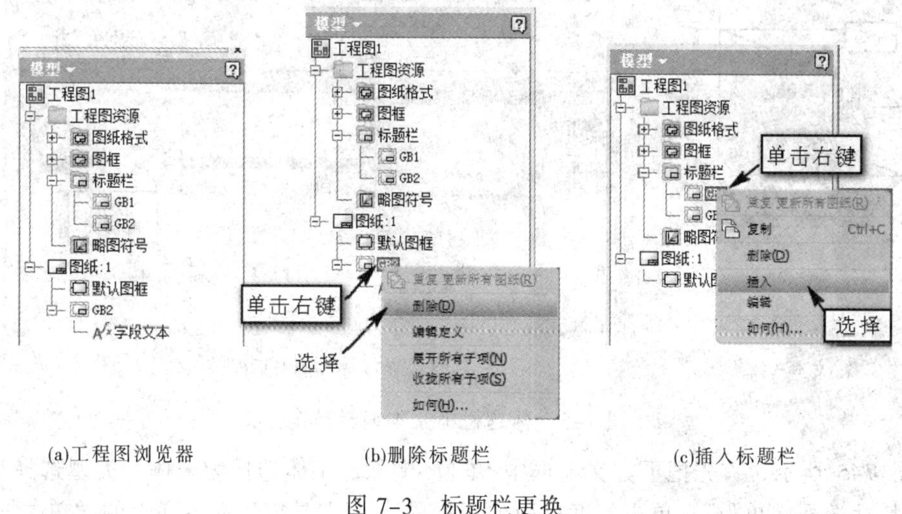

(a)工程图浏览器　　(b)删除标题栏　　(c)插入标题栏

图 7-3　标题栏更换

（2）标题栏的编辑

标题栏的编辑主要是对标题栏中文本属性进行编辑，如对零部件的名称、材料、零件代号、单位等进行属性设置，使得标题栏中文本随着模型的不同而不同。

① 标题栏编辑。选择浏览器图纸 1 中的 GB1，右击，在弹出的快捷菜单中选择“编辑定义”，如图 7-4(a)所示。在绘图区，标题栏变为可编辑状态，如图 7-4(b)所示。

标题栏中默认给出的单位、名称、零件代号和重量与调入的零件或者部件没有关联性，需要把单位、名称、零件代号等文本属性更改为“特性-模型”，把重量更改为“物理属性-模型”，使其与调入模型建立关联性。

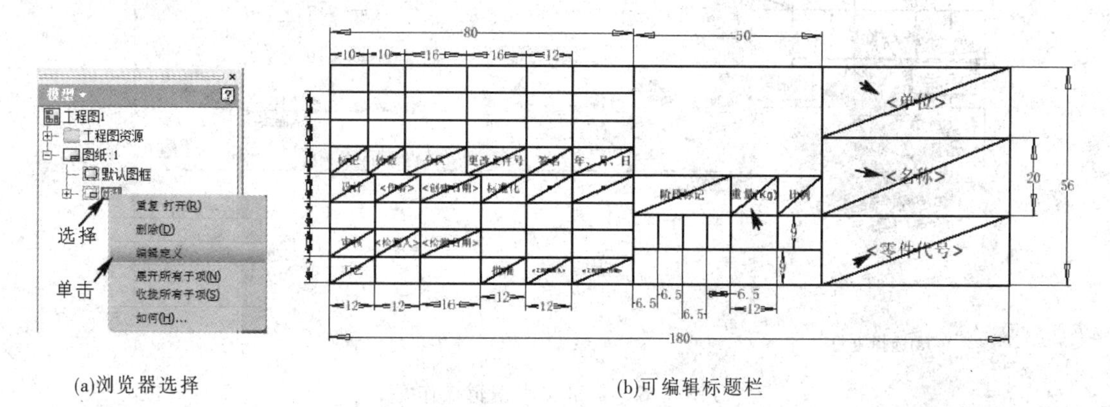

(a)浏览器选择　　(b)可编辑标题栏

图 7-4　标题栏编辑操作

② GB1 编辑。GB1 为部件工程图标题栏，需要对单位、名称、零件代号、质量等文本

修改属性。在图 7-4 所示标题栏中，选择“单位”，右击，在弹出快捷菜单中选择“编辑文本”，弹出文本格式对话框，如图 7-5 所示。

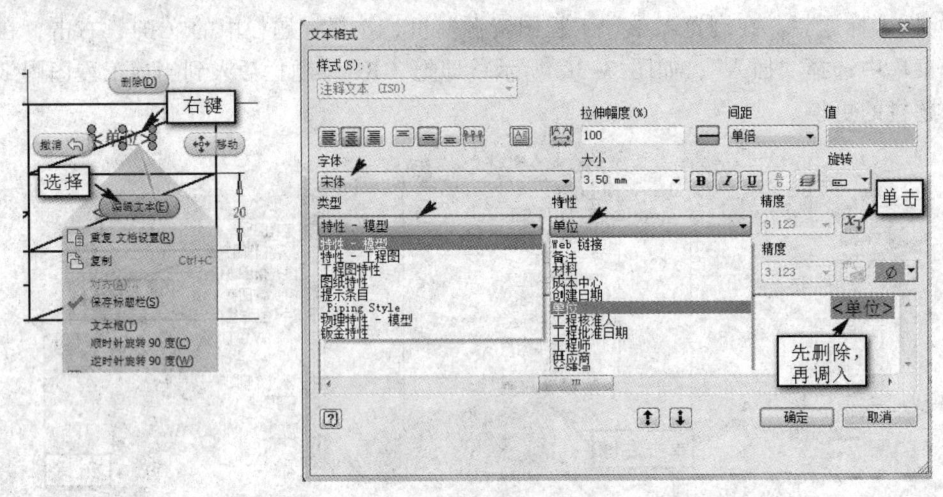

(a)文本选择　　(b)文本编辑对话框

图 7-5　标题栏中文本编辑操作

如图 7-5 所示，首先把下方文本框中<单位>删除，字体选择为宋体，类型选择“特性-模型”、特性选择“单位”，单击精度后面的图标，调入与模型有关联性的“单位”文本。

采用同样的方法调入名称和零件代号，注意名称调入是“主题”。

调入质量，在图 7-4(b)中，选择重量，右击，选择复制，在重量下面的文本框中粘贴；选择文本框中的重量，右击，在弹出的快捷菜单中选择“编辑文本”。在文本框中选择“重量”文本，按【Delete】键删除，选择字体为宋体，类型选择“物理属性-模型”，特性中选择“质量”，单击精度右侧的图标，调入质量，如图 7-6 所示。

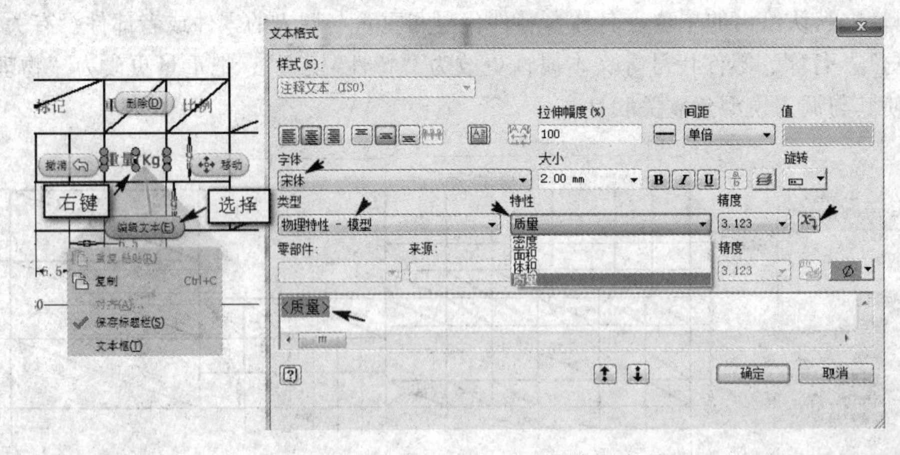

(a)选择重量　　(b)文本编辑对话框

图 7-6　重量文本编辑操作

在图 7-4(b)中上方中间空白区域，添加“通用技术条件 JB/ZQ5000”的方法：将标题栏中已有文本，如“单位”等复制，粘贴到空白区域，双击该文本即可对其进行编辑，把文本改为“通用技术条件 JB/ZQ5000”，字体大小选择 5 mm 即可。

完成编辑的 GB1 标题栏，如图 7-7 所示。单击工具面板上“完成草图”图标✔，在绘图区，右击，在快捷菜单中选择“保存标题栏”，回到工程图状态，标题栏被保存。

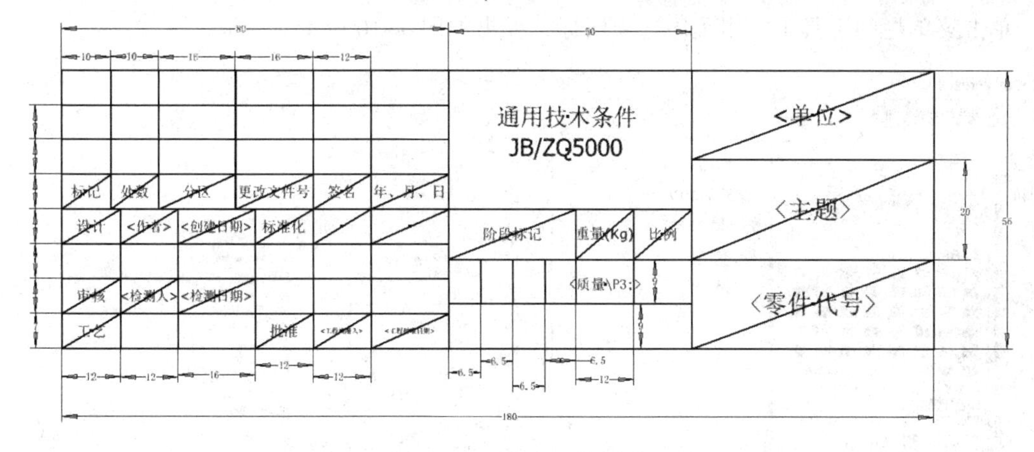

图 7-7 GB1 标题栏编辑

③ 零件工程图的标题栏 GB2 的编辑。GB2 的编辑方法与 GB1 基本相同。完成编辑后，单击工具面板上“完成草图”图标✔，在绘图区，右击，在快捷菜单中选择“保存标题栏”，回到工程图状态，标题栏被保存。编辑完成的 GB2 的标题栏，如图 7-8 所示。

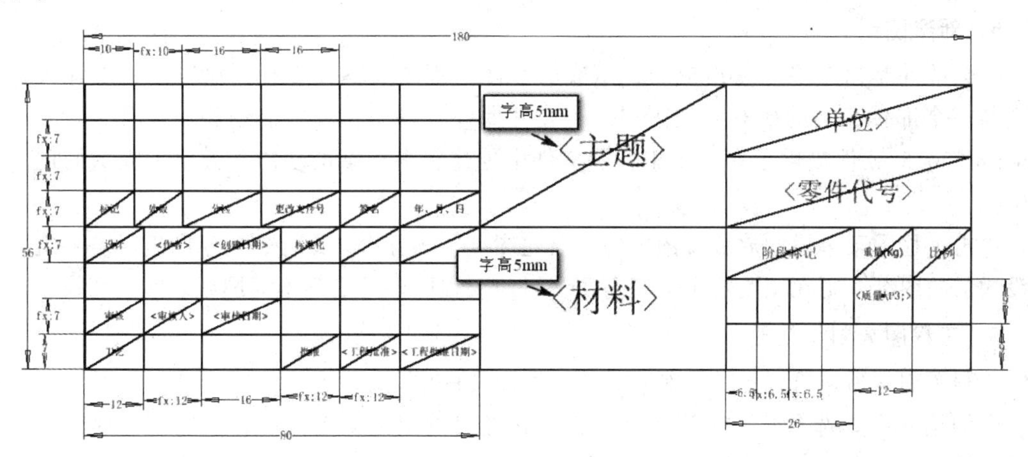

图 7-8 GB2 标题栏编辑

3. 工程图背景颜色设置

工程图的背景颜色默认是着色。更换工程图背景可以按照个人习惯进行修改，一般采用白色为背景颜色。

选择工程图菜单栏的工具中的“文档设置”图标，在弹出的对话框中，选择“图纸”选项，单击对话框右侧颜色中的图纸，在弹出的颜色选择框中，选择要应用的颜色，如图 7-9 所示，单击“确定”按钮，则工程图背景颜色进行了更换。在图 7-9 所示对话框右侧图纸选项中，还可以对工程图边框的颜色、选择图素亮显和选择框颜色进行设置。

4. 应用程序选项设置

创建工程图时，工程图的基本属性需要进行设置，如图标题栏的位置、尺寸是否直接检索、线性尺寸是否加 Φ 等。

单击菜单栏的工具中应用程序选项图标，弹出如图 7-10 所示对话框。

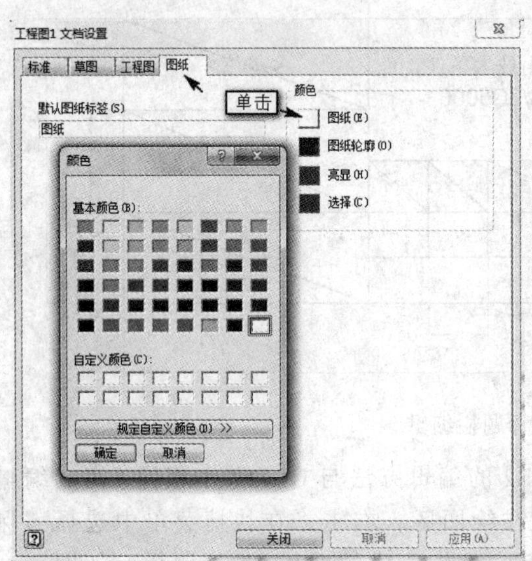

图 7-9　图纸背景颜色设置

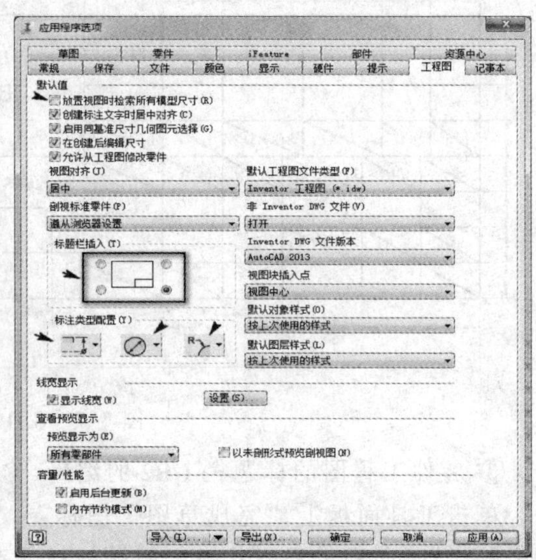

图 7-10　应用程序选项对话框

5. 新建图纸

一个部件是由很多零件组成的，生成的部件工程图及零件工程图比较多，设计人员希望把与一个部件相关的所有工程图用一个文件保存，对于工程图的创建及编辑非常方便。Inventor 2015 软件提供了在一个工程图文件中创建很多图纸的功能，方便工程图的创建及编辑。

单击工程图菜单栏的放置视图中的“新建图纸”图标，即可创建新图纸。若要编辑当前没激活的图纸，则在浏览器中，双击要编辑的工程图即可实现不同图纸之间的切换。

6. 工程图复制与粘贴

工程图创建后，可以把其复制到其他工程图文件中。

在浏览器中，选择某一工程图，右击，在弹出的快捷菜单中选择“复制”或者直接按【Ctrl+C】；打开另一工程图文件，在绘图区内的空白区域或者浏览器中空白区右击，在弹出的快捷菜单中选择“粘贴”，或者直接按【Ctrl+V】，把选择的工程图复制到当前的工程图文件中。

7. 工程图标注设置

创建工程图后，对工程图给出了默认的设置，这虽符合 GB 或者设计要求，但是还需要进行必要的细节设置。

单击工具面板管理中的“样式编辑器”图标，弹出如图 7-11 所示的对话框。在对话框中，默认标准是 GB，可对所有工程图的标注方式进行设置，这种设置只是对当前工程图的标注进行设置。

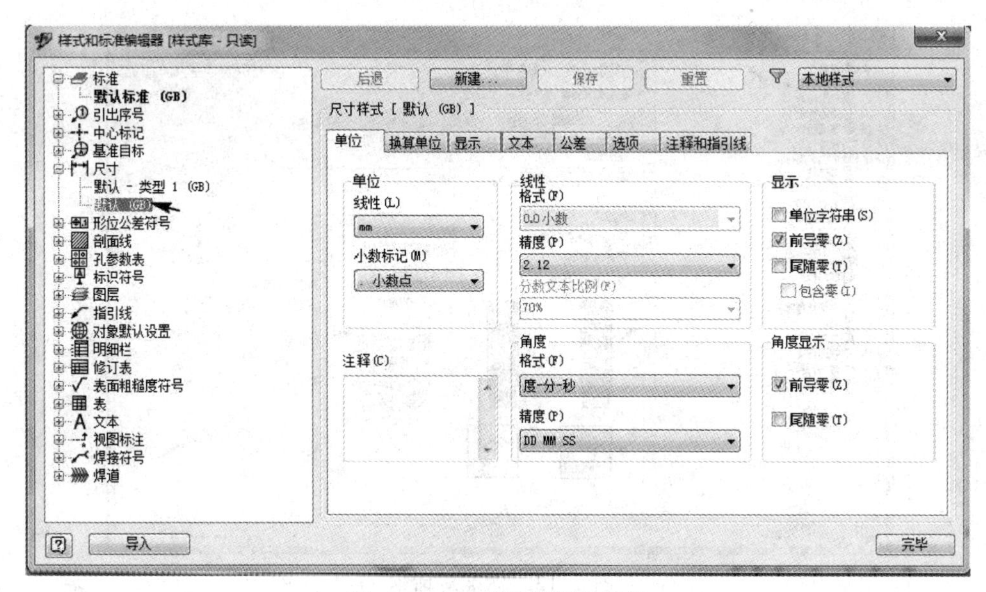

图 7-11　样式编辑器对话框

7.1.3　创建工程图模板

新建的工程图可以通过模板创建。

新建工程图文件，设置所需要的选项，如背景颜色、应用程序选项、样式编辑器的设置等，保存该文件到自己创建的文件夹里，文件名为“工程图模板.idw”。创建工程图时，直接打开该文件，再另存工程图文件即可，模板不改变。

基于 GB 标准，具有标准标题栏格式、标注样式、明细栏等工程图模板的创建步骤：

1. 新建文件

启动 Inventor 2015 软件，在“新建”对话框中选择“工程图”图标，或者双击新建文件对话框中工程图模板“Standard.idw”，进入工程图环境，默认标准为 GB，需要对工程图进行必要的设置。

2. 工程图背景颜色设置

工程图背景颜色设置方法与 7.1.2 中 3 的方法相同，可把背景颜色改为白色或者其他颜色。

3. 应用程序选项设置

工程图应用程序选项设置方法与 7.1.2 中 4 的方法相同。

4. 标题栏设置

GB1 和 GB2 的编辑方法与 7.1.2 中 2 的方法相同。

5. 样式编辑器设置

单击工具面板中的“样式编辑器”图标，弹出如图 7-11 所示对话框。在图 7-11 所示对话框中，对所有的标注属性进行设置。

（1）标准

默认标准是 GB，螺纹边界表示方法、视图投影方式、剖面线等设置，按照默认 GB 设置即可，如图 7-12 所示。

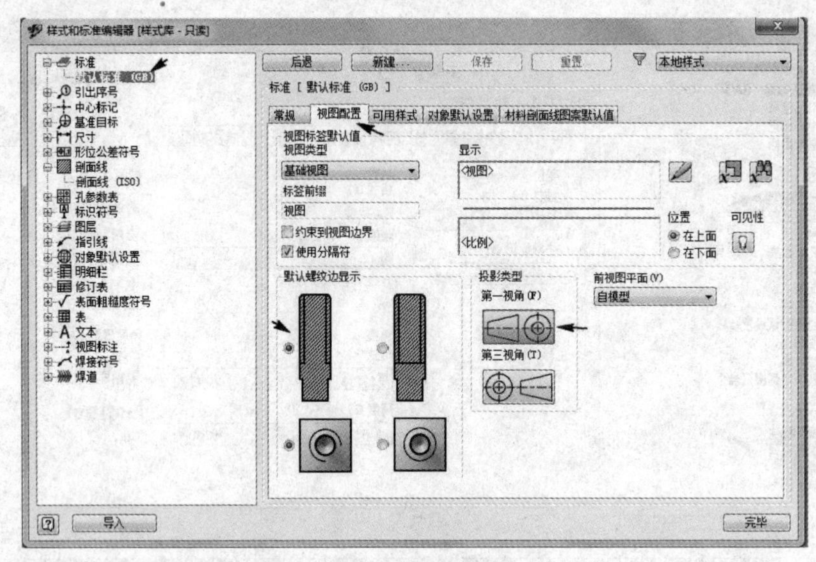

图 7-12　标准对话框

（2）引出序号

对引出序号的格式进行设置，如图 7-13 所示。设置后，单击“保存”。

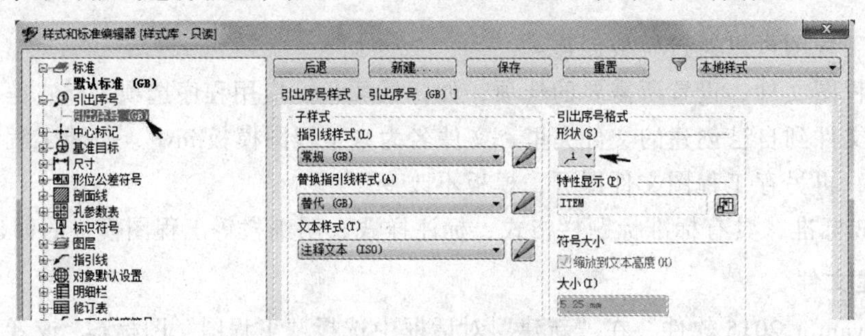

图 7-13　引出序号对话框

（3）中心标记

对圆中心标记符号的线段长度进行设置，如图 7-14 所示，可按照默认设置。

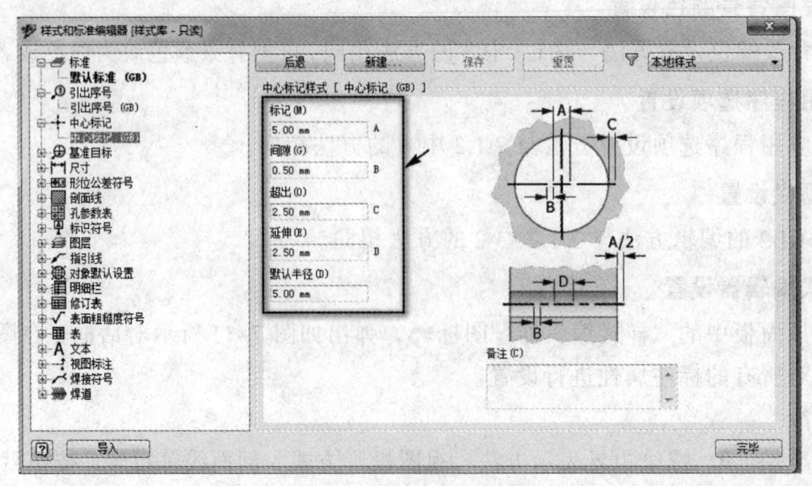

图 7-14　中心标记对话框

（4）基准设置

按照默认设置即可。

（5）尺寸设置

尺寸设置是对工程图标注的主要设置选项。

①“单位”：线性尺寸单位，选择 mm，根据实际尺寸确定小数点位数；设置角度格式一般为“十进制度数”，根据实际尺寸确定小数点位数，如图 7-15 所示。

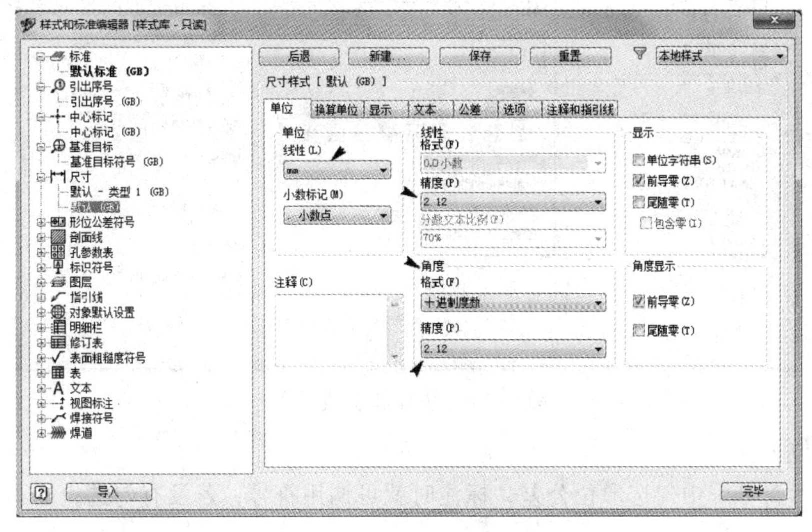

图 7-15 尺寸中单位设置

②“换算单位”和“显示”。按照默认设置即可。

③“文本”。在文本选项中，文本大小为 3.5mm，角度尺寸设置水平书写，直径和半径引出标注文本为水平书写，如图 7-16 所示。单击“保存”，完成设置。

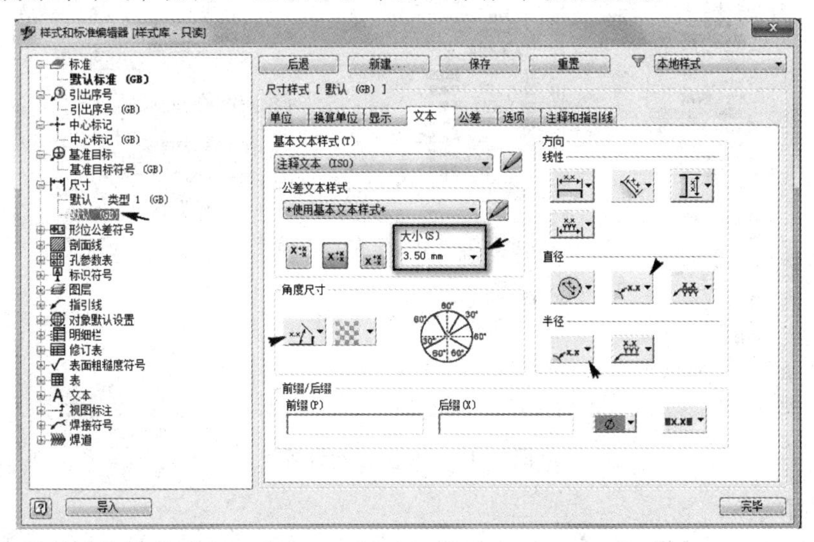

图 7-16 文本设置

④“公差”。公差在标注时再给出即可，可按照默认设置。

⑤“选项”。选项不需要设置，按照默认设置。

⑥“注释和引线”。将引出格式设置为文本水平书写，其他按照默认设置，如图 7-17 所示。单击“保存”即可。

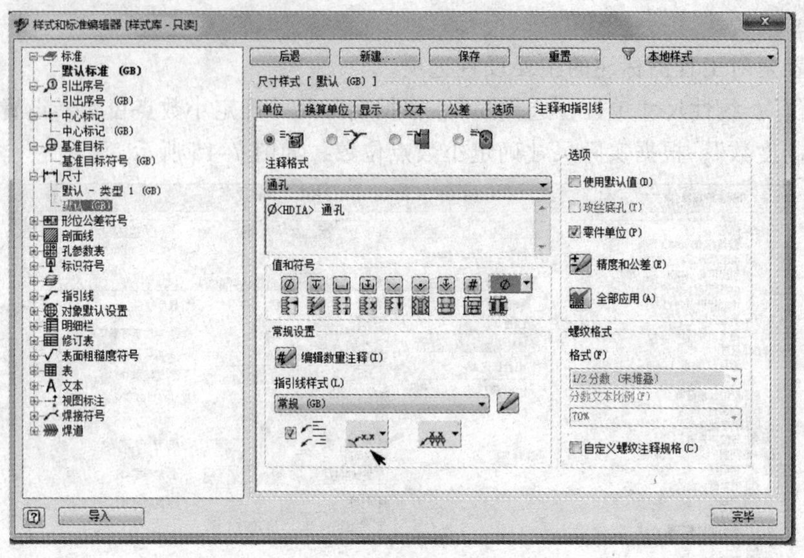

图 7-17　注释和引线设置

（6）形位公差

在“显示符号”中勾选形位公差，标注时就可调用符号，若没有勾选，则不能调用，如图 7-18 所示。

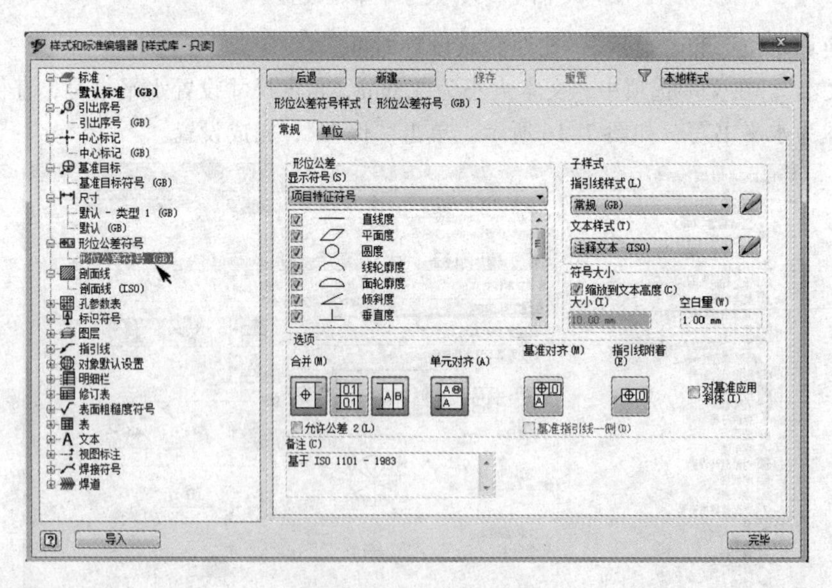

图 7-18　形位公差设置

（7）剖面线

剖面线的设置包括图案、角度、比例等，如图 7-19 所示。金属材料图案选择 ANSI 31；角度是指剖面线倾斜角度，标准为 45°；比例是指剖面线疏密程度，比例大，剖面线比较稀疏，反之则比较密。

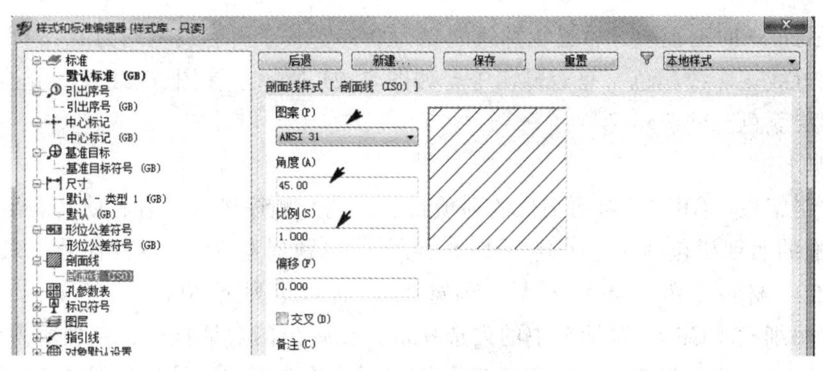

图 7-19　剖面线设置

（8）标示符号

设置基准符号样式，选择矩形框标示，如图 7-20 所示，单击“保存”即可。

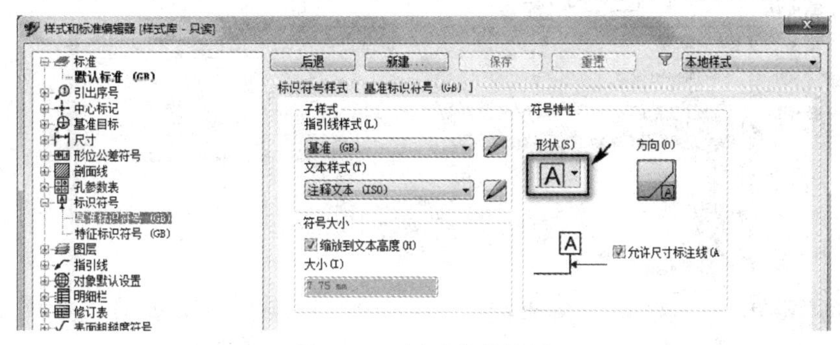

图 7-20　标示符号设置

（9）图层

图层设置如图 7-21 所示。

图 7-21　图层设置

对于 Inventor 的工程图，可见轮廓线线宽为 0.35，其余所有线宽均为 0.18 即可。在图层选项中可设置线宽、线颜色、是否打印等，如图 7-21 所示。在图 7-21 中，选择“外观”，可改变某图层颜色。

（10）明细栏

选择“明细栏（GB）”，对明细栏的列项目、列宽、顺序进行设置，使其满足国标要求。

GB 标准的明细栏包括序号（列宽 15）、名称（主题列宽 35）、零件代号（列宽 40）、数量（列宽 15）、材料（列宽 30）、质量（列宽 25）、注释（列宽 20）。

单击“明细栏（GB）”对话框中的列选择器，在弹出的对话框中，添加所需要的选项，利用“上移”、“下移”按钮进行重新排序，使其顺序符合要求，结果如图 7-22 所示。

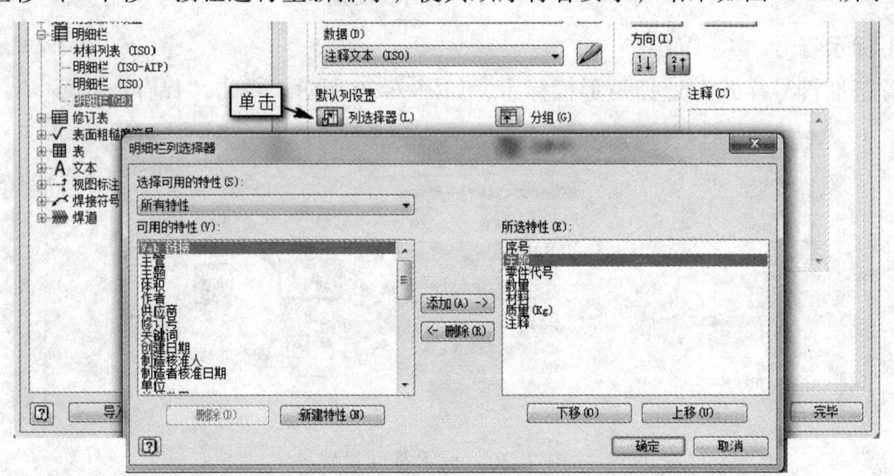

图 7-22 “明细柱列选择器”对话框

单击“确定”按钮，回到“明细栏（GB）”对话框，修改列宽，取消标题的勾选，选择表头在下，方向选择升序，如图 7-23 所示。单击“保存”，完成明细栏创建。

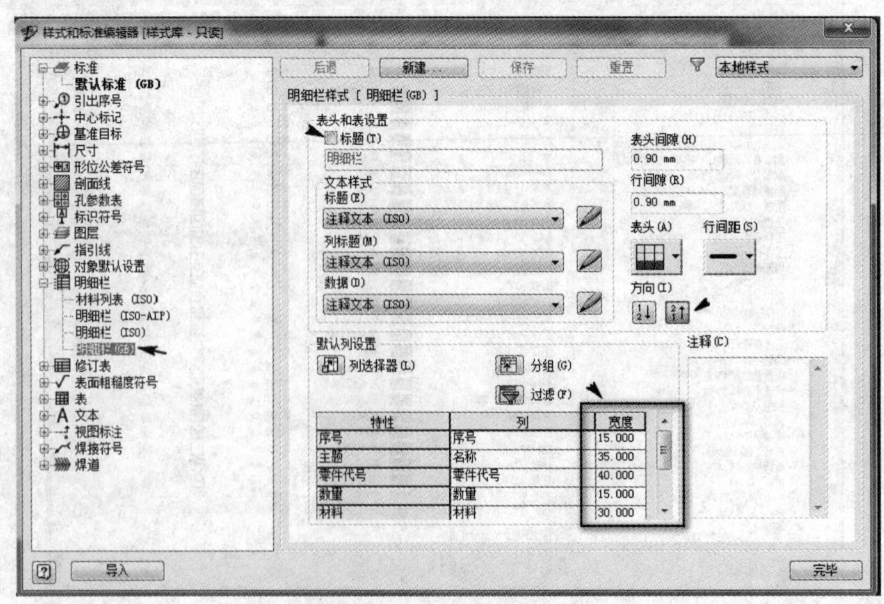

图 7-23 明细栏设置

（11）视图标注

对剖切迹线及箭头样式进行设置，一般选择第三种形式，如图 7-24 所示。单击保存即可完成设置。

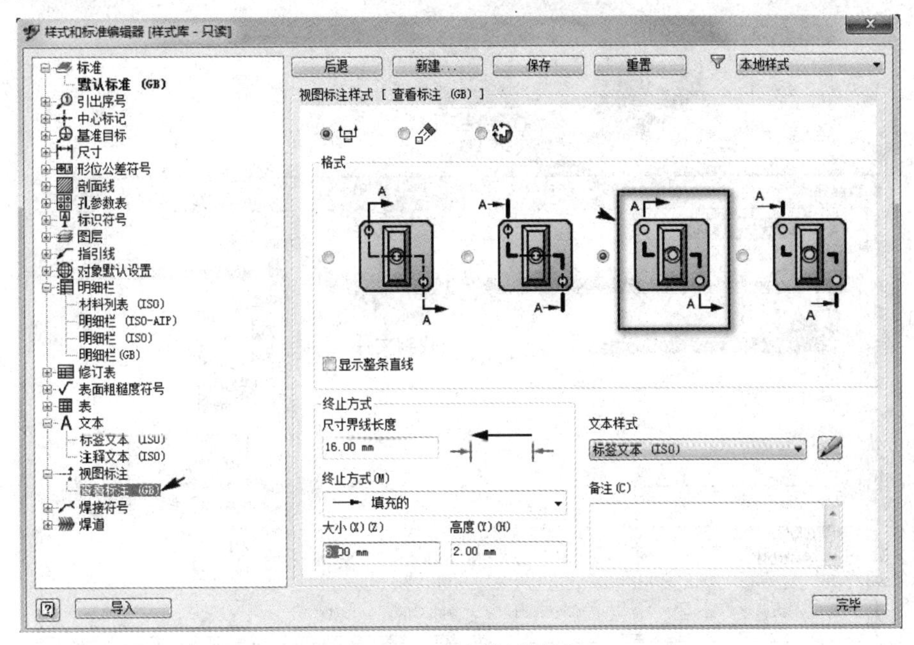

图 7-24　视图标注设置

6. 保存文件

对工程图设置完成后，在菜单中选择“另存为”，把该文件保存到自己的文件夹里，文件名为“工程图模板.idw”，工程图模板创建完成。

7. 工程图模板的使用

对于创建好的工程图模板，在后续创建工程图时均可以使用此模板。

创建新工程图时，打开工程图模板文件，另存为新工程图文件，工程图模板的所有设置都存在于新工程图文件中。

7.2　创 建 视 图

Inventor 2015 软件提供的工程图视图的类型包括基础视图、投影视图、剖视图、斜视图、局部剖视图、断面视图等，利用上述视图表达零部件的外形及内部结构，可满足设计的结构及尺寸标注要求。

7.2.1　基础视图

创建的第一个视图为基础视图，剖视图或者其他视图是在基础视图的基础上创建的。根据零部件结构表达的需要，一个工程图中可包括多个基础视图。

以柱塞泵中“填料压盖.ipt”为例，说明基础视图的创建过程：

（1）打开“工程图模板.idw”，另存为“填料压盖.idw”。

（2）单击菜单栏放置视图中“基础视图”图标，在弹出的对话框中，找到填料压盖的文件，在绘图区，光标位置出现选择的零件，如图 7-25 所示。

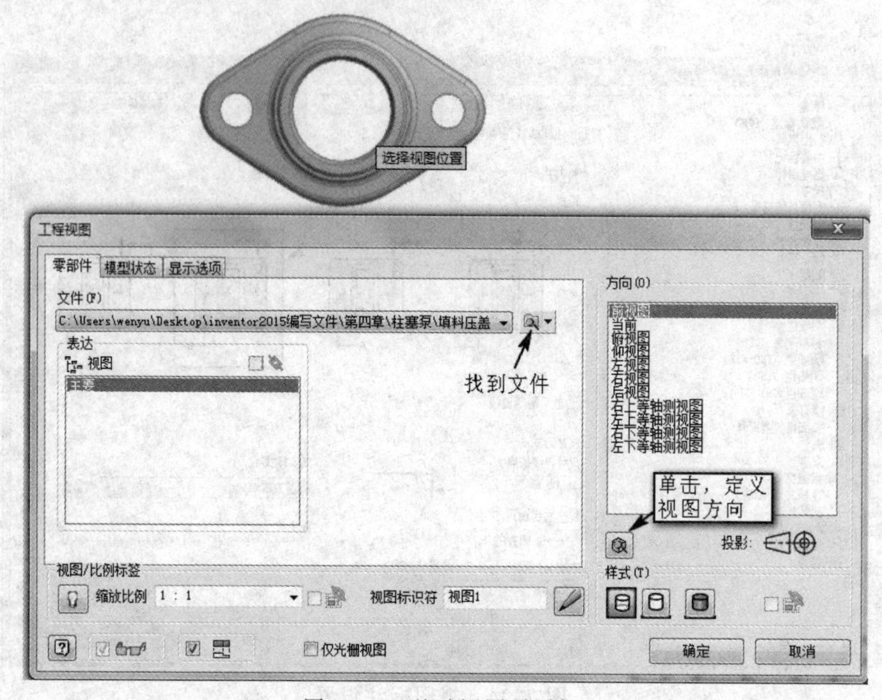

图 7-25 基础视图对话框

1. 视图方向定义

单击图 7-25 所示“方向”下方的图标，调整零部件创建视图的投射方向，如图 7-26 所示，可利用对话框中的“约束动态观察”、“按角度旋转”、“平移”等图标，或者 View-Cube 定义视图方向，单击完成“自定义视图”图标，回到创建基础视图对话框。

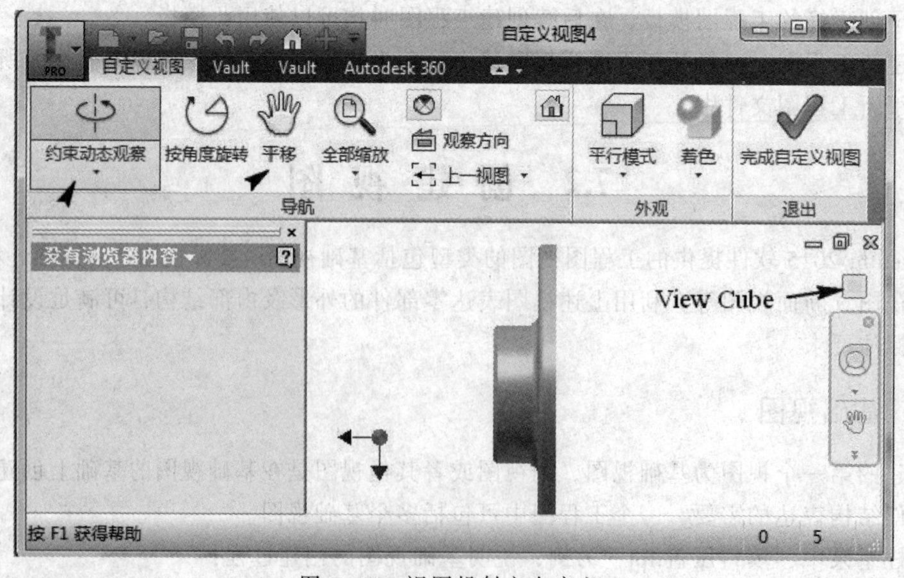

图 7-26 视图投射方向定义

选择图 7-25 所示对话框中“显示选项”，勾选螺纹特征，则显示工程图中螺纹特征，否则不显示，如图 7-27 所示。

2．缩放比例

在图 7-27 所示对话框中左下角处，根据图幅大小，确定工程图的合适的比例。

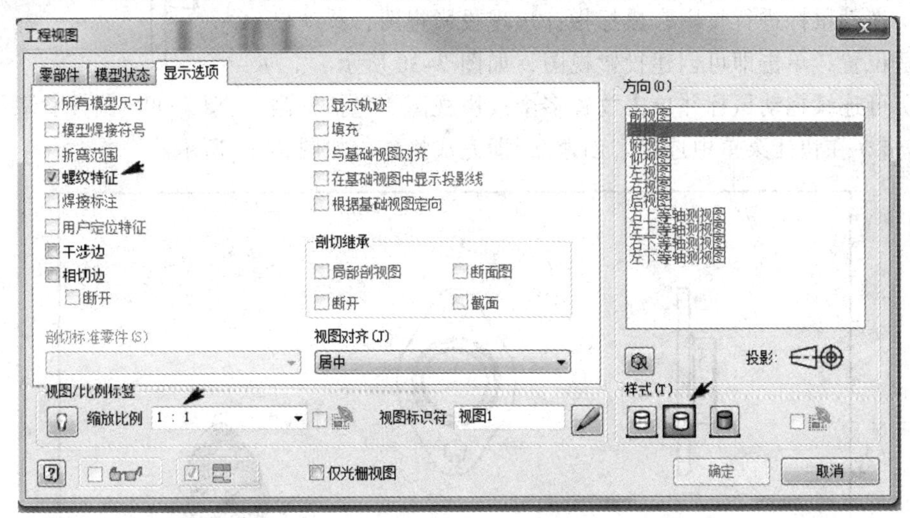

图 7-27　显示选项

3．工程图显示样式

工程图创建后，利用样式给出工程图投影的显示方式，包括显示隐藏线、不显示隐藏线和着色显示。三种显示样式，如图 7-28 所示。

在绘图区内空白某一位置单击，即创建了填料压盖的基础视图，标题栏中关于填料压盖的主题、零件代号、材料、质量等属性，如图 7-29 所示。

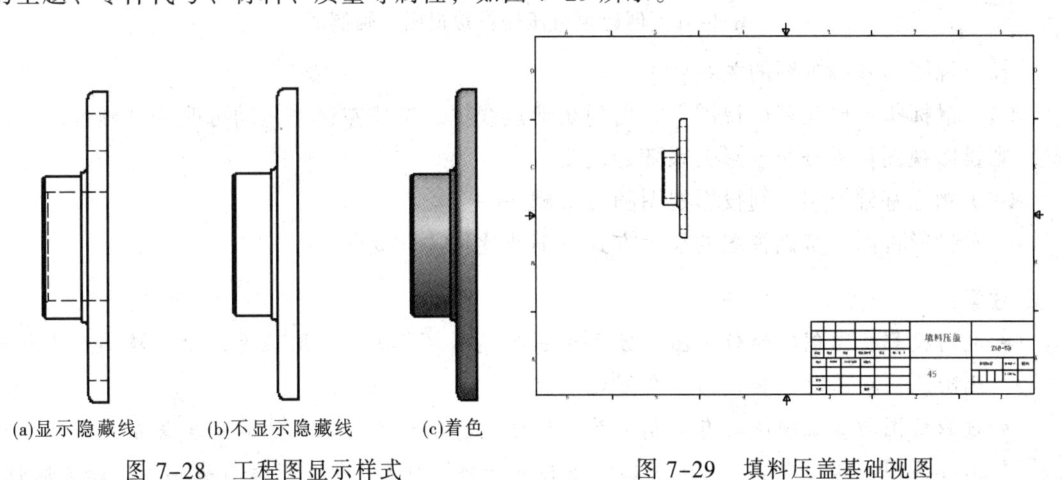

(a)显示隐藏线　(b)不显示隐藏线　(c)着色

图 7-28　工程图显示样式

图 7-29　填料压盖基础视图

7.2.2　投影视图

投影视图是以现有的视图为基础创建与之具有从属关系的视图，按照国标的第一角投影创建正投影视图或者轴侧图等。

以填料压盖为例，说明投影视图的创建。

（1）单击工具面板“投影视图”图标，选择视图或者选择视图，右击，在快捷菜单中选择“创建视图”下级菜单中投影视图。

（2）拖动鼠标进行投影，鼠标指针出现投影视图，移动鼠标到合适位置，单击即可创建投影视图，如图 7-30 所示。

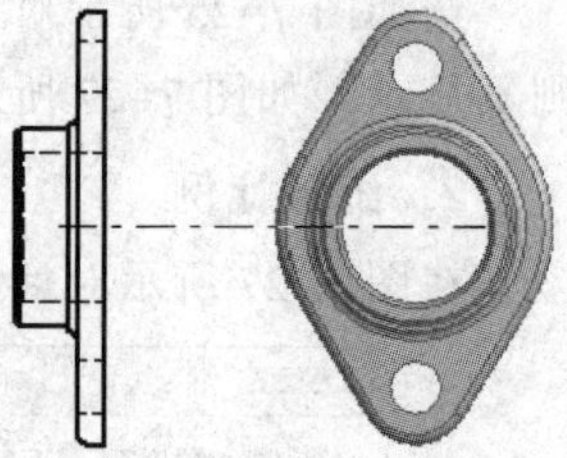

图 7-30　填料压盖投影视图

（3）可连续拖动鼠标并单击放置多个投影视图（包括轴侧图），右击，在快捷菜单中选择“创建”，即完成操作，如图 7-31 所示。

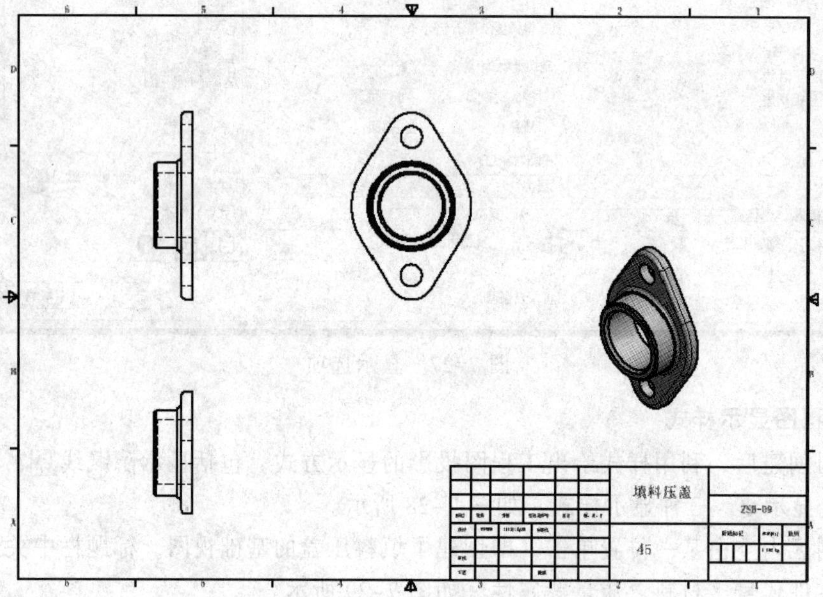

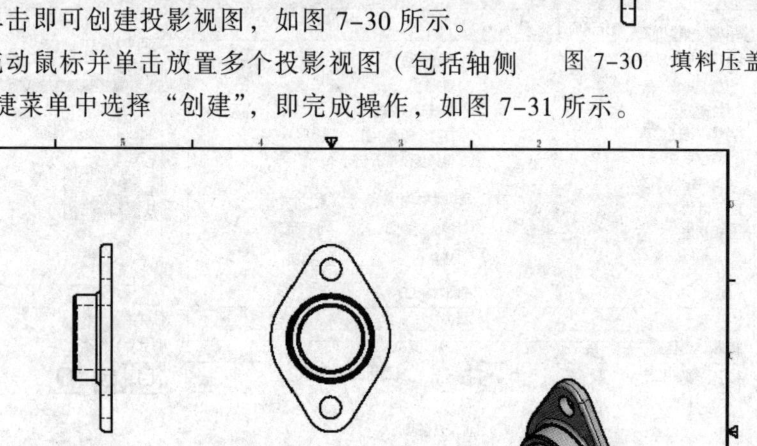

图 7-31　创建填料压盖投影视图、轴侧图

投影视图与基础视图的关系：

（1）鼠标指针放在基础视图上，出现矩形点线框，按住左键并拖动可改变基础视图的位置，则投影视图位置按照投影关系随之改变。

（2）删除基础视图，则投影视图随之被删除。

（3）投影视图与基础视图的显示方式及缩放比例关联变化。

注意：

- 利用投影视图创建的轴侧图，独立于基础视图。当基础视图位置、比缩放例变化或者删除基础视图时，轴侧图不会随之改变。
- 投影视图与基础视图具有从属关系，可通过打断对齐关系取消其从属关系。另外，在工程视图对话框中取消“与基础视图样式一致”勾选，即可断开与基础视图的关联性，使其变为独立视图。

① 编辑对齐关系。在绘图区，选择投影视图，右击，在快捷菜单中，选择在对齐视图的扩展菜单中打断，如图 7-32 所示，即可使投影视图与基础视图不具有对齐关系，该视图可以任意移动。

② 断开与基础视图的关联性。在绘图区内双击投影视图，弹出“工程视图”对话框，在对话框右下角和左侧，取消与基础视图样式一致的勾选，如图 7-33 所示，可对投影视图的缩放比例、显示样式进行单独编辑，与基础视图脱离关系，变为独立视图。

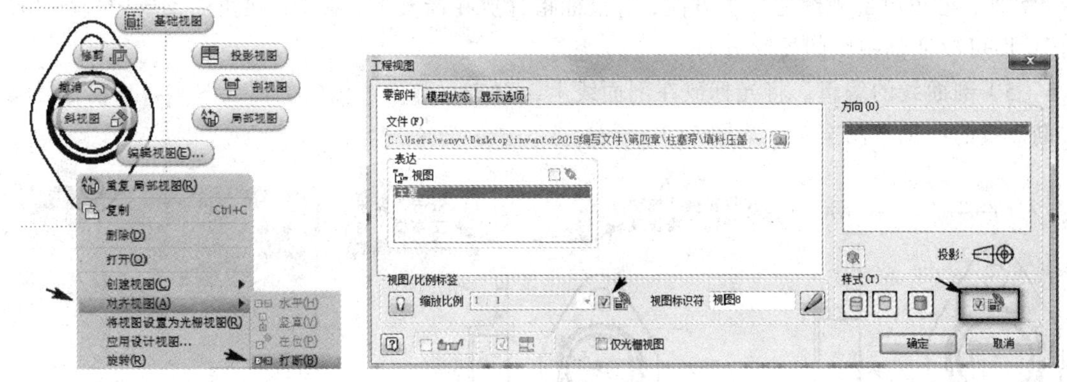

图 7-32　对齐关系编辑　　　　图 7-33　断开与基础视图的关联性操作

7.2.3　剖视图

剖视图是表达零部件内部结构的最有效的方法。Inventor 2015 软件提供了阶梯剖、旋转剖、斜剖等剖切方法生成的全剖视图和局部剖视图，利用这些剖视图可更好地表达零部件的内部结构。

1. 全剖

对已有视图，利用一个平面把零部件挡住视线的部分剖掉，显示内部结构的视图称为全剖视图。操作步骤：

（1）单击工具栏“剖视”图标。

（2）在绘图区内选择已有视图，鼠标指针放到小圆中心时出现绿点，拖动鼠标与绿点对齐出现虚线，单击确定第一点，拖动鼠标，再单击确定第二点，剖切线绘制完成，如图 7-34(a)所示。右击，在弹出快捷菜单中选择“继续”，弹出对话框，定义视图名称为 A，如图 7-34(b)所示。

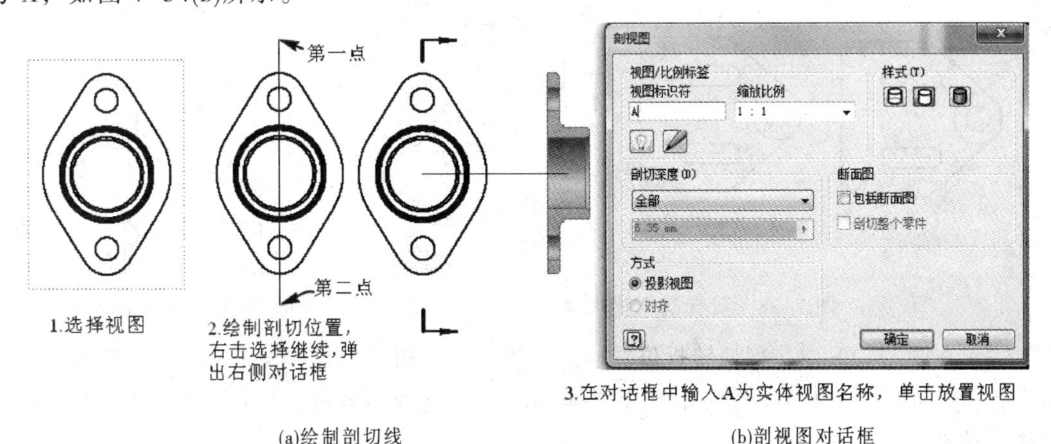

(a)绘制剖切线　　　　(b)剖视图对话框

图 7-34　全剖视图操作步骤

（3）拖动鼠标，给出投射方向，在合适位置单击，剖视图创建完成，如图 7-35 所示。

（4）对剖视图中箭头位置、文本位置、剖切线长度等进行修改。将光标放在剖切符号上时，变为红色，鼠标指针放在绿点上，按住鼠标并拖动即可修改相应的选项，如图 7-36 所示。另外，可更改剖视图的投影方向，将鼠标指针放在箭头上，右击，在快捷菜单中选择“反向”，即可改变剖视图的投影方向。

（5）剖面线的编辑。将光标放在剖面线上，双击，弹出“编辑剖面线图案”对话框，修改剖面线的比例、图案等，如图 7-37 所示。

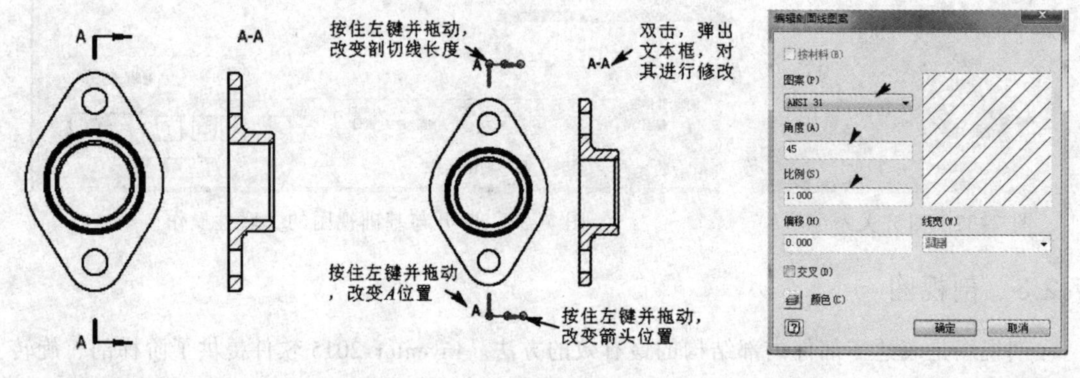

图 7-35　全剖结果图　　　图 7-36　剖视图的标记修改　　　图 7-37　剖面线的编辑

2．阶梯剖

阶梯剖是采用几个相互平行的平面把零部件挡住视线的部分剖掉，显示内部结构的剖切方式。操作步骤：

（1）单击工程图工具面板“剖视”图标，选择视图，绘制相互平行且通过孔中心的剖切线，右击，在弹出快捷菜单中选择“继续”，弹出“剖视图”对话框，输入视图名称 A，拖动鼠标预览其视图位置和方向，如图 7-38 所示。

（2）在绘图区内，选择合适位置，单击，放置视图，再单击，完成阶梯剖创建，如图 7-39 所示。

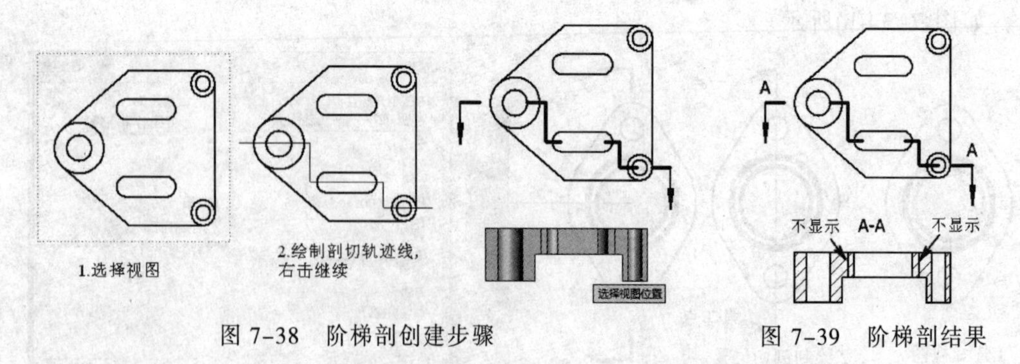

图 7-38　阶梯剖创建步骤　　　图 7-39　阶梯剖结果

（3）在图 7-39 中，剖切转折位置显示实线，但与国标工程图要求有差别。选择该实线右击，选择可见性，取消勾选√，如图 7-40(a)所示，此线不显示。对另外一条实线采用同样操作，结果如图 7-40(b)所示。

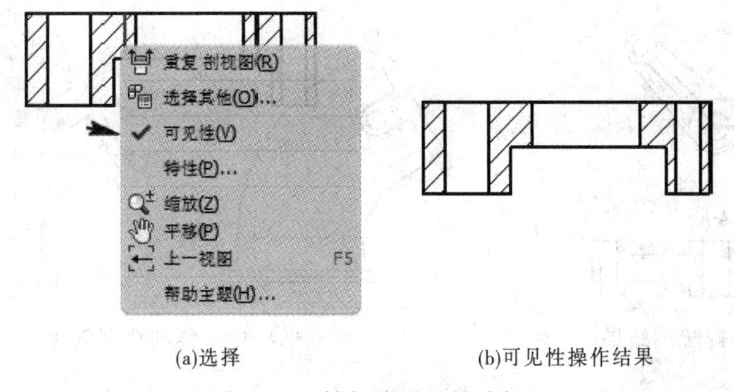

(a)选择　　(b)可见性操作结果

图 7-40　转折线可见性编辑

3．旋转剖

旋转剖是对有旋转中心且有一部分特征倾斜的零部件进行剖切，自动把倾斜的部分旋转到正交投影视图上，反应零部件的真实内部结构及尺寸。

操作步骤：

（1）单击工程图工具面板剖视图标，选择视图，绘制在旋转中心相交的剖切线，如图 7-41(a)所示。右击，在弹出快捷菜单中选择“继续”，拖动鼠标，光标出现在剖视图中，如图 7-41(b)所示。

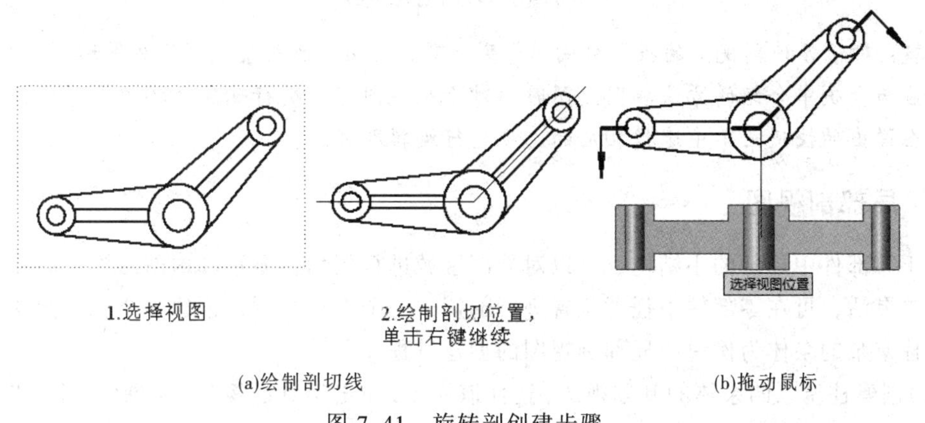

(a)绘制剖切线　　(b)拖动鼠标

图 7-41　旋转剖创建步骤

（2）在绘图区内的合适位置单击，放置视图，弹出剖视图对话框，输入视图名称 A，再单击，完成旋转剖创建，结果如图 7-42 所示

4．斜剖

斜剖是对倾斜的零部件采用一个平行于倾斜部分的平面进行剖切，以显示其内部结构。

创建步骤：

（1）绘制与倾斜部分平行的草图线。选择视图，单击工具面板开始“创建草图”图标，进入草图绘制环境，绘制直线，添加其与倾斜线的平行约束，如图 7-43 所示。单击工具面板中“完成草图”图标√，草图创建完成。

（2）选择草图线，单击“剖视”图标，弹出剖视图对话框，输入给视图名称 A，拖动鼠标，光标位置出现剖视图，拖动鼠标在合适位置单击，放置视图，再单击，完成斜剖操作，操作步骤如图 7-44 所示。

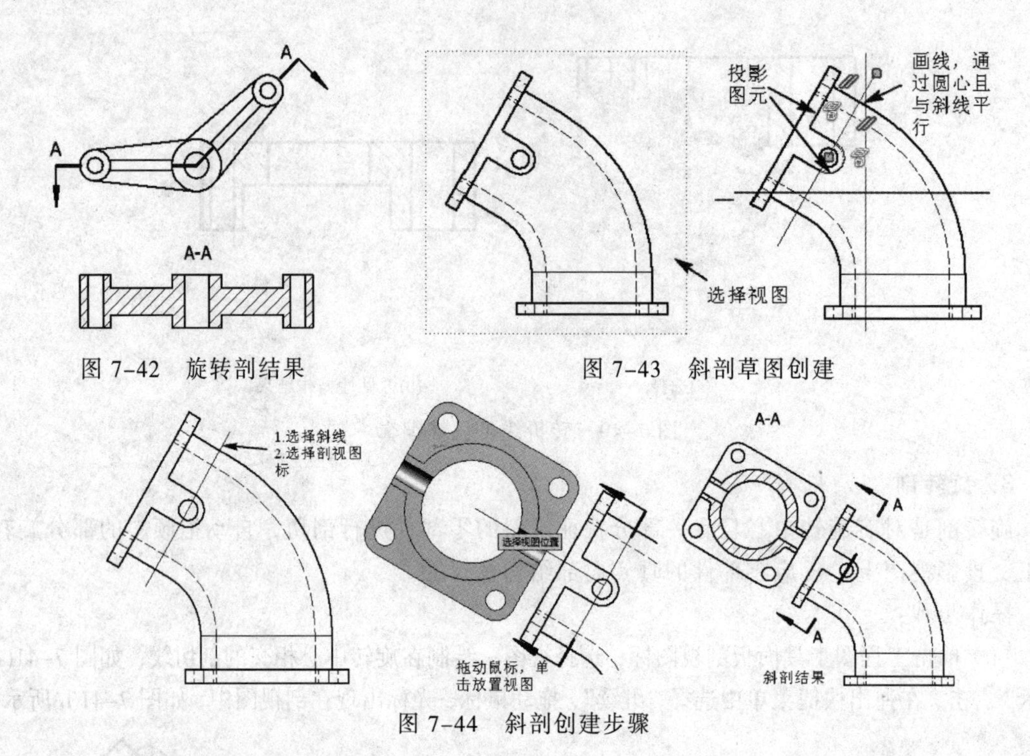

图 7-42 旋转剖结果

图 7-43 斜剖草图创建

图 7-44 斜剖创建步骤

注意：对于各种剖视图的投影方向、箭头位置、剖切线的长度、剖面线等均可进行编辑，编辑方法与全剖中介绍的方法相同。同时，对于剖视图可以进行删除等操作。选择剖视图，右击，在弹出的快捷菜单中选择相应的选项进行编辑即可。

7.2.4 局部剖视图

对于零部件中局部的小结构，可以对局部区域进行剖切，显示其内部结构。局部剖视图创建非常灵活，可在零部件中任意位置进行剖切，一个工程图可以创建多个局部剖视图。

以柱塞泵的泵体为例说明局部剖视图的创建过程：

（1）创建柱塞泵的泵体的基础视图，选择该视图，单击工具面板“开始创建草图”图标，进入草图环境，该草图属于该视图，如图 7-45(a)所示。

（2）利用草图面工具板中样条曲线工具，创建闭合的曲线，如图 7-45(b)所示。单击工具面板“完成草图”图标，完成草图，回到工程图环境，如图 7-45(c)所示。

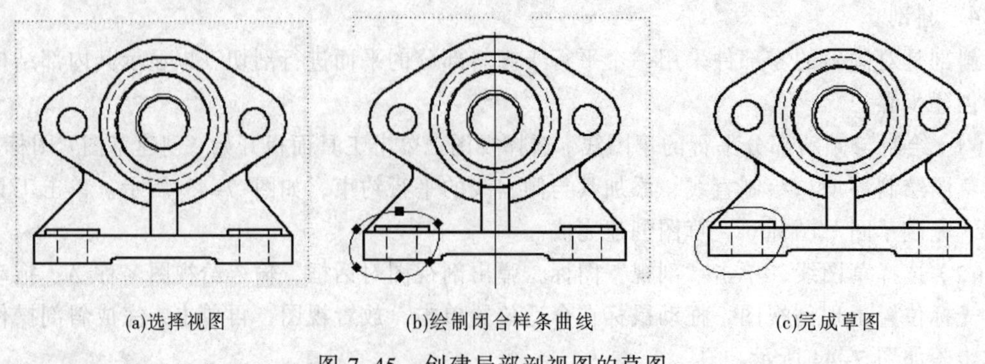

(a)选择视图　(b)绘制闭合样条曲线　(c)完成草图

图 7-45 创建局部剖视图的草图

（3）单击工具面板"局部剖视"图标，选择绘制草图的视图，弹出局部剖视图对话框。绘制的草图轮廓自动选中，深度选择"自点"选项，选择孔的虚线边即隐藏边，如图 7-46(a)所示，单击"确定"按钮，完成局部剖视图创建，如图 7-46(b)所示。

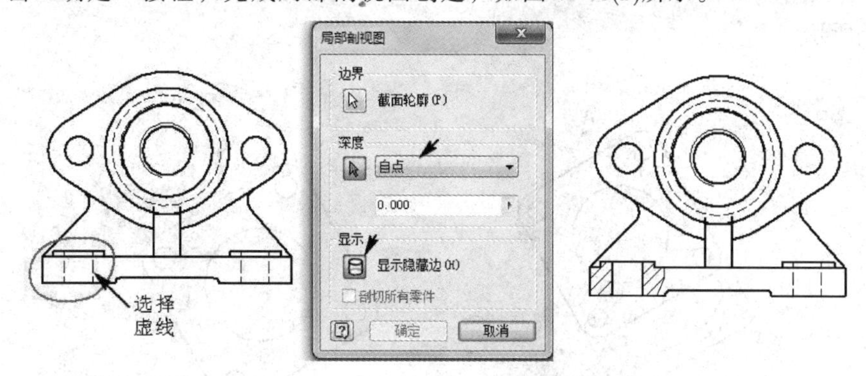

(a)选择视图及虚线　　(b)局部剖视图结果

图 7-46　局部剖视创建步骤

注意：在图 7-46 对话框中，把"显示隐藏边"选项激活，显示隐藏边，便于选择隐藏边。

技巧：如果一个工程图中，包括多个闭合的草图，则可同时进行多个局部剖视图创建。创建时，依次单击所有草图轮廓，单击虚线作为剖切深度，即可对多个闭合轮廓进行同样深度局部剖切。

7.2.5　斜视图

当零件的某一特征的表面与基本投影面曲线倾斜一定角度时，则在基本投影视图上不能反映其真实的大小和形状。此时可以沿与倾斜平面平行的平面进行投影，得到倾斜部分的真实大小和形状，此视图称为斜视图。

以图 7-43 所示的零件为例，说明斜视图的创建步骤。

（1）单击工具面板"斜视图"图标。

（2）选择已有视图，弹出斜视图的对话框，设置视图名称、比例、样式等，选择倾斜部分的轮廓斜边，单击并拖动鼠标进行投影，拖动时光标位置出现斜视图，如图 7-47(a)所示，单击放置斜视图，如图 7-47(b)所示。

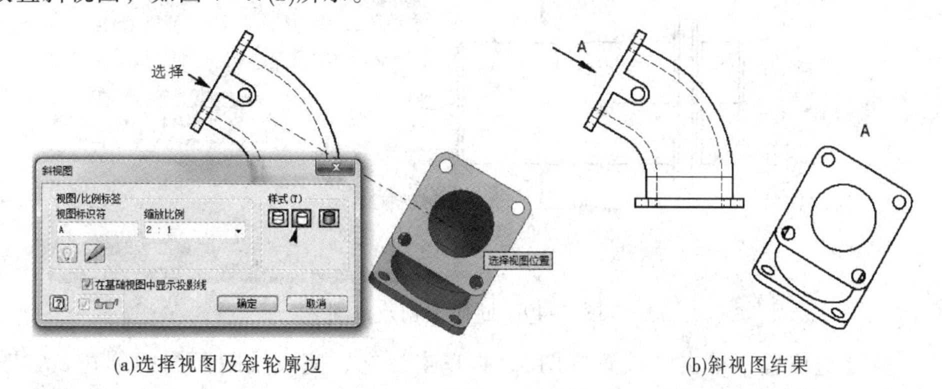

(a)选择视图及斜轮廓边　　(b)斜视图结果

图 7-47　斜视图创建步骤

（3）对斜视图中多余的轮廓线进行可见性编辑。选择图 7-47(b)斜视图中不需要显示的轮廓线（按住【Ctrl】可以多选），右击，在快捷菜单中取消可见性的勾选，如图 7-48(a)所示，即可不显示该轮廓线；同样对圆中的线进行同样的可见性操作，不显示圆中的线，结果如图 7-48(b)所示。

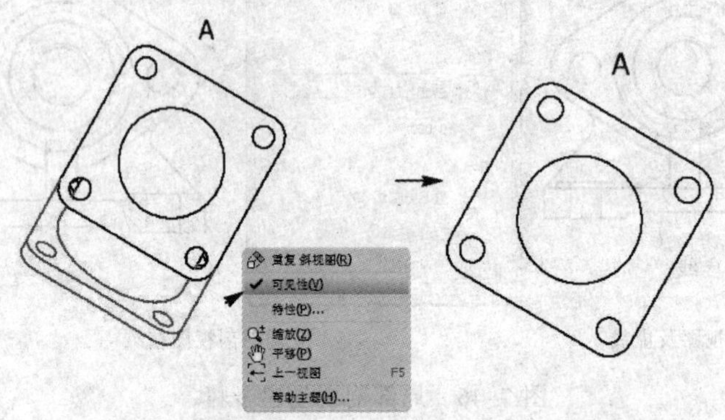

(a)选择多余轮廓线并单击右键　(b)斜视图轮廓线不显示结果

图 7-48　斜视图多余轮廓线不显示创建步骤

注意：去除多余的轮廓线也可以采用修剪的方法。选择要编辑的视图，单击工具面板“修剪”图标，给出一点，拖动鼠标出现矩形框，在矩形框内的形状保留，其余部分剪掉。

7.2.6　断面图

断面图主要针对轴类或者杆件类零件，对断面进行剖切，显示其键槽等结构。

以轴为例说明断面图创建的步骤：

（1）单击工具面板“剖视”图标。

（2）选择轴的基础视图，在键槽位置绘制剖切线，拖动鼠标光标位置出现视图，右击，在弹出的快捷菜单中选择“继续”。在弹出的对话框中，勾选“包括断面图”及“剖切整个零件”，如图 7-49 所示。

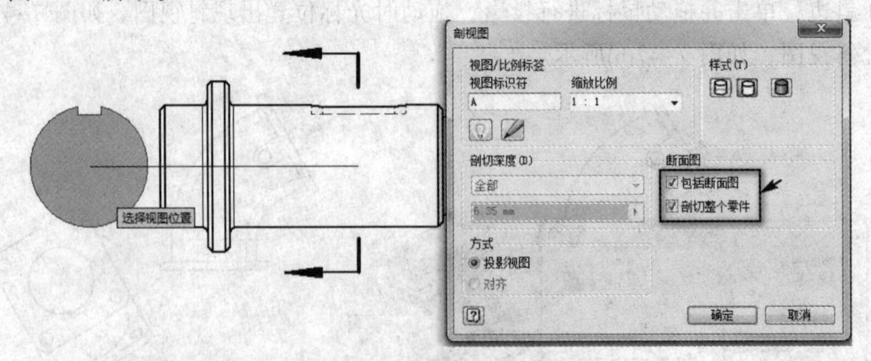

图 7-49　断面图创建步骤

（3）在合适位置，单击“放置视图”，再单击鼠标，完成轴断面图的创建，如图 7-50 所示。

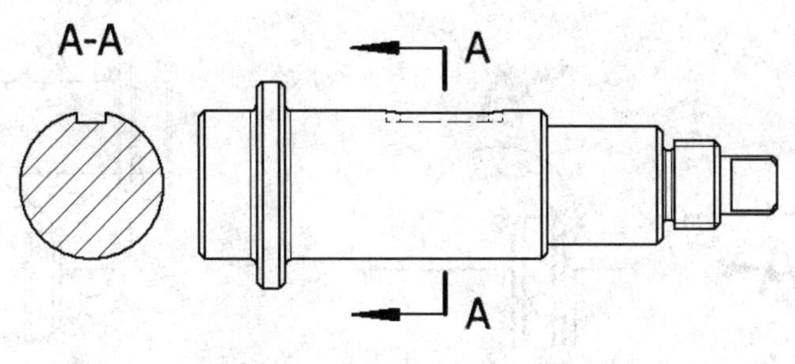

图 7-50　断面图创建结果

7.2.7　局部视图

局部视图用于把零部件中局部小的结构进行放大表达，显示其结构，局部视图也称为局部放大图。

局部视图比例可以自定义，与基础视图没有对齐关系，其边界可以设置为圆形或者矩形。

1．创建局部视图

以轴为例，说明局部视图创建步骤：

（1）单击工具面板“局部视图”图标，选择已有视图，弹出局部视图对话框。在对话框中设置视图名称、比例、边界形状等，在基本视图上单击确定局部视图的中心，拖动鼠标控制边界的范围，单击确定其范围，如图 7-51 所示。

（2）拖动鼠标，光标位置出现局部视图，把局部视图移动的合适的位置，单击“确定”按钮，完成局部视图创建，如图 7-52 所示。

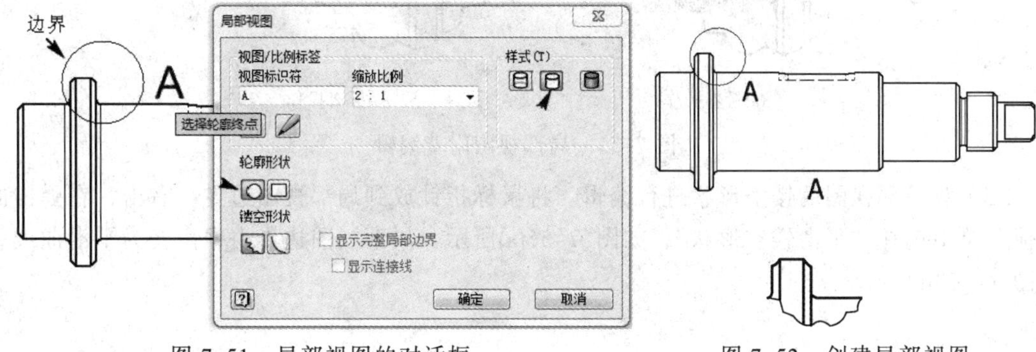

图 7-51　局部视图的对话框　　　　图 7-52　创建局部视图

2．编辑局部视图

局部视图创建后，需要对其位置、范围、比例、视图名称位置等进行编辑。

（1）视图名称的位置移动，将鼠标指针放到视图名称 A 上使其变色后，按住左键，拖动到合适位置即可，如图 7-53 所示。

（2）局部视图位置和范围编辑。将鼠标指针放到局部视图边界上，出现绿色控制点，将鼠标指针放到中心点并按住左键拖动即可实现位置移动。将鼠标指针放边界点并按住左键拖动实现局部视图范围的调整，局部视图自动随之变化，如图 7-54 所示。

（3）修改局部视图的比例。双击局部视图，弹出工程视图对话框，输入新比例即可。

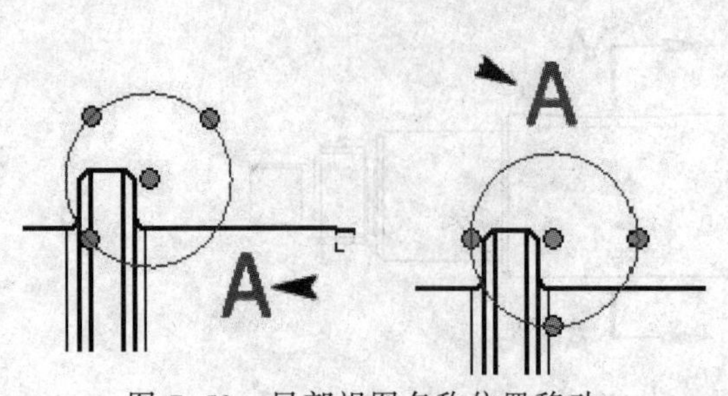

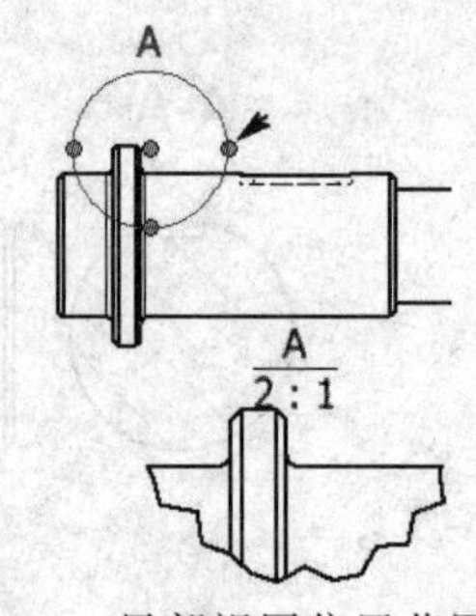

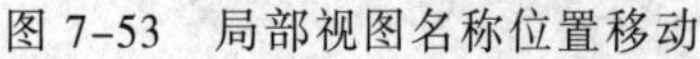

图 7-53　局部视图名称位置移动　　　　图 7-54　局部视图位置范围调整

（4）利用“附着/拆离”使局部视图与视图具有或者取消边界与位置的关联性。

将鼠标指针放到局部视图的边界，右击，在弹出的快捷菜单中选择“附着”，在视图上选择附着点，如图 7-55(a)所示，使边界与位置具有关联性。

创建附着后，选择局部视图，右击，在快捷菜单中选择“拆离”，如图 7-55(b)所示，取消边界与位置的关联性。

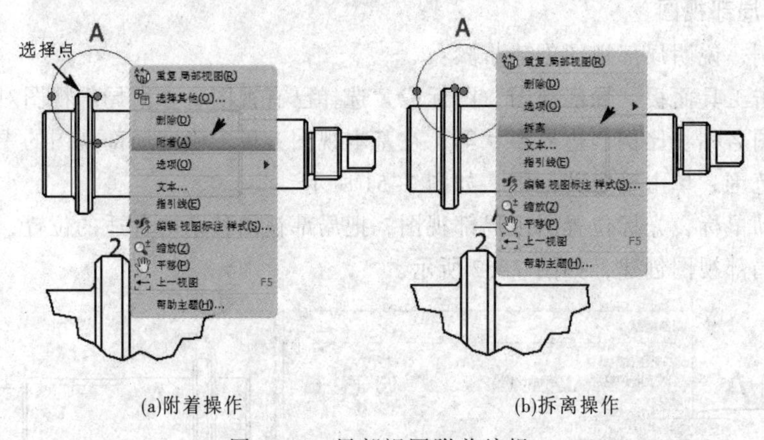

(a)附着操作　　　　(b)拆离操作

图 7-55　局部视图附着编辑

（5）对局部视图的镂空形状进行编辑。将鼠标指针放到局部视图边界，右击，在弹出的快捷菜单中选择“平滑镂空形状”，如图 7-56(a)所示，局部视图边界由锯齿变为平滑曲线，如图 7-56(b)所示。

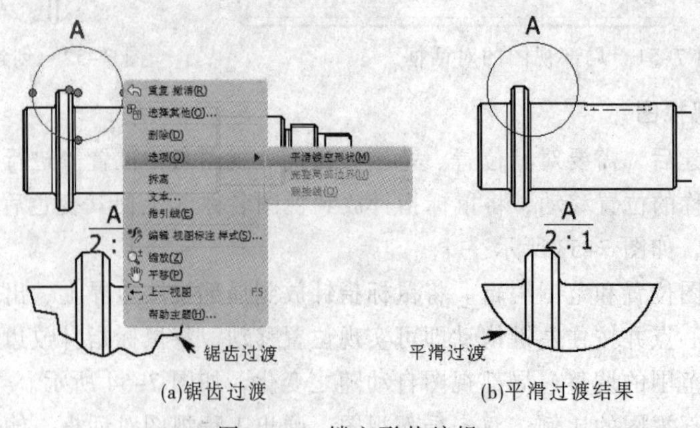

(a)锯齿过渡　　　　(b)平滑过渡结果

图 7-56　镂空形状编辑

7.2.8　断裂画法

轴类或者杆件由于长度很长，同时其截面相等或者按照一定规律变化，则可以采用断裂画法（也称为断裂视图）来表达其结构，可将中间部分去掉，使其长度缩短。

断裂画法是在已创建的视图上创建的，已创建的视图包括基础视图、投影视图、剖视图、局部视图、轴侧视图等。

以杆件为例，说明断裂视图创建步骤：

（1）创建杆件基础视图。

（2）单击工具面板“断裂画法”图标，选择需要断裂画法的视图，弹出“断裂画法”对话框。

（3）在“断裂画法”对话框中，设置断裂样式为矩形、方向为水平、间隙为 8 等。单击视图要断裂的位置，确定第一条断裂线位置；拖动鼠标到第二条断裂线位置，再单击“确定”，如图 7-57 所示。

（4）单击“确定”按钮，完成断裂画法，如图 7-58 所示。

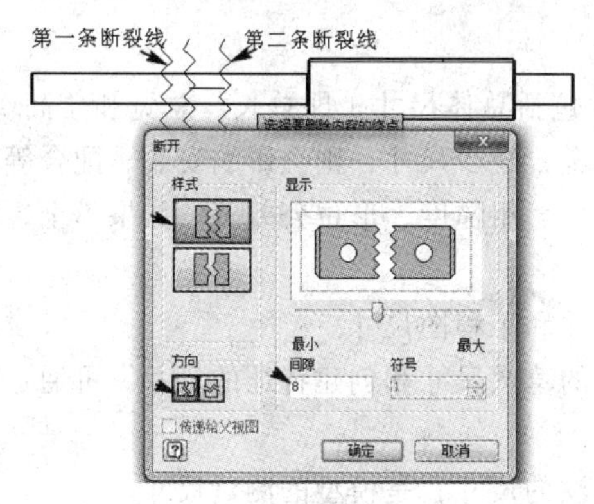

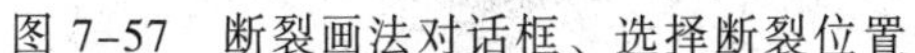

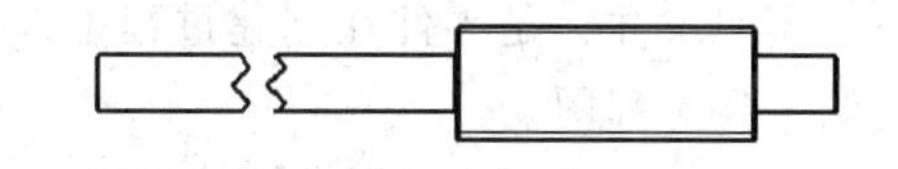

图 7-57　断裂画法对话框、选择断裂位置　　　　图 7-58　断裂画法结果

（5）对断裂画法编辑。将光标放在断裂位置，当出现绿点时，右击，在弹出的快捷菜单中选择“编辑断开视图”，如图 7-59 (a)所示。弹出断裂画法的对话框，在对话框中修改断裂间隙、样式、显示大小等，如图 7-59(b)所示。

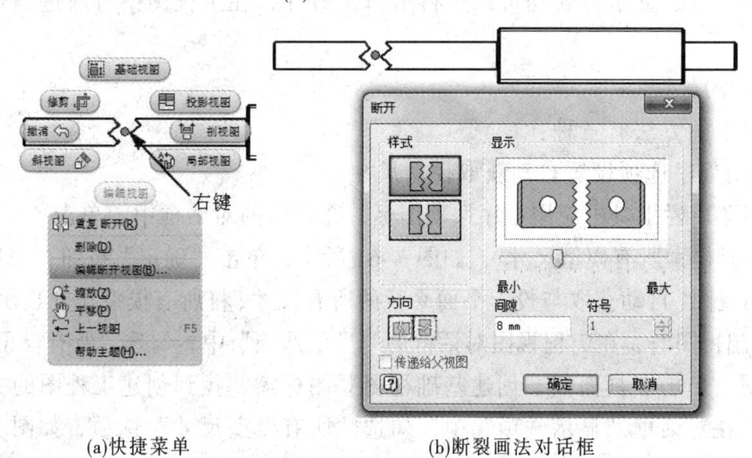

(a)快捷菜单　　　　(b)断裂画法对话框

图 7-59　断裂画法编辑

（6）断裂位置移动。将光标放在断裂位置，出现绿点，按住鼠标左键并移动，松开鼠标，断裂位置即可移动到新位置，如图 7-60 所示。

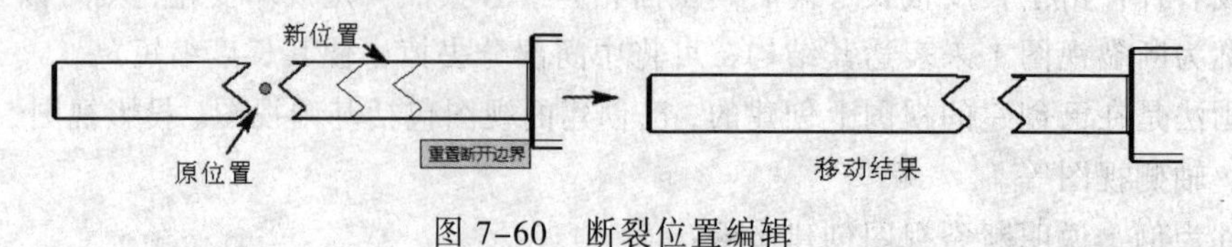

图 7-60　断裂位置编辑

7.3　工程图标注

基础视图、投影视图及剖视图创建后，需要对视图进行标注，以满足工程图的要求。工程图的标注包括尺寸、粗糙度、形位公差、明细栏等内容，使工程图的成为真正满足工程要求的图纸，用于后续加工制造等。

7.3.1　尺寸标注

尺寸是零部件的重要信息。部件工程图尺寸包括总体尺寸（即总长、总宽和总高）、配合尺寸、安装尺寸及性能尺寸，如果尺寸没有标全，缺少尺寸，则会影响安装、配合等。零件工程图尺寸包括形状尺寸、位置尺寸、配合尺寸、粗糙度、形位公差等，如果不全，将影响加工制造等工作的进行。

工程图的尺寸通过两种方式标注，即模型尺寸和工程图尺寸。

（1）模型尺寸：是零件在创建过程中，标注的草图尺寸和创建特征的尺寸，可通过检索的方式调入到工程图。

（2）工程图尺寸：是设计人员在工程图上标注的尺寸，是模型的测量尺寸。

1．模型尺寸

工程图可通过应用程序选项设置、检索等方式获取零部件模型尺寸，并将其放到工程图视图中，但只能显示与当前工程图视图平行的尺寸，且模型尺寸在工程图中只能添加一次。

模型尺寸的位置、显示方式均可以进行编辑。另外，在工程图中可通过编辑模型尺寸，驱动模型大小。

（1）获取模型尺寸

获取模型尺寸的方法有三种：

① 利用应用程序选项设置自动获取模型尺寸。

选择工程图菜单栏工具中应用程序选项图标，在弹出的对话框中，单击“工程图”选项，选择“放置视图时检索所有模型尺寸”，如图 7-61 所示，单击“确定”按钮，完成设置。在该设置之后创建的视图，自动获取与投影平面平行的所有尺寸，将所有模型尺寸显示在该视图上。

② 创建基础视图时，在工程视图对话框的“显示选项”中，勾选“所有模型尺寸”选项。

新建工程图，单击工具面板“创建基础视图”图标，找到创建工程图的文件，弹出工程视图对话框，在对话框“显示选项”中，勾选“所有模型尺寸”选项，如图 7-62(a)所示。单击“确定”按钮，显示所有平行于该投影面的模型尺寸，如图 7-62(b)所示。

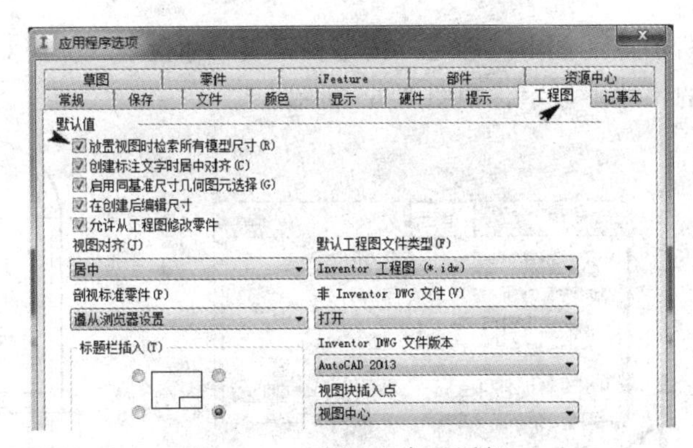

图 7-61　应用程序对话框

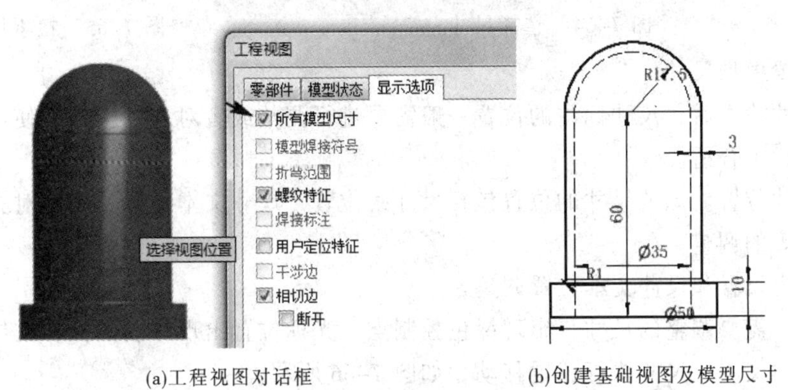

(a)工程视图对话框　　　　(b)创建基础视图及模型尺寸

图 7-62　工程视图对话框

③ 检索尺寸。检索尺寸的操作步骤：

- 创建各种视图后，选择某一视图，右击，在快捷菜单中，选择检索尺寸，如图 7-63(a)所示，弹出检索尺寸对话框。在对话框中选择“选择零件”，如图 7-63(b)所示，在图上显示出按照零件方式显示的尺寸。
- 单击图 7-63 中所示的“选择尺寸”，依次在视图上单击需要的尺寸，选中后尺寸变色，如图 7-64 所示。

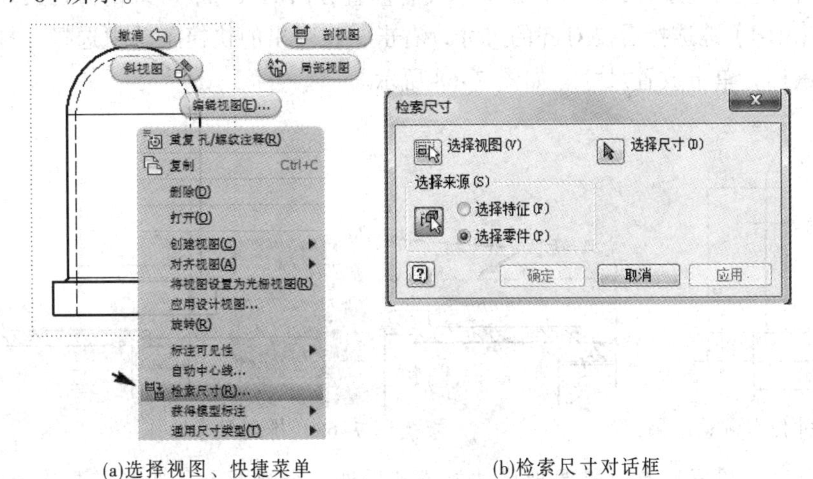

(a)选择视图、快捷菜单　　　　(b)检索尺寸对话框

图 7-63　检索尺寸操作

- 单击图 7-64 所示对话框中“确定”按钮，完成尺寸检索，关闭对话框。选择的尺寸显示，没选择的尺寸不显示，如图 7-65 所示。

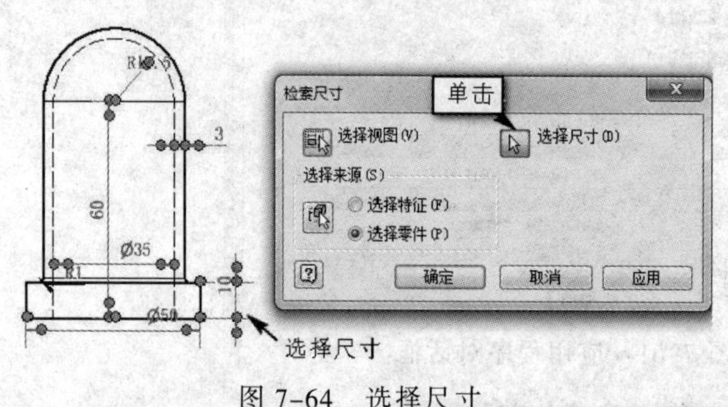

图 7-64　选择尺寸

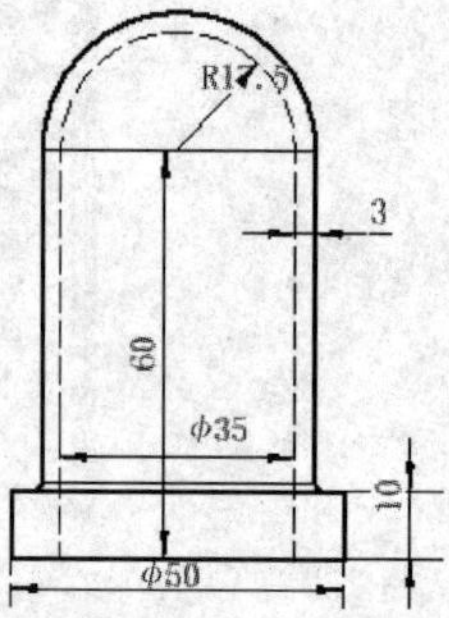

图 7-65　检索尺寸结果

（2）编辑模型尺寸

模型尺寸检索后，尺寸标注的位置一般需要进行调整或者对齐等操作，使尺寸在工程图中的位置和显示合适。

调整尺寸位置。调整尺寸的位置包括尺寸线位置、尺寸文本位置、尺寸对齐、尺寸移动和删除尺寸等的调整。

- 尺寸线位置和尺寸文本位置调整。

单击某一需要调整的尺寸，出现绿色控制点，光标位置出现移动图标，按住左键，拖动即可实现尺寸文本、尺寸线等位置移动，如图 7-66 所示。

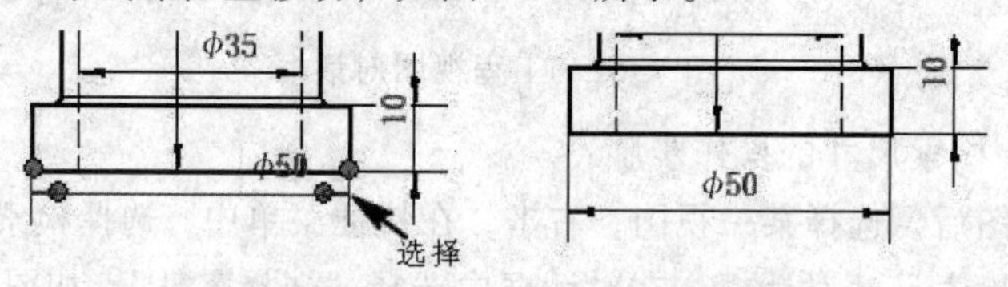

图 7-66　尺寸线和尺寸文本位置调整

采用同样的方法，对其他尺寸进行尺寸线、尺寸文本位置的调整，调整后的尺寸如图 7-67 所示。

- 尺寸对齐。同一方向的尺寸，如水平或者垂直方向的尺寸，可采用排列尺寸使其对齐。按住【Ctrl】键选择需要对齐的尺寸，右击，在弹出的快捷菜单中选择“排列尺寸”，拖动鼠标，单击放置尺寸，如图 7-68 所示。

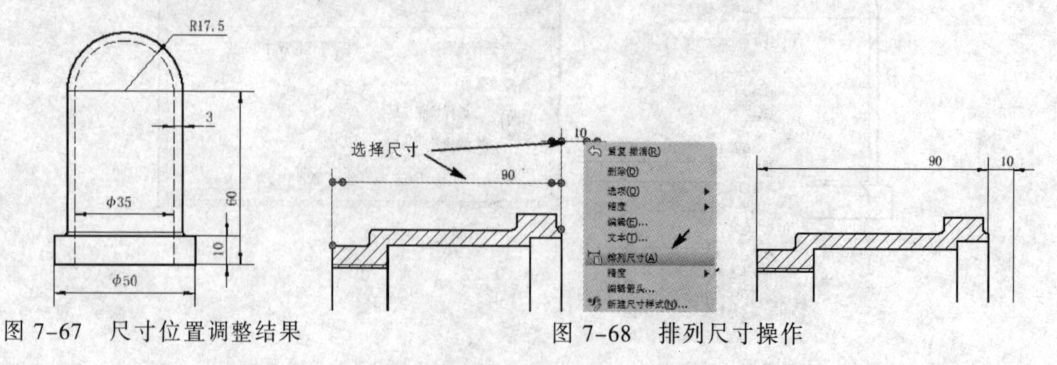

图 7-67　尺寸位置调整结果

图 7-68　排列尺寸操作

- 尺寸移动。检索后有时需要把尺寸放置到另外一个视图上，选择需要移动的尺寸，右击，在弹出快捷菜单中选择移动，选择另一视图，即可把选择的尺寸移动到选择的视图上。注意这两个视图的尺寸是同一方向，否则不能移动。

- 删除尺寸。当检索的尺寸标注不符合要求、多余、错误或者与零件视图不相关时，选择需要删除的尺寸，右击，在弹出的快捷菜单中选择“删除”，该尺寸被删除，如图 7-69 所示。

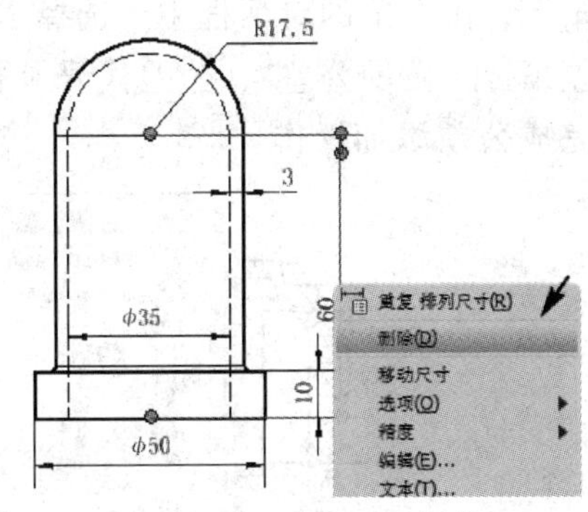

图 7-69　删除尺寸操作

修改尺寸文本包括替换模型尺寸、添加文本和修改模型尺寸。

（1）替换模型尺寸

模型尺寸在文本编辑时是不能删除的。

若要对其进行修改，应选择尺寸，右击，在弹出的快捷菜单中选择“编辑”，弹出编辑尺寸对话框，如图 7-70(a)所示；在对话框中，勾选“隐藏尺寸值”，模型尺寸不显示，输入新尺寸值即可替换原模型尺寸，如图 7-70(b)所示。

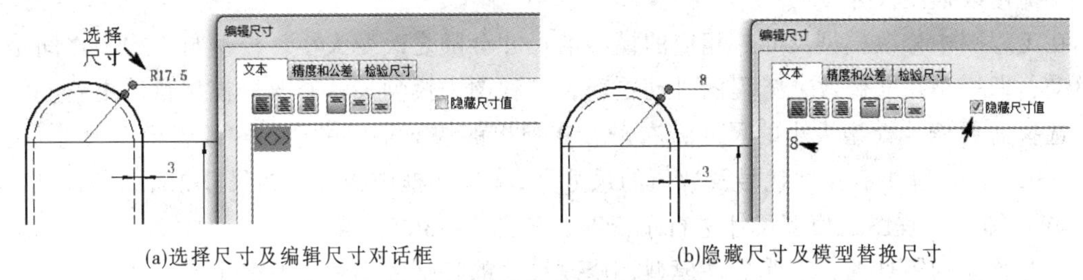

(a)选择尺寸及编辑尺寸对话框　　(b)隐藏尺寸及模型替换尺寸

图 7-70　替换模型尺寸操作

注意： 替换模型尺寸的方法对模型没有任何影响，只是修改了工程图中的尺寸。不建议采用这种方法修改工程图尺寸。

（2）添加文本

添加文本操作可以对尺寸文本进行添加前缀、后缀等特殊符号、公差等操作。

添加文本：选择需要添加文本的尺寸，右击，在弹出的快捷菜单中选择“编辑”，在弹出对话框中，单击Φ后面的箭头，弹出有很多符号的下拉菜单，如图 7-71(a)所示，根据需要进行选择。将光标移动到模型尺寸前面，输入 4×，把光标移到模型尺寸最后，添加↧5，如图 7-71(b)所示。单击“确定”按钮，完成文本添加操作。

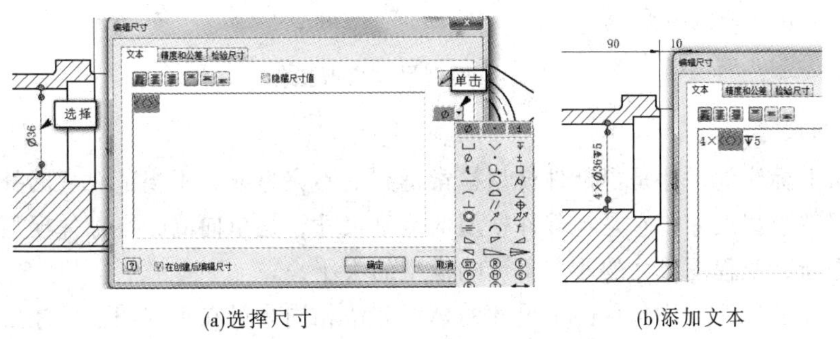

(a)选择尺寸　　(b)添加文本

图 7-71　添加尺寸文本操作

添加尺寸公差：选择需要添加尺寸公差的尺寸，右击，在弹出的快捷菜单中选择“编辑”，在弹出的对话框中，选择“精度与公差”选项，选择需要的公差标注的形式为“公差/配合-显示公差”、公差代号及精度等级为H7，如图7-72所示，单击“确定”按钮，完成公差添加操作。

图7-72　添加尺寸公差操作

（3）修改模型尺寸

在工程图中修改模型尺寸，相应的模型的尺寸会随之改变大小。模型与工程图之间是双向驱动，即模型尺寸修改，工程图自动更新，工程图中模型尺寸修改，模型自动更新。

选择需要修改模型大小的尺寸，右击，在弹出的快捷菜单中选择“编辑模型尺寸”，如图7-73(a)所示，弹出有尺寸代号及数值的尺寸框，在尺寸框中输入新的尺寸15，如图7-73(b)，单击✔，即对工程图的模型尺寸进行了修改，如图7-73(c)所示。

打开泵体的零件图，查看零件模型，修改尺寸的特征大小随之改变了。

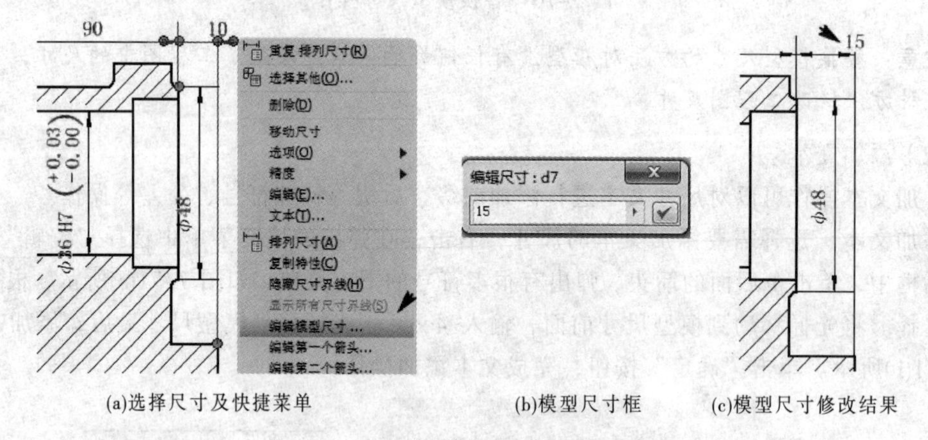

图7-73　模型尺寸修改操作

2. 工程图尺寸

在工程图上标注的尺寸是零部件模型检索得到的不完整或者不规范尺寸的补充。工程图尺寸不是零部件模型尺寸，它是零部件模型的测量尺寸，是单向的，零部件模型改变，工程图尺寸自动更新，工程图尺寸的改变不影响模型的大小。

工程图尺寸的标注方法与草图中尺寸的标注方法相同。可在工程图中标注工具面板，如图7-74所示。

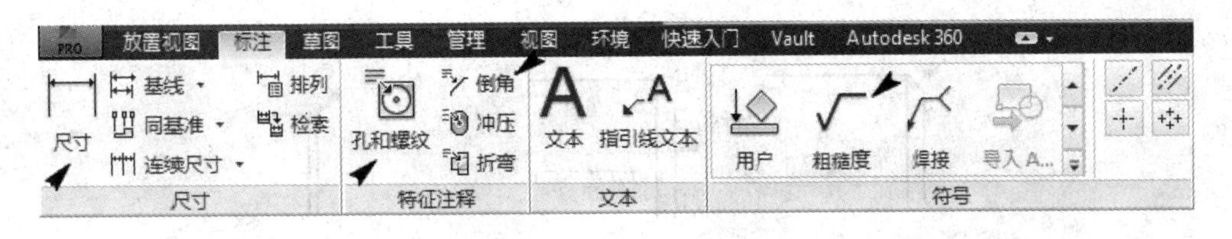

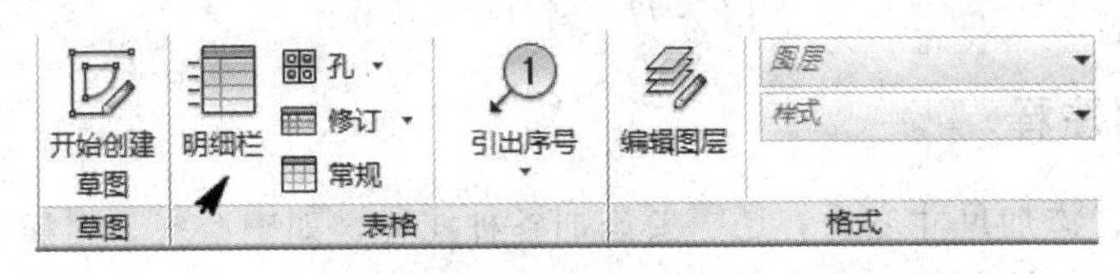

图 7-74　工程图尺寸面板

工程图面板中，常用的标注工具包括通用尺寸、孔、螺纹和倒角等。

（1）通用尺寸

通用尺寸的标注方法与草图的步骤方法相同，在此不再赘述。

（2）孔和螺纹

在零件模型上用打孔方式创建的孔及螺纹孔，可以用孔和螺纹方法对其进行标注。

① 创建孔和螺纹标注。单击工程图菜单栏中“标注的孔和螺纹”图标，选择视图上的孔或者螺纹孔，拖动鼠标并放置尺寸，如图 7-75 所示。

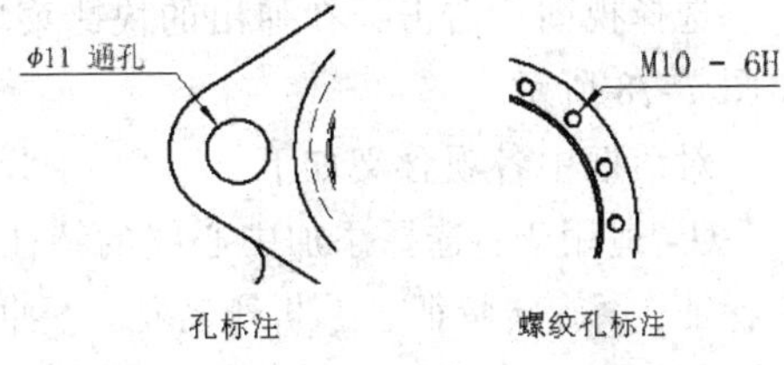

图 7-75　孔及螺纹孔标注

② 编辑孔的注释。对标注后的孔或者螺纹孔添加符号、文本和公差等操作。下面以螺纹孔为例说明螺距添加的方法。

选择螺纹孔尺寸，右击，在弹出的快捷菜单中，选择“编辑孔尺寸”，如图 7-76(a)所示。单击“值和符号”中“螺距”（第三个）图标，添加螺距，如图 7-76(b)所示。

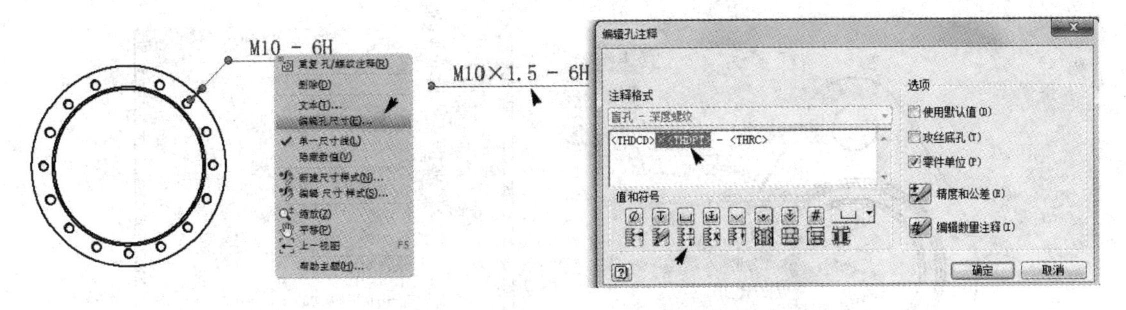

(a)选择螺纹孔尺寸　　(b)添加螺距

图 7-76　螺纹孔编辑

还可以对精度和公差进行编辑。单击图 7-76 对话框右侧，“精度和公差”图标，弹出对话框，选择使用零件公差等选项，对公差进行编辑。

（3）倒角

单击工具面板“倒角”图标，选择倒角边、竖直边，拖动鼠标在合适的位置单击，放置倒角尺寸，如图 7-77 所示为操作步骤。

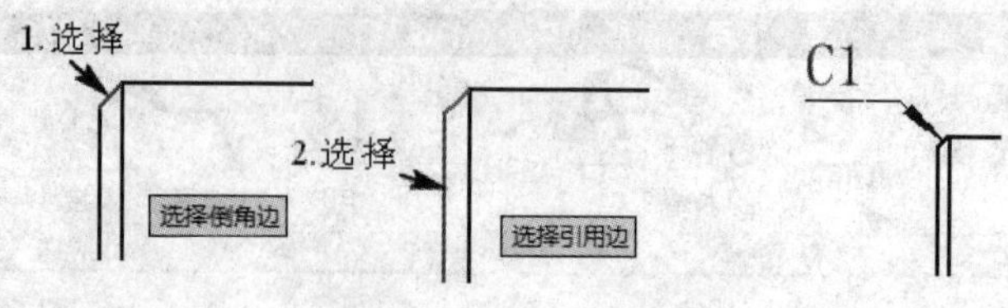

图 7-77　倒角操作步骤

7.3.2　工程图注释

对于工程图，添加尺寸之后，还需要添加各种注释，如中心线、粗糙度、基准、形位公差、技术要求、引线注释等，使工程图标注完整且符合国标要求。

1．中心线和中心标记

对于对称图形或者回转体的特征图形需要添加中心线或者中心标记。Inventor 采用两种方式添加中心线和中心标记。

（1）自动中心线

选择视图，右击，在弹出的快捷菜单中选择“自动中心线”，弹出自动中心线的对话框，如图 7-78 所示。

对话框中各项含义如下。

① 适用于：选择添加中心线的特征类型。特征类型包括：打孔特征、圆角特征、圆柱特征、旋转特征、折弯特征、冲压特征、环形阵列、矩形阵列、草图几何图元等，可根据工程图中的特征类型选择。

② 投影：是将中心标记添加到圆形视图上；将中心线添加到矩形图形上。

③ 半径阈值：设置圆角和环形边的自动中心线的限制范围。半径阈值是指限制标注特征大小的范围值，即将中心线添加在指定阈值范围之内的圆角和环形边上。

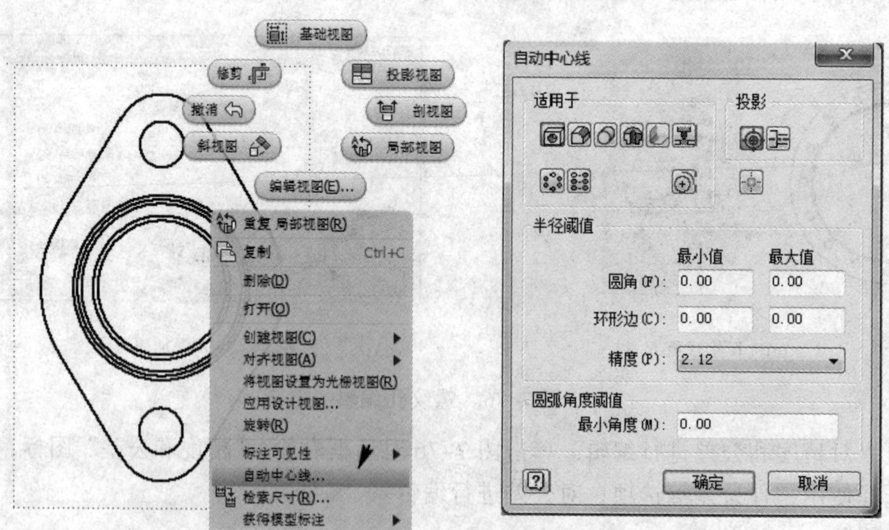

图 7-78　自动中心线对话框

在图 7-78 所示对话框中，选择圆柱特征，投影选择，半径阈值为默认，如图 7-79(a)所示。单击“确定”按钮，填料压盖的中心线自动标出，如图 7-79(b)所示。

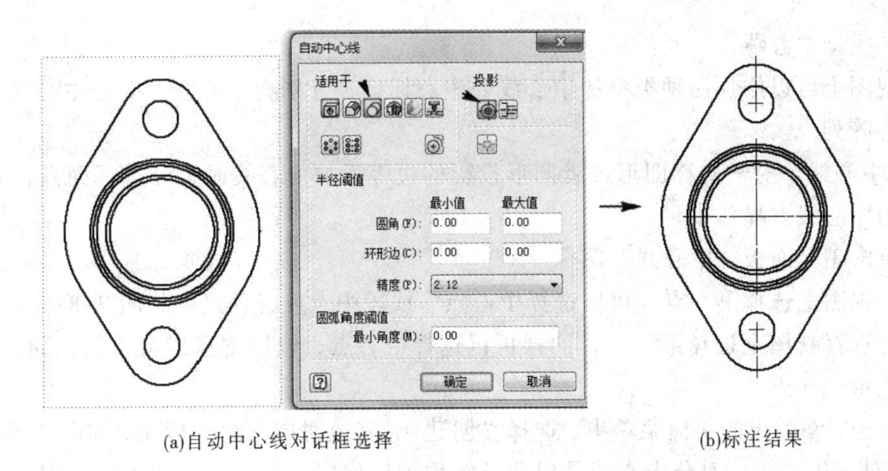

(a)自动中心线对话框选择　　(b)标注结果

图 7-79　自动标注中心线步骤

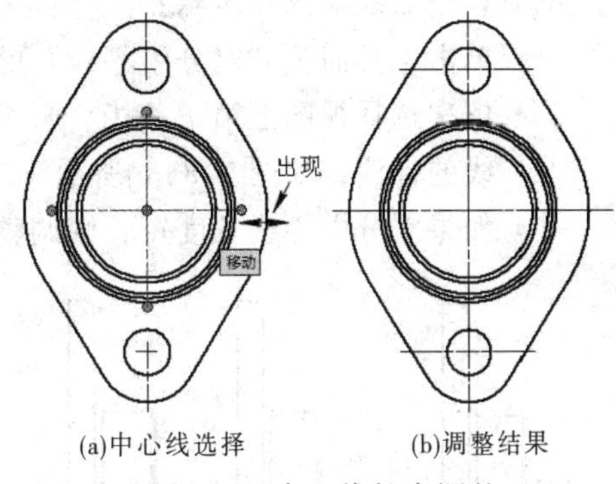

(a)中心线选择　　(b)调整结果

图 7-80　中心线长度调整

自动标注的中心线长度常常比较短，需要调整中心线的长度。将鼠标指针放到中心线上，出现绿点控制点，如图 7-80(a)所示，将鼠标指针放到绿点上按住左键拖动即可改变中心线长度，调整后的中心线如图 7-80(b)所示。

对于自动中心线的类型可以提前设置。单击工程图菜单栏在工具中的“文档设置”图标，弹出“文档设置”对话框，如图 7-81 所示。在工程图选项里，单击“自动中心线”图标，弹出如图 7-79 所示的“自动中心线”对话框，设置自动中心线的类型，单击“确定”按钮，保存到工程图模板。

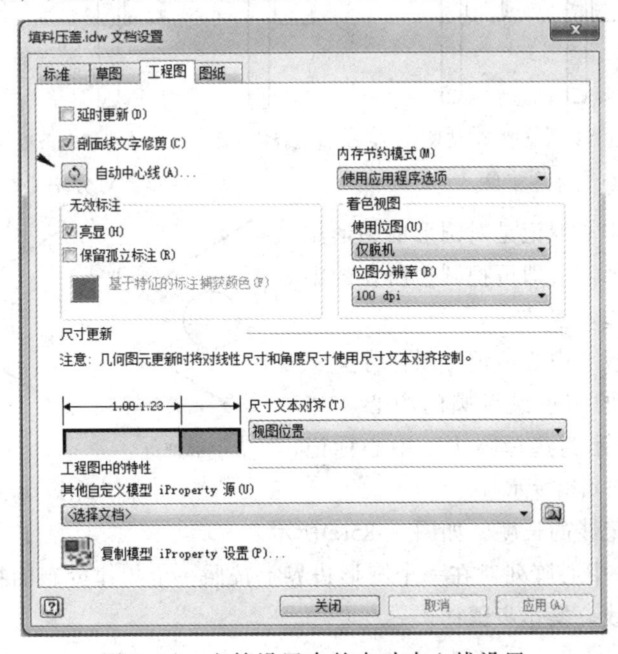

图 7-81　文档设置中的自动中心线设置

（2）手动中心线

在视图上可以添加四种类型的中心线和中心标记，分别为中心线、对分中心线、中心标记和中心阵列。

① 中心线。对于对称图形或者圆形投影的边等添加中心线时，可选择两点，则这两点连接成为中心线。操作步骤：

- 单击工具面板“中心线”图标。
- 在视图上选择第一点，可以选择中心点、线段中点或者顶点，如图 7-82(a)所示。
- 再选择视图上选择第二点，同样可以选择中心点、线段中点或者顶点，如图 7-82(b)所示。
- 右击，在弹出的快捷菜单中，选择“创建”，完成对中心线的标注，如图 7-82(c)所示。

② 对分中心线。对分中心线是对两条线添加对称中心线。选择两条线，则标出这两条线的对称中心线。操作步骤：

- 单击工具面板“对分中心线”的图标。
- 依次选择视图上第一条线、第二条线，如图 7-83(a)、图 7-83(b)所示，完成对分中心线的标注，如图 7-83(c)所示。
- 如果对分中心线长度短，则调整中心线的长度，如图 7-83(d)所示。

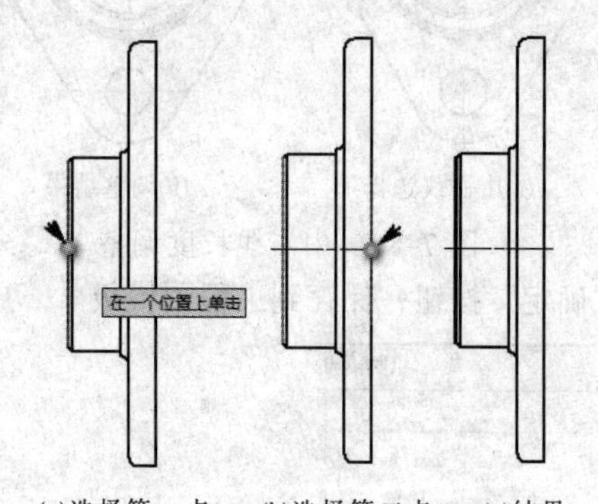

(a)选择第一点　(b)选择第二点　(c)结果

图 7-82　中心线标注步骤

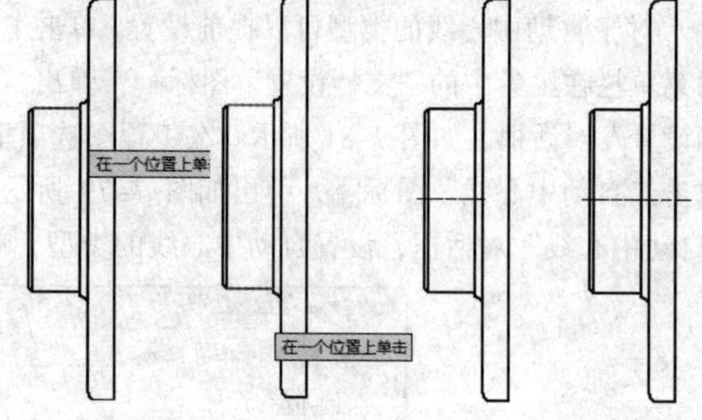

(a)选择第一条边　(b)选择第二条边　(c)结果　(d)调整长度

图 7-83　对分中心线标注步骤

③ 中心标记。中心标记是对圆形的图形添加中心标记线，选择圆边即可把圆边所在的中心标记线标出。操作步骤：

- 单击工具面板“中心标记”图标。
- 选择视图上的圆边或者圆的中心。如图 7-84(a)所示为选择圆边，中心标记标出如图 7-84(b)所示。

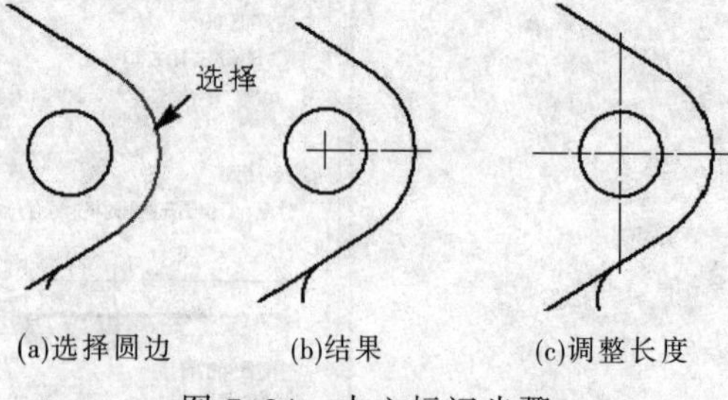

(a)选择圆边　(b)结果　(c)调整长度

图 7-84　中心标记步骤

- 调整中心标记线的长度，如图 7-85(c)所示。

④ 中心阵列。中心阵列对在一个圆形边界上按照一定规律分布的特征所在的定位圆的位置进行标注中心线。操作步骤：

- 单击工具面板“中心阵列”图标。
- 选择要标注的中心阵列的圆边，如图 7-85(a)所示，确定阵列中心线，如图 7-85(b)所示。
- 选择第一个特征，如图 7-85(c)所示，依次选择其他特征，如图 7-85(d)所示，选择最后一个特征，如图 7-85(e)所示，选择第一个特征，如图 7-85(f)所示，右击，在弹出的快捷菜单中，选择“创建”，完成中心阵列创建，如图 7-85(g)所示。

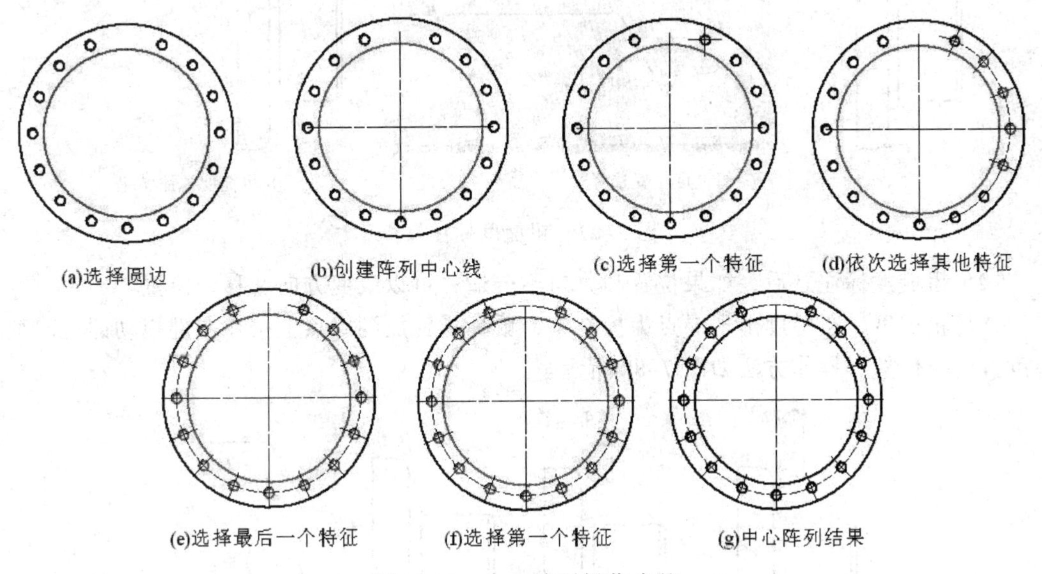

(a)选择圆边　(b)创建阵列中心线　(c)选择第一个特征　(d)依次选择其他特征

(e)选择最后一个特征　(f)选择第一个特征　(g)中心阵列结果

图 7-85　中心阵列操作步骤

2. 粗糙度

粗糙度是评价零件表面质量的重要指标之一，对零件的耐磨性、耐腐蚀性、零件之间的配合和外观都有很大影响。

粗糙度的标注，如图 7-86(a)所示。图中的下表面和右侧表面粗糙度标注不准确，应改为引线标注，正确方式如图 7-86(b)所示。

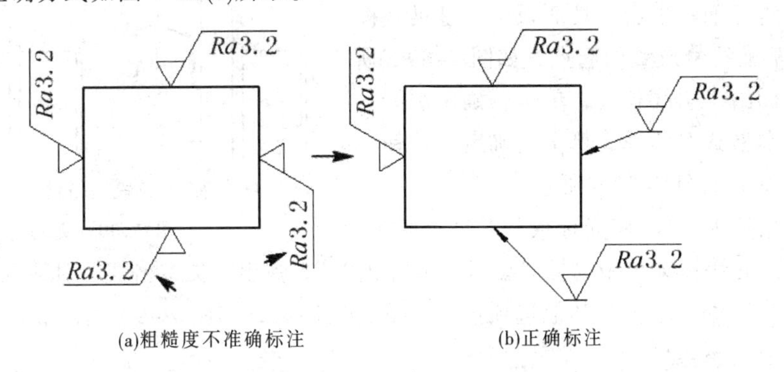

(a)粗糙度不准确标注　(b)正确标注

图 7-86　粗糙度标注方式

粗糙度的标注步骤：

（1）单击工具面板“粗糙度”图标，选择图元放置粗糙度符号的位置，拖动鼠标用引线标注，弹出粗糙度对话框，在对话框中输入“Ra3.2”如图 7-87(a)所示；单击“确定”按钮，完成粗糙度标注如图 7-87(b)所示。

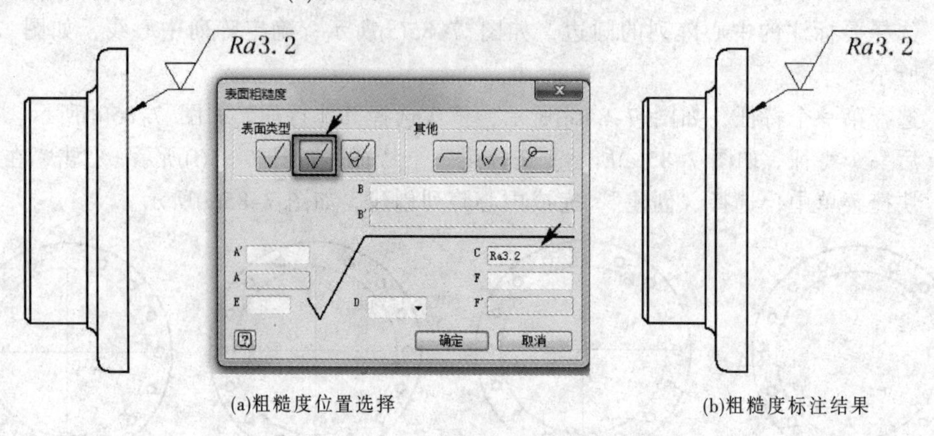

(a)粗糙度位置选择　　(b)粗糙度标注结果

图 7-87　粗糙度标注操作

（2）粗糙度标注之后，如果位置和方向不合适，可以改变方向和移动位置。

选择粗糙度，粗糙度出现绿点为控制点，鼠标指针放到绿点上按住左键拖动即可改变粗糙度方向及位置，操作方法如图 7-88 所示。

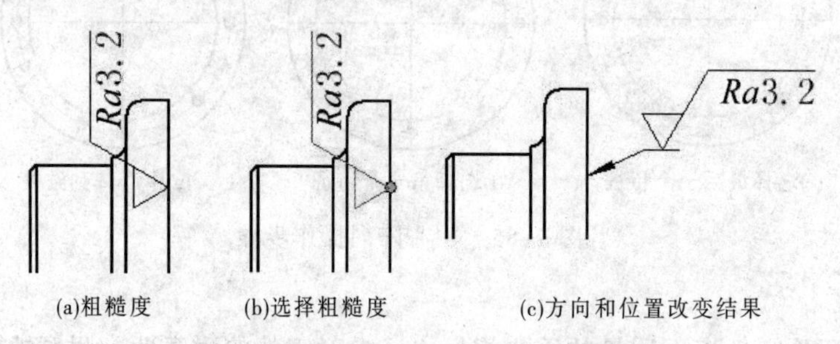

(a)粗糙度　　(b)选择粗糙度　　(c)方向和位置改变结果

图 7-88　粗糙度方向和位置调整操作

3．基准

基准用于定义形位公差标注的基准。操作步骤如下：

（1）创建基准：单击工具面板中“基准”图标，选择基准符号放置的起点，如图 7-89(a)所示，拖动鼠标给出引线长度，单击，确定引线长度，弹出文本格式对话框，单击“确定”按钮，完成基准创建，如图 7-89(b)所示。

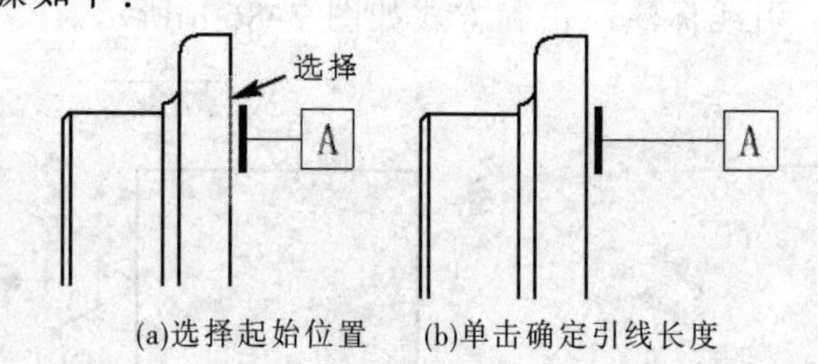

(a)选择起始位置　　(b)单击确定引线长度

图 7-89　基准创建

（2）编辑基准文本：将光标放到基准符号上，右击，在弹出的快捷菜单中选择“编辑基准标识符”，弹出“文本格式”对话框，可在对话框中修改基准名称等，字体和其他选项按照默认选项即可，如图 7-90 所示，单击“确定”按钮，完成基准编辑操作。

（3）基准位置、引线长度等编辑。选择基准符号，出现绿色控制点，将鼠标指针放到控制点上，按住鼠标左键移动即可对基准位置、引线长度等进行编辑，如图 7-91 所示。

（4）基准符号样式编辑。默认基准符号为矩形框，若要改为圆形符号，选择基准，右击，在快捷菜单在选择“编辑标识符号样式”，如图 7-92(a)所示，弹出“样式和标准编辑器”对话框，在符号特性选项中的形状里选择圆形，如图 7-92(b)所示。单击“完毕”，基准标识符号样式变为圆形。工程图的 GB 标准为矩形框。

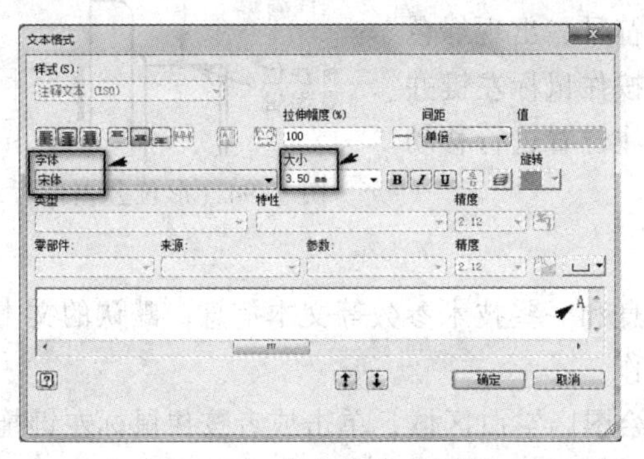

图 7-90　文本格式对话框

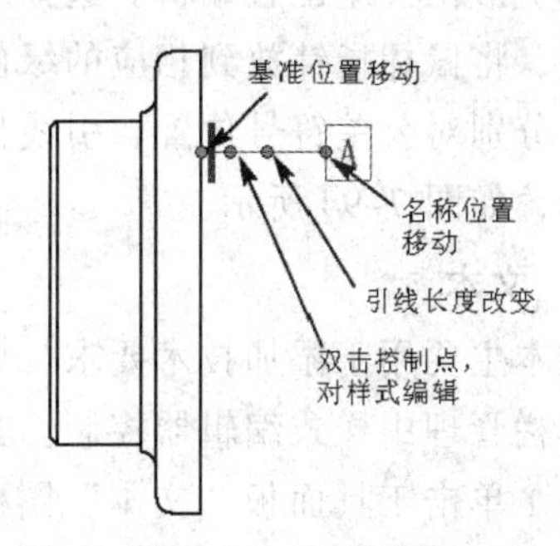

图 7-91　基准编辑

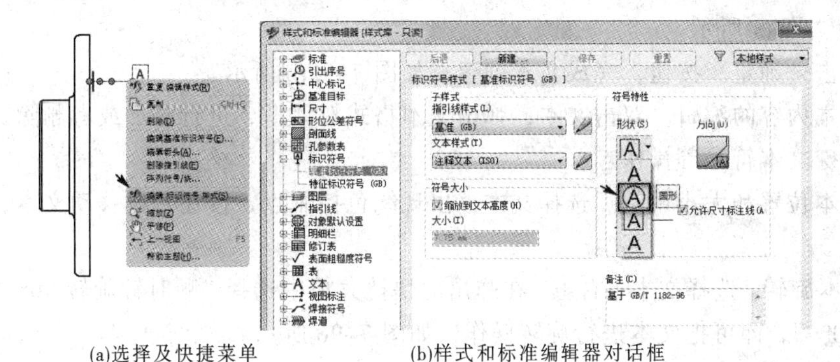

(a)选择及快捷菜单　　(b)样式和标准编辑器对话框

图 7-92　基准标识符号样式编辑

4．形位公差

形位公差是对零件的形状和位置标注公差，满足设计人员对零件设计及其与其他零件配合的要求。操作步骤：

（1）单击工具面板“形位公差”图标，选择放置起点，拖动鼠标单击确定引线位置，拖动鼠标单击，确定符号放置位置，如图 7-93(a)所示。右击，在快捷菜单中选择“继续”，弹出形位公差符号对话框。在对话框中选择垂直度、公差为 0.02、基准为 A，如图 7-93(b)所示。单击“确定”按钮，完成形位公差标注，如图 7-93(c)所示。

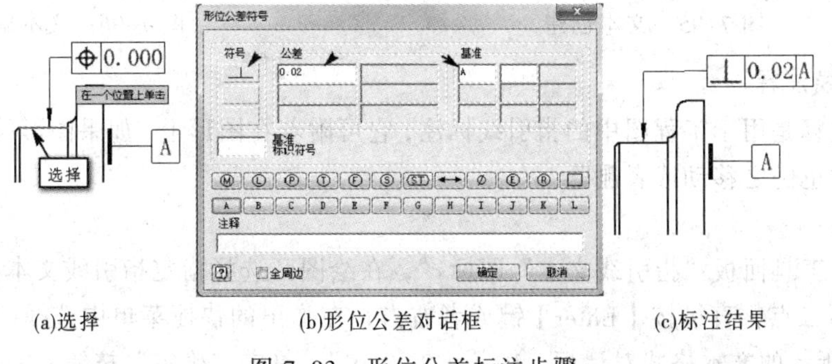

(a)选择　　(b)形位公差对话框　　(c)标注结果

图 7-93　形位公差标注步骤

（2）形位公差编辑。双击形位公差符号，弹出如图 7–93(b)所示对话框，即可对形位公差的符号、公差值、基准符号等进行编辑。

（3）形位公差位置编辑。选择形位公差符号，出现绿色控制点，将鼠标指针放到相应的绿色控制点按住鼠标左键并拖动，分别对公差符号位置、引线长度、标注位置进行移动等编辑，如图 7–94 所示。

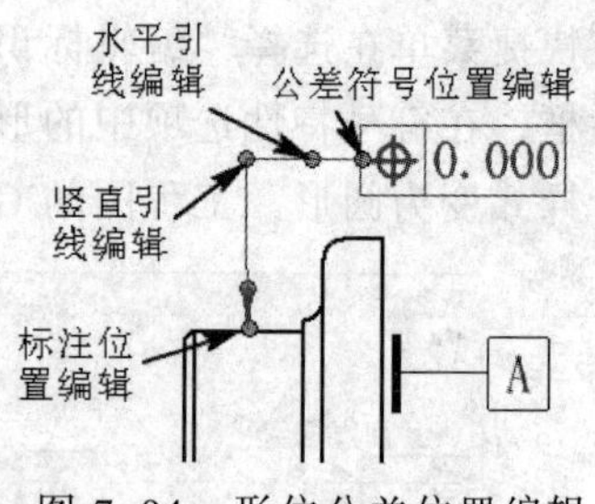

图 7–94　形位公差位置编辑

5. 文本

文本主要用于添加技术要求、标题栏信息和一些技术参数等文本信息。默认的文本样式由菜单栏管理中样式编辑器控制。文本的操作：

（1）单击工具面板“文本”图标 A，在绘图区空白区域，单击或者按住鼠标左键拖出矩形框，弹出文本格式对话框，在对话框中书写技术要求内容的文本，字体为宋体，字大小为 5 mm，如图 7–95(a)所示。

（2）单击“确定”按钮，完成文本创建，如图 7–95(b)所示。

（3）文本内容的编辑。双击文本，弹出文本格式对话框，进行添加或者删除文本内容、或者添加特殊文本符号等操作。

（4）文本位置和大小调整。选择文本，出现绿色控制点，按住左键移动文本，控制文本框的大小的。

（5）文本旋转。选择文本，右击，在弹出的快捷菜单中选择“顺时针旋转 90°”或者“逆时针旋转 90°”，即可把文本进行旋转操作，如图 7–96 所示。

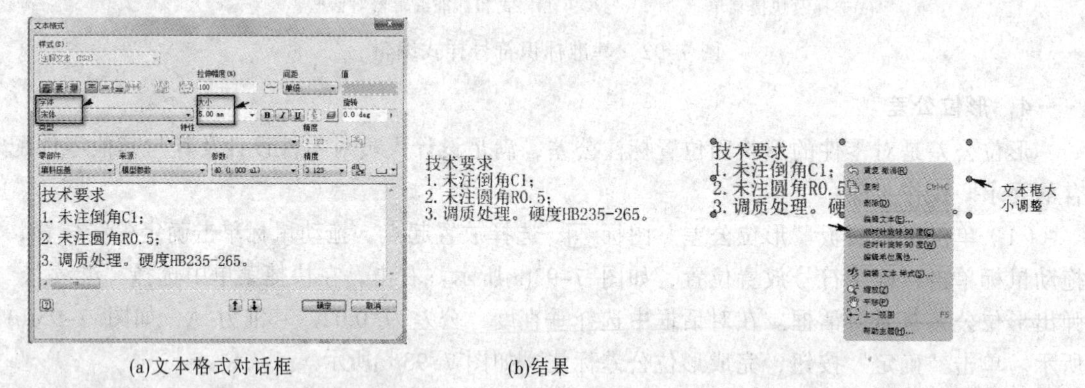

(a)文本格式对话框　(b)结果

图 7–95　文本创建

图 7–96　文本旋转操作

6. 指引线注释

指引线注释是用于工程图中的指引线标注，它可附着在图形上，如果图形移动或者删除，其指引线标注也随之移动或者删除。

操作步骤：

（1）单击工具面板“指引线文本”图标，在绘图区选择指定指引线文本的起点，单击确定指引线第二点，直接按【Enter】键或者右击，在弹出的快捷菜单中选择“继续”，弹出如图 7–95(a)所示的文本格式对话框，输入“2 × R12”，单击“确定”按钮，完成指引线标注操作，如图 7-97 所示。

（2）指引线文本内容编辑。双击指引线文本，弹出“文本格式”对话框，可进行添加或者删除文本内容，或者添加特殊文本符号等操作。

（3）指引线文本位置编辑。选择指引线文本，出现绿色控制点，将鼠标指针放到相应的控制点，按住左键拖动，即可对指引线位置、附着位置等进行操作，如图 7-98 所示。

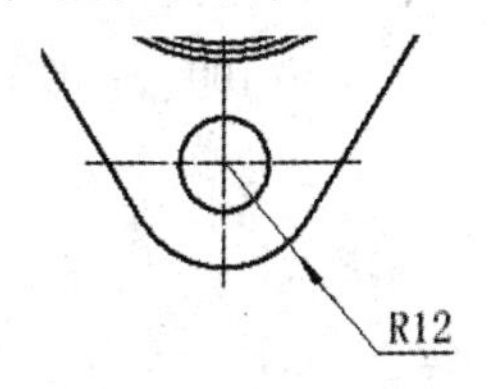

图 7-97　指引线文本标注

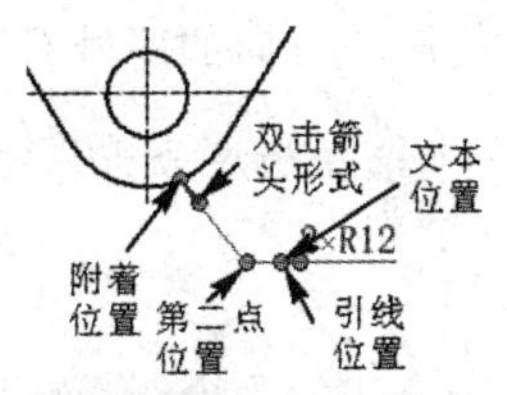

图 7-98　指引线文本位置编辑

（4）指引线文本可通过右键快捷菜单进行编辑。选择指引线文本，单击右键，在弹出的快捷菜单中选择相应的编辑选项即可，如“编辑箭头”、“删除指引线”等。

7.3.3　引出序号和明细栏

引出序号和明细栏是对部件工程图的操作。明细栏是对部件中的零件或者子部件按照顺序标号，给出 BOM 表及零件或者子部件的名称、零件代号、材料、数量等信息。

1．引出序号

在部件工程图中，对零件或者子部件编注序号，此序号与明细栏中的序号相对应，相互可以关联驱动。

引出序号的方法有自动引出和手动引出。

（1）手动引出序号

① 单击工具面板“引出序号”图标 ①，选择要引出序号的零件。

② 拖动鼠标，单击确定引线位置，再单击放置零件序号，按【Enter】键完成该零件序号引出；继续选择其他零件，同样操作引出其他零件的序号。引出的序号与明细栏一一对应，如图 7-99 所示。

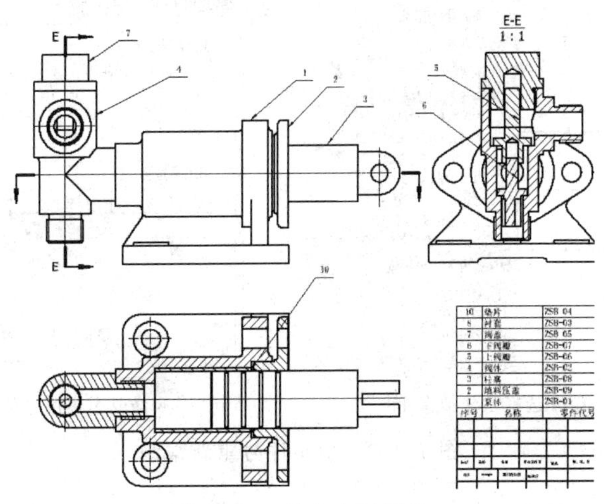

图 7-99　引出序号操作

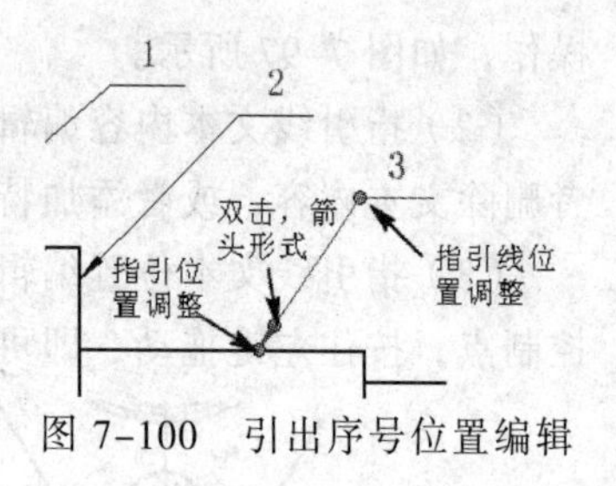

图 7-100　引出序号位置编辑

③ 引出序号和引线位置调整。选择序号，出现绿色控制点，将鼠标指针放到相应的控制点，按住左键拖动，即可对引出序号位置、指引位置等进行操作，如图 7-100 所示。

④ 序号排列。按住【Ctrl】键，选择同一方向的序号，右击，在弹出的快捷操作中选择“对齐”，再选择“水平”或者“垂直”，即可使同一方向的序号对齐，如图 7-101 所示。

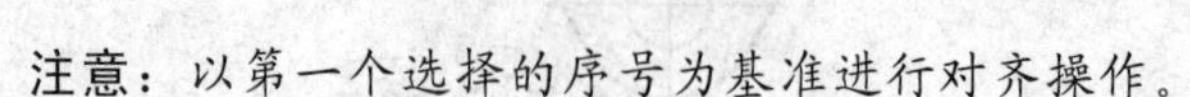
注意：以第一个选择的序号为基准进行对齐操作。

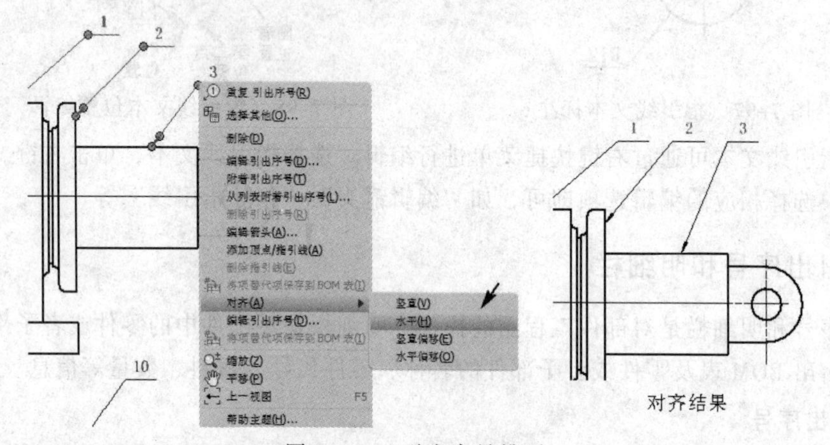

图 7-101　引出序号排列

⑤ 序号的重新编制。对于引出的序号在明细栏中，若不是按照零件代号升序排列，需要对引出序号位置进行调整或顺序重新排序。

双击引出序号，或者选择引出序号，右击，在弹出的快捷菜单中选择“编辑引出序号”，如图 7-102(a)所示；弹出“编辑引出序号”的对话框，在对话框中，修改引出序号值，则明细栏中的对应的序号随之改变，如图 7-102(b)所示。采用同样的方法，可对其他引出序号进行重新编制。

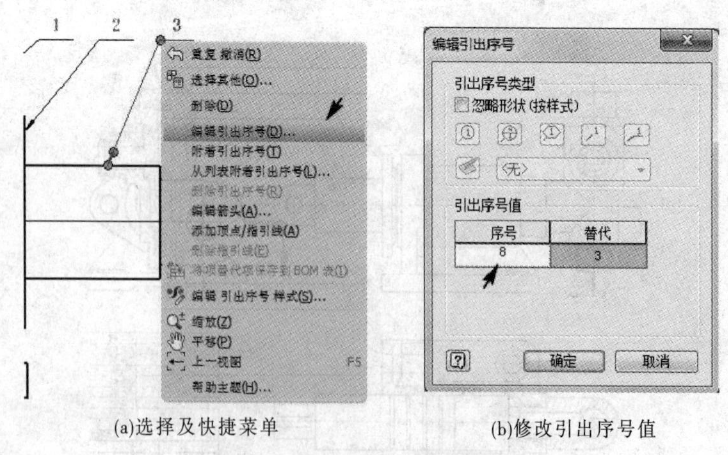

(a)选择及快捷菜单　　(b)修改引出序号值

图 7-102　引出序号重新编制

⑥ 明细栏序号排序：

- 引出序号重新编制后，对应的明细栏随之改变，但是排序是混乱的，如图 7-103 所示。

4	垫片	ZSB-04	1	45	0	
3	衬套	ZSB-03	1	45	0.1	
5	阀盖	ZSB-05	1	45	0.15	
7	下阀瓣	ZSB-07	1	45	0.02	
6	上阀瓣	ZSB-06	1	45	0.03	
2	阀体	ZSB-02	1	45	0.47	
8	柱塞	ZSB-08	1	45	0.58	
9	填料压盖	ZSB-09	1	45	0.19	
1	泵体	ZSB-01	1	HT200-350	1.64	
序号	名称	零件代号	数量	材料	质量(Kg)	注释

通用技术条件
JB/ZQ5000

图 7-103　明细栏序号排序混乱

- 选择明细栏，右击，在弹出的快捷菜单中，选择"编辑明细栏"，弹出明细栏编辑对话框，如图 7-104(a)所示。在对话框中，选择序号列，单击"排序"图标，弹出"明细栏排序"对话框，在第一关键字中选择序号、升序，如图 7-104(b)所示。

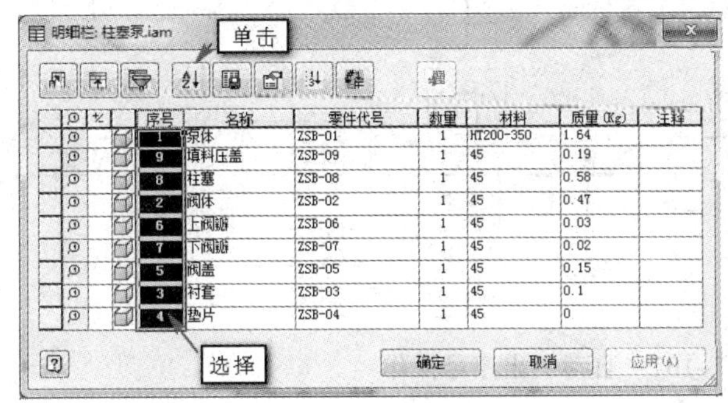

(a)明细栏编辑对话框

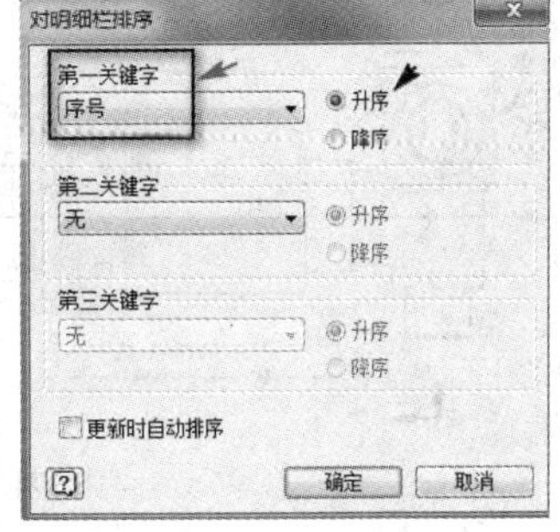

(b)排序对话框

图 7-104　明细栏序号排序编辑

- 单击"确定"按钮，将序号重新按照升序排序，如图 7-105(a)所示，单击"确定"按钮，明细栏的序号重新排序，如图 7-105(b)所示。

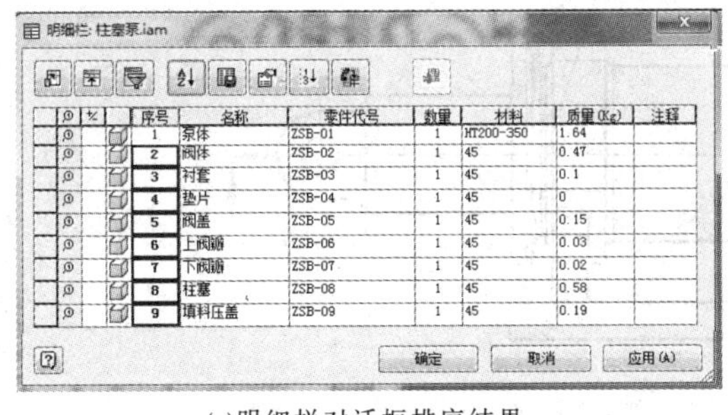

(a)明细栏对话框排序结果

9	填料压盖	ZSB-09	1	45	0.19	
8	柱塞	ZSB-08	1	45	0.58	
7	下阀瓣	ZSB-07	1	45	0.02	
6	上阀瓣	ZSB-06	1	45	0.03	
5	阀盖	ZSB-05	1	45	0.15	
4	垫片	ZSB-04	1	45	0	
3	衬套	ZSB-03	1	45	0.1	
2	阀体	ZSB-02	1	45	0.47	
1	泵体	ZSB-01	1	HT200-350	1.64	
序号	名称	零件代号	数量	材料	质量(Kg)	注释

通用技术条件
JB/ZQ5000

(b)明细栏排序结果

图 7-105　明细栏序号排序操作

（2）自动引出序号

当零件的数量比较多时，为避免遗漏零件，应采用自动引出序号操作引出所有零件序号。

操作步骤：

① 单击工具面板"自动引出序号"图标，弹出"自动引出序号"的对话框，可进行偏移间距设置等，如图 7-106 所示。偏移间距是指引出序号之间的距离。

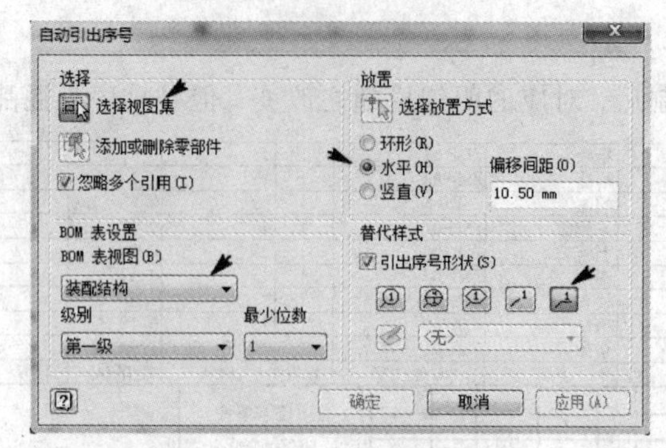

图 7-106　自动引出序号对话框

② 选择视图，依次选择视图中的零件，选中的零件显示为蓝色，右击，在弹出的快捷菜单中选择“继续”，光标处出现序号预览，如图 7-107(a)所示，单击，确定序号放置的位置，如图 7-107(b)所示。

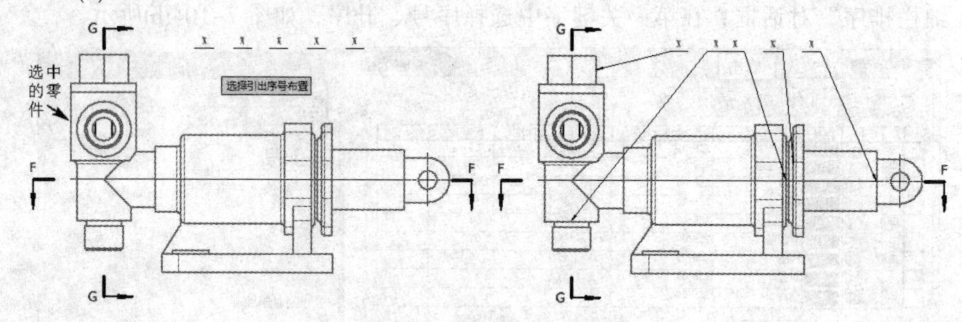

图 7-107　自动引出序号操作

③ 单击图 7-106 所示对话框中“确定”按钮，完成自动引出序号标注，如图 7-108 所示。

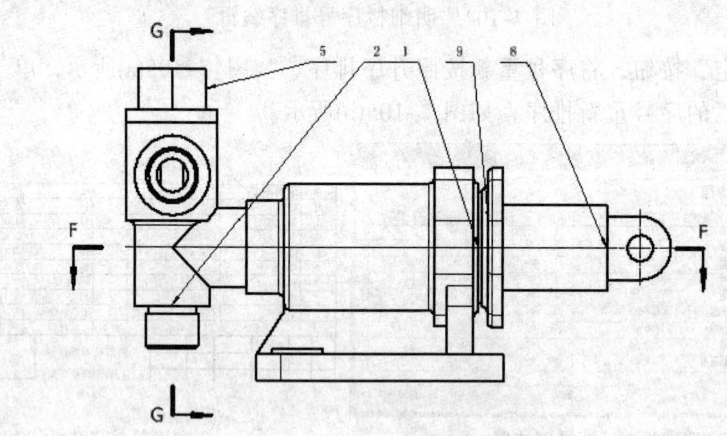

图 7-108　自动引出序号操作结果

④ 自动引出序号的编辑方法与手动引出序号编辑方法相同，在此不再赘述。

2. 明细栏

Inventor 2015 中工程图明细栏与部件模型相关联，明细栏自动调用部件中的零件信息，零件信息更改，则明细栏中对应的零件信息自动更新。

（1）创建明细栏。创建明细栏时，先对明细栏进行设置。明细栏的具体设置，详见 7.1.3

的5中（10）的介绍。

单击工具面板中“明细栏”图标，弹出明细栏对话框，如图7-109所示。在对话框中，找到插入明细栏的部件文件，其他按照默认选项即可，单击“确定”按钮，光标位置出现明细栏预览，把明细栏放置到标题栏上方并与标题栏对齐即可，如图7-105(b)所示。

（2）明细栏中的序号排列是混乱的，需要通过对零件序号进行重新编制，把明细栏的序号重新按照零件代号升序排列，完成明细栏的序号排序操作，如上所述。

（3）明细栏的编辑。双击明细栏，弹出如图7-105(a)所示的对话框，可以对零件名称、零件代号等进行重新输入替代原来的信息，但是不建议采用这种方式编辑，这种方式与零件属性不关联，只是修改了明细栏中的信息。

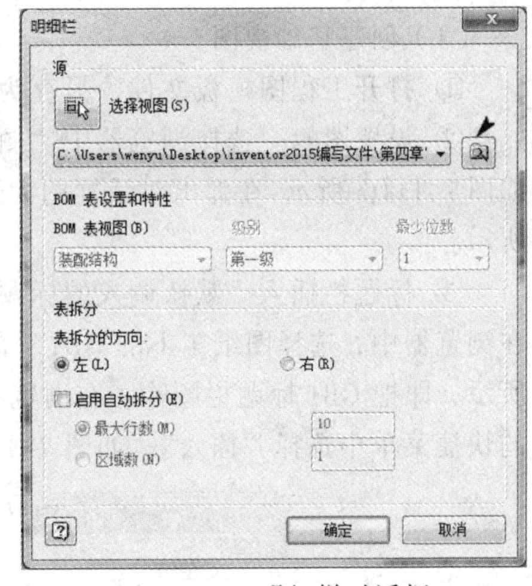

图7-109　明细栏对话框

7.4　工程图举例

7.4.1　零件图工程图

零件工程图的创建包括基础视图、剖视图等，视图中包括各种尺寸信息、注释信息等内容。以柱塞泵的泵体为例说明零件工程图的创建步骤，创建的工程图如图7-110所示。

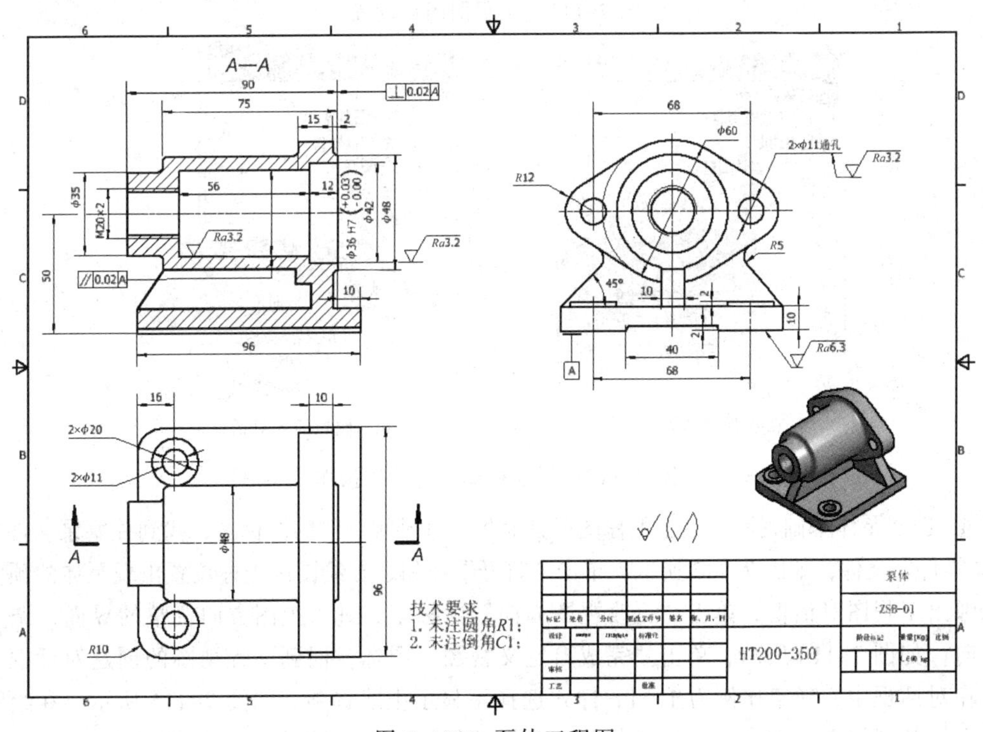

图7-110　泵体工程图

1. 创建视图

（1）创建基础视图

① 打开工程图模板文件，另存为“柱塞泵.idw”，进入工程图环境。

② 设置图幅。选择浏览器中“图纸 1”，右击，在弹出的快捷菜单中选择”编辑图纸”，如图 7-111(a)所示，在弹出对话框的大小选项中选择 A3，在方向选项中选择横向，如图 7-111(b)所示。

③ 标题栏插入。默认调入的标题栏是 GB1 部件的标题栏，需要重新插入 GB2 标题栏。在浏览器中，选择图纸 1 下的 GB1，右击，在弹出的快捷菜单中选择“删除”，如图 7-112(a)所示，即把 GB1 标题栏删除。在浏览器中，选择工程图资源中的标题栏 GB2，右击，在弹出的快捷菜单中选择“插入”，如图 7-112(b)所示，则将 GB2 零件图标题栏插入到当前图纸。

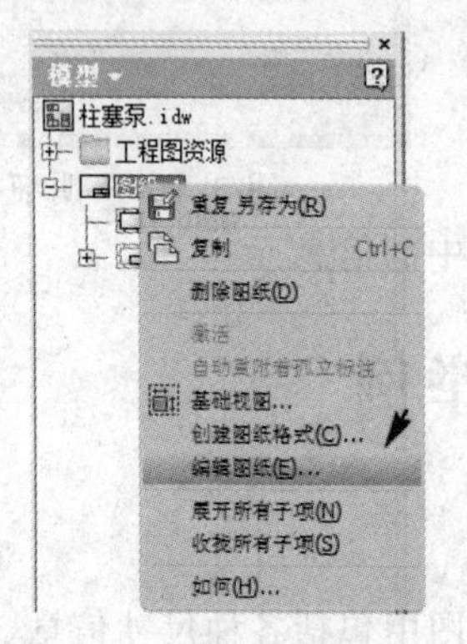

(a)浏览器选择

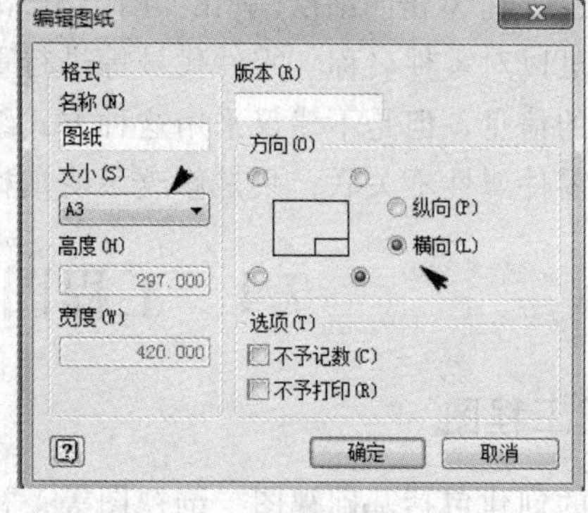

(b)编辑图纸对话框

图 7-111 工程图图幅设置

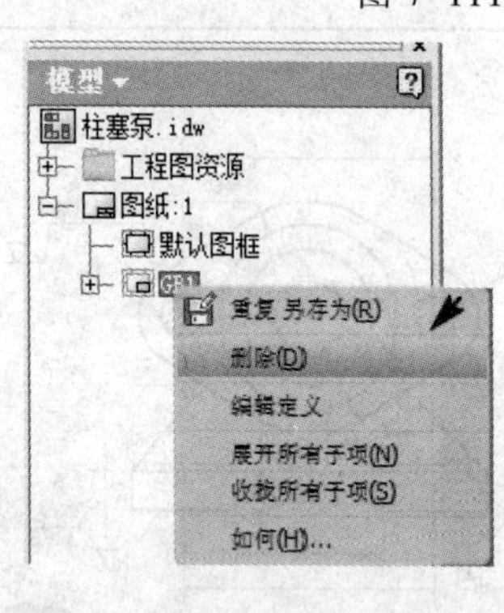

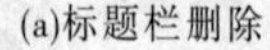
(a)标题栏删除

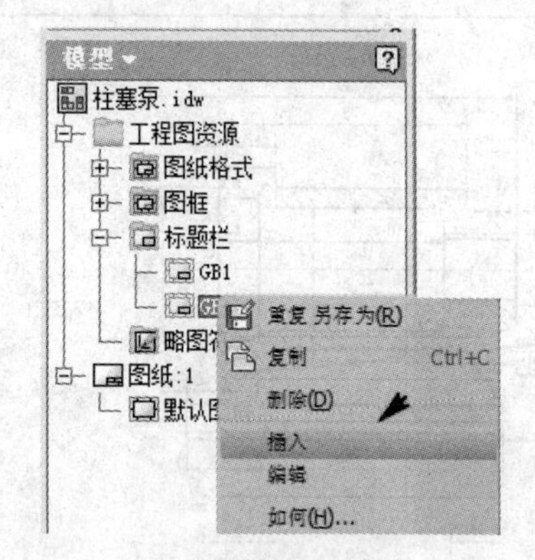

(b)标题栏插入对话框

图 7-112 标题栏删除与插入操作

④ 创建泵体基础视图。单击工程图工具面板“基础视图”的图标，找到柱塞泵文件夹中“泵体零件”文件，如图 7-113 所示，单击“打开”按钮，在绘图区光标位置出现泵体的预览。

弹出工程图对话框，单击“更改视图方向”图标，进入视图方向调整的界面，调整视图方向，如图 7-114 所示，单击“完成自定义视图”图标，回到工程视图的创建对话框。

在对话框中，确定比例为 1∶1，样式选择不显示虚线选项，如图 7-115 所示，在绘图区内单击，放置视图，右击，在快捷菜单中选择“创建”，完成泵体基础视图的创建。

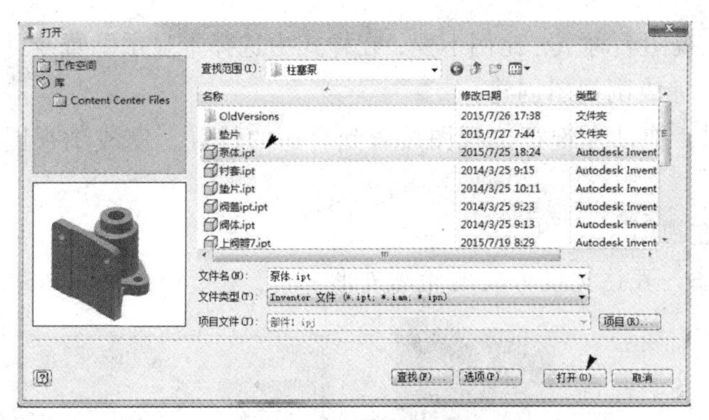

图 7-113　查找泵体文件

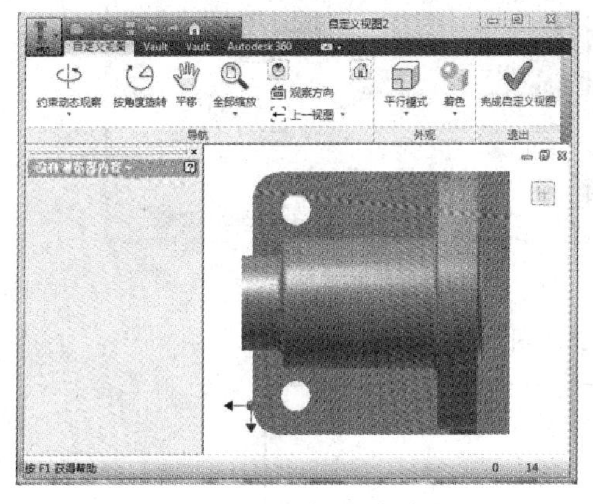

图 7-114　基础视图方向调整

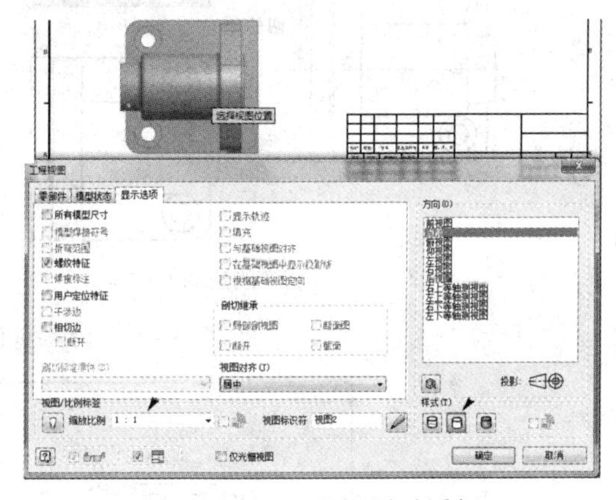

图 7-115　工程视图对话框

⑤ 调整基础视图的位置。选择基础视图，按住左键拖动，把泵体的基础视图移动到左下角的位置，泵体的名称、零件代号、材料、重量等属性均显示在标题栏中，如图 7-116 所示。

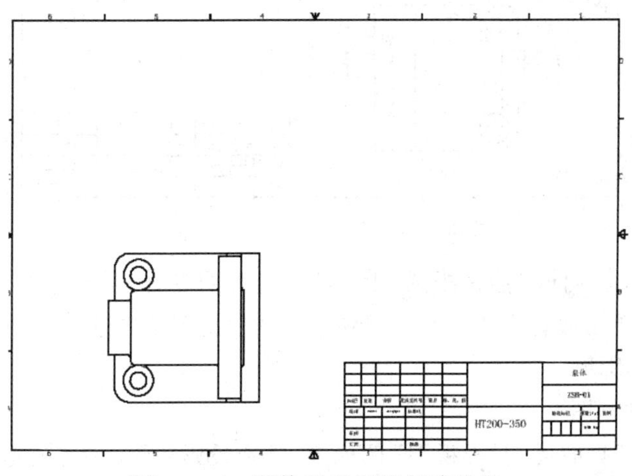

图 7-116　泵体基础视图创建结果

（2）创建泵体剖视图

① 单击工程图工具面板“剖视”图标。

② 选择泵体基础视图，给出剖切第一点，拖动鼠标给出第二点确定剖切位置，如图 7-117(a) 所示。右击，在弹出的快捷菜单中选择“继续”。此时，光标位置出现剖视图预览，弹出“剖

视图”对话框，输入视图名称 A，比例不变，在样式中选择不显示隐藏线，如图 7-117(b)所示，单击“确定”按钮，完成剖视图创建。

③ 选择剖视图，拖动左键把剖视图放置到合适的位置，完成剖视图位置移动，结果如图 7-118 所示。

（3）创建泵体左视图

泵体需要左视图，表达宽度方向的轮廓外形。

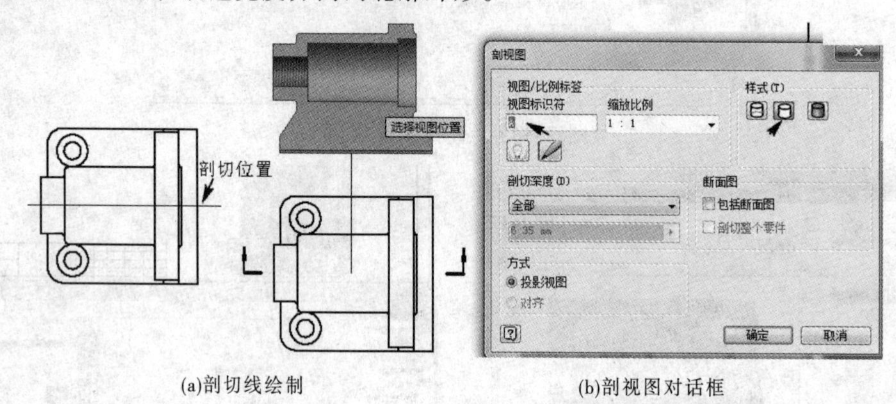

(a)剖切线绘制　　　　(b)剖视图对话框

图 7-117　泵体剖视图创建

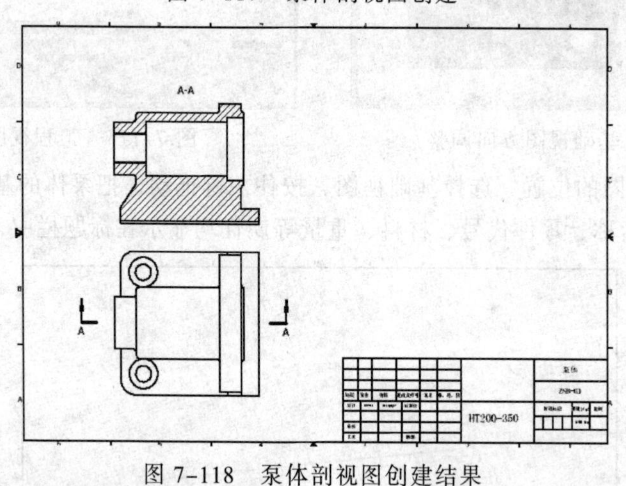

图 7-118　泵体剖视图创建结果

① 单击工程图工具面板“投影视图”图标，选择剖视图，拖动鼠标，如图 7-119(a)所示。

② 在合适位置单击放置视图，右击，在弹出的快捷菜单中选择“创建”，完成左视图的创建，如图 7-119(b)所示。

（4）创建泵体轴侧图

① 单击工程图工具面板“投影视图”图标，选择投影视图，斜方向拖动鼠标，如图 7-120 所示。单击，放置视图。

② 调整视图位置，选择轴测视图，按住左键且拖动，放置到合适的位置。

③ 编辑视图的比例及显示方式。双击轴侧图，弹出“工程视图”对话框，在对话框中取消“与基础视图样式一致”的图标前的勾选，改变轴侧图的比例为 1 : 2，样式改为着色，如图 7-121 所示。单击对话框中“确定”按钮，完成轴侧图编辑。

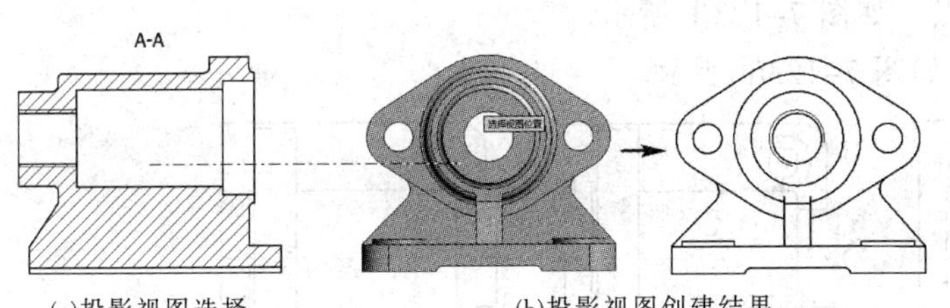

(a)投影视图选择　　(b)投影视图创建结果

图 7-119　泵体投影视图创建操作

图 7-120　泵体轴侧图创建

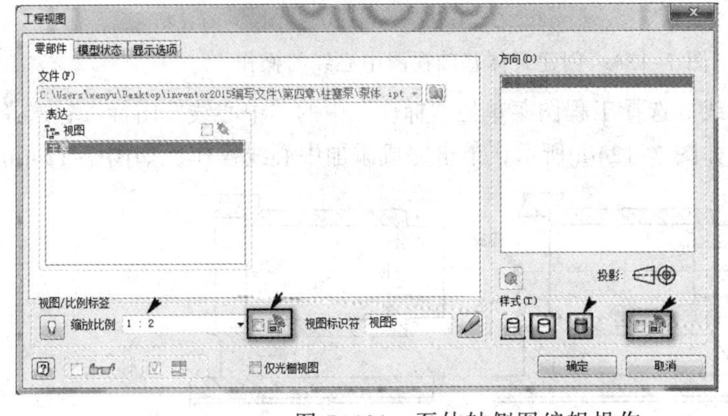

图 7-121　泵体轴侧图编辑操作

创建完成的剖视图、视图及轴侧图结果如图 7-122 所示。

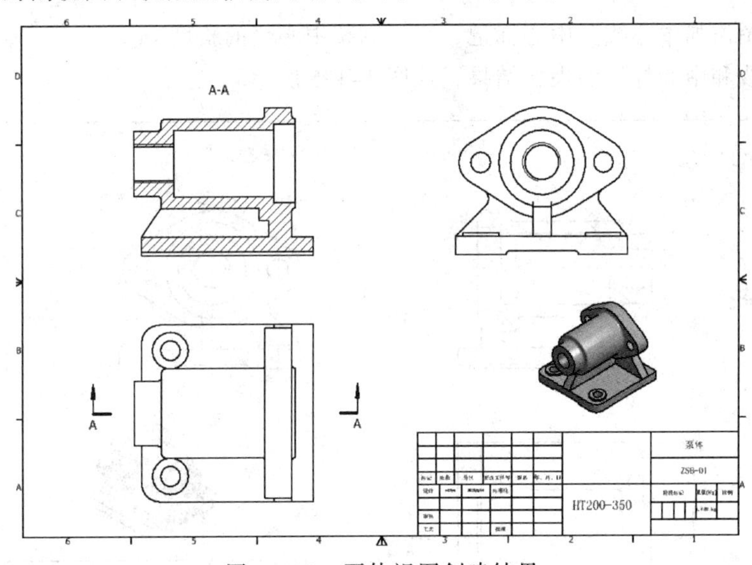

图 7-122　泵体视图创建结果

2. 添加中心线和中心标记

（1）基础视图添加中心线和中心标记。

① 对圆的图形添加中心线。选择工程图菜单栏的“标注”中的“中心标记”图标，选择圆，对圆标出中心线，如图 7-123(a)所示。

② 对泵体标出对称中心线。选择工程图菜单栏“标注”中的“中心线”图标，依次选

择第一条边中点、第二条边中点，如图 7-123(b)所示。

③ 单击完成中心线标注，如图 7-123(c)所示。

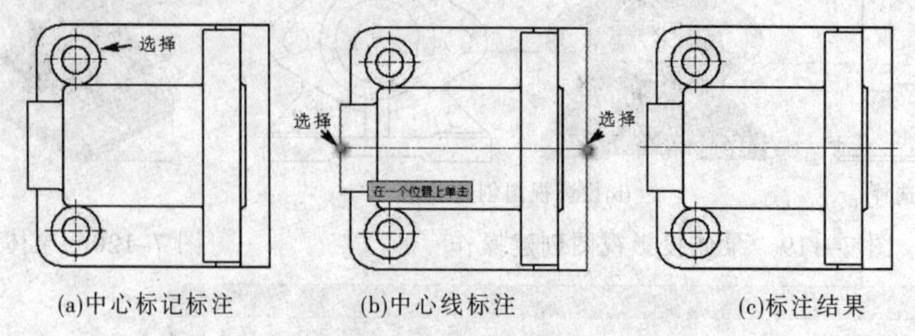

(a)中心标记标注 (b)中心线标注 (c)标注结果

图 7-123 创建泵体基础视图中心线的操作

（2）剖视图添加中心线。选择工程图菜单栏“标注”中的“中心线”图标，选择第一条边中点、第二条边中点，如图 7-124(a)所示，单击完成添加中心线操作，如图 7-124(b)所示。

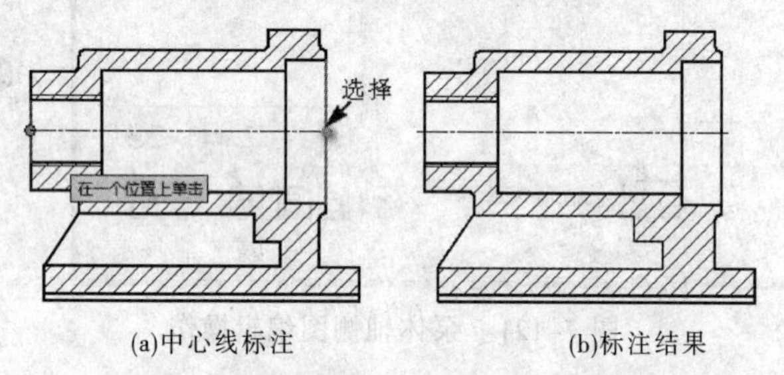

(a)中心线标注 (b)标注结果

图 7-124 创建泵体剖视图中心线的操作

（3）对视图添加中心线和中心标记，适当调整中心线的长度。

（4）中心线和中心标记的操作结果，如图 1-125 所示。

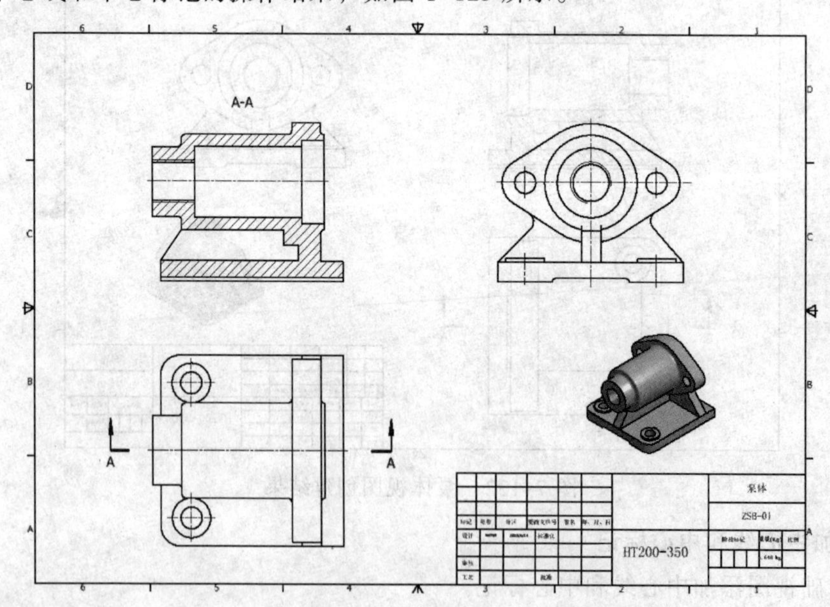

图 7-125 泵体中心线和中心标记创建的结果

3．标注尺寸

泵体的零件工程图需要对三个视图都标注尺寸，包括公差尺寸、形状尺寸、定位尺寸等，可利用检索尺寸及手动标注尺寸把零件工程图中的尺寸标注完全。下面通过对剖视图标注尺寸讲述标注尺寸的步骤。

① 选择剖视图，单击工具面板“检索”图标，或者选择视图，右击，在弹出的快捷菜单中选择“检索尺寸”，弹出检索尺寸对话框，在选择来源选项中选择零件，将所有平行于该平面的尺寸显示出来，如图 7-126 所示。

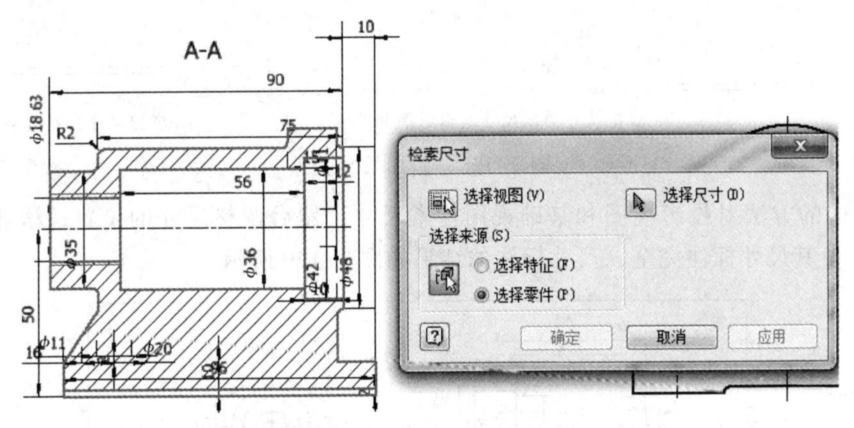

图 7-126　检索尺寸对话框

② 在对话框中，单击“选择尺寸”按钮。在视图上选择要标注的尺寸，单击“确定”按钮，完成检索尺寸操作，如图 7-127(a)所示。

③ 调整尺寸位置。选择某一尺寸，出现绿色控制点，拖动鼠标进行尺寸线、尺寸文本等位置移动，调整后的尺寸，如图 7-127(b)所示。

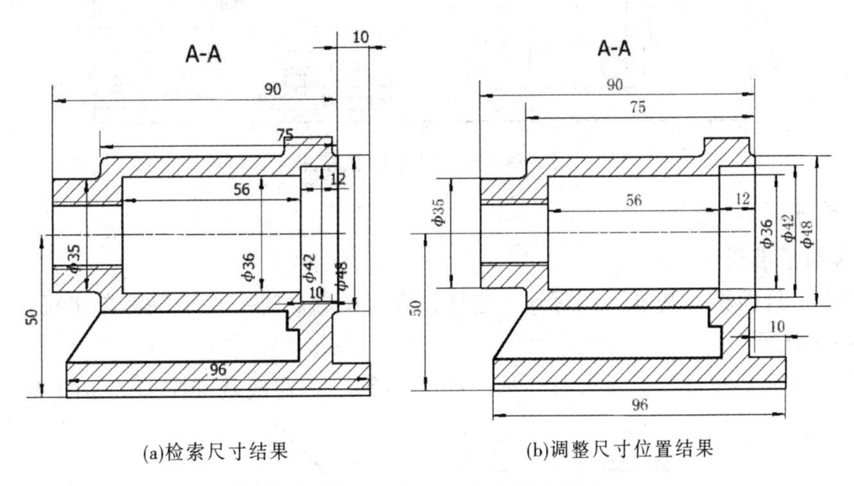

(a)检索尺寸结果　　(b)调整尺寸位置结果

图 7-127　检索尺寸位置调整操作

④ 对 $\phi 36$ 尺寸添加 H7 的公差。双击 $\phi 36$ 尺寸，弹出“编辑尺寸”对话框。选择精度与公差选项，在公差方式中选择“公差配合-显示公差”，选择孔公差 H7，如图 7-128(a)所示。单击“确定”按钮，完成公差添加操作。调整该尺寸位置，如图 7-128(b)所示。

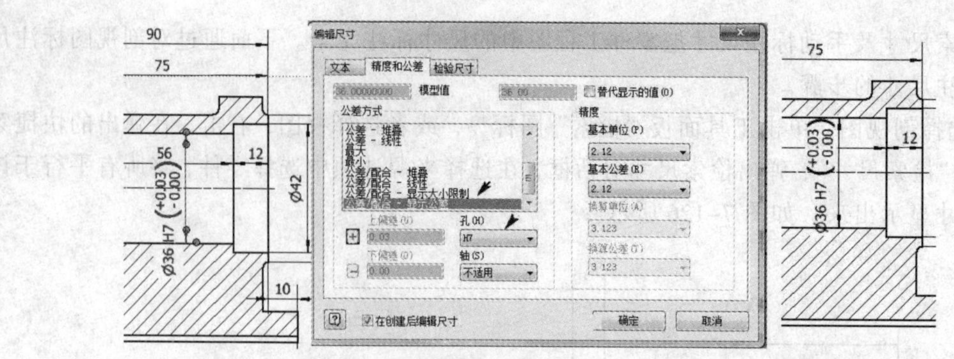

(a)双击尺寸弹出尺寸编辑对话框　　(b)添加尺寸公差结果

图 7-128　添加尺寸公差

用同样的方法对投影视图和基础视图检索尺寸，然后调整尺寸的位置，添加手动尺寸 M20×2，使其尺寸标注完全，尺寸标注的结果如图 7-129 所示。

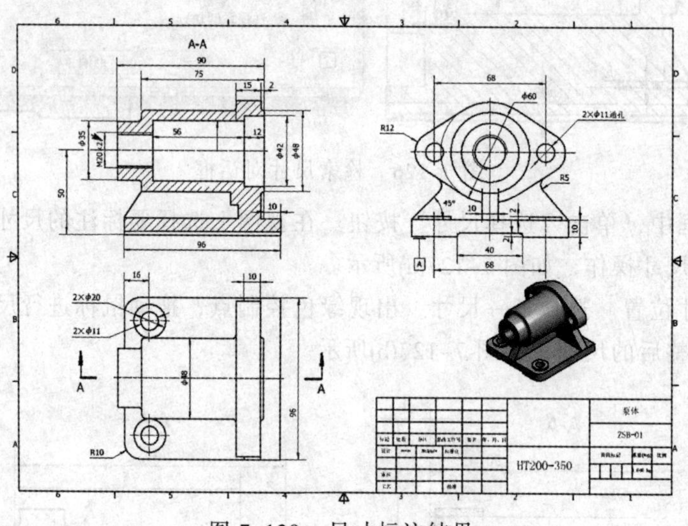

图 7-129　尺寸标注结果

4. 标注注释

（1）添加基准符号

① 单击工具面板“基准”图标，选择投影视图的底边，拖动鼠标单击确定引线长度，如图 7-130(a)所示。

② 单击放置基准符号，弹出对话框，单击“确定”，完成基准添加，如图 7-130(b)所示。

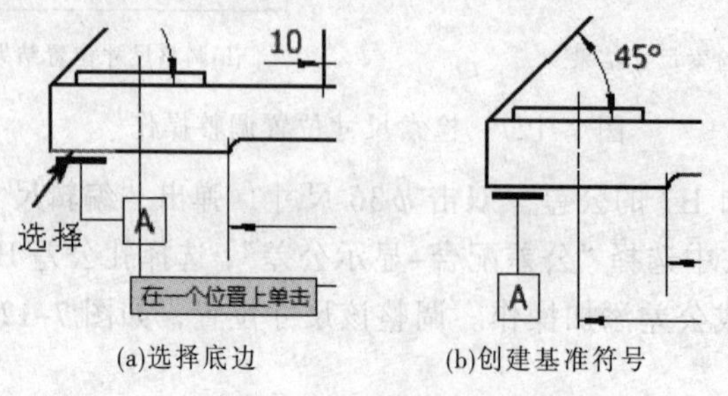

(a)选择底边　　(b)创建基准符号

图 7-130　基准符号添加

（2）添加形位公差

对该零件添加平行度和垂直度两个形位公差。

① 添加平行度形位公差。单击工具面板“形位公差”图标，单击Φ36 尺寸的箭头位置，拖动鼠标确定引线位置，拖动鼠标单击，确定形位公差符号的位置，弹出形位公差对话框，选择“//”，输入公差值 0.02、基准符号为 A，如图 7-131 所示。单击“确定”按钮，完成形位公差添加操作。

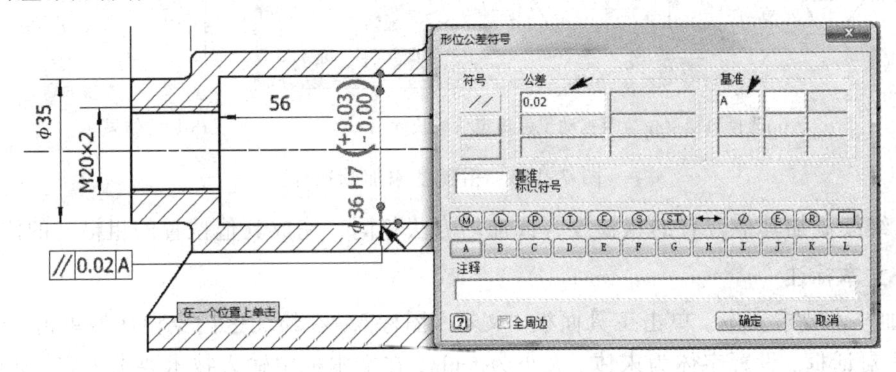

图 7-131　形位公差的操作

② 添加垂直度形位公差。操作方法与上述相同，选择剖视图中 90 尺寸的箭头的位置，添加垂直度形位公差即可。按【Esc】键，退出操作。

③ 添加公差的结果如图 7-132 所示。

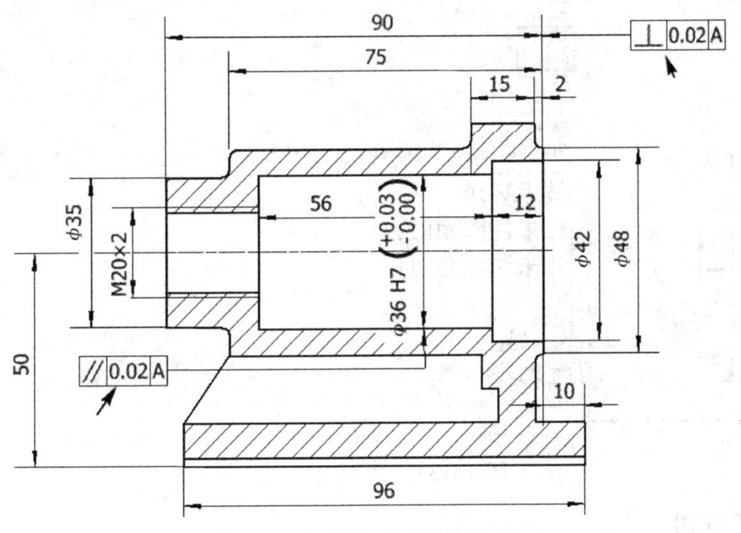

图 7-132　形位公差添加的结果

（3）添加粗糙度

① 单击工具面板“粗糙度”图标√，选择粗糙度起始的位置，拖动鼠标确定引线长度，单击、确定粗糙度符号放置的位置，弹出粗糙度的对话框，在对话框中，输入 Ra6.3，如图 7-133(a)所示。

② 单击“确定”按钮，完成当前粗糙度操作，如图 7-133(b)所示。

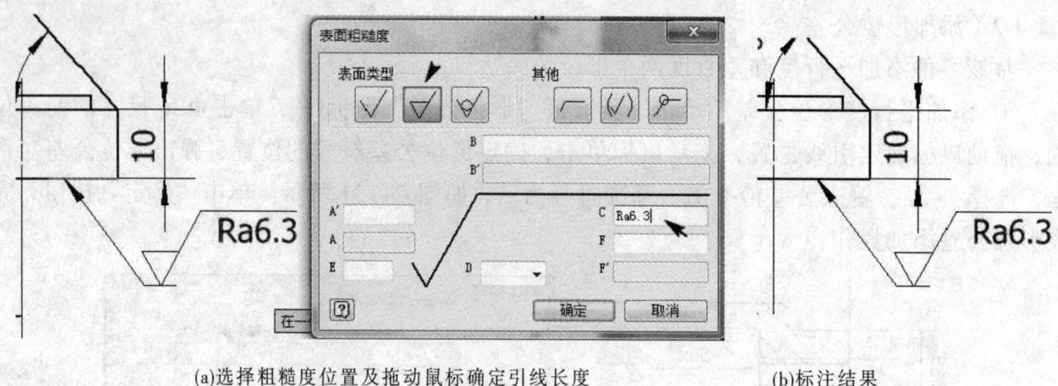

(a)选择粗糙度位置及拖动鼠标确定引线长度　　(b)标注结果

图 7-133　粗糙度添加的操作

③ 继续添加其他位置的粗糙度，添加的方法相同，完成其他位置的粗糙度的添加。

5．文本标注

添加技术要求文本。单击工具面板“文本”图标**A**，在绘图区内空白区域单击，弹出“文本编辑”对话框，设置字体为宋体、大小为 5mm，在文本框中输入技术要求内容，如图 7-134 所示。单击“确定”按钮，完成文本添加。

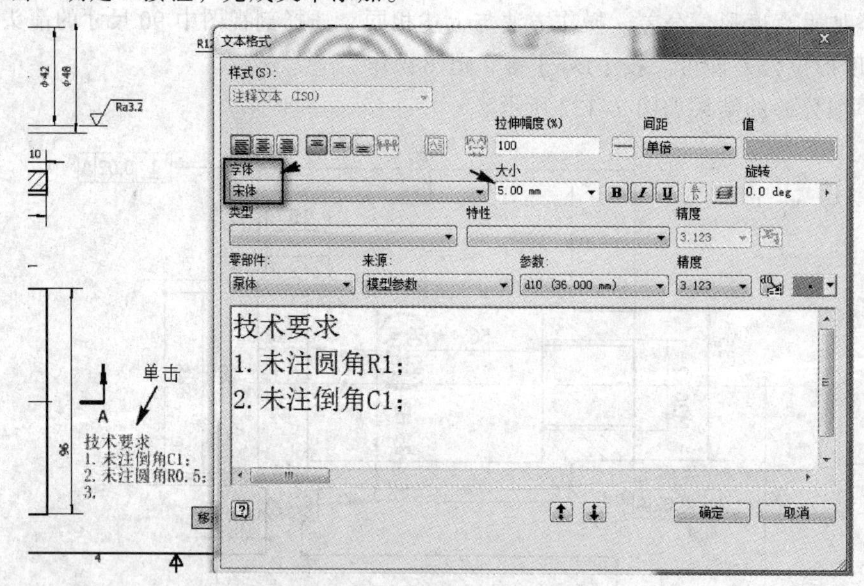

图 7-134　文本标注的操作

6．完成工程图

通过上述步骤，完成了泵体的所有工程图操作，完成的工程图如图 7-110 所示。

7.4.2　部件工程图

部件工程图显示零部件之间的装配关系，标注配合尺寸、总体尺寸、性能尺寸、安装尺寸、序号等，明细栏给出部件中所有零件的信息。部件工程图包括基础视图、剖视图等。

下面以柱塞泵装配为例说明部件工程图的创建过程，如图 7-135 所示。

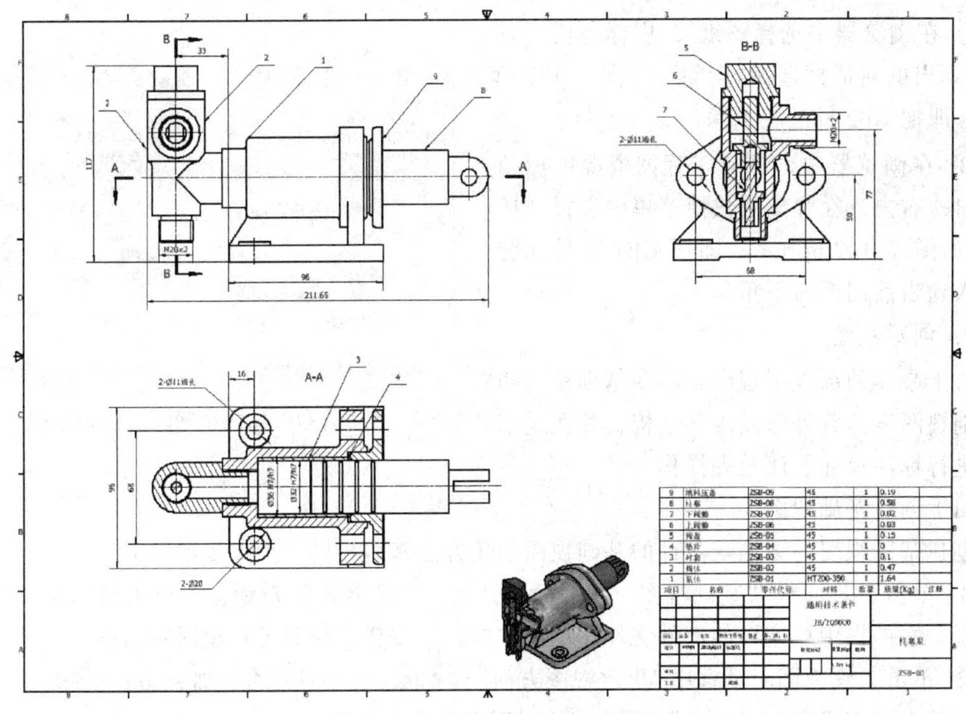

图 7-135 柱塞泵部件工程图

1. 新建图纸

在柱塞泵的工程图中，新建图纸，创建泵体部件的工程图需要设置图幅和插入 GB1 标题栏等。

（1）新建图纸

单击菜单栏“新建图纸”图标，创建图纸 2，在浏览器中激活图纸 2。

（2）设置图幅

① 选择浏览器中图纸 2，右击，在弹出的快捷菜单中选择“编辑图纸”，如图 7-136(a)所示，弹出对话框，在对话框中选择图纸大小为 A2、横向，如图 7-136(b)所示。

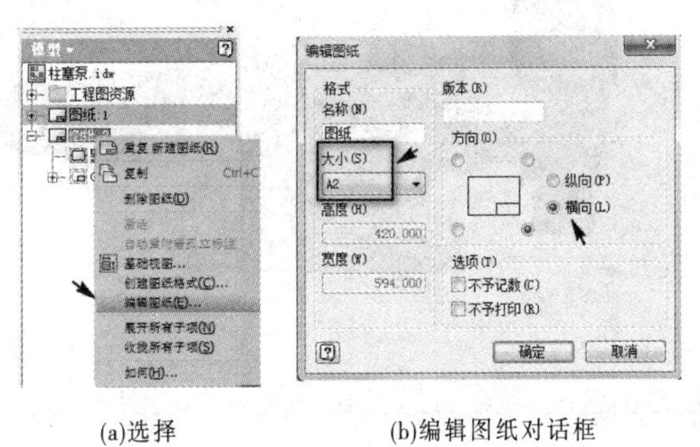

(a)选择　　(b)编辑图纸对话框

图 7-136 图幅设置

② 单击“确定”按钮，完成图幅设置。

（3）标题栏

当前的标题栏是 GB2 零件图的标题栏，应更改为 GB1 部件的标题栏。

① 在浏览器中选择图纸 2 中标题栏，右击，在弹出的对话框选择“删除”，如图 7-137(a)所示，即把 GB2 标题栏删除。

② 在浏览器中，选择工程图资源中标题栏 GB1，右击，在弹出的快捷菜单中选择“插入”，如图 7-137(b)所示，即把 GB1 部件标题栏插入到当前图纸右下角。

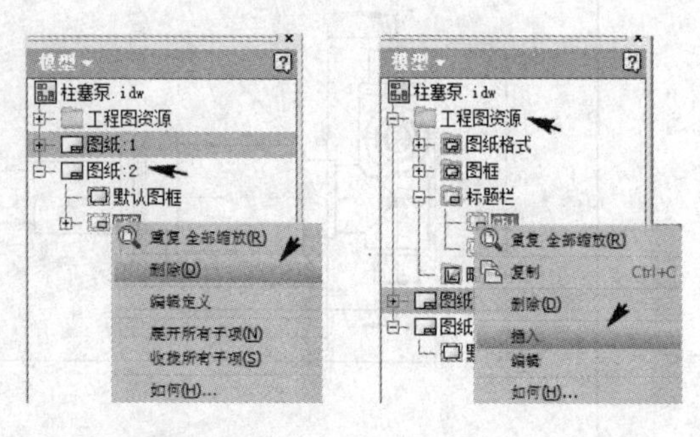

(a)标题栏删除操作　　(b)标题栏插入操作

图 7-137　标题栏删除与插入操作

2．创建视图

对于泵体的部件工程图，需要基础视图和两个剖视图表达其外形及内部结构，并在此基础上进行标注尺寸、序号等操作。

（1）创建基础视图

创建基础视图的方法与零件的基础视图创建方法基本相同。操作步骤如下：

① 单击工具面板“基础视图”图标，弹出“工程视图”对话框，单击浏览器“查找柱塞泵”文件夹中柱塞泵的部件文件，单击“打开”按钮，回到工程视图对话框。

② 单击工程视图对话框中“更改视图方向”图标，调整柱塞泵的视图方向，如图 7-138 所示，单击“完成自定义视图”图标，回到工程视图对话框。

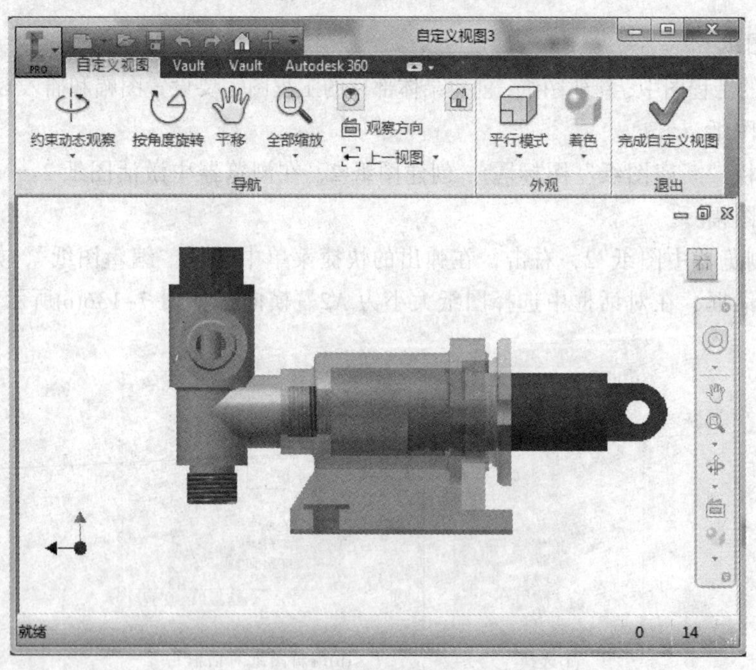

图 7-138　柱塞泵视图方向调整

③ 光标位置出现部件预览，在工程视图对话框中，设置缩放比例为 1:1，样式为不显示隐藏线，如图 7-139 所示。

④ 在绘图区合适位置单击，放置视图，右击，在弹出的快捷菜单中选择“确定”，完成操作。在标题栏中关于该部件的名词、零件代号、重量的信息应显示出来，如图 7-140 所示。

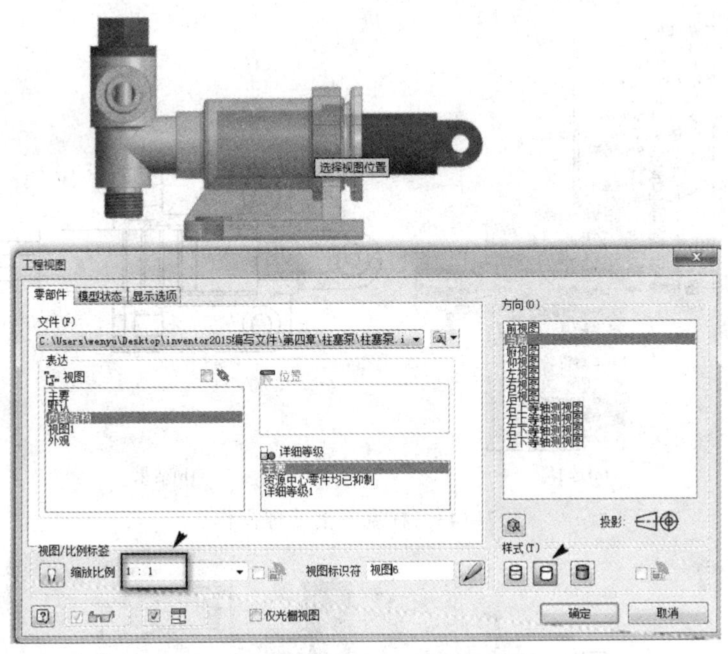

图 7-139　工程视图对话框设置

（2）创建俯视剖视图

① 单击工具面板“剖视”图标，选择基础视图，确定剖切位置，拖动鼠标，右击，在快捷菜单中选择“继续”，弹出“剖视图”对话框，在对话框中定义视图名称为 A，如图 7-141 所示。

② 单击“确定”按钮，完成剖视图创建。俯视剖视图创建结果，如图 7-142 所示。

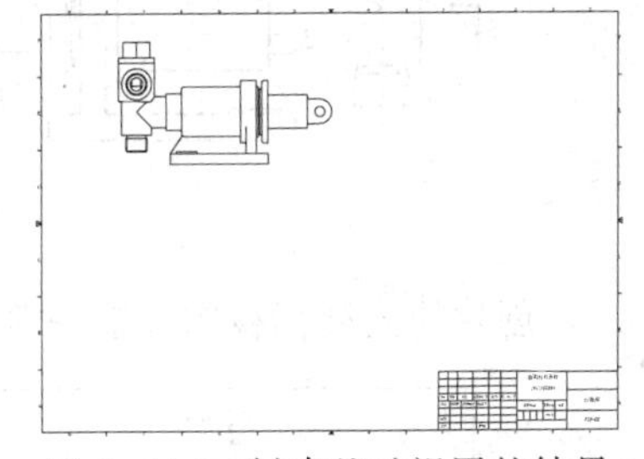

图 7-140　创建基础视图的结果

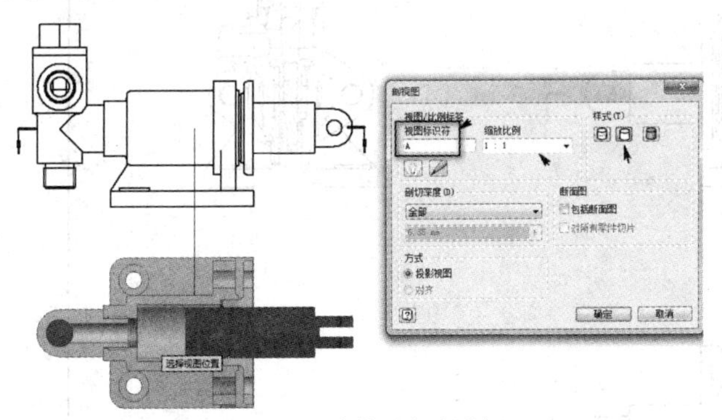

图 7-141　剖视图对话框

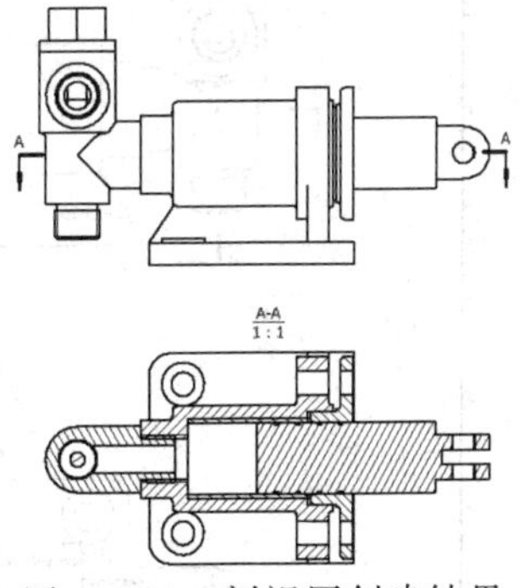

图 7-142　剖视图创建结果

③ 柱塞作不剖处理。剖视图中，柱塞是实心件，GB 要求作不剖处理。选择浏览器中的“柱塞”，右击，在弹出的快捷菜单中选择“剖切参与件”中的“无”，如图 7-143(a)所示，则柱塞不剖切，结果如图 7-143(b)所示。

（3）创建左视剖视图

创建的方法与俯视剖视图的剖切方法相同，操作步骤如图 7-144 所示。

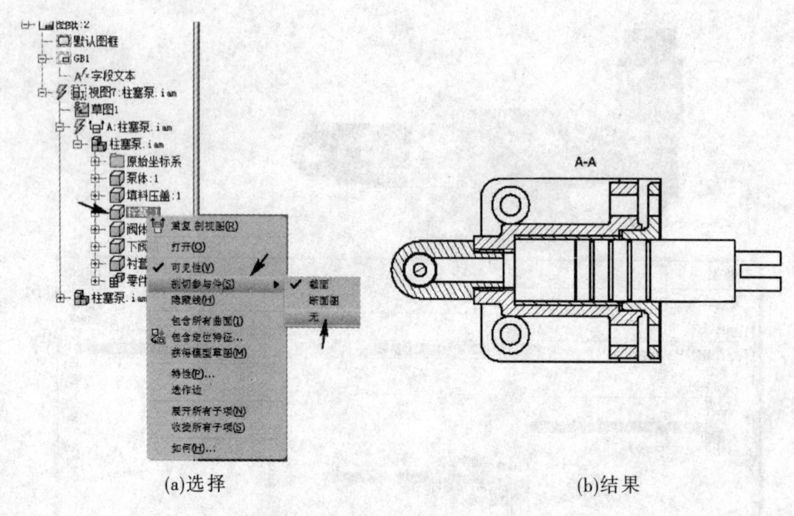

(a)选择　　　　　　　　(b)结果

图 7-143　柱塞不剖处理操作

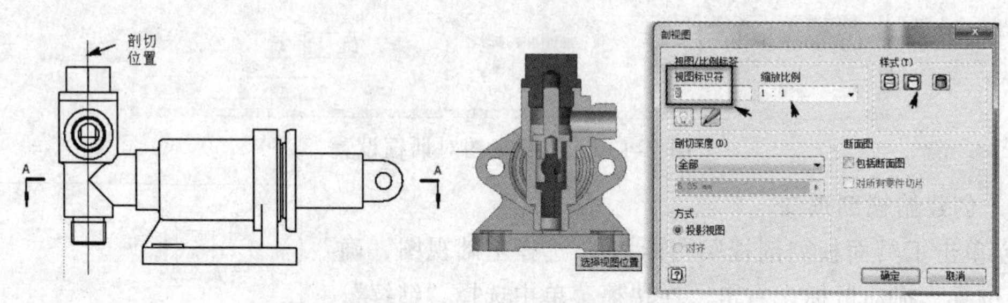

图 7-144　左视剖视图创建

创建的俯视剖视图及左视剖视图结果，如图 7-145 所示。

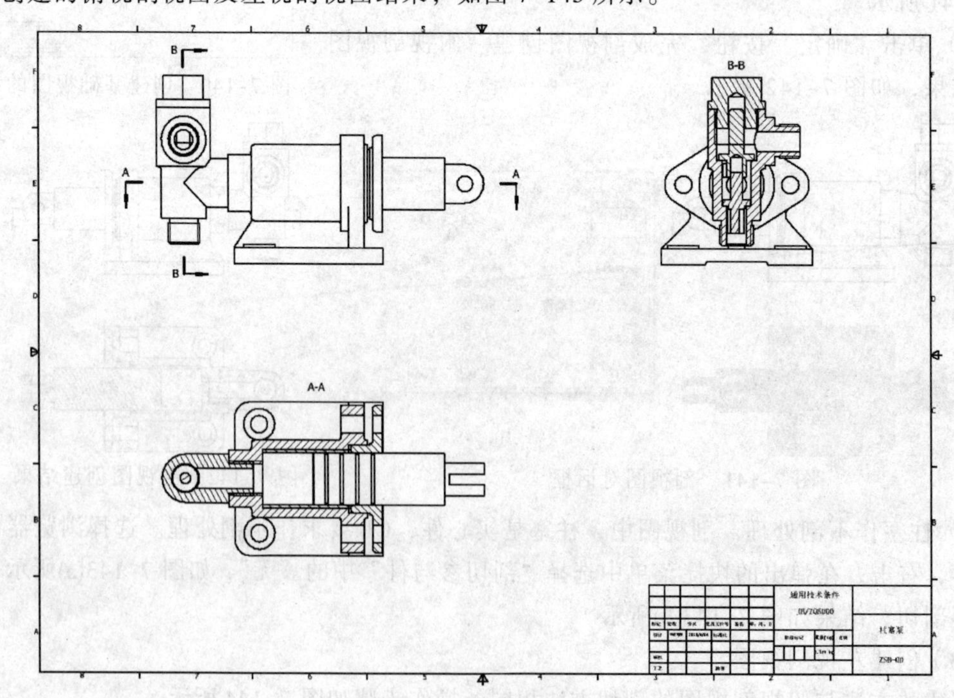

图 7-145　剖视图创建结果

（4）创建剖视的轴侧图

① 选择左视图，单击工具面板"投影视图"图标，斜方向拖动鼠标，在合适的位置单击，放置轴侧图，右击，在快捷菜单中选择创建，完成轴侧图的添加，如图7-146所示。

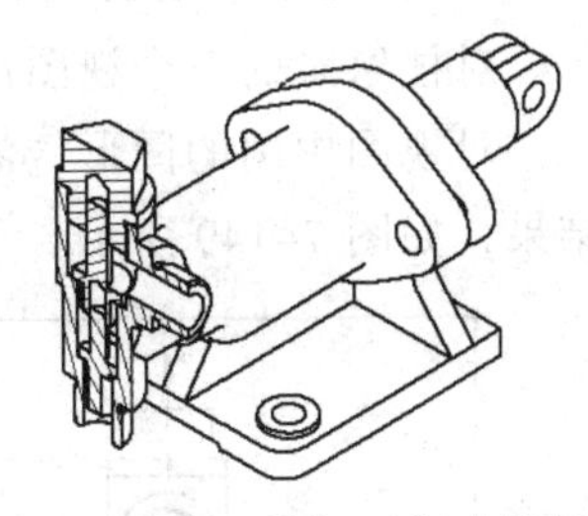

图7-146 轴侧图创建结果

② 对轴侧图进行样式编辑。双击轴侧图，弹出工程视图对话框，在对话框中取消"与基础视图一致"前的勾选，比例改为1:2，样式选择着色显示，如图7-147(a)所示，单击"确定"按钮，结果如图7-147(b)所示。

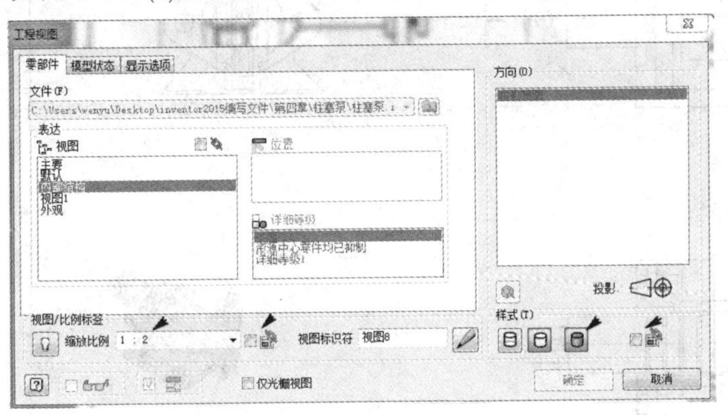

(a)工程视图对话框

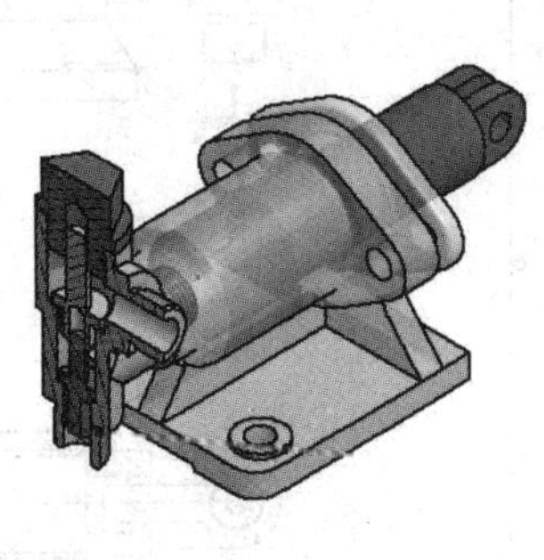

(b)轴测图结果

图7-147 轴侧图编辑结果

所有视图创建完成，结果如图7-148所示。

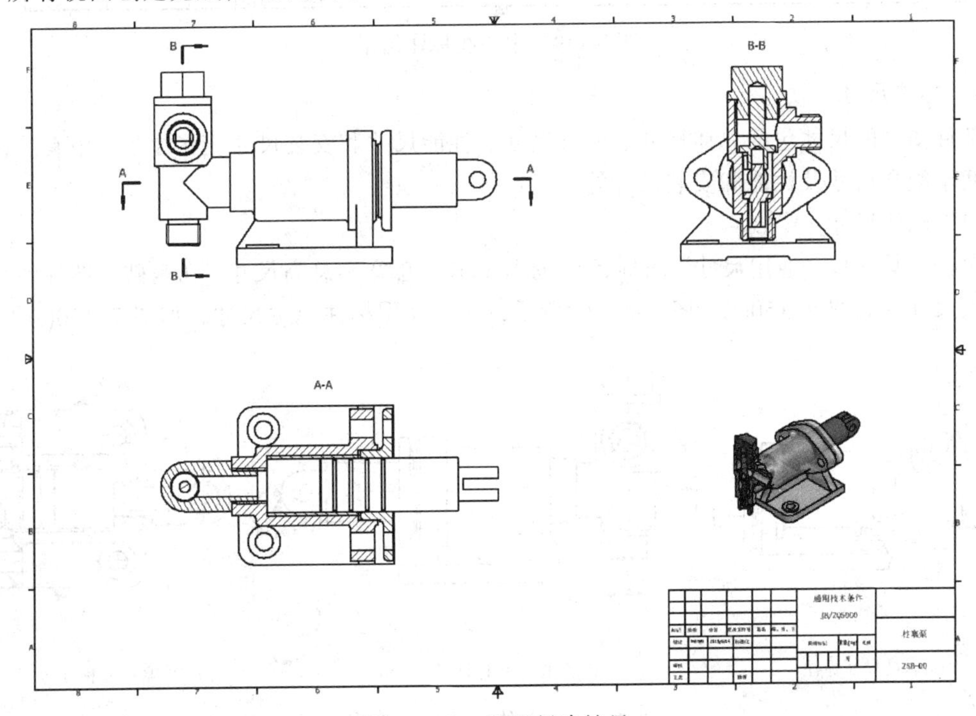

图7-148 视图创建结果

3．标注中心线及中心标记

对柱塞泵的三个视图添加中心线及中心标记，操作的方法与泵体零件操作方法相同。

对视图中圆的图形，添加中心标记；对称图形添加中心线，创建中心线及中心标记后的结果，如图 7-149 所示。

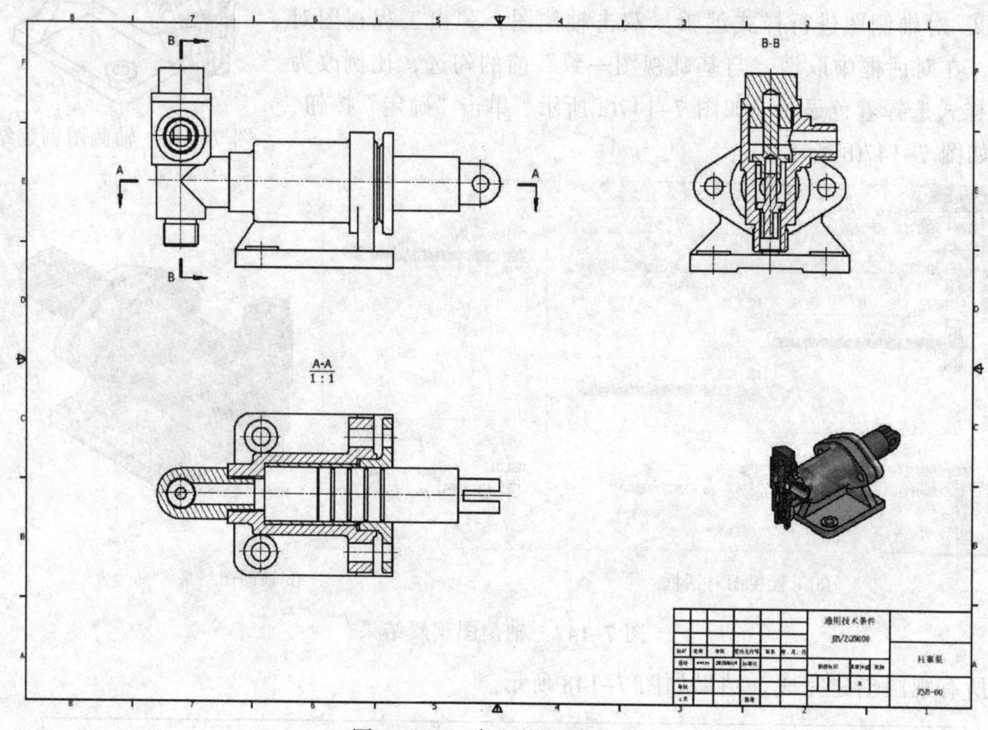

图 7-149　中心线标注结果

4．标注尺寸

部件图中的尺寸包括总体尺寸、配合尺寸、性能尺寸和安装尺寸。在柱塞泵中有总体尺寸、两个配合尺寸及性能和安装尺寸等。

（1）总体尺寸

单击工具面板“通用尺寸”图标 ，标注总长、总宽和总高尺寸。在基础视图标注总高和总长尺寸，如图 7-150(a)、图 7-150(b)所示，在俯视图标注总宽尺寸，如图 7-150(c)所示。

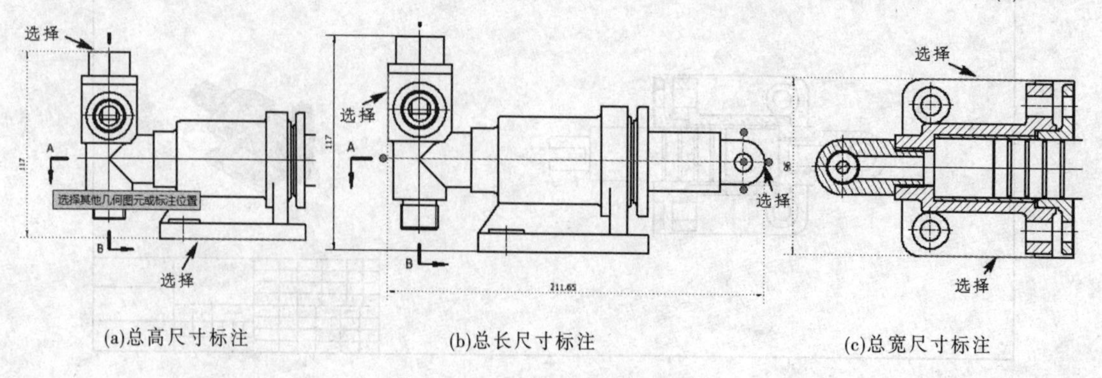

(a)总高尺寸标注　(b)总长尺寸标注　(c)总宽尺寸标注

图 7-150　总体尺寸标注操作

（2）配合尺寸

① 标注柱塞与衬套之间的过渡配合 H7/h7。单击工具面板“通用尺寸”图标，选择柱塞的边线，拖动鼠标单击“放置尺寸”，弹出“编辑尺寸”对话框，在对话框中，添加Φ符号，选择“精度与公差”选项，选择“公差配合-线性”，选择孔 H7、轴 h7，如图 7-151 所示。单击确定按钮，完成标注。

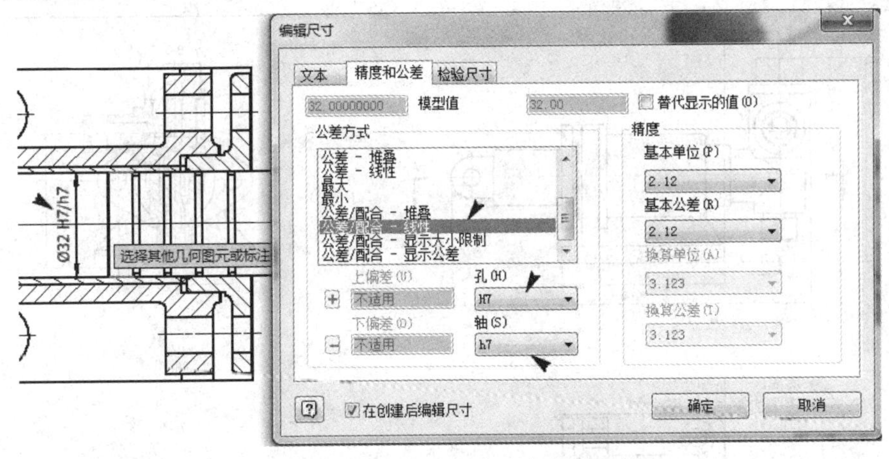

图 7-151　衬套与柱塞配合尺寸标注

② 采用同样的方法标注泵体与衬套的配合尺寸，标注结果如图 7-152 所示。

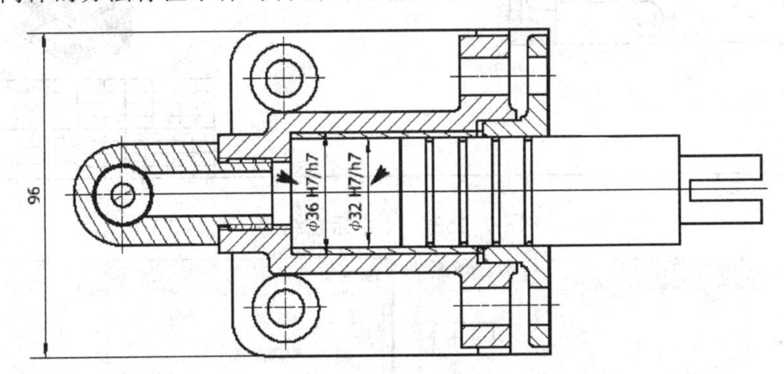

图 7-152　衬套与泵体配合尺寸标注

（3）性能尺寸和安装尺寸

采用同样的方法添加性能尺寸和安装尺寸，完成的标注的工程图，如图 7-153 所示。

5．序号标注和明细栏

（1）插入明细栏

① 单击工具面板“明细栏”图标，弹出“明细栏”对话框，单击浏览找到柱塞泵的部件文件，如图 7-154 所示。

② 单击“确定”按钮，鼠标光标出现明细栏矩形框，如图 7-155(a)所示。移动光标，把明细栏放到标题栏上方与标题栏对齐的右上角，单击，放置明细栏，如图 7-155(b)所示。

③ 明细栏中零件代号的排序是乱的，需要用序号重新排序，使其按照零件代号升序排

列。更改序号时，原序号 1 不变，4、8、10、7、5、6、3、2 分别改为 2、3、4、5、6、7、8、9，按照零件代号升序排列。

（2）序号标注及编辑

① 手动引出序号，单击工具面板中“引出序号”图标①，依次选择零件，拖动鼠标确定引线位置，单击放置序号，如图 7-156 所示。

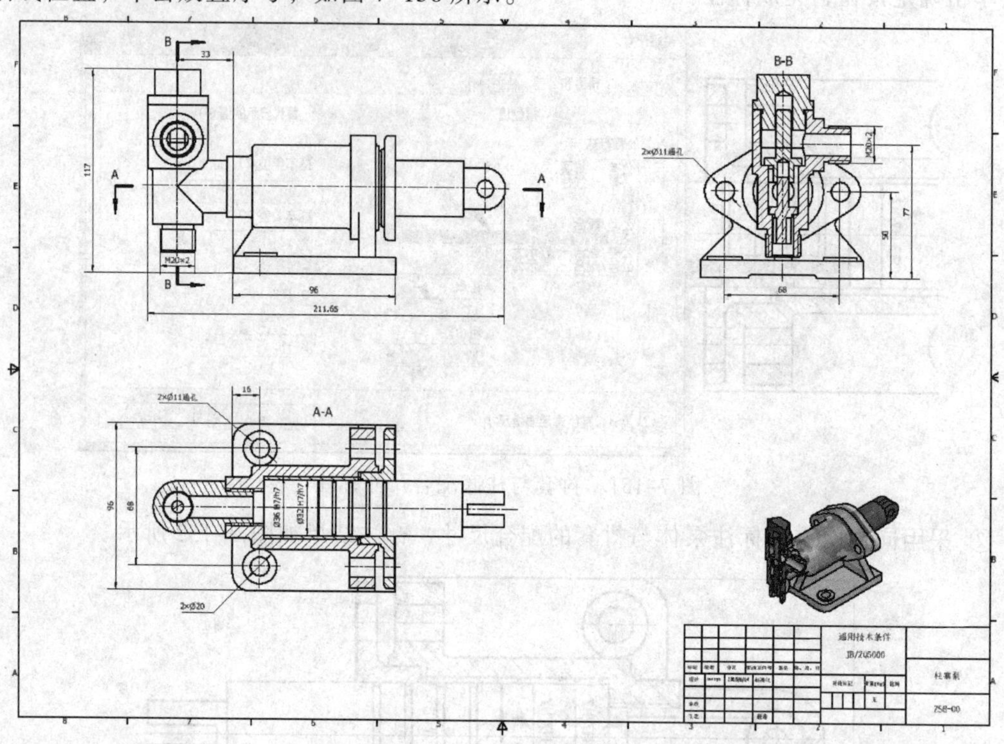

图 7-153　尺寸标注结果

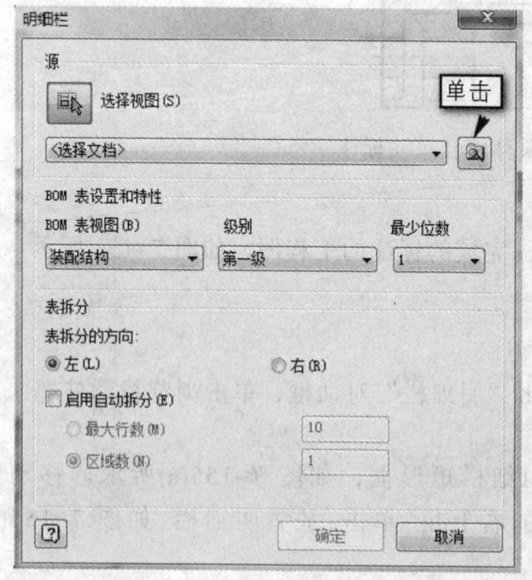

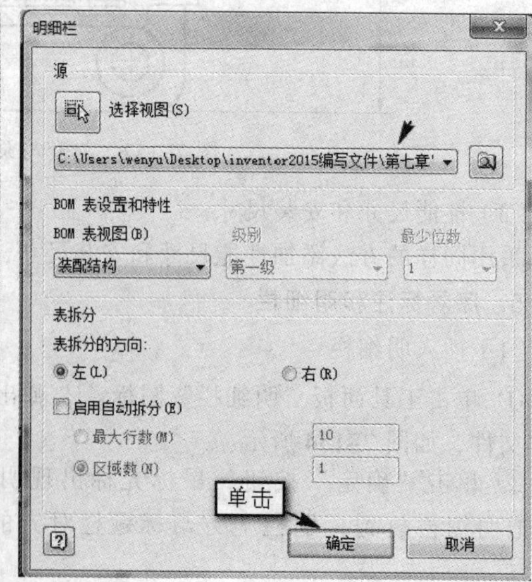

图 7-154　“明细栏”对话框

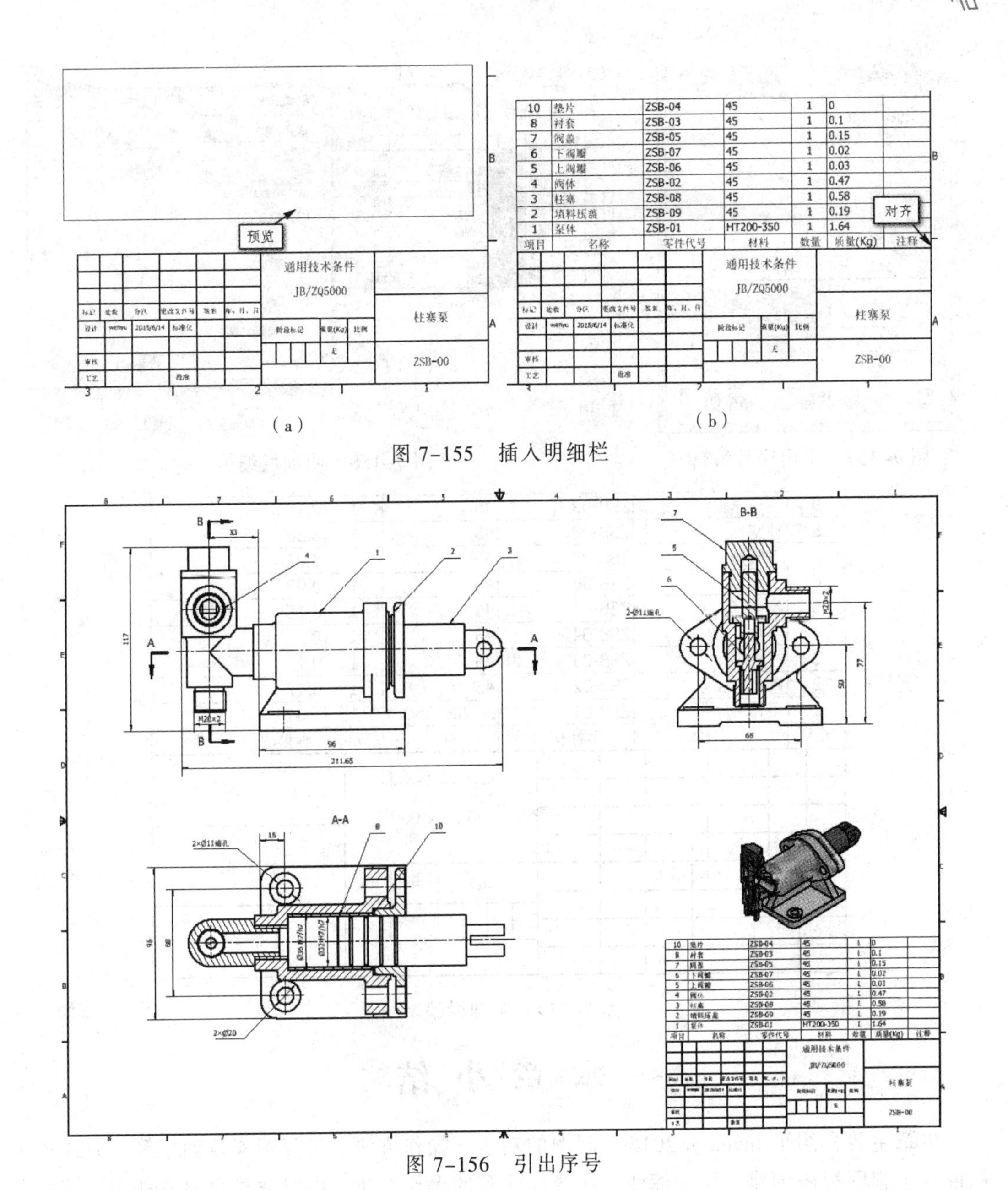

图 7-155　插入明细栏

图 7-156　引出序号

② 编辑序号。按住【Ctrl】键依次选择 4、8、10、7、56、6、3、2 序号，单击右键，在弹出的快捷菜单中选择“编辑引出序号”，弹出序号替换对话框，在序号引出值中，分别把 4、8、10、7、56、6、3、2 改为 2、3、4、5、6、7、8、9，如图 7-157 所示。单击“确定”按钮，完成序号编辑。

③ 明细栏编辑。双击明细栏，弹出明细栏对话框，选择项目列，单击“排序”图标，弹出对话框，在第一关键字选择项目、选择升序，如图 7-158 所示。

④ 单击“确定”按钮，明细栏的序号重新排序。排序后的明细栏，如图 7-159 所示。

6．完成部件工程图

通过上述步骤，创建完整的柱塞泵部件工程图，如图 7-135 所示。

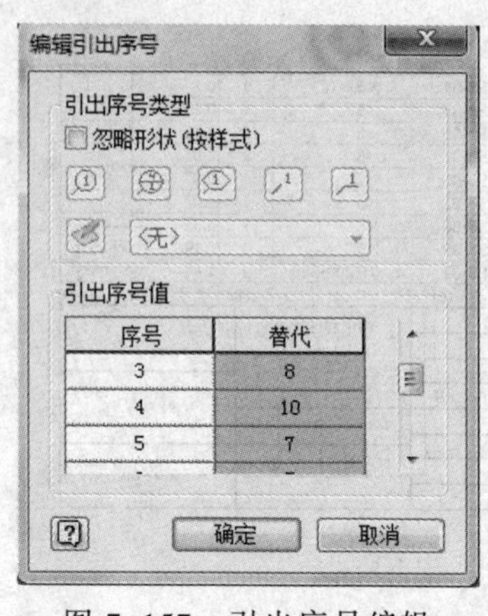

图 7-157　引出序号编辑

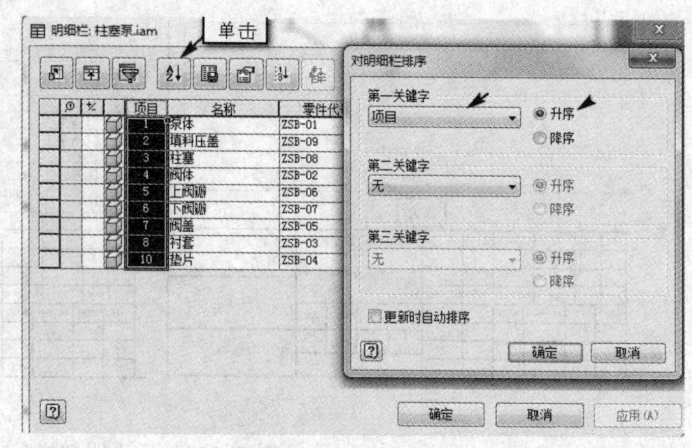

图 7-158　明细栏编辑

9	填料压盖	ZSB-09	45	1	0.19	
8	柱塞	ZSB-08	45	1	0.58	
7	下阀瓣	ZSB-07	45	1	0.02	
6	上阀瓣	ZSB-06	45	1	0.03	
5	阀盖	ZSB-05	45	1	0.15	
4	垫片	ZSB-04	45	1	0	
3	衬套	ZSB-03	45	1	0.1	
2	阀体	ZSB-02	45	1	0.47	
1	泵体	ZSB-01	HT200-350	1	1.64	
项目	名称	零件代号	材料	数量	质量(Kg)	注释

标记	处数	分区	更改文件号	签名	年、月、日	通用技术条件 JB/ZQ5000	柱塞泵
设计	wenyu	2015/6/14	标准化			阶段标记 / 重量(Kg) 3.185 kg / 比例	
审核							ZSB-00
工艺			批准				

图 7-159　明细栏编辑结果

本 章 小 结

本章主要介绍了 Inventor 2015 工程图的功能、操作方法、工程图模板创建等，并通过实例说明工程图视图创建、尺寸标注、注释标注等的操作方法。同时通过介绍零件图、部件图的工程图的实例，说明工程图视图创建、编辑和尺寸标注等的操作步骤。

复习思考题

1. Inventor 2015 工程图模板的创建方法是什么？
2. 如何创建基础视图、投影视图、剖视图、断面图、局部剖视图？
3. 工程图标注对于零件和部件有何区别？
4. 创建零件工程图和部件工程图的步骤是什么？
5. 利用第三章课后的练习题，创建柱塞泵的装配工程图及泵体零件的工程图。

参 考 文 献

[1] 许睦旬.Inventor 2009 三维机械设计应用基础[M]. 北京：高等教育出版社, 2009.
[2] 陈伯雄，董仁杨，张云飞，等.Autodesk Inventor Professional 2008 机械设计实战教程[M]. 北京：化学工业出版社, 2008.
[3] 胡仁喜，康士廷，刘昌丽，等.Autodesk Inventor Professional 2010 中文版从入门到精通.[M] 北京：机械工业出版社, 2011.
[4] 陈伯雄 Inventor 视频资料.
[5] 胡仁喜，董永进，郑娟，等.Inventor10 中文版机械设计高级应用实例[M]. 2 版.北京：机械工业出版社，2006.
[6] 廖廷睿.Inventor 使用指南[M]. 北京：中国铁道出版社, 2003.
[7] 董永进.Inventor 10 中文版精彩实例与进阶教程[M]. 北京：化学工业出版社, 2007.
[8] AutoCAD 2009 工程绘图及 Solid Edge、UG 造型设计习题集[M]. 北京：机械工业出版社，2011.